植物病害生物防治实践教程

MUMEIJUNJI ZHIBEI YU
YINGYONG JISHU

木霉菌剂制备与
应用技术

陈 捷 等 编著

U0208471

中国农业出版社
北 京

内容提要

NEIRONG TIYAO

　　本书是一部植物病害生物防治实践教程，系统介绍了生防木霉资源筛选与评价、菌剂产业化制备及菌剂在田间植物生产中的应用技术。本教程是由上海交通大学、海南大学和上海交通大学-上海大井生物工程有限公司"农业微生物资源开发与利用"联合实验室共同编著完成的，共有两篇十三章。第一篇共五章，主要介绍木霉菌剂制备相关知识与技术，包括木霉功能特点和产品类型、木霉资源筛选与评价、发酵工艺、剂型加工、代谢液加工、菌株遗传改良、剂型开发、延长产品货架期技术和菌剂防治植物病害、促进植物生长功能评价方法等内容；第二篇共八章，主要介绍木霉产品应用技术，包括木霉菌剂应用的基本原则、与其他农化物质协同使用技术、在十六类作物上的田间应用技术、在土壤和水体生物修复中的应用技术等。本教程是基于"校企产教"融合模式下编写的，可作为高等院校、科研院所和企业开展植物病害生物防治教学、研究和生防产品开发与应用的辅助教材或参考书，也可作为从事微生物农药和微生物菌肥推广工作的农业技术人员专业技能培训的教材。

主编简介

ZHUBIAN JIANJIE

陈捷，特聘教授/博士生导师，上海交通大学农业环境微生物工程研究所所长。1996—1997 年在韩国庆北大学从事博士后研究员，1996—1999 年任沈阳农业大学农学院副院长、院长，农业部北方农作物病害免疫重点开放实验室主任；2002—2003 年在美国康奈尔大学做高级访问学者。2003—2009 年任上海交通大学农业与生物学院副院长、农业部都市农业（南方）重点开放实验室常务副主任。曾担任国务院第四届、第五届学科评议组成员、国家现代农业产业技术体系岗位科学家、中国植物保护学会常务理事、中国植物病理学会理事、中国植物保护学会生物防治专业委员会副主任委员、上海市植物病理学会理事长、教育部高等学校农艺类教学指导分委员会委员、国务院农业推广专业学位教学指导委员会委员，2014 年担任国际第十三届木霉与粘帚霉学术研讨会主席，2016 年担任国际第十四届木霉与粘帚霉学术研讨会联合主席。

现任中国植物保护学会理事，上海植物保护学会副理事长，《中国生物防治学报》、*Frontiers of Agricultural Science and Engineering* 和 *Journal of Fungi* 等期刊的编委或特刊编委。享受国务院政府特殊津贴；获农业农村部有突出贡献中青年专家、全国优秀农业科技工作者等荣誉；入选农业农村部神农计划。2012 年获上海交通大学凯原十佳教师奖和上海交通大学凯原十佳科研团队奖，2020 年获上海交通大学教书育人奖（集体）二等奖（第二名），2022 年获上海交通大学教书育人奖（个人）一等奖。

近几年主持国家重点研发计划（课题）、国家科技基础性工作专项、国家自然科学基金等项目 20 余项。2012 年以来作为项目第一完成人获省部级科技进步一等奖 3 项，省部级科技进步二等奖 8 项。2023 年获国家科技部试点联盟生物农药与生物防治产业技术创新战略联盟颁发的"十年杰出贡献奖"。在国际期刊发表 SCI 论文 90 余篇，国内核心期刊发表论文 200 余篇，国内外学术会议 60 余篇，主编或副主编专著 7 部、教材 8 部，参编英文专著 5 部，授权国家发明专利 32 件，授权国际发明专利 6 件，软件著作权 5 项，参加制定国家标准 1 项、国家行业标准 2 项以及企业标准 5 项。

前　言

　　植物生长过程中会遭遇多种病虫危害，造成严重的产量损失和品质降低。随着人们对生态环境和绿色农业、生态农业日益重视，建立以植物病害生物防治技术为核心的绿色防控技术体系已成为我国现代农业技术的重要发展方向。木霉作为全球三大植物病害生物防治微生物资源之一，是攻克作物病害和修复土壤的核心微生物。自从20世纪80年代哈茨木霉（*Trichoderma harzianum*）作为第一个生物农药产品正式登记以来，国际上已有约443种正式登记的木霉生物农药产品，我国登记的木霉生物农药产品有22种、木霉菌肥100余种、含有木霉成分的复合菌肥500余种。这些产品在我国蔬菜、果树、药用植物和粮食作物生产中的病害绿色防控，提高作物抗逆性、产量及品质，减少化学农药污染和土壤生物修复等方面发挥了重要作用。随着我国提出农药、化肥"双减"和"碳达峰"目标，越来越多的大专院校、科研单位和科技企业加强了对新型木霉生防菌剂和菌肥的创制，木霉菌剂开发重心向合成菌群、合成功能因子群、工程菌、有效成分高含量、防效持久稳定和产品长货架期方向发展；木霉产品推广正向作物全生育期应用、与其他防病虫技术和栽培技术系统整合应用的方向发展。但长期以来由于缺少这方面的系统性实训或操作指导教材，影响了大专院校相关专业师生和企业技术人员的培训质量及对木霉菌剂的科学认知与应用，因此，编写一部能够为相关技术人员和学生提供菌剂开发与应用新技术的实训教程具有重要的意义。不仅如此，"植物病害生物防治学"是全国农业院校和综合性大学农科专业的重要选修课程，但在一些高校，该课程主要以理论教学为主，学生无法通过生物防治的实践教学进一步理解生物防治的理论，很难激发学生毕业后从事植物病虫害生物防治技术创新研究和推广工作的兴趣。中共中央、国务院印发《关于全面加强新时代大中小学劳动教育的意见》强调，"劳动教育是中国特色社会主义教育制度的重要内容"，因此，综合性大学和高等农业院校开展科技型劳动实践教育具有重要意义，本部实践教程可为大专院校的学生开展科技型劳动实践教育提供专业技术指导。2017年12月，国务院办公厅印发《国务院办公厅关于深化产教融合的若干意见》，我国在产教融合背景下，专业学位研究生培养模式不断创新发展，但仍缺少适合企业专业人才高技能培养的实践教程，为此本教程的出版对推动高校与企业的产教融合和专业型人才培养具有重要意义。

　　本教程以木霉菌剂制备与应用技术为例，系统介绍了微生物菌剂开发及其在防病和促进作物生长方面的主要知识点和关键技术，包括生防菌株筛选、菌株多功能评价、菌株组合设计、发酵工艺优化与剂型高效加工技术、防病和促生功能生物测定方法、田间应用技术和应用效果调查与评价方法等方面的内容，有利于读者通过亲身实践掌握植物病害生物防治理论和技术，其实用性和可操作性很强，可使读者在实践或实习活动中培养从事微生物农药和微生物肥料的制备与应用技术研发的创新能力，提高生防菌剂产品在农业生产中的应用水平。

本教程主要由上海交通大学、海南大学和上海交通大学-上海大井生物工程有限公司"农业微生物资源开发与利用"联合实验室共同编著，其中上海大井生物工程有限公司等企业提供了丰富的木霉菌剂创制与应用实践案例。本教程共两篇十三章，其中第一篇第一章、第二章、第三章由陈捷、刘铜、刘宏毅、郝大志、窦恺、赵元帅、李雅乾编写，第四章、第五章由陈捷编写；第二篇中的第六章、第七章、第八章由陈捷、刘鹏、李易、刘宏毅编写，第九章由郎博、刘铜、陈捷编写，第十章由陆志翔、司高月、陈捷、王新华编写，第十一章由郝大志、陈捷编写，第十二章、第十三章由陈捷编写；附录由陈捷、郎博、窦恺、高永东、周源编写或提供资料。杨从州、张学力、周源对全书进行了修改、补充。王新华对书稿进行了精心排版和校对。

尽管编写组尽了最大努力，但受实践案例与经验积累的局限，难免还有遗漏之处，望读者或用户不吝批评指正。由于农业生产环境和栽培与管理技术的复杂性，对于一些建议的木霉产品应用技术方案读者可根据实际情况进行调整，不要机械照搬使用。随着木霉产品田间应用技术不断改进，我们将不断修订、增补本教程的内容。

陈 捷

2023 年 5 月 1 日

目 录

前言

第一篇　木霉菌剂创制技术

第二篇　木霉菌剂应用技术

第一篇　PART 1

木霉菌剂创制技术

第一章 木霉与产品开发

木霉是分布广泛的资源性真菌，普遍用于植物病害生物防治、土壤修复和促进作物生长等方面。从 20 世纪 30 年代起，木霉在生物防治作用机理和应用技术方面已开展大量研究。木霉通过竞争作用、拮抗作用、重寄生和诱导抗病性等机制防治各类植物病害，已成为植物土传病害生物防治和土壤修复的主要菌种类型。目前木霉主要被开发成生物农药、生物肥料、生物刺激素和土壤修复剂等多类产品，国内外企业已大量登记木霉生物农药和木霉生物肥料等产品，木霉在绿色农业可持续发展中发挥了重要作用，木霉菌剂正朝着基于合成生物学和代谢组学，利用生物工程技术创制合成菌群制剂、共生菌群制剂或防病促生功能因子菌群制剂的方向发展。

第一节 木霉特性与功能

木霉属真菌分布在森林、农田、草原、滩涂湿地和近海等各种生态系统，因而具有广泛的生态适应性。由于其适应性强的优势，为开发应用于不同生态系统和环境条件的生防菌剂或修复剂提供了可能。木霉菌剂在农业生产中的主要功能体现在防治植物病害（尤其针对真菌病害）、促进作物生长和土壤修复等方面，不仅可开发出功能特异的菌剂，也可开发出多功能菌剂。

一、木霉分类地位与分布

木霉属真菌为世界性分布，在分类上属于子囊菌门（Ascomycota）、粪壳菌纲（Sordariomycetes）、肉座菌目（Hypocreales）、肉座菌科（Hypocreaceae）、木霉属（Trichoderma）。目前国际上已报道木霉有 357 种，国内已知木霉属 180 余种。

木霉属（Trichoderma spp.）真菌是由 Persoon 在 1794 年发现的，是一类木材腐朽丝状真菌。后来发现木霉也是土壤微生物群落中的优势菌种，且广泛地存在于植物种子、根际、根系、茎、叶片和果穗组织表面，其中一些种类甚至能够进入植物体内，成为植物内生菌，其分布的生态区也相当广泛。木霉在自然界已进化至少 6 600 万年历史，广泛分布于农田生态系统、森林生态系统、滩涂湿地生态系统、海洋生态系统、草原生态系统。在一些极端环境的生态系统也有分布，如高原寒冷地区。在农田生态系统中，木霉广泛存在于土壤、根围、叶围、植株内等多种环境中，常见种类有哈茨木霉（T. harzianum）、棘孢木霉（T. asperellum）、绿色木霉（*T. viride*）、康氏木霉（*T. koningii*）、深绿木霉（*T. atroviride*）、钩状木霉（*T. hamatum*）和长枝木霉（*T. longibranchiatum*）等。木霉具有植物内寄生特点，在植物叶片、根系组织、树木的边材中存活，赋予宿主一系列新的属性。目前在农业生产应用最多的是哈茨木霉、绿色木霉、棘孢木霉和深绿木霉等（朱兆香等，2014；杨合同，2015）。

二、木霉防治植物病害的功能

Weindling（1932）第一次发现木素木霉（*Trichoderma lignorum*）能够寄生在立枯丝核菌（*Rhizoctonia solani*）、腐霉菌（*Pythium* sp.）、疫霉菌（*Phytophthora* sp.）、白绢病菌（*Sclerotium rolfsii*）、根霉菌（*Rhizopus* sp.）上，这些均是主要土传植物病原菌。从此，木霉逐步发展成为防治植物病害的主要微生物之一。

木霉生物防治植物病害主要有四种机制，包括竞争作用、抗生作用、重寄生作用和诱导抗病性作用。竞争作用主要是指木霉与病菌竞争营养和生长空间，如木霉通过产生嗜铁素与病菌竞争铁离子，通过在作物根际土壤内快速生长，提前占领作物根际空间。抗生作用主要是指木霉通过产生一系列具有抑菌或杀菌作用的次生代谢物或抗菌蛋白，如康宁木霉素（koninginins）、木霉菌素（trichodermin）、胶霉毒素（gliotoxin）、绿木霉素（viridin）、抗菌肽（antibiotic peptide）、6-戊基-α-吡喃酮（6-pentyl-α-pyrone，6-PP）、嗜铁素（siderophore）等对病原菌产生抑制作用。

重寄生作用是指木霉识别、接触、缠绕、穿透和寄生作用。木霉对病原菌的识别首先是通过趋化作用，也就是木霉会趋向能产生化学刺激物的病原菌生长。木霉与病菌之间的相互识别还与凝集素或糖蛋白有关，这一识别过程受 MAPK（促分裂原活化蛋白激酶）、G 蛋白（与鸟嘌呤核苷酸结合，具有 GTP 水解酶活性的一类信号转导蛋白）、cAMP（环磷酸腺苷）的调控。穿透和寄生作用，主要是通过木霉产生的细胞壁降解酶，如几丁质酶、葡聚糖酶和蛋白酶等对病菌细胞壁进行降解，形成侵入结构、进入病菌菌丝吸取营养。诱导抗病性作用是指木霉与植物根系通过识别、产生各种激发子并诱导宿主植物防御反应基因表达，进而形成抗病的能力。木霉与根系最初的识别也是一种趋化作用，木霉通过趋化作用（植物分泌物或伤口产生的物质，例如：过氧化物酶和氧化脂质）与植物进行非接触识别。随后木霉与植物接触，相互在生理上博弈，木霉瞬时沉默或短暂逃避宿主的免疫反应，抑制植物体内防卫反应基因的表达，进而突破宿主的抗性屏障，启动对宿主植物的定殖。如：*T. asperelloides* T203 定殖拟南芥根系时，植物防卫相关基因 *FMO 1*、*PAD 3* 和 *CYP71A13* 下调表达，短暂抑制了宿主免疫性反应，促进 *T. asperelloides* 在拟南芥根部的定殖（Brotman et al.，2013）。木霉产生的某些 miRNA-like-RNA（milRNA）可在木霉-番茄互作前期跨界抑制植物某些几丁质酶基因的表达，从而促进木霉定殖植物组织，随后诱导植物防御反应。

定殖过程中木霉主要通过产生一系列细胞壁降解酶降解宿主植物细胞壁，进入植物的皮层组织，植物也能通过某种机制将木霉限制在皮层组织内，阻止其进入维管束组织造成破坏。木霉定殖根系过程中可生产各类激发子（elicitor），并与其受体或靶标或响应基因互作，诱导抗性反应。激发子主要有富含半胱氨酸的小蛋白 Sm1、丝氨酸蛋白酶、22 kDa

木聚糖酶、几丁质酶 Chit42、纤维素酶等 30 余种，植物根系上的靶标目前发现的有类泛醌蛋白-1（ubiquilin-1-like proteins）和细胞类萌发素蛋白（germin-like proteins, GLPs）等。激发子与植物根系受体或靶标基因互作，触发水杨酸（salicylic acid, SA）、茉莉酸（jasmonic acid, JA）、乙烯（ethylene, ET）等防御反应信号传导，诱导宿主植物对土传病害的抗性，或通过信号长距离传导至植物叶片，诱导植物对叶斑病甚至对害虫的抗性。已有研究表明：木霉颗粒剂处理玉米根际土壤或种子可诱导玉米地上部器官对玉米螟、棉铃虫等害虫的抗性，防效可达 50% 以上。其机理主要由于木霉诱导植物的茉莉酸/乙烯（JA/ET）信号途径相关基因上调表达。当木霉同时诱导植物抗病和抗虫时，植物防御反应信号可能更为复杂，诱导抗病性主要是由 SA 介导的防御信号转导途径调控，而诱导抗虫性主要是由 JA/ET 介导的防御信号转导途径调控，两类信号系统存在拮抗关系。木霉可诱导植物挥发性物质发生变化，而这些挥发性物质成分中具有抑制病原菌成分，也有一些吸引天敌昆虫的组分，从而形成木霉-植物-天敌昆虫协同防控植物病虫害的系统。有时，2～3 种生防功能因子组合或顺序起作用，例如抗生素、细胞壁降解酶、抗性激发子形成协同拮抗作用。

三、木霉促进植物生长的功能

研究表明：莴苣、番茄和辣椒接种哈茨木霉 T22 和绿色木霉 P1 之后，整株的干重/湿重、地上部分生物量、叶片数和产量比未接种木霉的对照增加 300% 左右，如果两株木霉同时处理还有协同增效作用。木霉对植物的促生作用机理主要是通过定殖于植物根际来提高植物对土壤氮、磷、钾及铁等矿质元素的吸收水平。木霉主要定殖在植物根表皮或外皮层细胞间隙，对植物不会造成伤害，这种互作表现为一种共生关系而非寄生关系，从而保证木霉可以在植物根部获得必要的养分，而植物由于木霉的存在，避免了病原菌的侵染，又促进了植物健康生长。此外，木霉产生了大量氨基酸（天冬氨酸、精氨酸、赖氨酸等）、有机酸（苹果酸等）、植物生长调节剂（吲哚乙酸、吲哚丁酸、细胞分裂素、水杨酸等）等物质，这些物质被植物吸收后促进了种子萌发、根系和植株生长、光合作用及有机物积累。木霉产生的有机酸，如葡萄酸、延胡索酸、柠檬酸等，降低了土壤 pH，使土壤中难溶的矿物阳离子，包括锰、镁、铁等变成可溶性成分，提高了植物吸收和利用效率，提高了作物产量。木霉可产生解磷、解钾的酶系，提高植物对土壤中难溶元素的吸收利用，木霉定殖于植物后可提高植物对氮素的利用效率达 20% 以上。例如：木霉的施用能够提高玉米灌浆期土壤酶活性和土壤养分，其中棘孢木霉的施用可以提高灌浆期土壤的碱性磷酸酶活性和蔗糖酶活性；哈茨木霉的施用对过氧化氢酶活性和脲酶活性影响较大；哈茨木霉的施用对碱解氮和全氮含量的影响高于棘孢木霉处理。木霉处理与对照相比，增产达到了显著水平，棘孢木霉处理的产量为 9 758.166 7 kg/hm²，与对照相比，增加 14.76%。哈茨木霉处理的产量为 9 152.576 7 kg/hm²，与对照相比，增加 7.64%（宋梦琪等，2020）。因此，如果木霉菌剂与化肥混施，可以适当减少化肥施入量。木霉还能通过抑制植物根际中有害菌或病原菌种群，促进有益菌生长丰富微生态环境，间接促进作物的生长。

值得指出：在某些环境条件下，木霉对某些作物种子萌发和出苗可能会有一定程度的抑制现象，一方面可能是木霉及其代谢物用量过多，另一方面可能是木霉在特定条件下产生了较多的抑制植物生长的胶霉毒素（gliotoxin）、绿木霉素（viridin）及其衍生物二氢绿木霉素（dihydrogen viridin）、绿毛菌醇（viridiol）、6-戊基-α-吡喃酮（6-PP）等物质。其中，二氢绿木霉素对一年生双子叶植物具有强毒性，对单子叶植物毒性弱。胶霉毒素和绿木霉素的作用机理主要是抑制植物乙酰乳酸合成酶（ALS）的活性，而ALS参与支链氨基酸的生物合成。胶霉毒素与绿木霉素对植物产生的毒性影响与其作为抑菌物质的影响相比，利大于弊。次生代谢物往往在高浓度下是表现抑制植物生长的作用，但在低浓度下，则起到植物生长调节剂的促生作用。木霉的某些小分子疏水蛋白（如cerato-platanins，CPs）是诱导植物抗病性的重要因子，但如果木霉分泌过多小分子疏水蛋白也会对植物生长产生抑制或毒害作用。如果木霉菌剂对植物苗期生长抑制作用不严重，到生育后期可自然恢复正常生长。通过筛选菌株、控制菌剂用量、适当补充氨基酸肥（富含亮氨酸、缬氨酸、异亮氨酸等支链氨基酸）或芸薹素内酯等方法可减轻木霉对某些植物生长的抑制效应。由于木霉的一些代谢物对某些种类植物出苗和生长有抑制作用，也为开发木霉源生物除草剂提供了可能。

四、木霉提高植物抗逆性的功能

木霉在根际土壤内定殖，通过趋化性向宿主植物根系生长和定殖，诱导植物产生对各种生物和非生物逆境的抗性。在电镜下观察黄瓜植株和哈茨木霉T-203物理相互作用，发现木霉可深入根的外皮层定殖，进而诱导植物抗病性和抗逆性。木霉诱导植物对高温、干旱、盐渍化等胁迫的抗性或耐受性已有大量证明。木霉定殖植物根系后可诱导植物生理发生变化，尤其可以诱导抗逆相关基因表达和抗逆相关物质的积累，例如木霉提高了植物抗性氧化酶、过氧化氢酶（CAT）、超氧化物歧化酶（SOD）、过氧化物酶（POD）、抗坏血酸氧化酶（AAO）等酶活性和脯氨酸等抗逆相关物质的积累，从而提高了植物对非生物胁迫因子，如盐渍化、旱害、寒害等的抗性。当然非生物胁迫因子也会对木霉生长和生理产生影响，例如：干旱胁迫显著影响木霉可溶性蛋白含量及丙二醛（MDA）和SOD活性。因此需要筛选高耐受胁迫活性的木霉菌株才能用作植物抗逆剂。*T. afroharzianum*、*T. atroviride*、*T. lixii*和*T. longibrachiatum*属于耐旱性较强的木霉菌种。

五、木霉修复土壤的功能

木霉对土壤中的重金属、盐离子、农化物质等均有吸附或降解作用。木霉吸附或降解农化物质的先决条件，是其本身需对环境中高温、干旱、盐渍化离子、重金属、酚类物质、杀虫剂、杀菌剂和除草剂等具有耐受性。与其他微生物相比，木霉对非生物胁迫的耐受性具有明显的优势，但这一潜力与木霉的种类和菌株有关。土壤内胁迫因子在亚致死剂量范围内，木霉一般很快可恢复生长。木霉耐受重金属和盐离子胁迫机理主要是通过胞外络合与沉淀、细胞壁结合、跨膜转运、胞内脱毒和抗氧化作用等机制。木霉对盐渍化离子和重金属的耐受性与其菌丝表面分泌胞外聚合物（extracellular polymeric substances，EPSs）有关。EPSs是由微生物分泌并附着在细胞壁表面的多聚糖和蛋白质等复合物，在保持细胞形态、胞外酶的分泌以及胁迫环境下的积极防御等方面起着重要作用。研究表明：在高盐（0.6 mol/L NaCl）胁迫 5 d 后，非洲哈茨木霉可分泌大量的 EPSs，EPSs 可有选择地吸附盐离子和重金属离子（向杰，2019）。

木霉液泡还可富集较多的铜、镉和钠离子，进而减少这些胁迫因子对木霉细胞的毒性作用。木霉吸附重金属和盐离子受多基因调控，例如，里氏木霉腺嘌呤脱氨酶（adenine deaminase，ADE）合成基因和 6 个铜代谢调控相关基因是负责吸附和转运铜离子的重要基因；棘孢木霉 vel1 基因对液泡富集钠离子发挥重要调控作用。木霉-富集植物联合吸附重金属和盐渍化离子更为高效，例如，木霉-油菜、木霉-紫花苜蓿、木霉-芥菜等协同吸附重金属和盐渍化离子效果明显。

此外，木霉对土壤理化性质和土壤微生物区系的改良也是修复土壤的重要机制。木霉主要有以下几方面作用：①改善土壤团粒结构，减少水分流失、抑制盐分表聚，同时增加灌水和降水的渗入，有利于土壤脱盐；②增加土壤中的有机质含量，CO_3^{2-}、HCO_3^-、Cl^-、Na^+ 含量减少；③提高土壤中微生物的活性，有效降低土壤 pH。微生物在分解有机质形成新的腐殖质时，产生各种有机酸，以及有益微生物能分泌多种氨基酸，均具有酸碱缓冲作用，降低碱性土壤 pH，对盐碱土壤有一定中和作用；④提高植物对氮肥的利用效率，减少化学肥料的施用，从而减少土壤亚硝酸盐积累。

木霉可降解 DDT、狄氏剂、硫丹、五氯硝基苯、五氯苯酚、多菌灵、敌敌畏、毒死蜱、甲胺磷等化学杀菌剂或杀虫剂及莠去津、氯嘧磺隆、烟嘧磺隆等除草剂。木霉具有降解化学农药的酶系统和排除有毒物质的转运系统。木霉 hex1 基因和 ABC 基因是调控其耐受有机磷农药胁迫的重要基因，而细胞色素 P-450 基因（Cyp548）和对氧磷酶基因（Pon6）则是木霉降解敌敌畏和毒死蜱的关键功能基因。木霉也是一类氰化物降解菌，能分泌硫氰酸酶（rhodanese）和氰化物水合酶（cyanide hydratase）、甲酰胺水解酶（formamide hydrolase）、氰丙氨酸合成酶（β-cyanoalanine synthase）。木霉能产生多酚氧化酶、漆酶负责降解多酚类物质，也能产生降解多环芳香烃的酶系。木霉的上述特征使之成为生物修复土壤的重要微生物资源（Tang et al.，2014）

第二节 木霉产品开发概况

国内外已有大量木霉菌剂的开发工作，一部分木霉产品是以生物农药的形式登记，而大多数产品是以生物肥料形式登记的。目前欧美国家在木霉菌剂开发技术方面仍居领先地位，开发出多种适合不同作物和用途的专门产品，在全球市场占据优势地位。中国和印度等亚洲国家近年来在木霉菌剂开发技术和应用方面有较快的发展，登记的数量增长较快，有望成为木霉菌剂开发的主要国家。

一、概　　述

木霉是农业、酶工业、食品与饲料工业、造纸和印染业、生物医药业等领域的重要资源性微生物。在农作物病害防治方面，早在 20 世纪 30 年代，人们就认识到木霉对植物病原菌的拮抗作用（Weindling，1934）。20 世纪 70 年代以来，国内外对木霉拮抗病原菌和生物防治机理开展了深入研究，证实了木霉对病原菌的重寄生现象。20 世纪 70 年代末和

80 年代初，以色列耶路撒冷希伯来大学 I. Chet、Y. Elad 等学者开展了木霉防治土传病害的研究，典型的例子是利用麦麸培养哈茨木霉（*T. harzianum*），制成干粉防治康乃馨立枯丝核菌苗病并取得成功，防效达到 70%。在这个时期美国康奈尔大学和以色列耶路撒冷希伯来大学的研究，确立了木霉在植物病害生物防治中的地位。

木霉菌剂在农业领域主要用于防治作物病害、促进作物生长、提高作物抗逆性和修复土壤等方面。截至 2014 年，全球木霉商品 272 个，其中杀菌剂 104 个，生物刺激剂 168 个。国际上应用生防木霉菌剂呈指数增长，在非洲 6 个国家、亚洲 8 个国家、欧洲 14 个国家、北美洲 2 个国家、太平洋地区 2 个国家，南美和中美洲 14 个国家开发出了一批适用于种子和移栽苗处理、林木修剪后处理、土壤处理的剂型或应用技术，年销售额数十亿美元。截至 2022 年，国际上登记的木霉生物农药已有 443 种。近年来，我国在木霉生物肥料、木霉生物刺激剂和木霉生物农药方面的研发和应用有了较快发展。

二、国际木霉产品开发

20 世纪 80 年代中期，美国康奈尔大学 Harman 教授利用原生质体融合技术将 2 株哈茨木霉进行杂交，构建了哈茨木霉 T22 菌株。该菌株随后由 BioWorks 公司开发出 Root Shield 和 Top Shield 等生防产品系列，并在全球数十个国家登记为生物杀菌剂大面积应用，年销售额达数百万美元。以色列 Y. Elad 教授筛选出了哈茨木霉 T39，开发出了 Trichodex 产品，面向全球销售。近年来各国开始向多菌株制剂开发方向发展，例如，BioWorks 公司开发出了 Bio‐Tam® 2.0 粉剂，该菌剂由双菌株（*T. asperellum* 和 *T. gamsii*）组成，主要用于蔬菜、玉米、棉花等作物；Tenet®WP 可湿性粉剂也由双菌株（*T. asperellum* 和 *T. gamii*）组成；Root Shield® Plus＋WP 由双菌株（*T. harzianum* Rifai T‐22 和 *T. virens* G‐41）组成，主要用于蔬菜、果树、玉米、小麦、高粱等；Root Shield® Plus＋Granule 由双菌株（*T. harzianum* Rifai T‐22 和 *T. virens* G‐41）组成，防治各类作物土传病害。目前木霉复合菌剂主要由 *Trichoderma*（木霉）、*Glomus mosseae*（摩西球囊霉）、*Rhizobium*（根瘤菌）、*Bacillus*（芽孢杆菌）、*Pseudomonas*（假单胞菌）、*Mesorhizobium*（中慢生根瘤菌）、*Azospirillum*（固氮螺菌）、*Chryseobacterium*（金黄杆菌）、*Bradyrhizobium*（大豆根瘤菌）等微生物单一发酵后，混合配制或多菌株共发酵后制备。此外，国际上还开发出了木霉种衣剂，例如，美国 ABM 公司开发的木霉种衣剂主要用于粮食作物、棉花、大豆种子处理，防病、提高作物抗逆性和产量效果很好，其中 SabrEx® PB 木霉干粉种衣剂已在玉米、小麦、大豆、花生、棉花种子处理中大面积应用。

三、国内木霉产品开发

我国最早登记的木霉可湿性粉剂是在 1998 年由山东泰诺药业有限公司登记的木霉（LTR2）可湿性粉剂（每克活孢子 2×10^8 个），商品名为特立克，防治作物的土传病害。LTR2 菌株是由山东省科学院筛选获得，由该菌株制备的木霉生物农药对禾谷类作物、马铃薯、蔬菜、烟草等真菌病害及烟草病毒病有明显防效，对提高植物抗盐渍化能力也有较好效果。华东理工大学筛选的哈茨木霉 T4 菌株，由企业登记为木霉水分散粒剂，在防治蔬菜土传病害方面有较好效果。北京拜沃公司登记的木霉生物农药应用较多，其产品核心菌株是美国的哈茨木霉 T-22，登记为可湿性粉剂和母药，有根部型和叶部型两种，用于防治 9 种作物 6 类病害。木霉生物农药剂型主要有可湿性粉剂、水分散粒剂、颗粒剂、粉剂、油悬浮剂、水剂等。在我国登记的生物农药中主要以可湿性粉剂为主，其次是水分散粒剂和颗粒剂。目前只有 2 种母药登记（每克活孢子 2.5×10^9 个和 3×10^{10} 个），登记的生物农药中孢子含量（活孢子）大多数为每克 $2\times10^8\sim3\times10^8$ 个，少数为每克 1×10^8 个。至今我国木霉生物农药已登记的有 22 种，木霉生物农药原药生产企业有 2 家，生物农药制剂生产企业有 12 家。

上海交通大学筛选木霉菌株，如哈茨木霉 SH2303、棘孢木霉 GDSF1009 由上海大井生物工程有限公司登记为木霉菌肥（高乐年颗粒剂、旺泰宝粉剂、碧苗水剂和实力宝水剂），在全国 20 余个省份、16 种作物上大面积推广应用，在促进粮食作物、果蔬作物和药材植物生长，提高产量和品质，兼治植物病害和修复土壤方面效果明显。中国农业科学院植物保护研究所筛选的哈茨木霉由企业登记为木霉菌肥（施倍健粉剂），在防治蔬菜、果树、人参和棉花土传病害方面表现较好。为了拓展木霉发酵产物的应用，我国一些企业将木霉代谢液（滤除菌物）与生化类生物刺激素和肥料复合配制，开发出多种适合种子处理、叶面喷雾、浸根和灌根的液态肥料，应用效果良好。目前我国含有木霉菌株登记的微生物肥料 504 种，单一木霉肥 105 种，较大规模的生产企业有数百家。

四、开发技术与存在的问题

（一）菌株筛选与评价技术

目前大多数木霉菌剂核心菌株筛选主要是针对少数病原菌的拮抗性水平，筛选和评价技术单一。对菌株基因组特征、抑病广谱性、作物适应性、生态适应性、工业化易加工性、与农业栽培技术相融性等缺少全面评价，由此为基础开发的木霉菌剂在商业化应用时存在不适应田间复杂环境，影响应用效果的风险。木霉菌剂产品的孢子含量一般要求 $1\times10^8\sim2\times10^8$ cfu/g，但目前一些商业化木霉产品实际存活的孢子数是不达标的。当然，菌剂产品孢子含量与产品应用效果并不一定呈正相关，关键在于菌株本身的生防、促生和抗逆活性，对于具有高生防活性菌株，即使在应用时孢子量仅在千万级水平，也可能产生明显的应用效果。因此，在菌株筛选过程中除了要评价菌株的产孢能力以外，更重要的是关注菌株本身对植物病害的生防活性。目前我国已建立了综合评价木霉菌株生防功能的技术，但还需要在菌剂产业化创制中转化应用。

木霉形成厚垣孢子能力对木霉菌剂的抗逆性和生物防治潜力的发挥具有重要意义，但目前高效诱导木霉形成厚垣孢子的技术较少，厚垣孢子形成水平不高。目前国内外正在鉴定厚垣孢子形成的相关基因，以期今后对厚垣孢子的诱导更为精准、高效。中国农业科学院植物保护研究所和上海交通大学等通过转录组学和蛋白组学方法，发现木霉抗逆性厚垣孢子形成与木霉全局调控基因（*vel1*、*lae1*）、甘油激酶代谢、MAPK 信号（Rho1）及抗氧化代谢途径等密切相关，其中 *vel1* 和 *sod* 基因表达水平可作为筛选高产厚垣孢子木霉菌株的重要相关基因。

（二）菌剂产品设计技术

目前大多数木霉菌剂产品设计技术主要集中在以下两个方面：①木霉菌株与各种营

养、助剂、载体的组合比例；②复合型木霉菌剂组成菌株在拮抗植物病原物功能或促进植物生长功能或抗逆境功能的互补性分析。目前存在的主要问题：一个问题是多数产品设计主要考虑助剂和载体对木霉的亲和性或对木霉菌剂本身物理特性的影响，而缺少研究助剂和载体对植物生长、抗性及其对植物与木霉互作关系的影响，导致菌剂在作物上应用时一旦出现问题，经常片面考虑是菌株或菌剂本身存在问题；另一个问题是对复合菌剂组成菌株之间在共发酵或根际定殖过程中生长繁殖的相互关系、菌株之间在植物定殖过程中营养和功能协同性等方面均缺少研究。高质量木霉菌剂产品的设计除了要考虑木霉-病原物、木霉-助剂/载体、木霉-营养、木霉-植物关系外，还要考虑木霉-木霉-营养、木霉-其他微生物-营养、助剂/载体-植物、助剂/载体-木霉-病原物-植物等互作关系，以及菌剂中的营养成分与植物需求的关系等。目前国际上在以基因组水平进行木霉-植物-病原三方互作信息为基础的产品设计方面取得了突破。

（三）发酵技术

木霉生物农药和木霉菌肥的制备技术主要有固体发酵和液体发酵，其中以固体发酵生产菌剂的企业较多，主要以生产活孢子菌剂为主，孢子类型主要以分生孢子为主，其主要优点是工艺较简单，孢子产量高，无废弃液，缺点是易污染、发酵过程自动化控制难、生产规模扩大难。多年来，固体发酵主要采用曲盘和发酵房进行，发酵过程的温度、湿度、pH、通气等参数控制较难，孢子收集过程中孢子损失较大、活性易损伤。近年来固体发酵技术在自动化方面取得了一定发展，例如，非搅拌型温度、湿度、CO_2 自动监测大型固体发酵器、全自动固体发酵设备等。CO_2 自动监测大型固体发酵器为多层模块式发酵、发酵室温差散热非搅拌型固体发酵器，CO_2 均衡自动监控，孢子和菌丝无损伤，解决了国内外固体发酵器物料氧气交换、散热不均衡和孢子易损伤等难题。全自动发酵设备在温度电极、模糊 PID 智能控制加热、夹套控温、电磁阀调节排水、循环泵水循环等均实现自动控制，并可在线检测和保存数据。但目前大规模固体发酵自动化控制的应用还不是很普遍，相反，液体发酵过程的自动化和智能化控制程度较高，尤其在生产厚垣孢子方面具有优势，在木霉菌剂生产企业中已有大规模应用。但木霉液体发酵的产孢效率还明显不如固体发酵，尤其达到很高水平的厚垣孢子生产效率还有一定难度。目前工业化液体发酵生产木霉厚垣孢子产率为每毫升 2×10^8 个活孢子，需要通过离心或浓缩富集才能达到约每毫升 20×10^9 个孢子的水平。

（四）发酵产物的收集和干燥技术

液体发酵后富集孢子存在的主要问题是板框压滤易导致孢子死亡，压滤后得到的木霉菌物结块，后续加工中也较困难，目前主要仍是靠离心的方法进行液体发酵孢子浓缩，但产业化应用并不十分可行。木霉固体发酵后主要采用旋风分离收集孢子，缺点是粉尘污染，孢子损失较多；采用非旋风式的工艺较好，例如水洗→管式离心→载体吸附→低温闪蒸干燥等紧密衔接孢子收集工艺。非旋风式孢子收集工艺对孢子损伤低，收集效率高。与生产芽孢杆菌制剂常用的高温喷雾干燥相比，木霉低温喷雾干燥技术尽管在一定程度上保护了孢子活性，但生产效率相对较低、生产成本高。由于木霉孢子对高温、紫外线、盐渍化、机械压力等胁迫因子的敏感性，常规干燥与粉碎工艺技术会对孢子数量和活性损伤较大。因此，无论是固体发酵还是液体发酵生产孢子，均缺少适应工业化生产需求的高效孢子收集和干燥技术。

与固体发酵相比，液体发酵一大优势是除了生产孢子产品外，还可生产营养和生防功能因子丰富代谢液（滤出菌物），将其加工成各类液态肥，是未来木霉产品重要的开发方向。目前对于木霉代谢液很难进行大规模工业化浓缩，导致代谢液库存所需空间大，长期保质和防腐难，因此急需低成本生产高浓缩型制剂的技术。代谢液成分的耐贮性、货架期的研究也需加强。

（五）制剂开发技术

目前木霉产品的剂型主要有可湿性粉剂、颗粒剂、水分散粒剂、油悬浮剂等，剂型类型仍较少。新剂型的开发或已有剂型的改进对木霉产品的稳定性、货架期、适用性以及机械化和智能化施用均有重要影响。常规的木霉可湿性粉剂等产品货架期较短，例如一些产品在室外（25 ℃）的保存期不能超过 2 个月，要求在低温（4 ℃）下保存，这就限制了产品在农业生产中的应用。为此，人们开发了海藻酸盐、壳聚糖、阿拉伯胶和 $CaCl_2$ 等物质的微胶囊化木霉产品，以期延长产品的货架期，这一技术可明显延长木霉产品的货架期，但至今没有解决微胶囊化制剂生产成本过高的难题。多年来木霉生物农药的质量合格率一直比较低，一般在 50% 左右，与货架期较短关系密切。随着机械化农业和智能化农业的发展，对木霉制剂的质量提出了更高的要求，而目前的木霉产品孢子含量低，功能因子相关代谢物含量低，水溶性差，不适应通过滴灌设施和无人机等手段应用。因此，亟待开发适合木霉生物学特点和现代农业施药、施肥技术需求的新剂型。

五、木霉产品开发方向

（一）菌株资源的深度开发

目前要加强对新的或稀少的木霉种类或高生态适应性的菌株资源进行挖掘。例如：上海交通大学联合 5 家单位从全国森林生态系统、滩涂湿地生态系统、草原生态系统和农田生态系统中分离、筛选出 7 545 株适应不同生态区的木霉资源，其中一些是稀有的或生物防治中非常见的生防木霉种类，为开发适用不同生态区的新型木霉生物农药或菌肥提供了重要资源。木霉菌株的精准分类鉴定也是木霉生物农药和菌肥登记的重要环节，菌种一旦鉴定错误会误导用户对木霉产品性质的认识。由于木霉间高度的形态学相似性以及对形态学特征判断的主观性使得菌种区分困难，造成了集合种、菌种组合及隐含种的存在。随着木霉分子进化研究的深入，ITS 在区分木霉菌种中的可靠性受到质疑，而基于更多DNA 条形码，如 ITS、*tef1*、*rpb2* 遗传标记等的综合应用，提高了菌种鉴定的准确性，但由于供菌种检索的 DNA 序列公共数据库信息不全或更新滞后，木霉菌种鉴定的准确性和效率难题仍没有完全解决。上海交通大学开发的 MIST（multilocus identification system for *Trichoderma*）（http://mmit. china - cctc. org/）系统，大幅度提高了木霉菌种鉴定的完整性、准确性和操作效率。相对于已有的木霉菌种鉴定系统，MIST 系统数据库涵盖了具有遗传标记序列特征的所有木霉菌种及参考菌株的 ITS、*tef1* 及 *rpb2* 三种遗传标记序列，这使得 MIST 系统具有了完备性的优势。MIST 系统已被国际真菌分类委员会木霉分会（ISTH）认定作为木霉种类鉴定的重要工具。

传统的木霉菌株资源生防功能筛选与评价技术主要是基于木霉对病原菌的抑制能力和

盆栽接种防病试验，对其综合评价指标较少，尤其在候选菌株数量多的情况下，筛选和评价过程费工、费时。目前国内外已研发出多孔板抑菌圈法、半活体叶碟褪色法、试管苗法等高效筛选技术，以及木霉多重生化功能因子综合评价模式和基于木霉-病原菌-植物互作的基因组评价技术，但这些技术在实用性方面还需要进一步开发。

目前对野生木霉资源的开发已做较多工作，但对木霉资源的遗传改造从而获得新资源的研发工作较薄弱。未来通过诱变技术和基因编辑技术构建木霉突变株资源是丰富木霉资源的重要方向，尤其对开发木霉源高活性代谢产物产品具有重要意义。

（二）合成菌剂设计技术

未来木霉产品开发主要是基于合成生物学和微生态学的理论，合成菌群或共生菌群可能会成为主要开发方向。优良的合成菌群需要成员间在功能、作用机制和环境适应性上具有互补关系，在营养上具有互养关系，在微生态上具有协同调控关系。合成菌群可以全部由木霉菌株组成，也可以是木霉与其他生防微生物，如与芽孢杆菌、假单胞菌、白僵菌、绿僵菌组成。因此，合成菌剂的创制设计和制备工艺较为复杂，需要加强不同菌株间遗传回路、模块路径重组、微生物网络中心等相关理论的研究，才能形成可操作的合成菌剂设计技术。

（三）代谢物水剂开发技术

木霉无论是单一培养或共培养中均可产生丰富的初生和次生代谢物。未来将通过合成生物学技术定向分子改良木霉菌株，使其减少产生抑制植物种子萌发和生长的代谢物，通过节点基因的编辑，使木霉代谢通路定向改变，使促进植物生长和免疫的相关蛋白及拮抗性物质大量产生。选用新的动物、植物有机废弃物作为木霉代谢底物，以增加木霉代谢物产量或产生新代谢物质，从而制备出防病促生功能因子组（群）制剂。

（四）制剂加工技术

由于木霉菌剂在加工过程中孢子易损伤或失活，因此要加大开发适应木霉菌剂加工特点的专用装备和加工技术。例如，开发高温低损伤快速干燥和粉碎装备与技术、代谢液低温浓缩装备与技术、低成本孢子微胶囊化保护技术进入产业化应用。这些"卡点"技术一旦突破，木霉菌剂生产才能进入先进的制造时代。

针对现代和未来农业生产技术特点，开发系列新木霉产品、新剂型，例如，适用智能化农业装备的浓缩型高孢子和功能因子含量的全水溶性产品、纳米材料木霉菌剂产品、生物炭基材料木霉菌剂产品等。这些产品如能商业化，会引领木霉生物农药整个产业的快速发展。

第三节　木霉产品类型与特点

目前，国内外木霉菌剂主要以木霉生物农药、生物肥料或菌肥的形式开发。木霉生物农药以防治植物病害为主要目的，兼有促进作物生长功能，而木霉菌肥主要以促进作物生长、提高植物抗逆性和修复土壤为主，兼有防治植物病害的功能，因此木霉菌肥在农业生产中应用更广，并常可与其他农艺措施协同使用。这两大类产品涉及的剂型种类是类似的，但木霉生物农药主要是可湿性粉剂和水分散粒剂，而木霉菌肥更多的是颗粒剂、粉剂和水剂等。

一、木霉产品的主要类型

农业生产中的木霉产品主要是木霉生物农药和木霉菌肥。木霉生物农药主要有可湿性粉剂、水分散粒剂等。可湿性粉剂、水散粒剂主要用于喷雾、灌根和土壤处理。可湿性粉剂和水分散粒剂一般通过"水肥一体化"技术灌施，应用上比较方便，施用均匀，效果较好，但要注意应用中滴灌时粉剂发生沉淀堵塞滴灌孔口的问题，如果发生沉淀现象，需要交替用清水冲施或增加机械搅拌作用或改用全水溶性粉剂。

木霉菌肥有颗粒剂、粉剂、水剂三大类。颗粒剂主要用于苗床土表面撒施或大棚种植前整地时与基肥混合后施入土壤，也可通过施肥机械（可与化肥颗粒混合）施用。粉剂主要用于苗床土壤处理、拌种、蘸根。水剂一般为木霉无菌代谢液，含有蛋白质、糖、多肽、氨基酸、脂肪酸等物质，主要用于叶面喷雾和灌根。菌肥产品除含有木霉菌株外，还有多种营养和促生辅料成分。木霉生物农药常与化学农药混用，要注意两类产品相融性和混用的科学性，防止化学农药抑制木霉发挥作用。很多木霉菌肥实际上是复配产品，其中含有其他营养成分，应用中需要注意其与同时施用的化肥和微量元素的关系，防止出现肥害。不同菌肥产品营养和促生辅料成分差异很大，主要有腐殖酸、氨基酸、微量元素、有机质、生长调节物质等。这些物质可为木霉在土壤和植物器官表面定殖提供营养，同时也为植物生长提供营养和生长刺激素。由于木霉菌肥不同产品除菌株不同外，营养成分复杂性也不同，常导致应用时效果差异较大。木霉液态肥由于复配了其他营养成分，要注意其贮运过程的防腐败和抗氧化问题。

二、木霉产品的主要剂型

（一）可湿性粉剂

可湿性粉剂（wettable powder，WP）是将原药、填料、表面活性剂及其他助剂等一起混合粉碎所得到的一种很细的干剂。它的性能要求主要有润湿性、分散性、悬浮性。可湿性粉剂的优点是喷洒的雾滴比较细，在作物体表上容易湿润展布，黏附力较强。我国登记的大多数木霉可湿性粉剂，以哈茨木霉、绿色木霉和棘孢木霉菌株为主。木霉可湿性粉剂分为根部型、叶部型和多用型，使用剂量因不同公司的产品、作物种类和使用方法而异。木霉可湿性粉剂一般孢子含量为 $2 \times 10^8 \sim 3 \times 10^8$ cfu/g，浸种或拌种使用菌种比为 1：（100～400）（w/w），苗床土喷施 3～5 g/m²，土壤基施每 667 m² 用量 2 kg，喷雾每 667 m² 用量 200～500 g。

1. 根部型可湿性粉剂　该类型主要通过浸种、拌种、蘸根、灌根、沟施（穴施）和土壤处理等方法使用。主要用于防治由腐霉菌、丝核菌、尖镰孢等侵染引起的蔬菜、水果、苗木、中药材、花卉、玉米、水稻、小麦、大豆、棉花等作物的根腐病、立枯病、猝倒病、枯萎病、茎腐病、纹枯病等土传病害。

2. 叶部型可湿性粉剂　该类型主要通过叶面喷雾使用，主要防治番茄、黄瓜、辣椒、草莓、油菜、白菜、菜豆、水稻、小麦、玉米、果树等作物上的叶部、穗部病害。例如，在防治瓜类白粉病、霜霉病、叶霉病、炭疽病、葡萄和草莓灰霉病、稻瘟病、小麦赤霉病、玉米大斑病、玉米小斑病、玉米灰斑病、穗腐病中有广泛应用。多用型可湿性粉剂既可用于根部，也可用于叶部，对菌剂环境适应性较好，作用的靶标病害广。这类可湿性粉剂的菌株不仅能够明显抑制土传和气传病原菌，而且具有在叶表和根际较强的定殖能力和适应性。为了提高这类菌剂的环境适应性，菌剂配方中的助剂组分也更为复杂。

目前木霉可湿性粉剂应用中的主要问题之一是菌剂水溶性差，容易堵塞喷施和滴灌系统，不宜大规模应用。目前一些企业采用加益粉、β-环状糊精制备成全溶性粉剂，其吸附木霉发酵物后的制剂对作物生长促生作用均明显好于传统的粉剂载体。为了适应无人机适用的需求，今后需要开发高孢子含量的全溶性可湿性粉剂。

（二）水分散粒剂

水分散粒剂（water dispersible granule，WDG）又称干悬浮剂（dry flowable，DF）或粒型可湿性粉剂，一旦放入水中，能较快地崩解、分散，形成高悬浮固液分散体系的粒状制剂。水分散粒剂是20世纪80年代在可湿性粉剂和悬浮剂的基础上发展起来的。水分散粒剂可克服可湿性粉剂生产和使用过程中粉尘污染问题和悬浮剂储存容易分层的缺点。木霉水分散粒剂溶解性和悬浮性明显好于可湿性粉剂。我国目前登记的木霉生物农药，仅少部分为水分散粒剂，以深绿木霉（*T. atroviride*）、哈茨木霉（*T. harzianum*）和长枝木霉（*T. longibranchiatum*）、橘绿木霉（*T. citrinoviride*）为主。木霉水分散粒剂的孢子含量、使用方法、适应作物范围与木霉可湿性粉剂基本相同。木霉水分散粒剂不仅在制备过程中无粉尘，而且在颗粒流动性、悬浮性、崩解速度、贮运稳定性、有效成分含量均优于可湿性粉剂。目前木霉水分散粒剂已普遍用于防治不同作物的立枯病、枯萎病、根腐病、纹枯病、黑胫病、青枯病等土传病害及各类叶病。

（三）颗粒剂

颗粒剂（granules）指原料药和适宜的辅料混合制成具有一定粒度的干燥颗粒状制剂。颗粒剂是直径为2～4 mm的粗粒，一般可分为可溶性颗粒剂、悬浮型颗粒剂和泡腾型颗粒剂，目前我国登记的木霉生物农药中仅有1种为颗粒剂。木霉颗粒剂目前以棘孢木霉、哈茨木霉为主，主要用于土壤处理，在防治各类作物的土传病害和土壤修复方面有明显优势。木霉颗粒剂制备成微生物肥比较普遍。木霉颗粒剂相对粉剂更易于保存、耐受逆境能力强，因此可与化肥、有机肥等混合使用，即使在种子包衣化学种衣剂的情况下，也可同时施用木霉颗粒剂。目前木霉颗粒剂制备有两种方法，一种是将木霉孢子粉剂或发酵液与载体等均匀混合后，干燥、造粒，工业化制备过程中孢子易受损伤，生产效率低，但整个颗粒材料中均含有孢子及其代谢物，应用稳定性好一些；另一种是先制备营养核，然后在其上均匀喷上木霉孢子粉或菌液，再包衣上一层保护性物质或硅藻土，腐殖酸是常用营养核中的主要成分。颗粒剂使用方法一般为土壤基施、沟施、穴施，每667 m² 用量为1～5 kg。近年来上海大井生物工程有限公司开发的木霉颗粒肥在山东昌邑、河北行唐和安徽临泉（大姜），云南勐海（西瓜），海南海口、东山（菜心、泡椒、玉米），黑龙江鹤岗（水稻），山东安丘（大麦），山东滕州和广东汕头（马铃薯），新疆伊犁（甜菜、棉花、甜瓜），广西贺州（贡柑），广东揭阳（甘薯、冬瓜），山东滕州（大葱），河南商丘（山药），青海海西（枸杞），上海崇明、奉贤、金山、浦东（草莓、黄瓜、甜瓜、番茄、茄子、鲜食玉米）等地应用数万亩①次，作物促生、提质和防病效果明显。在上海崇明基地（油

---

① 亩，非法定计量单位，1亩＝1/15 hm²。——编者注

桃）施用木霉颗粒剂，对提高油桃果实品质和产量、提早收获、减轻桃树细菌性穿孔病具有良好效果。在广西贺州的贡柑、大头菜、莴苣上应用木霉颗粒剂（每 667 m² 用量 1～2 kg）后，植株根系更为发达，叶斑病明显减轻，并解决了植物缺素难题。广东揭阳甘薯地基施木霉颗粒剂（每 667 m² 用量 5 kg），甘薯果实表面变得光滑，无病果、裂果，增产10%。在山东昌邑大姜上沟施木霉颗粒剂（每 667 m² 用量 5 kg），提高了出苗率，死株减少，产量明显提高。上海崇明、奉贤的草莓和番茄基施或追施木霉颗粒剂（每 667 m² 用量5 kg），草莓灰霉病明显减轻，死苗率降低 70%，化学农药减量 50%，增产 20%，应用效果超过了枯草芽孢杆菌菌剂。在黄瓜、网纹甜瓜上施基肥或追施木霉颗粒剂（每667 m² 用量5 kg），复合化肥减少用量 50%，土壤盐渍化下降 36.6%，甜度增加 30%。在防治病害方面，木霉颗粒剂在防治玉米根腐病、茎腐病、纹枯病、甜菜根腐病、棉花枯萎病、小麦纹枯病、小麦茎基腐病、瓜果蔬菜根腐病和枯萎病等土传病害时有明显优势，防效高、持效性好。在土壤修复方面，木霉颗粒剂可降低土壤盐渍化、吸附或固化重金属和降解敌敌畏、多菌灵等化学农药残留作用。木霉颗粒剂如果与超富集植物联合使用可明显提高土壤修复效果。

（四）油悬浮剂

油悬浮剂（oil‐based suspension）是指一种或一种以上农药有效成分（其中至少有一种为固体原药）在非水系分散介质中形成高分散、稳定的悬浮体系。油悬浮剂是 20 世纪 70 年代至 80 年代发展起来的技术。该剂型适用于亲油性很强的农药或在亲脂性物质中完全不溶的农药，也适用于油相和水相均不溶解的固体农药原粉与液体原油混合配制。一方面，在干旱缺水条件下或使用无人机施药的情况下，油悬浮剂要比其他剂型有优势。另一方面，在一些特殊地区或季节，如热带雨林、台风和雷雨季等，可湿性粉剂易被雨水冲刷而不能很好地发挥其防治病害的作用和促生功效，而油悬浮剂具有渗透性和黏附性强、抗蒸发、耐雨水冲刷、增效等优点，对环境和人类不造成污染。尽管目前我国登记的木霉生物农药中还没有该剂型，但随着无人机喷施生物农药技术的发展，木霉油悬浮剂将会越来越受到重视。

目前我国已有由月桂酰基谷氨酸钠、有机膨润土、羧甲基纤维素、硅酸铝镁等配制的木霉油悬浮剂（谢俊等，2017）。田间采用喷雾＋涂抹或喷雾＋涂抹＋灌根应用木霉油悬浮剂，结果表明：木霉油悬浮剂能在猕猴桃植株上更好地附着，不易被雨水冲刷，其防治猕猴桃细菌性溃疡病的效果明显好于木霉可湿性粉剂。

（五）代谢物水剂

代谢物水剂（metabolites water agent）是指微生物经液体发酵并滤出菌物后的液体，其中含有大量的初生代谢物和次生代谢物，其中具有刺激植物生长、增强植物抗逆与抗病活性的物质亦可统称为木霉活性素。木霉代谢物水剂主要是由木霉发酵液和营养成分（如氮、磷、钾、微量元素和动植物有机质）、防腐成分和抗氧化成分而制备的代谢液复合肥。目前木霉代谢液根据菌株代谢物特点和配方设计，可配制成叶用型和根用型液体肥料，作为生物肥料适用性很广，促生、增抗效果很好。最大优点是不仅可以单独使用，还可与其他类型的菌肥、生物刺激素、化学农药或化学肥料协同或混合使用，可发挥协同增效的作用。与活菌制剂相比，代谢物水剂货架期较长，产品性质较稳定。上海大井生物工程有限公司开发的木霉代谢物液态复合肥或木霉活性素肥料在改善作物光合作用、诱导叶片抗旱衰及抗逆性、促进作物生长等方面发挥了很好的作用。例如，在山东潍坊大姜上用木霉代谢液复合肥灌根（每 667 m^2 用量 1 kg），以及在青海都兰、德令哈枸杞上将木霉可湿性粉剂（每 667 m^2 用量 2 kg）和木霉代谢液复合肥（每 667 m^2 用量 0.5 kg，500 倍稀释液）配合施用，其植株健壮、出果早、果色光亮，促生效果突出。目前，木霉代谢液也可吸附到某些载体物质上，制备成代谢物粉剂。

三、木霉生物农药与菌肥特性比较

（一）产品设计原则

木霉生物农药和木霉菌肥在产品设计原则上有明显区别。如果以开发木霉生物农药为目的，其产品设计原则更加强调核心菌株和菌剂拮抗病原菌能力和防病潜力，需要通过离体和活体试验检测其对不同病原菌的拮抗活性和防病能力，只有抑菌活性高、抑菌广谱、防病作用明显的菌株和菌剂才能作为生物农药进行开发。在满足防病要求的前提下，如果有较好的促进作物生长和抗逆的作用就更为理想了。如果以开发木霉菌肥为目的，其产品设计原则更强调核心菌株和所制备菌剂在促进作物生长、提高农产品的品质、增产和增抗（抗非生物胁迫和病虫害）、改良土壤等方面的潜力要突出。木霉生物农药登记需提供木霉产品化学及生物学特性、毒理学、对环境的影响、药效等资料，其中田间药效试验，即该制剂对特定病害的防治效果显得尤为重要。木霉菌肥的登记资料更加注重其在作物种子萌发、根系生长、植株生长、品质与营养改良、产量、植株抗逆性和土壤改良等方面应用效果的信息。木霉菌剂作为微生物肥料登记费用相对其作为生物农药登记的成本低得多，时间周期更短。由于产品设计原则的重点不同，两类产品在田间表现的特点也不同。当然，木霉生物农药和菌肥在产品设计方面也有很多相似之处，均要考虑核心菌株对环境适应性、产品货架期、产品保质期及应用效果稳定性等问题。

（二）菌剂成分

木霉生物农药的核心菌株数量一般为 1～5 个。木霉菌肥制备过去以单一木霉菌株制备的较多，目前更多的是复合菌株制备。我国生产的单一木霉菌株的菌肥数量远远少于由多个木霉菌株或与其他微生物（例如芽孢杆菌、假单胞菌、根瘤菌等）混合制备的菌肥的数量。单一木霉菌肥在促进作物生长、提质增产、修复土壤乃至防治病害方面一般不如同时含有多种木霉或与其他微生物复合制备的微生物肥料。未来的木霉菌剂产品菌株组成均趋向于多样化，甚至向合成菌群的方向发展。木霉菌肥除菌株性质和数量差异外，在添加的营养物质方面差异更大，主要添加物质有腐殖酸类、微量元素、有机质、活性肽、氨基酸、寡糖等。

（三）作用与功能

木霉生物农药和菌肥在功能上既有相似性，也有不同点。这两类木霉菌剂在防治病害的作用机理方面基本相同，均是通过竞争作用、抗生作用、重寄生作用和诱导抗性作用实现对病害的防治。相比较而言，在防治病害效果上木霉生物农药一般要优于木霉菌肥，而且每 667 m^2 用量要比木霉菌肥少。而在促进作物生长、提高植物抗逆性和土壤修复方面，木霉菌肥效果一般要优于木霉生物农药，尤其在促进作物高效吸收、利用土壤营养成分和修复土壤连作障碍方面更为突出。这主要与两类菌剂产品在菌株筛选目标和产品设计原则方面不同有关。

（四）应用技术

木霉生物农药和木霉菌肥在登记上是有严格区分的，在防治病害方面不能"以肥代药"。在应用上如果以防病为主，尽量应用木霉生物农药；而以提质、增产、改良土壤为目的，则要应用木霉菌肥或复合菌肥。在具体应用方法上，木霉生物农药和菌肥很相似，均可通过种子包衣或浸种、土壤基施、灌根、蘸根等方法应用。两者在适配性方面有一定差异，木霉菌肥更适合与有机肥、复合化肥、生物刺激素、植物生长调节剂、秸秆降解剂等协同使用。而木霉生物农药比较适合与其他低毒化学农药、生物源农药复配或协同使用。当然这种区分是相对的，为了拓宽两类菌剂功能谱，木霉生物农药与肥料、木霉菌肥与生物源农药也可混用。混用前需要检测木霉菌剂与拟混用对象的亲和关系，确保混合使用不干扰木霉菌株活性和功能的发挥。相比较而言，木霉代谢物液态肥或木霉活性素肥料与农化物质的适配性更好。

四、木霉生物农药和菌肥产品存在的问题

从近年来市场抽检情况看，木霉菌剂产品存在的主要问题：①产品货架期达不到包装所标识的标准，活孢子数量严重不足；②少数木霉生物农药产品存在隐性添加化学农药的问题；③木霉菌肥添加的营养物质成分比较复杂，但标识不明确，菌肥产品成分定量标识不清，当与其他肥料和微肥混用时易产生肥害；④缺少有特色或专门化的木霉菌剂，产品的性质和功能同质化严重。

◆ **本章小结**

木霉是一种分布广泛、适应性很强的生防真菌，在防治植物土传病害中表现突出。不仅可以用于防治植物病害，还可应用于提高作物营养利用效率、促进植物生长。此外，木霉在提高作物抗逆性、降解环境农化物质残留、吸附和固化重金属、修复盐渍化土壤、改良土壤微生态环境方面具有明显优势。木霉通过竞争作用、抗生作用、重寄生作用、诱导抗性作用防治植物病害。木霉资源的筛选与评价技术正向多功能因子和基因组水平的综合性、高通量方向发展。木霉产品主要类型有生物农药、菌肥、生物刺激素、土壤修复剂等。木霉生物农药以防病为主，木霉菌肥以促进作物生长、提高产量和修复土壤为主。不同产品类型的应用目的不同，产品设计的原则和制备工艺不同。木霉产品剂型主要有可湿性粉剂、颗粒剂、水分散粒剂、种衣剂、油悬浮剂等，其中以可湿性粉剂、水分散粒剂、颗粒剂和种衣剂为主。木霉产品有根部型和叶部型的专化产品。多菌株木霉产品是国内外目前主要开发方向，未来还将向创制木霉合成菌群制剂方向发展，需强化木霉间或与其他微生物的互养菌群或合成菌群的构建及共发酵技术的基础研究。合成生物学方法和基因编辑技术将成为木霉产品开发的关键技术。现代农业需要高水溶性、高含量的木霉菌剂或代谢物产品。木霉产品存在的主要问题是产品受贮运环境影响大、产品货架期短。

◆ **思考题**

1. 简述木霉防治植物病害的主要机理。
2. 简述木霉修复土壤的机理。
3. 简述多菌株木霉菌剂设计的原则。
4. 目前木霉菌剂开发过程及其产品普遍存在的问题有哪些？如何解决？
5. 在农业生产应用中如何选择合适剂型的木霉菌剂？
6. 未来木霉生物农药和菌肥开发的方向有哪些？
7. 木霉孢子含量高的菌剂防病促生效果一定好吗？说明理由。
8. 如何根据木霉生物农药与生物菌肥的功能异同性，制定科学的应用技术方案？

第二章　木霉分离、拮抗菌株筛选与评价

木霉生防资源筛选与评价是创制木霉生防制剂的第一步。要获得防病效果好且防效稳定的木霉菌株，需要对大量的候选菌株进行筛选，其工作量大、耗时长，因此应用科学的筛选方法至关重要。木霉菌株筛选与评价的精准性是制约未来产品质量的关键，目前已从平板对峙培养筛选法发展到多孔板抑菌圈法、病菌存活率测定法、叶碟褪色斑面积扫描法和试管苗接种筛选法，其中多孔板抑菌圈、叶碟褪色斑面积扫描、试管苗接种系统的筛选结果与盆栽植株筛选结果和田间小区试验复筛结果基本一致。候选木霉菌株生防活性评价技术已从单一功能因子评价，发展到多功能因子综合评价乃至组学水平的高通量评价。在生化水平上，建立了多种酶活性和抗菌肽等9个生防功能因子综合评价模式，耐受4种逆境因子（高温、低温、盐渍化、干旱）的生防菌株评价技术和阈值；在基因水平上，建立了几丁质酶基因、葡聚糖基因和蛋白酶基因分子辅助评价技术，形成了针对10种病原菌的266个相关基因木霉菌株转录组高通量评价技术以及阈值、耐受重金属、有机磷农药生防菌株转录组评价技术。

第一节　木霉菌株分离、纯化及保存

木霉菌株分离、纯化及保存是木霉菌剂开发的基础性工作。规范的土壤样品采集方法，有助于获得适应性不同的木霉资源。通过多样性的培养基分离木霉菌株，有助于提高木霉菌株的分离频率，而木霉菌株短期、中期和长期的保存方法可满足木霉优良菌株不同阶段的开发需求。

一、土壤样品采集与贮运

（一）土壤样品采集

根据生态系统及取样和分离目的不同，采集土样的方法是有差异的。如果研究不同生态系统与木霉资源多样性关系，则对采样区的面积、采样点数量和分布的要求更加严格。以农田生态系统为例：采样前要详细了解采样地区地理位置、土壤类型、肥力、植被种类、前后茬作物，记录取样季节和时间等。采样点采用GPS或县级土壤图定位，记录经纬度，精确到0.01。采样时应沿着一定的线路，按照"随机""等量"和"多点混合"的原则进行采样。一般采用S形布点采样，能够较好地克服耕作、施肥等所造成的误差。在地形较小、地力较均匀、采样单元面积较小的情况下，也可采用梅花形布点取样，要避开

路边、田埂、沟边、肥堆等特殊部位。每个采样单元的土壤要尽可能均匀一致，平均采样单元为 6.67 hm²（平原区、大田作物每 6.67～33.33 hm² 采 1 个混合样，丘陵区、园艺作物每 2～5.33 hm² 采 1 个混合样）。采样点的多少，取决于采样单元的大小、土壤肥力的一致性等，一般 7～20 个点为宜。样点分布要均匀，切忌在田边、路边、沟边、粪堆旁或堆放化肥的地方取样。可采用对角线取样法、五点取样法、蛇形取样法、棋盘取样法等。五点取样法应用较普遍。每个采样点的取土深度及采样量应均匀一致，土样上层与下层的比例要相同。采样深度应根据不同作物、不同生育期的主要根系分布深度来确定，一般为 0～20 cm。取样器应垂直于地面入土，深度相同。用取土铲取样应先铲出 1 个耕层断面，再平行于断面下铲取土，一般每块地至少取 5 个样点。将各点所取土样置于蛇皮袋上，压碎，充分混合均匀，依四分法（将所取土样全部集中混合均匀，平堆成正方形，依对角线分成 4 份，任意保留其中对角两份）弃去多余部分，拣去枯枝败叶、石砾等杂质，保留约 500 g。采集的样品放入统一的样品袋，用铅笔写好标签，内外各具一张。有些生态系统取土样有特殊要求，例如：森林生态系统土壤取样，每个森林区域按照海拔高度间距 100 m 或同一海拔高度直线距离 2 km 的间距设置 7 个采样区域。每个采样区域内直线距离间距至少 50 m 设置 3 个采样点，每个采样点 10 m 范围内采用 5 点取样法收集样品，并用手持式 GPS 定位仪记录样品采集点的经纬度坐标。收集的样品类型包括树木根际附近的枯枝落叶等凋落物以及移除地表凋落物后，树木根际处 0～10 cm 深度的土壤。采集的样品存放于自封袋中邮寄回实验室进行木霉分离。

如果是以筛选防治病害和促进作物生长为目标的木霉资源，则首先要对土样采集地的植物病害发生和土质营养状况有所了解，在发病较轻、有机质含量较丰富的区域取土壤样品。取样范围 667～6 667 m²，每个田块要选择 5～10 个取样点，采集地块的对角线选 5 等分点，然后去掉表层土 1～2 cm，用深度 25 cm 的采土器在每点采取深度 20 cm 左右的土样，再将 5 份土混合均匀，取 500 g 装入灭菌塑料袋中封好并做好记录，4 ℃贮存。

土壤样品尽快处理，如手工过筛，则过筛前去除样品中的植物残体、可见的土壤动物和石粒等，推荐过 2 mm 筛。如果土样过湿难过筛，可在轻微流动的空气中风干，但不要过度风干。风干程度达到过筛的要求即可。

（二）土壤样品的贮运

土样从采样地寄送到实验室之前，土样要存放在黑暗、低温（4 ℃）的密闭环境，防止杂菌污染。如果取样地具备保存条件，土样应在 0～4 ℃条件下的保鲜箱或冰箱中保存，土样袋不能叠放过多。此外，土样可用泡沫箱寄送，但包裹要严封。如果寄送路途较远，则需要在泡沫箱中加入冰袋。寄送过程中对封好的泡沫箱内不能随意打开、放入和拿出样品。要注意冰袋包装的完好性，以防在运输路途中冰块融化从破损的冰袋流出水分，污染土样。

（三）土壤样品的储存

到达目的地后，土样要尽快放入 0～4 ℃条件下的保鲜箱或冰箱中保存。土样也可进一步处理后，如土壤浸提等，分装到小瓶中，存入 -20 ℃冰箱。要随时监控保存环境的变化和土样的状态。土壤样品要尽快处理，一般需要在 1 周内完成木霉分离。

二、分离培养基

1. PDA 培养基 称取 200 g 去皮切块的新鲜马铃薯，沸水中煮至马铃薯块绵软后，用纱布将马铃薯块过滤掉，在剩余的马铃薯营养液中加入 20 g 葡萄糖、20 g 琼脂后，用纯净水定容至 1 L，自然 pH，在高压蒸汽灭菌锅中 115 ℃灭菌 20 min 后备用。

2. PDAm 培养基 在每升 PDA 培养基的成分中添加孟加拉玫瑰红（酸性红 94）0.02 g，氯霉素 0.3 g，自然 pH，在高压蒸汽灭菌锅中 115 ℃灭菌 20 min 后备用。

3. SNA 培养基 每升培养基中的成分包含磷酸二氢钾 1 g，硝酸钾 1 g，七水合硫酸镁 0.5 g，氯化钾 0.5 g，葡萄糖 0.2 g，蔗糖 0.2 g，琼脂粉 20 g，pH 为 7.0，在高压蒸汽灭菌锅中 115 ℃灭菌 20 min 后备用。

4. CMA 培养基 每升培养基中的成分包含玉米粉 40 g，葡萄糖 20 g，琼脂粉 20 g，自然 pH，在高压蒸汽灭菌锅中 115 ℃灭菌 20 min 后备用。

5. TSM 培养基 称磷酸二氢钾 0.9 g，七水合硫酸镁 0.2 g，氯化钾 0.15 g，硝酸铵 1.0 g，葡萄糖 3.0 g，孟加拉玫瑰红 0.15 g，60%敌磺钠可湿性粉剂 0.3 g，五氯硝基苯（PCNB）0.2 g，琼脂 20.0 g，蒸馏水定容至 1 000 mL，121 ℃灭菌 20 min，用之前加入最终浓度为 100 mg/L 的氯霉素。

6. 木霉改良分离培养基 TSM 培养基＋0.08 g/L 三唑酮；PDA 培养基＋0.15 g/L 孟加拉玫瑰红；PDA 培养基＋0.15 g/L 孟加拉玫瑰红＋0.2 g/L 五氯硝基苯；PDA 培养基＋0.15 g/L 孟加拉玫瑰红＋0.2 g/L 五氯硝基苯＋0.08 g/L 三唑酮。

相比较而言，PDA 培养基＋0.15 g/L 孟加拉玫瑰红的分离培养基分离到的木霉较多。

三、菌株分离

菌株分离一般采用土壤稀释平板法。称取土样 10 g，放入装有 90 mL 灭菌蒸馏水及小玻璃珠的 250 mL 三角瓶中，在摇床上以 120 r/min 摇 10 min，使土样充分分散，即成 10%稀释液；再吸取搅拌中的 10%稀释液 1 mL 移入装有 9 mL 灭菌蒸馏水的试管中，即成 1%稀释液；依此制成 0.1%稀释液（每次一定要更换试管，连续稀释）。将融化的选择性培养基倒入培养皿中，每皿倒入 15 mL。待培养基冷却成平板后，用无菌吸管按无菌操作过程分别吸取土样的 0.1%稀释液 0.1 mL，滴在培养基平板上，再用无菌刮铲或涂布棒将稀释液涂匀后培养，每个稀释浓度重复 3 次，置于培养箱中 25 ℃恒温培养 3～7 d，每天观察菌落，在菌落边缘未交叠的时间点选取菌落密度适中（每个平板约 50 个）的平板进行菌落分离。无菌操作环境下，在扁平且无色的菌落边缘切取菌块接种于 PDA 平板上。将 PDA 平板放到恒温培养箱中，在 25 ℃、黑暗条件下培养至形成半径约 1 cm 的新菌落，即分离得到待鉴定的木霉。

四、菌株纯化与保存

（一）短期保存法

第 1 步，从木霉单菌落边缘上挑取边长约 2 mm 的薄菌块，并转接到新的 PDA 平板上，共重复 2 次。

第 2 步，将涂布棒在酒精灯火焰上灼烧灭菌后冷却。使用冷却的涂布棒将新接入的 2 mm 薄菌块碾碎，并将碾碎后的含菌培养基涂布至整个平板。

第 3 步，将平板密封后转移至恒温培养箱中，在 25 ℃、黑暗条件下，培养 6 h。

第 4 步，将培养 6 h 的平板取出并保持密封状态。使平板底部面向光学显微镜的物镜，在 10 倍物镜下观察整个平板是否有单个菌丝延展出的菌丝分枝。如果没有，将平板继续放入培养箱中培养，每隔 2 h 观察 1 次，直至找到单菌丝形成的分枝。

第 5 步，在 20 倍物镜下，用尖头记号笔在平板底面圈出单菌丝形成的分枝。

第 6 步，在 40 倍物镜下，观察记号笔圈出区域，确保圈出区域周边没有其他菌丝形成的分枝。

第 7 步，用接种针沿着记号笔印记内缘切下菌块，转接至新的 PDA 平板上即得到含有纯化菌落的平板。

第 8 步，将含纯化菌落的平板密封后，转移至恒温培养箱中，在 25 ℃、黑暗与光照各 12 h 循环的条件下培养。

第 9 步，培养 24 h 后，纯化成功的平板上会形成新的单一菌落，之后继续培养 7 d。

第 10 步，向培养 7 d 的菌落上加入 1 mL 体积比为 20％的灭菌甘油，然后将孢子及菌丝刮入甘油中并将甘油转移至无菌冻存管中。也可以在培养 7 d 的菌落上直接切取产孢处的菌块，然后转移至含有 20％灭菌甘油的冻存管中。

第 11 步，确保冻存管中的甘油液面覆盖过加入的菌组织，室温下保持 30 min，然后转移至－80 ℃超低温冰箱中保存备用。同时转接 1 份至新的 PDA 平板上以备随时取用。

（二）长期保存法

1. 定期移植法　将木霉菌种接种于适宜的培养基中，最适条件下培养，待生长充分后，于 4～6 ℃进行保存，并间隔一定时间进行移植培养的菌种保藏方法。

2. 液体石蜡法　将木霉菌种接种在适宜的斜面培养基上，最适条件下培养至菌种长出健壮菌落后注入灭菌的液体石蜡，使其覆盖整个斜面，再直立放置于低温（4～6 ℃）干燥处进行保存的一种菌种保存方法。

3. 沙土管法　将培养好的木霉孢子用无菌水制成悬浮液，注入灭菌的沙土管中混合均匀，或直接将成熟孢子刮下接种于灭菌的沙土管中，使孢子吸附在沙土载体上，将管中水分抽干后熔封管口或置干燥器中于 4～6 ℃或室温进行保存的一种菌种保存方法。

4. 真空冷冻干燥法　将木霉菌种冷冻，在减压下利用升华作用除去水分，使细胞的生理活动趋于停止，从而长期维持存活状态的一种菌种保存方法。例如：基于压盖型冻干机和西林瓶的冻干保存方法，即利用保护剂 10％脱脂牛奶、压盖型冻干机和保存容器西林瓶对木霉菌种进行保存。该方法特点：①菌种保存过程中原位冻干，不必再对接外置歧管进行封口前的抽真空操作；②操作简单安全，不需具有火焰封口经验的技术人员操作；③效率明显提高，现行火焰封口体系中 1 次只能操作 1 支安瓿管封口，而压盖体系中可以在短时间内同时完成数十个西林瓶的封口，若采用自动封口机，效率还会进一步提高。

第二节　木霉拮抗菌株的筛选

木霉拮抗菌株的筛选是生物农药创制的基础工作。木霉拮抗菌株常规的筛选方法是平板对峙培养筛选法和盆栽接种筛选法，但筛选效率较低，而与多孔板抑菌圈筛选、试管苗接种筛选等方法相结合可提高筛选效率。盆栽接种筛选是综合体现筛选准确性最重要的环节。

一、平板对峙培养筛选法

首先需要进行木霉菌株和病原菌的活化，即在 28 ℃恒温培养箱中培养 3 d，然后从菌落边缘打取菌饼，分别放置于培养皿直径线上两端，相距 30～50 mm（根据培养皿直径），距培养皿边缘 10 mm 处，3 d 后观察营养竞争情况，随后每天观察有无重寄生现象或抑菌现象。28 ℃培养 5～7 d 后用十字交叉法逐日测量记录病菌菌落直径，计算抑菌率，重复 3 次，以只接种病原菌菌饼作为对照。值得指出的是，有时木霉菌株由于生长速度很快，其菌丝覆盖病菌的菌落，而且病菌菌落颜色已经变黄，说明木霉已经对病菌的生长产生了抑制作用。

具体操作步骤如下：

第 1 步，在 PDA 平板上，28 ℃恒温条件下暗培养待评价的木霉以及植物病原菌 2～3 d。

第 2 步，在木霉及植物病原菌的菌落边缘打取 5 mm 菌饼并分别接种至直径 90 mm PDA 平板的两端，以只接种植物病原菌的 PDA 平板为对照。

第 3 步，接种后的 PDA 平板置于 28 ℃恒温培养箱中在黑暗条件下培养，其中平板培养时间为 4～7 d。对峙培养后测量平板中植物病原菌未被木霉覆盖生长部分的菌落直径以及对照平板中植物病原菌的菌落直径。

第 4 步，计算每个木霉菌株的抑菌率。计算公式如下：

抑菌率＝(对照平板中植物病原菌的菌落直径－植物病原菌未被木霉覆盖生长部分的菌落直径)/对照平板中植物病原菌的菌落直径×100%。

通过这种方法可筛选出对病原菌有不同抑制作用的木霉菌株。例如，利用上述方法从 12 个木霉菌株中筛选出 1 株对尖镰孢抑菌率在 70% 以上的菌株；培养第 5 天该菌株菌丝体完全覆盖病原菌菌落，病原菌停止生长甚至枯萎死亡；挑取两个菌落相交叉的菌丝在显微镜下观察，发现木霉菌丝对尖镰孢菌丝有明显重寄生现象，表现为缠绕、附着和穿透病原菌菌丝，最终造成病原菌菌丝的解体（表 2-1）。

表 2-1 木霉在 PDA 平板上对尖镰孢的拮抗作用

菌株		病原菌菌落直径	抑制率
木霉菌株号	种名	(cm)	(%)
SZ2212	T. erinaceum	1.73 fE	72.49
AQ2304	T. koningii	1.90 efDE	69.84
HA2203	T. atroviride	2.03 defDE	67.72
HF3206	T. hamatum	2.03 defDE	67.72
JA14	T. koningiopsis	2.08 deDE	66.93
SH1404	T. aureoviride	2.23 dD	64.55
DLY34	T. harzianum	2.23 dD	64.55
AQ2109	T. asperellum	2.32 dD	63.23
HF2503	T. brevicompactum	2.83 cC	55.03
ZQ3206	T. velutinum	2.90 cC	53.97
GZ2102	T. virens	3.45 bB	45.24
CK	—	6.30 aA	—

注：同列数据不同小写字母表示在 0.05 水平上差异显著；同列数据不同大写字母表示在 0.01 水平上差异极显著（LSD 法）。

如果要提高筛选效率，可在 PDA 平板（直径 9 cm）中央放置靶标病菌菌片，在四周放置 4 个木霉菌片，这样 1 次可筛选 4 株木霉，提高了筛选效率。

经典的对峙培养法筛选拮抗木霉，主要是根据木霉菌落和病菌菌落的生长速度的差异计算抑菌率或拮抗率，但由于不同病菌本身生长速度的差异及不同研究人员在 PDA 平板放置病菌与木霉的菌饼距离的不同（3 cm、5 cm、9 cm），统计出来的木霉抑菌率或拮抗率就会出现差异，如果要参考已发表的木霉抑菌率筛选结果，要注意上述细节的差异性。

由于经典的对峙培养筛选法主要用于筛选比病菌生长速度快、竞争作用强的木霉菌株，较少注意到木霉对植物病原菌的重寄生作用。Zhang 等（2017）通过综合观察木霉与植物病原真菌生长速度相对差异、木霉菌丝缠绕植物病原真菌菌丝及其菌落上产孢的水平，建立综合体现木霉菌株竞争作用和重寄生作用的初筛系统。可将木霉菌株分为强、中等、弱和无拮抗能力 4 种类型（彩图 1）。

1. 强拮抗类型　对峙培养中，木霉菌株生长速度快于病原菌，产生大量缠绕菌丝缠绕在病原菌的菌丝上，12 d 在病菌菌落上大量产孢。

2. 中等拮抗类型　对峙培养中木霉生长速度较快或与植物病原菌速度相似，但木霉缠绕病菌菌丝明显，30 d 内在病菌菌落上仅少量产孢；或木霉生长速度快，但缠绕菌丝较少或无，12 d 内在病原菌的菌落上产孢丰富。

3. 弱拮抗类型　对峙培养中木霉菌株生长速度与植物病原菌生长速度大致相同，缠绕菌丝较少，30 d 后在病菌的菌落上少量产孢或不产孢。

4. 无拮抗类型　木霉菌株生长速度慢，常受病原菌菌落限制，甚至被病原菌的菌落覆盖。

二、病菌存活率测定法

这种方法属于拮抗木霉菌株的初筛选方法。病菌存活率测定法是通过病原菌与木霉孢子悬浮液充分接触，观察病原菌的存活能力变化，从而判定木霉的拮抗作用。具体操作：从活化 5 d 的镰孢菌边缘打取 4 片直径 5 mm 菌饼，将其浸入木霉孢子悬浮液（每毫升孢子 $1×10^6$ 个）中 30 s，然后将该菌饼放在铺有 3 层湿滤纸的培养皿中过夜培养。以无菌水取代木霉孢子悬浮液作为对照。翌日将病原菌菌饼转接至含有 1.0 mg/L 苯菌灵的镰孢菌选择性培养基中，放置于 28 ℃恒温培养箱中培养，重复 3 次。第 5 天测定病原菌菌落直径，计算病原菌的存活率，每处理取其平均值。

病原菌在不同木霉孢子悬浮液的作用下存活率发生不同的变化，一些木霉孢子悬浮液导致镰孢菌的存活率明显下降。木霉作用初期，病原菌生长缓慢，培养至第 3 天停止生长，到第 5 天菌丝出现干枯发黄的现象，挑取干枯的菌丝块至 PDA 培养基中再培养，发现菌丝不再生长，证实病原菌已死亡。在存活的菌株中，由于木霉的拮抗作用，病原菌的生长直径也相应改变。

三、分泌物降解病原菌菌丝测定法

这种方法属于拮抗木霉菌株的初筛选方法，主要反映木霉降解病原真菌细胞壁的活性。

1. 木霉分泌物的制备　木霉在 PDB 培养基中培养 4 d，抽滤菌丝 1 g，分别接种于含有胶态几丁质的培养基，培养 4 d 后用布氏漏斗过滤除去木霉菌丝，滤液用直径 0.22 μm 的细菌过滤器过滤，得到木霉分泌物。

2. 病原菌菌丝降解量测定　将镰孢菌在 PDB 培养基中培养，用真空泵抽滤得到菌丝。称取 1 g 菌丝分别置于 50 mL 木霉分泌物中，28 ℃、180 r/min 培养 7 d 后抽滤称重。以无菌水取代木霉分泌物为对照。重复 3 次，以上操作均在无菌超净台中进行。病原菌菌丝降解率＝(1－降解后镰孢菌丝重量) /对照处理的镰孢菌丝重量×100%。这种方法可检测出木霉分泌物的抑菌活性，对于筛选抗生型的拮抗木霉菌株具有意义。

四、多孔板快速筛选法

尽管采用平板法观察木霉与病原菌的相互作用比较容易，但需要制备较多对峙培养的平板，工作量较大，尤其是在筛选的木霉菌株和靶标病原种类较多的情况下，工作量较大，费工费时。多孔板快速筛选应用 12 孔板，结合菌落扫描仪，能够进行批量高效筛选。具体操作步骤如下。

第 1 步，用 6 mm 打孔器从 PDA 活化的病菌菌落边缘打取菌饼，转接至 12 孔板正中央，28 ℃恒温培养箱培养 36 h。

第 2 步，将木霉菌株从甘油管中转接至 PDA 平板上活化，恒温培养箱 28 ℃培养至产孢，使用直径小于 12 孔板孔径的试管倒扣在木霉菌落上，试管口蘸取木霉分生孢子，随后倒接在 12 孔板孔内的病菌菌落边缘。

第 3 步，将 12 孔板密封后放置于 28 ℃恒温培养箱；4 d 后使用菌落面积扫描仪扫描 12 孔板中病原菌菌落生长面积（图 2 - 1）。

图 2 - 1　多孔板筛选拮抗木霉菌株示意
A. 扫描拮抗镰孢菌菌落　B. 扫描拮抗炭疽病菌菌落

木霉的抑菌水平可用板孔未被木霉覆盖的病菌菌落生长面积（mm²）反映，即未被木霉寄生的病菌菌落生长面积越大则表明木霉菌株抑菌能力越差。这种初筛方法与传统平板对峙培养筛选结果具有显著的相关性（$P<0.05$）。

五、半活体植株筛选法

（一）叶碟法

叶碟法是一种半活体苗的筛选方法，也是一种在较接近自然条件下的拮抗木霉复筛方法。这种方法适用于针对叶斑病菌的拮抗木霉筛选。取黄瓜 3～4 叶期叶片，制成 1.5 cm 叶碟，漂浮在木霉孢子悬浮液中，轻振荡 20 min，取出略晾干，置入具保湿滤纸的培养皿上，将供试菌（如黄瓜霜霉病菌）孢子悬浮液（$1×10^6$ cfu/mL）定量滴加在叶碟上，在光照下培养一段时间，调查发病面积。以单一病菌孢子悬浮液和无菌水处理叶碟为对照，计算病斑抑制率。可用扫描仪记录病斑面积，抑制叶碟侵染率＝（仅接种病菌叶碟病斑面积－同时接种木霉与病菌的叶碟病斑面积）/仅接种病菌的叶碟病斑面积×100%。

（二）12 孔板-叶碟法

在 12 孔板中每孔放置少量脱脂棉，加入 500 μL 6 - BA 溶液。在黄瓜叶片打取 3 cm 叶碟。每孔放置 1 片。将不同木霉菌株分别在 PDA 中活化并产孢后，用无菌水冲取孢子悬浮液，孢子浓度为 $1×10^6$ cfu/mL，黄瓜叶片蘸取木霉孢子悬浮液。将活化 6 d 的病菌打取菌饼接种于多孔板中的叶片上。28 ℃恒温培养箱培养。待叶碟褪绿后，以仅接种病原菌及未做任何处理的黄瓜叶片为对照。采用全自动菌落分析仪扫描病斑面积。

根据黄瓜炭疽病菌导致的叶面褪绿面积大小，将木霉菌株拮抗性强弱分为 3 级。叶碟褪绿面积越小则该孔对应的木霉菌株拮抗性越强。分级标准如下。

1 级，叶碟几乎完全褪绿（褪绿面积占叶碟面积的 3/4 以上，＞127.5 mm^2）。

2 级，叶碟大面积褪绿（褪绿面积为叶碟面积的 1/4～3/4，42.5～127.5 mm^2）。

3 级，叶片褪绿面积很少或完全不褪绿（褪绿面积占叶碟面积的 1/4 以下，＜42.5 mm^2）。

六、活体植株筛选法

（一）试管苗筛选法

这种方法属于拮抗木霉复筛的方法。试管苗法有多种做法，一种方法是将病菌和木霉混合接种到幼苗培养生长液中。评价分为茎叶和根部，考虑不同批次可能造成的差异，每次试验都设不接种病原菌和木霉的对照和只接种木霉或病原菌的对照，每个处理 5 株试管苗。另一种方法是将病原菌的发酵上清液加入适合黄瓜苗生长的 MS 培养基中，同时用木霉孢子悬浮液浸泡萌发的黄瓜种子 12 h，然后将吸干木霉菌液的种子置入含病原菌发酵上清液的 MS 培养基中，在一定的光照条件下培养 5 d，观察黄瓜子叶生长，分级统计黄瓜子叶面积的变化。还有一种方法是将催芽后的黄瓜种子置于木霉孢子悬浮液中浸泡一段时间后，吸干黄瓜种子表面附着的木霉孢子悬浮液、催芽，然后将该黄瓜种子的胚根向下置于病原菌接种液中，恒温光照培养至出苗。采用菌落面积扫描仪扫描黄瓜子叶面积。上述方法筛选结果与盆栽筛选结果有较高的相关性。具体步骤如下。

第 1 步，在 PDA 平板上培养 7 d 的黄瓜炭疽病菌菌落边缘打取菌饼，转移至 PD 培养基[①]中，28 ℃、180 r/min 恒温摇床培养 5 d。将培养后的发酵液转移至离心管中，在离心机中 10 000 r/min 离心 10 min，获得病菌发酵上清液。

第 2 步，在 5 mL 离心管中，将病菌发酵上清液与 MS 培养基 1：4 混合，总体积 4 mL，即得病菌接种液。

---

① PD 培养基，较 PDA 培养基只是缺少琼脂而已。

第 3 步，将黄瓜种子置于铺有湿润滤纸的培养皿中，28 ℃恒温培养箱黑暗条件催芽 2 d。将催芽后的种子置于每毫升 $1×10^6$ 个木霉孢子的悬浮液中浸泡 12 h 后，用滤纸吸干种子表面附着的木霉孢子悬浮液。

第 4 步，将经步骤 3 处理后的黄瓜种子胚根向下置于病菌接种液中培养为处理组。以黄瓜种子在未接种任何菌物（病原菌和木霉菌株）的培养液中培养为对照组（健康组）。置于 28 ℃，光照度 4 000 lx，空气相对湿度 75% 的恒温培养箱中（光照 16 h、黑暗 8 h）培养 5 d，出苗。

第 5 步，将经第 4 步培养后的处理组试管苗子叶剪下，使用菌落面积扫描仪对子叶面积进行扫描，子叶面积越大则对应木霉拮抗性越强。同时对对照组的试管中未接种任何菌物的子叶面积进行扫描，比较接种木霉菌株的子叶面积与未接种任何菌物的子叶面积的比值，设定拮抗性评价阈值。分级标准如下。

1 级，接种木霉和病菌的子叶面积/未接种任何菌物的子叶面积<1/2。

2 级，1/2<接种木霉和病菌的子叶面积/未接种任何菌物的子叶面积<3/4。

3 级，接种木霉和病菌的子叶面积/未接种任何菌物的子叶面积>3/4。

活体高效筛选方法与盆栽筛选方法结果进行对比，两种方法筛选效果的吻合率需在 70% 以上。

（二）种子萌发测定法

这种方法属于拮抗木霉复筛的方法，主要适用于针对种传病菌或土传病菌的木霉菌株的筛选方法。黄瓜种子用 75% 酒精表面消毒 1 min 后在木霉孢子悬浮液（每毫升孢子 $1×10^7$ 个）中浸泡 6 h，在铺有双层湿滤纸的培养皿中培养 12 h，每皿 20 粒，重复 3 次；然后将黄瓜种子蘸取镰孢菌孢子悬浮液（每毫升孢子 $1×10^6$ 个）后继续培养，以无菌水代替木霉孢子悬浮液作为对照。4 d 后观察种子萌发情况，计算木霉减轻病菌抑制种子萌发的效果。木霉诱导种子抗侵染率=（同时接种木霉与病菌孢子悬浮液处理的种子萌发率－病菌孢子悬浮液处理的种子萌发率）/木霉孢子悬浮液处理的种子萌发率×100%。

（三）盆栽接种筛选法

这种方法属于拮抗木霉复筛的方法，适用于针对土传病害、气传病害（叶斑病）和促生作用的生防木霉菌株的筛选，具体细节有所不同。

1. 拮抗土传病原菌的木霉菌株筛选 消毒的黄瓜种子于双层湿滤纸的培养皿中催芽，每皿 6 粒，重复 3 次。无菌水保湿培养数日，待种子完全萌发褪去种皮，发育成完整的胚根胚轴及子叶。用种苗的胚根分别蘸取木霉孢子悬浮液（每毫升孢子 $1×10^7$ 个）30 s，于 28 ℃恒温培养 12 h，再用相同的方式分别接种尖镰孢孢子悬浮液（每毫升孢子 $1×10^6$ 个），播入无菌土盆栽苗土壤中，每盆 10 粒种子，空气相对湿度 65%，18 h 光照、6 h 黑暗，28 ℃培养 10 d 后取出，调查子叶和根系发病情况。计算病情指数和防治效果。

病情分级标准：0 级，根须白净健壮，无症状；1 级，仅主根泛红；2 级，根系泛红，且子叶皱缩；3 级，子叶与胚轴分离；4 级，子叶脱落，胚轴与根须枯萎或腐烂。

病情指数 = $\sum$（各级病叶数×各级代表值）/（调查总叶数×最高级代表值）×100。

防治效果=（对照病情指数－处理病情指数）/对照病情指数×100%。

2. 拮抗叶斑病原菌的木霉菌株筛选 种子播前处理与苗期管理同上。不同的是要在黄瓜苗 3～4 叶期叶片直接喷施加入 0.5%吐温 80[①] 的木霉孢子悬浮液（浓度每毫升孢子 $1×10^7$ 个），每株喷施 6 mL，然后再接种病菌孢子悬浮液（每毫升孢子 $1×10^6$ 个），可喷雾接种、针刺接种、注射接种。处理后需要保湿 24 h。

以针对黄瓜炭疽病菌的拮抗木霉菌株筛选为例。

在 PDA 培养基上分别将供试木霉菌株及病原菌活化。用无菌水分别冲洗培养基上的病原菌孢子和木霉孢子，菌液用已灭菌的滤纸过滤以除去菌丝，分别制备病原菌及木霉孢子悬浮液，然后加入适当浓度的 0.5%吐温 60 溶液，将其稀释成每毫升含孢子 $1×10^6$ 个的悬浮液。将长出 3～5 片叶的黄瓜幼苗，采用茎叶喷雾的方法将配制好的木霉孢子溶液均匀喷雾在黄瓜苗上，喷清水为空白对照，温室中阴干 24 h。然后喷雾接种已配制好的黄瓜炭疽病病菌孢子悬浮液，每处理组 3 个重复。接种后移至恒温室保湿箱中遮暗保湿（湿度 100%）诱发。24 h 后再将瓜苗移出保湿箱，移至有光照射（4 000 lx）的架子上，14 d 后调查发病情况，与空白对照比较，计算出防治效果。

病情指数 $= \sum$（各级病株数×该病情分级值）/（调查总数×9）×100。

防效=（对照病情指数－候选菌株病情指数）/对照病情指数×100%。

（1）病情分级标准（即病情分级值）。0 级，无病斑；1 级，病斑面积占整个叶面积的 5%以下；3 级，病斑面积占整个叶面积的 6%～10%；5 级，病斑面积占整个叶面积的 11%～25%；7 级，病斑面积占整个叶面积的 26%～50%；9 级，病斑面积占整个叶面积的 50%以上。

（2）防效分级标准。1 级，防效>50%；2 级，50%<防效<70%；3 级，防效>70%。

第三节　木霉生物防治功能评价

木霉菌株拮抗性和生物防治功能的评价水平决定了木霉菌剂核心菌株的质量。单一拮抗相关酶活性和基因表达评价可作为初步评价，但全面评价还需要采用多种酶的活性和多种基因表达水平的评价。采用基于主成分分析的评价模式和转录组等组学评价方法可获得高质量木霉多功能生防菌株。

一、单一生物防治功能因子活性评价方法

评价木霉生物防治功能的主要生化因子有几丁质酶、β-1,3 葡聚糖酶、蛋白酶、抗菌肽等。可用平板透明圈法等酶活性测定法测定。

（一）平板透明圈法

木霉产生的几丁质酶、纤维素酶、蛋白酶是降解病原真菌细胞壁和诱导植物抗病性的重要功能因子，这些细胞壁降解酶活性可在一定程度上反映木霉拮抗病原菌和生物防治植物病害的活性。平板透明圈法就是利用 12 孔板检测不同木霉菌株产生几丁质酶、β-1,3 葡聚糖酶、纤维素酶的活性形成透明圈大小，然后根据酶活性与拮抗性的相关性，初步确定该菌株生物防治的潜力。与传统的方法相比，该方法可提高检测效率 12 倍（12 孔板）

---

① 吐温 80，聚山梨酸酯 80。吐温后面的数字表示不同的脂肪酸：80 为单曲酸酯，60 为单硬脂酸酯，40 为单棕榈酸（软脂酸）酯，20 为单月桂酸酯。

或 36 倍（36 孔板）。

1. 几丁质酶活性评价

（1）制备培养基。CaCO₃ 0.02 g、FeSO₄·7H₂O 0.01 g、Na₂HPO₄·12H₂O 4.11 g、2%胶体几丁质 25%（v/v）、琼脂 20 g、水 1 000 mL。

（2）培养观察。木霉为正对照，打取未产孢的木霉菌饼接种到初筛培养基平板中央，28 ℃暗培养 3 d，观察平板透明圈，通过透明圈直径的大小，可以初步确定菌株几丁质酶活性的高低，如图 2-2。

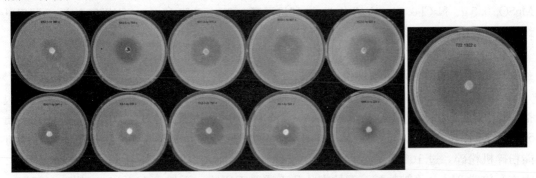

图 2-2 木霉菌株产几丁质酶活性透明圈检测

2. β-1,3 葡聚糖酶活性评价

（1）制备培养基。配制 100 mL MM 培养基，补充葡萄糖 0.05 g、酵母浸膏 0.067 g、加入苯胺蓝（aniline blue）6 mg、海带多糖 400 mg，pH 调至 6.8，然后加入琼脂 1.2 g，121 ℃灭菌 15 min，制平板。

（2）培养观察。接种木霉菌饼，培养 3 d，观察菌饼周围是否有透明圈，测量其直径。

3. 胞外蛋白酶评价

（1）制备培养基。脱脂奶粉 2 g，琼脂 20 g，蒸馏水 1 000 mL。

（2）培养观察。以哈茨木霉菌株 T22913 为正对照，打取未产孢的木霉菌饼接种到初筛培养基平板中央，28 ℃暗培养 3 d，观察平板透明圈大小（图 2-3）。

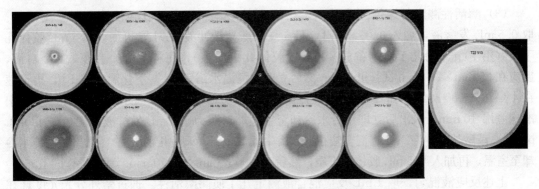

图 2-3 木霉菌株胞外蛋白酶活性透明圈检测

可通过菌落自动扫描仪测定透明圈大小，分 5 级评价标准：1 级，候选菌株透明圈小于对照菌株透明圈 25%；2 级，候选菌株透明圈达到对照菌株透明圈 25%～50%；3 级，候选菌株透明圈达到对照菌株透明圈 50%～75%；4 级，候选菌株透明圈达到对照菌株透明圈 75%～95%；5 级，候选菌株透明圈达到对照菌株透明圈 95%以上。

其中，1～2 级为低活性菌株；3～4 级为中等活性菌株；5 级为高活性菌株。

4. 纤维素酶评价

以菌株 *T. ressei* 为正对照，打取未产孢的木霉菌饼接种到初筛培养基平板中央，28 ℃暗培养 4～5 d，观察平板透明圈（彩图 2）。根据透明圈的大小初步确定酶活性，酶活性高的进一步测定精确的酶活性值。初筛培养基：$(NH_4)_2SO_4$ 2.0 g、KH_2PO_4 1.0 g、$MgSO_4$ 0.5 g、NaCl 0.1 g、$CaCl_2$ 0.1 g、酵母浸膏 0.2 g、琼脂 15.0 g、刚果红 0.4 g、羧甲基纤维素 2.0 g，加水定容至 1 L，调节 pH 为 5.6。

（二）酶活性测定与评价

1. 几丁质酶活性测定与评价

（1）培养基制备。木霉几丁质酶活性测定需要采用几丁质酶发酵培养基，主要成分包括 NH_4NO_3 3 g、KH_2PO_4 3 g、$MgSO_4 \cdot 7H_2O$ 0.6 g、$FeSO_4 \cdot 7H_2O$ 0.1 g、胶体几丁质 5 g、蒸馏水 1 000 mL，其中胶体几丁质需提前制备。制备步骤：将片状几丁质用高速万能粉碎机粉碎，过 100 目筛后称取 10 g 于烧杯中，加入 100 mL 浓盐酸，充分搅拌均匀，于 4 ℃放置 24 h；将被盐酸溶解的糊状几丁质置于研钵，再加入 100 mL 浓盐酸，研磨均匀；加入 500 mL 50%（v/v）乙醇，不断搅拌至胶体充分析出；将胶体置于低速离心机，3 000 r/min 离心 10 min 倒去上清液，在沉淀的胶体中加入蒸馏水，搅拌，3 000 r/min 离心 10 min，重复此步骤直至 pH 升至 7 左右；最后用蒸馏水定容至 500 mL，得到 2%（w/v）几丁质胶体，4 ℃避光保存备用。

（2）木霉发酵液制备。将木霉菌株接种到 PDA 培养基平板（直径 90 mm）上，在光照恒温恒湿培养箱 28 ℃、60%湿度下培养 5 d。按木霉几丁质酶产酶发酵培养基组分配制培养基，以每瓶 100 mL 分装于 250 mL 的摇瓶中，121 ℃灭菌 20 min 后备用。将长满木霉的平板用灭菌水浸泡 3～5 min，用棉签轻轻刮洗孢子及菌丝体，脱脂棉或 4 层纱布过滤除去菌丝体，滤液即为孢子悬浮液。根据血细胞记数板法进行计数，每瓶按 1×10^6 cfu/mL 孢子量接种 5 mL，置于恒温摇床以 180 r/min、28 ℃培养。

（3）酶活性测定与评价。采用 3,5-二硝基水杨酸（DNS）比色法测几丁质酶活性。取 0.5 mL 发酵液，加入 0.05 mol/L pH 6.0 磷酸盐缓冲液 2 mL，再加入 0.5 mL 胶体几丁质（用 10 g 干粉几丁质制备成 400 mL 胶体几丁质液），每样品 3 个重复，1 个对照，反应在 25 mm×250 mm 试管里进行；然后立即在恒温水浴锅 37 ℃下保温水浴 1 h，再迅速在 4 ℃下 11 000 r/min 离心 10 min，取上清液 2 mL，加入 DNS 试剂 1.5 mL，在沸水浴中准确煮沸 10 min，取出后立即用冷水冷却至室温。对照为 0.5 mL 发酵液，加 0.05 mol/L pH 6.0 磷酸盐缓冲液 2 mL，混合液在沸水浴中煮 10 min（灭活几丁质酶），取出后用冷水冷却至室温，再加入 0.5 mL 胶体几丁质，然后 11 000 r/min 离心 10 min，其他操作同上。

上述反应液混匀，取 1 mL 反应混合液测定几丁质酶酶活性。通过紫外分光光度计在 530 nm 处测定光吸收（OD）值，把测得的 OD 值与标准曲线对照，定量表示几丁质酶的活性。几丁质酶酶活性单位（IU）定义为在特定条件下（37 ℃、pH 6.0），每分钟酶催化胶体几丁质反应释放 1 μmol N-乙酰氨基葡萄糖所需的酶量。分级标准：1 级，几丁质酶活性低于对照菌株；2级，几丁质酶活性为对照菌株的1～1.2倍；3级，几丁质酶活性为对照菌株的1.2～1.5倍；4级，几丁质酶活性为对照菌株的1.5～2倍；5级，几丁质酶活性为对照菌株的2倍以上。

其中，1级为低活性菌株，2～3级为中等活性菌株，4～5级为高活性菌株。

比较精准的木霉几丁质酶活性评价，需要考虑两方面工作：一是要检测菌株在不同时间点的活性，因为随意选择1～2个时间点分析酶活性可能不能反映最佳酶活性水平；二是不同木霉菌株几丁质酶活性出现高峰时间是不同的，峰值数量也不同。只有在多时间点分析才能更全面反映菌株的几丁质酶活性水平。

大多数情况下木霉几丁质酶活性与其对病原菌的抑制活性是相关的，但有时也会出现木霉几丁质酶活性与木霉对不同病原菌抑制率不相关的情况。主要是因为几丁质酶只是多种生防功能因子之一，如果某个候选菌株的生防活性还取决于其他生防功能因子，就不能仅以几丁质酶活性判断。例如某些木霉菌株的几丁质酶活性与对葡萄灰霉病抑制率具有显著的相关性，而与小麦赤霉病抑制率、黄瓜枯萎病抑制率的相关性不明显。虽然木霉的几丁质酶活性与小麦赤霉病、黄瓜枯萎病的抑制率不能呈现严格的正相关性，但总体上多数木霉几丁质酶活性的高低能够初步反映其拮抗潜力的大小，即木霉菌株几丁质酶活性越高，反映该菌株的拮抗潜力可能会高一些。

2. β-1,3葡聚糖酶活性测定与评价

（1）培养基制备。采用TLE产酶诱导培养基，主要成分有1.0 g蛋白胨、0.3 g尿素、2.0 g KH_2PO_4、1.4 g $(NH_4)_2SO_4$、0.3 g $MgSO_4 \cdot 7H_2O$、0.3 g葡萄糖、0.005 g $FeSO_4$、0.001 7 g $MnSO_4$、0.001 4 g $ZnSO_4$、0.002 g $CaCl_2$、1 000 mL蒸馏水。以每瓶100 mL分装于250 mL的摇瓶中，于121 ℃灭菌20 min后备用。

（2）发酵液制备。将木霉菌株接种到PDA培养基平板（直径90 mm）上，在光照恒温恒湿培养箱25 ℃、60%湿度下培养5 d。把长满木霉的平板用灭菌水浸泡3～5 min，用棉签轻轻刮洗孢子及菌丝体，4层纱布过滤除去菌丝体，滤液即为孢子悬浮液。根据血细胞记数板法进行计数，每瓶按每毫升1×10^6个孢子的量将5 mL的接种量接入盛有100 mL诱导培养基的250 mL三角瓶中，在28 ℃、180 r/min的摇床中培养3 d。

（3）粗酶液提取。培养3 d后的发酵液样液5 mL纱布过滤，4 ℃、5 000 r/min下离心20 min，上清液即为粗酶液。

（4）酶活性测定与评价。吸取木霉粗酶液0.5 mL，置于40 ℃水浴锅中预热2 min后加入经40 ℃预热的0.1 mg/mL的昆布多糖溶液1 mL，50 mmol/L乙酸钠缓冲液（pH 5.0）0.5 mL，混匀，于40 ℃下准确反应1 h后，立即加入0.75 mL DNS溶液，混匀，于沸水浴中准确反应15 min，立即取出放入冰水浴中冷却至室温，25 ℃下放置2 min，加入5 mL蒸馏水充分混匀。

上述反应液混匀，取1 mL反应混合液测定β-1,3葡聚糖酶酶活性。通过紫外分光光度计在540 nm处测定光吸收值（OD_{540}），把测得的OD值与标准曲线对照，计算β-1,3葡聚糖酶的活性，每个处理3次重复测定。阴性对照为100 μL粗酶液在沸水浴中煮10 min，取出后用冷水冷却至室温，再加入0.1 mg/mL的昆布多糖100 μL。β-1,3-葡聚糖酶酶活性单位（IU）定义为在特定条件下（40 ℃、pH 5.0），1 h催化分解昆布多糖产生 1 μg 葡萄糖的酶量。

再列举一个类似的检测程序：将底物 0.2％海带多糖 100 μL，与 250 μL 醋酸钠缓冲液（50 mmol/L，pH＝6.0），50 ℃水浴预热 5 min，加入 100 μL 木霉粗酶液，混匀，置于 50 ℃保温 30 min。取上清 50 μL，加 DNS 试剂 150 μL 摇匀，在沸水浴中准确加热 15 min，取出，冷水浴至室温，用蒸馏水定容至 2 mL，定容后放置 20 min 后测量，颠倒混匀，在分光光度计上 540 nm 进行比色。阴性对照为 100 μL 粗酶液在沸水浴中煮 10 min，取出后用冷水冷却至室温，再加入 0.2％海带多糖 100 μL。β-1,3 葡聚糖酶活性单位（IU）定义：50 ℃、pH 6.0 条件下，每分钟水解 β-1,3 葡聚糖反应释放出 1 μmol 还原糖所需的酶量。

将木霉菌株按照 β-1,3 葡聚糖酶能力分为 5 级标准：1 级，β-1,3 葡聚糖酶活性低于对照菌株；2 级，β-1,3 葡聚糖酶活性为对照菌株的 1～1.2 倍；3 级，β-1,3 葡聚糖酶活性为对照菌株的 1.2～1.5 倍；4 级，β-1,3 葡聚糖酶活性为对照菌株的 1.5～2 倍；5 级，β-1,3 葡聚糖酶活性为对照菌株的 2 倍以上。

其中，1 级为低活性菌株，2～3 级为中等活性菌株，4～5 级为高活性菌株。

β-1,3 葡聚糖酶活性是木霉生防潜力的重要指标。β-1,3 葡聚糖酶活性高峰出现的时间点较早，一般在培养 4 d 时木霉菌株 β-1,3 葡聚糖酶酶活性达到最大，随后下降，因此在酶活性高峰时间点检测酶活性更能反映木霉生防潜力。

3. 胞外蛋白酶活性测定与评价

（1）培养基制备。采用 MYG 培养基，主要成分包括 10.0 g 葡萄糖、5.0 g 麦芽糖、5.0 g 酵母膏、1 000 mL 蒸馏水。

（2）木霉发酵液制备。MYG 培养基以每瓶 100 mL 分装于 250 mL 的摇瓶中，于 121 ℃灭菌 20 min 后备用。将木霉菌株接种到 PDA 培养基平板（直径 90 mm）上，在光照恒温恒湿培养箱 25 ℃、60％湿度下培养 5 d。把长满木霉的平板用灭菌水浸泡 3～5 min，用棉签轻轻刮洗孢子及菌丝体，4 层纱布过滤除去菌丝体，滤液即为孢子悬浮液。根据血细胞记数板法进行计数，每瓶按每毫升 1×10⁶ 个孢子的量接种 5 mL 的接种量接入盛有 100 mL 诱导培养基的 250 mL 三角瓶中，在 28 ℃、180 r/min 的摇床中培养。

（3）粗酶液提取。发酵液每天取样，样液 2 mL 经离心（10 000 r/min，4 ℃，20 min）后，取上清液于－20 ℃保存备用。

（4）酶活性测定与评价。采用 Lovrien 的方法（Lovrien et al.，1985）进行蛋白酶酶活性测定。以牛血清蛋白为底物，用 Tris－HCl 缓冲液（0.05 mol/L，pH 8.5）配成 1％（w/v）的牛血清蛋白溶液，取此溶液 1.0 mL 加待测酶液 1.0 mL，37 ℃反应 30 min，用 2 mL 0.4 mol/L 三氯乙酸终止反应，反应液经过离心取上清液 2 mL（10 000 r/min），用福林（Folin）试剂进行检测，保持一定的酶液浓度，取 1 mL 反应混合液测定胞外蛋白酶酶活性，通过紫外分光光度计直接在 750 nm 处测定光吸收值（OD）。每个处理 3 次重复测定。胞外蛋白酶活性单位为每分钟催化分解蛋白质生成 1 g 牛血清蛋白的酶量。

再列举 1 种类似的蛋白酶活性检测方法：将木霉粗酶液、1％的酪素溶液 40 ℃水浴预热 5 min 后，各取 100 μL 混匀，置于 40 ℃反应 10 min。立即加入 0.2 mL 0.4 mol/L 三氯乙酸，摇匀，取出静置 10 min，离心取上清液 100 μL，加 0.4 mol/L 碳酸钠溶液 0.5 mL，福林试剂 0.1 mL，40 ℃反应 20 min 后在分光光度计上 600 nm 处测定吸光度。阴性对照为吸取待测酶液 100 μL，40 ℃水浴 2 min 后加入 200 μL 0.4 mol/L 三氯乙酸，40 ℃水浴 10 min，然后加入 1‰酪素溶液 100 μL，取出静置 10 min，离心取上清液 100 μL，以后步骤同样品测定。酶活性单位（IU）定义：在 40 ℃和 pH 3.0 条件下，1 min 水解酪素产生 1 μg 酪氨酸的酶量。

根据测定的蛋白酶酶活性，将木霉菌株按照产蛋白酶能力分为 5 级标准：1 级，蛋白酶酶活性低于对照菌株；2 级，蛋白酶酶活性为对照菌株的 1~1.2 倍；3 级，蛋白酶酶活性为对照菌株的 1.2~1.5 倍；4 级，蛋白酶酶活性为对照菌株的 1.5~2 倍；5 级，蛋白酶酶活性为对照菌株的 2 倍以上。

其中，1 级为低活性菌株；2~3 级为中等活性菌株，4~5 级为高活性菌株。

4. 纤维素酶活性测定

（1）培养基制备。称取羧甲基纤维素钠 0.8 g，加入 80 mL 乙酸钠缓冲溶液，一直搅拌并缓慢加热，直至羧甲基纤维素钠完全溶解后，继续搅拌 10 min，然后用乙酸钠缓冲溶液定容至 100 mL。4 ℃避光保存，3 d 内使用。

（2）3,5-二硝基水杨酸显色剂配制。称取 3,5-二硝基水杨酸 3.15 g，加水 500 mL，搅拌后，水浴至 45 ℃。然后逐步加入 100 mL 氢氧化钠溶液（200 g/L），不断搅拌直至溶液清澈透明。再逐步加入四水酒石酸钾钠（$C_4H_4O_6KNa \cdot 4H_2O$）91.0 g，苯酚 2.5 g 和无水亚硫酸钠（Na_2SO_3）2.5 g。继续 45 ℃水浴加热，同时补加水 300 mL，搅拌直至加入的物质完全溶解。冷却至室温后，用水定容至 1 000 mL。过滤后储存在棕色瓶中，避光保存。室温下存放，7 d 后可以使用，6 个月内使用完。

（3）酶活性测定。菌株在纤维素粉为唯一碳源的平板上活化后，转接到羧甲基纤维素液体培养基，28 ℃、180 r/min 培养 4 d 后，无菌过滤，称重后，取 0.5 g 木霉菌丝转接到新鲜的纤维素液体培养基，振荡培养 4 d 后，8 000 r/min 离心，取上清液。单位酶活性的计算如（式 2-1）：

$$酶活性（IU/mL）=\frac{OD \times \frac{1}{K} \times n \times 1\,000}{T} \qquad （式 2-1）$$

式中：n 为稀释倍数；K 为曲线斜率；T 为反应时间，min；1 000 表示 mg 换算成 μg。

（4）滤纸酶活性测定法。初筛后的菌株按照固定孢子量接种于发酵培养基中得到粗酶液。将固定大小的滤纸片放置于 100 μL 的 0.2 mol/L 磷酸缓冲液（pH 8.0），加入 100 μL 粗酶液，50 ℃恒温反应 1 h。反应后采用 DNS 法测定产生的还原糖生成量。取反应上清液 50 μL，加 3,5-二硝基水杨酸试剂 150 μL 摇匀，在沸水浴中准确加热 15 min，取出，冰浴冷却至室温，用蒸馏水定容至 2 mL，定容后放置 20 min 后测量，颠倒混匀，在分光光度计上 540 nm 进行比色。

（5）酶活性单位（IU）定义。在特定条件下（50 ℃、pH 6.0），每分钟酶催化纤维素反应释放出 1 μmol 还原糖所需的酶量。

将木霉菌株按照产纤维素酶能力分为 5 级标准：

1 级，纤维素酶活性低于正对照菌株；

2 级，纤维素酶活性为对照菌株的 1～1.2 倍；

3 级，纤维素酶活性为对照菌株的 1.2～1.5 倍；

4 级，纤维素酶活性为对照菌株的 1.5～2 倍；

5 级，纤维素酶活性为对照菌株的 2 倍以上。

（三）抗菌肽测定与评价

哌珀霉素类抗菌肽（peptaibols）是一类由非核糖体肽合成酶（NRPSs）合成的，由多个氨基酸分子组成的多肽，具有以下 3 个结构特点：①含有高比例的非蛋白质氨基酸残基或脂氨酸，尤其富含 α-氨基异丁酸（Aib）；②具有烷基化的 N 末端和羟基化的 C 末端；③具有线性 α-螺旋，分子质量大多为 500～2 000 Da，分子长度在 5～20 个残基之间，多数为 15～20 个残基。其作用机制一般认为主要是抗菌肽的两亲性 α-螺旋结构能够选择性地结合在细胞膜上形成跨膜孔道，破坏细胞膜完整性，造成胞内物质外流而引起细胞死亡。现有研究结果表明：抗菌肽具有抗菌、抗病毒、抗线虫、诱导肿瘤细胞凋亡、诱导植物抗性等多种生物学活性（潘顺等，2012）。

（1）培养基制备。5.0 g 葡萄糖，0.8 g KH_2PO_4，0.7 g KNO_3，0.2 g $Ca (H_2PO_4)_2$，0.5 g $MgSO_4 \cdot 7H_2O$，0.01 g $MnSO_4 \cdot 5H_2O$，0.005 g $CuSO_4 \cdot 5H_2O$，0.001 g $FeSO_4 \cdot 7H_2O$，1 000 mL 蒸馏水。

（2）木霉发酵液制备。将发酵培养基装入 250 mL 三角瓶，每瓶具发酵培养基 100 mL，灭菌处理。将待测菌株转接至 PDA 平板，待 7 d 后用 5 mL 无菌水将分生孢子洗下，每瓶发酵培养基加入 2 mL 分生孢子悬浮液（1.0×10^7 cfu/mL）。每种菌株接种 30 瓶，置于 28 ℃环境下培养 20 d。

（3）硅胶柱制备。取脱脂棉少许铺垫在硅胶柱底部，然后加入 1 层石英砂。将 200 g 硅胶粉悬浮于 200 mL 丙酮中，充分搅拌至呈现均匀悬浮液状，然后关闭硅胶柱下部开关，用玻璃棒引流，沿硅胶柱内壁以均匀流速灌入。待到硅胶粉缓缓沉淀下来，上层丙酮基本澄清时，打开硅胶管下部开关，将丙酮缓缓释放，但不可以使柱子里的硅胶暴露在空气中，最终的硅胶高度至柱子的 2/3 处。在硅胶顶部表层平铺 1 层石英砂，防止加样时将硅胶破坏。硅胶柱的规格采用 300 mm×25 mm，60 Å，35～75 mm。

（4）抗菌肽的提取。将发酵培养液经过两层定性滤纸过滤，将过滤后的滤液按滤液∶丁醇＝3∶1 进行萃取，弃掉上层有机层，将下层液体放入真空蒸馏瓶进行蒸馏。蒸馏至干粉状后，用甲醇∶二氯甲烷＝1∶1 的有机混合溶剂 80 mL 充分溶解，之后将溶解液体用 0.45 μm 聚四氟乙烯（PTFE）滤膜过滤。然后放入真空蒸馏瓶中真空蒸干，用二氯甲烷∶甲醇＝85∶15 的有机混合溶剂 5 mL 溶解，溶解过程要充分。在加样之前要用二氯甲烷∶甲醇＝85∶15 的有机溶剂先洗一下柱子以除去丙酮。用移液管吸取溶液缓慢放入硅胶柱中心部位，加样时移液管底部要靠近硅胶顶部表面缓缓加入。之后加入二氯甲烷∶甲醇＝85∶15 的有机混合溶剂 100 mL，打开底部开关后用吸球不断向硅胶柱打气，以保持一定的流速。底部用棕色瓶收集滤液。待上层溶剂接近顶层硅胶面时关闭开关。将收集好的滤液再次放入真空蒸馏瓶真空蒸干，用甲醇∶水＝85∶15（体积比）的混合溶液转入 1.5 mL 离心管，13 000 r/min 离心 10 min，置于旋转蒸发仪将样品蒸干。进一步分离需要采用液相色谱法。

（5）液相色谱-质谱分析。质谱分析法主要是通过对样品离子质荷比的分析而实现对样品进行定性和定量分析的一种方法。因此，质谱仪都必须有电离装置把样品电离为离子，有质量分析装置把不同质荷比的离子分开，经检测器检测之后可以得到样品的质谱图。质谱仪基本组成是相同的，都包括离子源、质量分析器、检测器和真空系统（表2-2）。

表2-2　流速及流动相比例

时间（min）	流速（mL/min）	A（%）	B（%）
开始	0.4	95.0	5.0
1.00	0.4	75.0	25.0
6.00	0.4	40.0	60.0
18.00	0.4	10.0	90.0
21.00	0.4	0.0	100.0
25.00	0.4	0.0	100.0
25.50	0.4	95.0	5.0
27.50	0.4	95.0	5.0

① 色谱参数。

色谱柱：Acquity BEH C18（2.1 mm×100 mm，1.7 μm）。

溶剂 A：0.1%甲酸水。

溶剂 B：0.1%甲酸乙腈。

柱温：40.0 ℃。

上样量：5.00 μL。

运行时间：27.50 min。

② 质谱参数。

电喷雾离子源：正离子模式。

毛细管电压（kV）：3.0。

采样锥电压（V）：40.0。

萃取锥孔电压（V）：3.0。

离子源温度（℃）：100。

雾化气温度（℃）：350。

雾化气流量（L/h）：600.0。

碰撞电压（eV）：6.0。

扫描时间（s）：0.300。

扫描范围（质子数/电荷数）：400～2 500。

锁定喷雾器在线校正：200 ng/mL 亮氨酸脑啡肽（质子数与电荷数的比值为556.277 1）。

（6）抗菌肽鉴定。通过大孔吸附树脂可吸附发酵液中的大量杂质，100%甲醇可对富集的抗菌肽进行有效解吸，得到含抗菌肽混合组分的粗品。再经过硅胶板层析后得到抗菌肽混合物，将抗菌肽的混合组分粗品利用葡聚糖凝胶交联葡聚糖凝胶 LH-20 进行进一步纯化，得到混合多肽组分，达到良好的粗分离效果。高效薄层层析制备板的进一步纯化可将抗菌肽中组分完全单独分离开来，经冷冻干燥后得到抗菌肽纯品。根据各组分的一级质谱数据分子离子峰 [M+2Na]²⁺ 明确对应分子质量。串联质谱结果产生以 an、yn 为主的离子片段，抗菌肽多肽序列 N-末端和 C-末端的确定可根据串联质谱优先断裂的 Aib-Pro 片段来确定。将全部数据与哌珀霉素类抗菌肽数据库对比，分析序列匹配情况。

目前发现的 767 种抗菌肽，大多数情况下抗菌肽的种类与木霉种类有内在关联性。换言之，采用高效液相色谱二极管阵列图像分析方法（HPLC-DAD）分析发酵液中的抗菌肽可以用于鉴定木霉种类，因为抗菌肽是木霉的主要次生代谢物。不同种或同种不同菌株产生的抗菌肽的种类均不同，有些抗菌肽与菌株拮抗活性相关，一般需要测定多个抗菌肽才能反映木霉的拮抗活性。由于某一类抗菌肽的含量不会很高，总抗菌肽含量目前没有合适的检测方法。因此可以用菌株含有抗菌肽的种类和数量间接反映候选菌株的抗菌肽水平。

（7）抗菌肽抑菌活性评价。

① 生长速率法测定。测定抗菌肽对供试病原真菌菌丝生长的抑制作用，以 50% 多菌灵可湿性粉剂作阳性对照。精确称量 100 mg 50% 多菌灵可湿性粉剂溶于 100 mL 水中，配制成浓度为 1 000 μg/mL 的母液，稀释成系列浓度后与 PDA 培养基混匀后灭菌，使最终 PDA 培养基中制剂含量依次为 10.000 μg/mL、5.000 μg/mL、2.500 μg/mL、1.250 μg/mL、0.625 μg/mL、0.312 μg/mL。将哌珀霉素类抗菌肽制备样品溶于甲醇中，配制成浓度为 10 mg/mL 的母液，然后加无菌水稀释成系列浓度，与冷却到 50 ℃ 左右的灭菌 PDA 培养基混匀，使抗菌肽最终浓度依次为 160.000 μg/mL、40.000 μg/mL、10.000 μg/mL、2.500 μg/mL、0.625 μg/mL、0.156 μg/mL。在无菌条件下接种供试病原菌（菌饼直径 4 mm），以不含药剂的处理作空白对照，每个浓度处理设 3 个重复，置于 28 ℃ 恒温培养箱中培养 48～96 h，十字交叉法测量菌落直径，试验重复 3 次，取其平均值。以下列公式计算菌丝生长抑制率：菌丝生长抑制率＝（对照菌落直接－处理菌落直径）/（对照菌落直径－菌饼直径）×100%，最后根据不同质量浓度的菌丝生长抑制率计算毒力 EC₅₀[①]。

② 孢子萌发的毒力测定。取供试病原菌的孢子配成每毫升孢子量 $1×10^6$ 个的孢子悬浮液，将 50% 多菌灵可湿性粉剂及哌珀霉素类抗菌肽样品母液加无菌水稀释至一系列所需浓度，取等量的样品溶液与孢子悬浮液各 100 μL 于 96 孔板中，充分混合，使 50% 多菌灵可湿性粉剂制剂含量及哌珀霉素类抗菌肽样品最终浓度依次为 80.000 μg/mL、20.000 μg/mL、5.000 μg/mL、1.250 μg/mL、0.156 μg/mL、0.039 μg/mL，以不含药剂的处理为空白对照，每浓度处理设 3 个重复。加盖于 28 ℃ 培养箱中保湿培养，当空白对照孢子萌发率达到 90% 以上时，检查所有处理孢子的萌发率。按下列公式计算孢子萌发的抑制率：孢子萌发抑制率＝（对照孢子萌发数－处理后孢子萌发数）/对照孢子萌发数×100%，最后根据不同质量浓度的抑制率计算毒力 EC₅₀。

抗菌肽可裂解病原菌细胞膜导致细胞内容物外泄，而使细胞畸形或死亡。已知哈茨木霉在侵染寄主过程中抗菌肽的合成与 β-1,3 葡聚糖酶、内切几丁质酶等水解酶的合成具有同步增加的现象，且部分抗菌肽与上述细胞壁降解酶的抑菌作用亦具有协同作用。哈茨木霉 2 种主要抗生性次级代谢产物木霉菌素与丙甲菌素 F-50 联合作用时对水稻纹枯病菌

---

① EC₅₀，药物安全性指标，指能引起 50% 最大效应的浓度。

（*Thanatephorus cucmeris*）及水稻稻瘟病菌（*Magnaporthe oryzae*）菌丝生长均具有协同抑制作用，其原因可能是由于哌珀霉素类抗菌肽作用于细胞膜，破坏寄主细胞膜完整性，有利于木霉菌素进入寄主细胞内发挥抑制作用。

（四）拮抗相关基因表达评价

病原真菌细胞壁的主要成分为几丁质，当木霉与病原真菌接触时，可诱导其几丁质酶活性显著增强，从而提高对病菌细胞壁的降解作用。因此，木霉菌株几丁质酶基因表达水平可作为生防功能因子活性的评价指标之一。例如：只有当 4.2 万 Da 几丁质酶存在时才能水解提纯的灰葡萄孢细胞壁，4.2 万 Da 几丁质酶的表达是检验木霉潜在生防潜力的重要指标。

将待评价的不同木霉菌株 cDNA 的 18 s rDNA 扩增产物进行定量，以 4.2 万 Da 几丁质酶特异序列为引物扩增 *chi42* 基因，可观察到不同木霉株间的 4.2 万 Da 几丁质酶基因表达差异。有研究表明：对立枯丝核菌抑制活性高的木霉菌株几丁质酶基因表达量最高，而对立枯丝核菌没有抑菌活性的木霉菌株均没有检测到该酶活性。但也有相反的情况，说明单一功能因子有时并不能全面反映木霉菌株的生物防治活性。

二、多种生物防治功能因子活性综合评价方法

木霉拮抗性功能因子很多，既包括 30 余种激发子类的蛋白，又包括与拮抗病原菌和促进作物生长相关的数千种初生代谢物和次生代谢物，而木霉的生防活性往往取决于多重代谢物的组合。传统的拮抗性功能因子检测是逐一检测的，一般仅能了解若干种主要拮抗性功能因子的活性，很难获得全面的评价信息。因此，通过组学方法才能全面获得木霉菌株拮抗性功能因子信息。

（一）初步综合评价方法

1. 非挥发性物质拮抗性评价 一般采用圆盘滤膜法测定。在直径 9 cm 的 PDA 平板上铺灭过菌的稍大圆形玻璃纸，将活化 2 d 的木霉菌饼（直径 5 mm）置于玻璃纸中央，28 ℃恒温培养。以接种镰孢菌的处理为对照。3 d 后去除玻璃纸，在平板中央接入病菌菌饼（直径 5 mm）。恒温培养 3 d，测量镰孢菌菌落半径，并计算抑制率。

2. 挥发性物质拮抗性评价 在活化 2 d 的木霉菌落边缘打取直径为 5 mm 的菌饼，接种于 PDA 平板中央，黑暗条件下 28 ℃恒温培养至菌落半径约为 5 cm。此时，弃去平板上的菌饼，在平板上方盖上单层无菌玻璃纸，然后对扣 1 个大小相等，接种有病菌菌饼（直径 5 mm）的平板，病菌菌饼与上方的玻璃纸之间的空间供释放的木霉挥发性物质与病菌互作。双层封口膜密封后，将各平板随机排列置于黑暗条件下 28 ℃恒温培养。以只接种空白琼脂饼的 PDA 平板和只接种病菌的平板对扣处理为对照，每个处理重复 3~10 次，3 d 后测病菌菌落半径，并计算抑制率。

3. 次生代谢物拮抗性评价 用乙酸乙酯在室温下萃取木霉培养液（20 L）3 次，在40 ℃下真空蒸发去除溶剂，获得红褐色粗提物，再用具二氧化硅（60~120 目）的玻璃柱进行柱层析。按照极性递增，用正己烷、正己烷-乙酸乙酯混合液和乙酸乙酯-甲醇混合液洗脱，获得 10 个萃取产物。通过薄层层析（TLC）监测不同溶剂的洗脱过程，将 TLC 显示类似的点的层析物混合、干燥。不同萃取物均要经过正己烷-乙酸乙酯（90∶10）进行薄层层析，可分别获得两种以上的化合物，每种化合物 6~8 mg。有些萃取物需要反复层

析或经过石油醚-丙酮混合物（7∶3）层析，然后再经过进行薄层层析，这样可获得更多的化合物，每种 3～14 mg。从木霉萃取和层析获得的次生代谢物在最低量的丙酮（或二甲基亚砜）中溶解，加入融化的 PDA（65 mL）中，浓度达到 250 μg/mL、125 μg/mL、62.5 μg/mL 和 31.25 μg/mL。将 7 d 龄的菌片（直径 5 mm）接种到 PDA 平板中央，用没有添加木霉代谢物并经丙酮（或二甲基亚砜）处理过的 PDA 平板作为阴性对照。以加入多菌灵的 PDA 为阳性对照，每个处理 3 次重复，每个试验重复两次。按每种化合物对菌丝生长抑制 50% 的浓度（EC_{50}）进行统计分析（Ahluwalia et al.，2014）。

（二）主成分分析方法

一方面，木霉可产生一系列与拮抗性相关的功能性生化因子，不同功能因子在不同菌株中拮抗性的贡献或相关性存在明显差异，需要分析多个菌株才能明确哪些功能因子是最重要的。另一方面，根据主要功能因子综合表达水平对候选菌株进行拮抗性排序，可选出优良生防菌株。一般可采用主成分分析的方法确定不同拮抗性相关功能因子的重要性，然后进行菌株的拮抗性排序。例如：选择几丁质酶酶活性（X1）、β-1,3 葡聚糖酶酶活性（X2）、蛋白酶酶活性（X3）、抗菌肽数量（X4）、黄瓜枯萎病菌盆栽防治效果（X5）、黄瓜枯萎病菌离体抑菌率（X6）、禾谷镰孢离体抑菌率（X7）、禾谷镰孢防治效果（X8）8 个因子或变量进行主成分分析（软件 SPSS20.0）。初始特征值大于 1.000 的生防评价因子有 5 个，前 5 个主成分已经解释了总方差的近 89.378%，再结合特征根曲线的拐点及特征根值确定选择前 5 个进行主成分分析，即 X1，几丁质酶酶活性（IU）；X2，β-1,3 葡聚糖酶酶活性（IU）；X3，胞外蛋白酶酶活性（IU）；X4，抗菌肽数量（个）；X5，聚酮类次生代谢物（%）（表 2-3）。

表 2-3　解释的总方差表

成　　分	初始特征值		
	合　　计	方差百分比（%）	累积百分比（%）
X1	5.716	38.104	38.104
X2	2.970	19.802	57.906
X3	1.956	13.039	70.945
X4	1.679	11.192	82.137
X5	1.086	7.241	89.378
X6	0.800	5.331	94.709
X7	0.582	3.881	98.590
X8	0.212	1.410	100.000
X9	5.470×10^{-6}	3.647×10^{-5}	100.000
X10	3.062×10^{-6}	2.041×10^{-5}	100.000
X11	1.762×10^{-6}	1.175×10^{-5}	100.000
X12	1.327×10^{-7}	8.843×10^{-7}	100.000
X13	-1.713×10^{-6}	-1.142×10^{-5}	100.000
X14	-3.700×10^{-6}	-2.466×10^{-5}	100.000
X15	-1.681×10^{-5}	-1.120×10^{-4}	100.000

利用标准化正交特征向量矩阵进行主成分分析，再根据公式 $y=0.586\,52y_1+0.183\,74y_2+0.138\,56y_3$，计算综合得分。结果表明：4 号菌株 ZJSX5003 生防效果最好，其次是 SH2303，再次是 GDZQ1008；生防效果最差的是 GDFS5001（表 2-4）。这与最初的筛菌数据结果一致。通过主成分分析方法综合分析了木霉的生防效果与这些生防功能因子的相关性，明确木霉产生的几丁质酶、$\beta-1,3$ 葡聚糖酶、胞外蛋白酶、哌珀霉素类抗菌肽及聚酮类次生代谢物的综合分析能够较全面反映木霉生防功能或生防潜力。

表 2-4 主成分及综合得分情况

编　号	菌株名称	y_1	y_2	y_3	y_4	y_5	$y_综$
1	SG3403	0.769	−0.035	0.916	0.857	−1.911	0.363
2	SH2303	1.379	−0.396	1.550	−0.981	0.446	0.572
3	GDFS1009	1.349	−0.505	−2.639	1.147	0.208	0.213
4	ZJSX5003	1.193	3.583	0.769	0.197	−0.279	1.266
5	ZJSX5002	0.687	−2.707	0.212	−1.628	−0.706	−0.480
6	HNLY1002	0.040	0.279	−1.670	−0.093	−0.527	−0.196
7	HNCS4002	−0.294	−1.487	1.357	2.333	1.257	0.123
8	GDZQ1008	1.063	0.862	−0.405	−1.469	1.536	0.470
9	GDFS5001	−6.186	0.406	−0.092	−0.363	−0.024	−2.331

（三）转录组评价方法

1. 候选菌株培养物准备　木霉孢子悬浮液在 PD 培养基中扩繁至 1×10^6 cfu/mL，然后在 28 ℃、180 r/min 条件下培养 24 h，收集菌丝，真空抽滤。

2. RNA-seq 分析　提取菌丝 RNA，进行 Singl-end（1×50）Solexa 测序，每个样品产生 2 000 万个 reads[①]，培养 48 h 的 RNA 样品进行类似测序，产生 1 000 万个 reads。

通过 http://genome.jgi.doe.gov/Trias1/Trias1.download.html. 获得用于转录组分析的参考基因组。转录组数据常规分析包括数据预处理、基因组作用、基因表达分析、转录本表达分析、可变剪切分析、差异基因表达分析、基因差异表达的 GO/KEGG 富集分析、非差异基因表达分析等内容。根据这些分析结果，下载不同木霉菌种的重寄生、诱导抗性、抗生作用的相关基因信息，然后通过本地 BLAST 与某种木霉公共基因组数据库比对，再将同源的基因进行组装，并与待评价的木霉菌株 RNA 序列数据比对，进而确定这些基因的表达水平。如果 FPKM 值超过 100，可视为基因为"高水平"表达，如果 FPKM 值小于 10，则视为基因为"低水平"表达，如果 FPKM 值小于 1，则视为基因为"超低水平"表达。用 R 语言构建基因热图。

例如，利用上述方法评价具有生防功能的棘孢木霉 GDFS1009 重寄生和诱导抗性相关基因表达水平。通过转录组分析发现 GDFS1009 重寄生相关基因包括 16 个几丁质酶和 8 个蛋白酶基因。其中只有 3 个几丁质酶基因在 PD 培养基上培养 24 h 和 48 h 表达增加，

---

① reads，表示读长，指的是测序仪单次测序所得到的碱基序列。

2个蛋白酶基因在 PD 培养基上培养 24 h 表达增加，1个蛋白酶基因在培养 48 h 后表达增加，其他蛋白酶基因的表达没有明显变化。11个葡聚糖酶基因中，只有1个基因在 PD 培养基上培养 24 h、48 h 后高效表达，其他基因表达没有增加。该菌株有诱导抗性功能相关的12个激发子基因，包括内切多聚半乳糖醛酸酶基因、2个 *Ep1* 蛋白基因、2个疏水蛋白基因、1个多聚半乳糖醛酸酶基因、扩张蛋白基因和4个木聚糖酶基因。大多数激发子基因在 PD 培养基上培养 24 h 和 48 h 后表达增加不明显，只有3个木聚糖酶基因在培养 24 h 和 48 h 后表达增加。大多数激发子可能需要在诱导培养基上检测才能更明显。

（四）初生代谢组评价方法

1. 样品制备　将待评价的木霉菌丝接种到 PDA 平板上，28 ℃培养 4 d，然后用无菌水冲洗孢子，配成 1×10^8 cfu/mL。将 1 mL 孢子悬浮液加入 100 mL PD 培养基中 28 ℃振荡培养 1 d。然后取 50 mL 样液加入 200 mL 60%（v/v）甲醇液中，混合液需要冷却 10 min，达到 −40 ℃。混合液在 −10 ℃、5 000 r/min 环境下离心 5 min，收集沉淀，在 −40 ℃冷冻干燥。取 500 μL 的 100%甲醇在 −80 ℃下加入 100 mg 样品，涡旋混合 30 s，转入液态氮15 min。4 ℃下溶解 15 min，涡旋混合 1 min，混合液在 4 ℃、13 000 r/min 环境下离心 5 min。上清液转入试管 A 离心，用 250 mL 超纯水（Mili - Q 水）重新悬浮沉淀 30 s，转入液态氮中15 min，4 ℃下溶解 15 min。加入玻璃珠（G8772 - 100G）涡旋混合 10 min，在 4 ℃ 13 000 r/min 环境下离心 5 min。上清液转入试管 A，液氮冷干，后加入 60 μL 盐酸甲氧基胺（15 mg/mL），涡旋混合 1 min，混合液在 25 ℃下反应 12 h；加入 60 μL 三氟乙酰胺（含 1%三甲基氯硅烷），室温下反应 1 h，混合液在 4 ℃、13 000 r/min 环境下离心 5 min。

　　在棘孢木霉 GDFS1009 初生代谢物中发现了一系列杀菌剂的前体物质或先导化合物，如乙酰胺、二乙胺、甘氨酸等；还发现有杀菌剂中间体，如乙二醇、乙醇胺、邻甲苯甲酸等，以及三嗪类除草剂的前体，如乙胺等。此外发现了柠檬酸。

2. GC - MS 检测　将木霉的上清液进行气相色谱分析（GC - MS；Agilent 7890A/5975C，Agilent，Santa Clara，CA，USA），1 μL 样品按 1∶20 比例注射进入 HP - 5MS 柱（5%苯基二甲基聚硅氧烷色谱柱：长 30 m×内径 250 μm I. D.，膜厚 0.25 μm；Agilent J&W Scientific，Folsom，CA，USA）。以 1 mL/min 的恒定速率提供氦气。注入口温度为 280 ℃，离子源温度为 250 ℃，界面温度为 150 ℃。温度程序从 40 ℃开始，持续 5 min，并以每分钟 10 ℃速度增加，直至温度达到 300 ℃，保持 5 min。MS 测定采用全扫描法，质荷比（m/z）范围为 35～780。每个样品鉴定代谢物需 6 次重复。生物信息学分析主要包括数据预处理（XCMS，www. bioconductor. org）和化合物鉴定（NIST 2008，Wiley 9）。

（五）次生代谢物分析方法

　　木霉菌丝接种到 PDA 培养基上，28 ℃培养 6 d，孢子长满培养皿后，用无菌勺刮取培养皿表面的孢子，用 50 倍二氯甲烷 4 ℃下萃取 6 g 孢子持续 2 d。萃取液用 5%活性炭振荡 2 h，4 层无菌纱布过滤，用等量 3%碳酸钠溶液清洗上清液，二氯甲烷部分用无水硫酸钠脱水，然后通过快速滤纸过滤，脱水液体 40 ℃下真空干燥，获得 1 mL 黏质粗提取物。利用 GC - MS 系统进行分析。GC 条件设定为最初上样量1 μL，柱温 50 ℃保持 5 min，以每分钟 5 ℃提高到 300 ℃。蒸发室温度保持在 300 ℃。以氦气为载体，以 10∶1 的分流比操作气相色谱。电子电离（EI）源保持在 230 ℃，电离电压为 70 eV。在质荷比范围为 290±50 运行四极过滤器。在代谢质谱定量分析中，SIM 模式（选择离子检测，信噪比＞5）下获得的每个代谢物的峰面积。在进一步进行数据处理之前，2-庚酮峰面积进行归一化处理。木霉孢子悬浮液（$1×10^6$ cfu/mL）28 ℃在旋转摇床 180 r/min 下培养 6 d。20 mL 木霉过滤发酵液浓缩成 5 mL，再用 5 mL 二氯甲烷萃取 3 次，用等体积 3% 碳酸钠洗两次，其中二氯甲烷部分 40 ℃下进行真空蒸发，用无水硫酸钠脱水。通过 HP-5M 毛细管柱（5% 苯基-95% 聚二甲基硅氧烷，30 m×250 μm I. D.，膜厚 0.25 μm），1 mL/min 恒定流量氦气分离衍生物，以 20∶1 的分流比自动进样 1 μL 样品，注射温度为 280 ℃，界面设置为 150 ℃，离子源调至 230 ℃。升温程序：初始温度为 80 ℃保持 5 min，以每分钟 20 ℃速率升至 300 ℃并保持 6 min。质谱分析采用全扫描法鉴定。根据美国国家标准技术研究所（NIST）和 Wiley 图书馆的商业数据库信息，采用自动质谱退卷积定性系统（AMIDS）对代谢物进行鉴定。

通过 GC-MS 分析了棘孢木霉 GDFS1009 孢子中的次生代谢物，共发现 68 种化合物，主要有 2 种聚酮类物质、8 种烯烃类物质、24 种烷烃类物质、2 种酸性物质、25 种酯类物质、1 种醛类物质、2 种苯类物质、4 种醇类物质。在棘孢木霉 GDFS1009 孢子发酵液中，共发现 28 种化合物，主要有 1-（4-溴化丁基）-2-哌啶酮、2,2,6,6-四甲基-4-哌啶酮、6-戊基-2H-吡喃-2-酮、2,6,10-三甲基十四碳烷、2,6,10-三甲基-十五烷和草酸、丁基-6-乙基辛-3-基乙酯。这些代谢物与木霉对病菌的拮抗作用和诱导抗性作用密切相关。在基因组的 16 个聚酮合酶基因中，有 12 个基因簇属于还原型的，4 个属于非还原型的，但根据 RNA-seq 数据，这些基因簇在 PD 培养基内表达不高或不明显。研究还发现：在孢子的代谢物中烯烃的数量明显高于孢子发酵液，其中酯类、醛类、苯类和醇类是在孢子内特异产生的，而腈类是在发酵液中特异产生。

上述研究暗示，优良木霉菌株需要在不同的木霉发育状态和不同类型培养基条件下进行评价才能更全面地反映木霉的本质特征。

（六）生防功能因子组评价技术方法

木霉生防菌株评价主要基于少数靶标功能基因评价，但木霉功能因子往往是多样的，少数功能基因评价并不能全面反映木霉的生防潜力，需要全面评价生防功能因子相关基因表达水平才能获得较好的菌株。例如：上海交通大学对优良菌株 20 种以上抑制多重病菌、促进作物生长、降解或耐受化学农药（包括化学除草剂、杀菌剂、杀虫剂）、抑制杂草、吸附重金属的靶标基因或全局调控基因进行综合评价。建立了基于富含激发子等多重拮抗性功能因子（Ⅱ疏水蛋白 hyd1、纤维素酶 thph1/thph2、几丁质酶 chit42、β-1,3 葡聚糖酶、6-PP 等标志组分）的菌株生防活性综合评价标准。

为了更全面评价木霉菌株生防活性，建立了拮抗 10 种病原菌及耐受多重胁迫因子、涵盖 7 个基因家族、540 余个基因的木霉基因组水平评价技术，提出了囊括生防菌繁殖、防病、促进植物生长、抗逆境因子等相关基因评价阈值和标准。这些基因有些本身就是生防功能基因，有些基因间接与拮抗性相关，即具有标记作用的差异基因。要建立全面评价一种生防木霉拮抗功能的分子检测系统，首先需要确定对照的标准菌株，寻找不同拮抗水平菌株的相关差异基因，确定拮抗性评价阈值。对照的标准菌株是国际上普遍应用的种属，例如以普遍应用的哈茨木霉 J25 作为标准菌株，然后从菌种资源库进行大量筛选，挑选出与对照菌株相比表现不同拮抗性梯度的木霉菌株 20 株以上。转录组分析的培养基为基础盐培养基 180 mL＋0.36 g 蔗糖＋1×10^6 cfu/mL 木霉孢子，27 ℃、180 r/min。基础盐培养基为 CaCO$_3$ 0.02 g，FeSO$_4$ · 7H$_2$O 0.01 g，KCl 1.71 g，MgSO$_4$ · 7H$_2$O 0.05 g，Na$_2$HPO$_4$ · 12H$_2$O 4.11 g，H$_2$O 1.0 L，pH 7.0。为了提高拮抗相关基因表达水平，基础盐培养基中需要添加诱导物，即每 180 mL 基础盐培养基中加入禾谷镰孢菌丝体 0.4 g，番茄灰葡萄孢菌丝体 0.2 g，玉米根组织 0.4 g。诱导培养 3 d。

通过 RNA‑seq 和 Short Time‑series Expression Miner 分析，得到了与木霉拮抗性差异相关的基因 266 个，涉及的生物学过程为细胞自噬、内吞作用、Hippo 信号通路、PI3K‑Akt 信号通路、核糖体相关、剪接体相关、内质网蛋白加工、激发子蛋白相关、细胞壁降解酶相关、抗菌肽相关、抗生素相关等。

以平板对峙实验计算出拮抗性差异菌株的拮抗能力，将拮抗能力数值与 266 个拮抗性相关基因的表达量进行对应，明确差异基因表达与拮抗性的关系，确定评价阈值。候选菌株拮抗相关基因共有 266 个基因表达趋势与拮抗性能趋势相符。以 J25 菌株的相关基因表达量为对照，其表达量平均值设置为阈值 1.0，由此确定木霉菌株拮抗性评价指标如下：无拮抗潜力菌株，基因平均表达量平均水平<1（无拮抗潜力评价阈值）；低水平拮抗潜力菌株，基因表达量平均水平为 1～2.67（低拮抗潜力评价阈值）；中等拮抗潜力菌株，基因表达量平均水平为 2.67～5.97（中拮抗潜力评价阈值）；高水平拮抗菌株，基因表达量平均水平 5.97～13.07（高拮抗潜力评价阈值）；极高拮抗菌株，基因表达量平均水平>13.07（优异拮抗潜力评价阈值）。

基于上述信息就可制备检测芯片，用于木霉菌株拮抗性的高通量评价。

第四节　木霉促进植物生长功能评价

木霉可对植物生长调节剂起到双向调节的作用，即木霉不仅能产生植物生长调节剂，也能降低外源植物生长调节剂浓度过高对植物生长产生的抑制作用。已证明木霉能产生吲哚乙酸（IAA）、玉米素（ZA）和赤霉素（GA）等植物激素。木霉能抑制或降解根际有害物质，如氰化物；木霉能够解除有机磷农药和重金属铜、镉对植物生长的胁迫；木霉通过抑制土壤中的病原菌，使植物更充分生长。木霉能随着根一起生长延伸，在植物的根际分泌一些物质或溶解植物根周围的一些营养物质，例如：通过磷酸酶、植酸酶等溶解难溶性或微溶性矿物质，通过螯合或降解作用来溶解金属氧化物，促进植物对矿物质的吸收，提高植物的生长量。木霉的促生机制复杂，可能是多种机制协同作用的结果。

木霉菌剂促进植物生长的能力是木霉菌肥最重要的指标，也是木霉生物农药所要兼备的特性。

一、木霉促进植物生长评价指标选择

木霉促进植物生长能力评价可以通过生长速度、叶片颜色、叶片厚度、叶绿素含量、根的长度以及数量等很多方面进行设计。外界环境因素可以通过温度、湿度、土壤养分、水分以及不同的光照度等几个方面进行设计。如果将评价指标及影响环境因子进行组合评价，则工作量相当繁重，包括评价木霉对植物吸收水分和营养能力的影响，对植物抗病、抗虫害能力的影响，对刺激植物根、茎、叶、花、果实生长能力的影响，对植物抗旱和抗涝能力的影响，对人们所利用的植物器官改善能力的影响，对植物环境适应（如水、阳光、空气）能力的影响，等等。因此，为了快速获得木霉促进植物生长能力的信息，一般选择植物正常生长的环境条件下，在几种常用木霉剂量下检测其对易栽培植物种子萌发、幼苗生长和光合作用的影响水平。由于黄瓜盆栽和种植管理比较容易操作，所以常选用这种蔬菜作物进行盆栽，评价木霉对植物的促生作用。

二、木霉促进作物生长评价常用方法

（一）黄瓜种子消毒与催芽

选取大小、饱满程度基本一致的黄瓜种子进行表面消毒，75%酒精浸泡30 s，用无菌水冲洗3次，再用3%的次氯酸钠浸泡8~10 min，最后用无菌水洗3~4次。消毒后的无菌种子均匀放于灭菌的双层滤纸中，滤纸置于灭菌的培养皿中，加入无菌水浸湿滤纸，避光、26 ℃下催芽3 d。

（二）黄瓜种子萌发测定

用无菌水将PDA平板上扩繁的木霉孢子洗下，调配孢子浓度为1×10^8 cfu/mL、1×10^7 cfu/mL、1×10^6 cfu/mL；通过10 000 r/min离心10 min，制备无菌发酵滤液（原液），并用无菌水调节成50倍、100倍、200倍稀释液；以清水处理为对照。10 mL孢子悬浮液或发酵滤液（原液）及稀释液浸种处理24 h，清水处理为对照。每个处理100粒，3次重复，黄瓜种子置于铺有3层滤纸的9 cm培养皿中，加10 mL蒸馏水，在（25±1）℃恒温箱内暗培养条件下萌发。以芽长超过种子长度的一半为发芽标准，第3天统计测定发芽势，第7天统计发芽率、发芽指数及活力指数。发芽势$(G_p)=n/N\times100\%$，其中，n为规定天数内发芽种子数，N为种子总数。发芽率$(G_v)=n_0/N_0\times100\%$；其中，n_0为结束发芽时发芽种子数，N_0为种子总数。发芽指数$(G_i)=\sum G_t/D_t$，其中，G_t为在第t天的发芽数，D_t为相应的天数。活力指数$(V_i)=G_i\times S$；其中，S为最后1 d的幼苗生长势。数据采用邓肯式新复极差法分析处理。

（三）试管与穴盘法黄瓜生长测定

第一，将1 mL木霉孢子悬浮液（1×10^8 cfu/mL）或发酵液滤液与200 mL霍格兰氏营养液混合。5 mL离心管中放入半张卷成桶状的7 cm滤纸，灭菌后备用。取4 mL混合液加入离心管中，挑选已催芽3 d的长势相近的黄瓜幼芽，胚根向下放入离心管中（注意胚芽不能没入液体中），26 ℃暗培养5 d后统计胚轴长度。每个处理设5个重复。

黄瓜胚根生长增长率=（处理胚根长-对照胚根长）/对照胚根长×100%。

第二，挑选籽粒饱满，大小相近的黄瓜种子播种于各种处理的基质中，以空白育苗基质作为对照。育苗穴盘为21孔，每穴2粒种子。处理与对照均各自种满穴盘。播种后充分浇水，直至穴盘底部排水孔有水溢出，穴盘上覆盖透明保鲜膜，保湿保温，有利于种子萌发。种子发芽出土后统计出苗率，每穴移去 1 株苗，只保留 1 株苗生长。育苗光照时间为 16 h 光照（8 h 黑暗），室内温度控制为 24～25 ℃，每 3 天浇 1 次水，培育 21 d。

黄瓜苗生长增长率＝(处理株高－对照株高)/对照株高×100%。

（四）盆栽法黄瓜苗生长测定

首先将 600 g 灭菌自然土置于塑料花盆内（直径 28 cm、高 25 cm），然后将木霉硅藻土制剂 100 g（含水量 2%～5%、孢子含量 $1×10^8$ cfu/g）均匀施加于土壤表面，再倒入 800 g 灭菌土；对照植株施 1 500 g 自然灭菌土＋相应比例硅藻土。每盆挖 4 个小穴，种子每穴 3～4 粒，每种处理 3 盆，浇水润湿土壤。待种子萌发后，挑选长势一致的黄瓜幼苗，每天定时浇水，通过称重法控制土壤水分含量。每组处理进行 3 次重复，每次测量 20 株。

黄瓜苗生长增长率＝(处理株高－对照株高)/对照株高×100%。

（五）根系形态指标测定

将黄瓜幼苗根系用水冲洗干净，放入仪器配的根盘中（20 cm×40 cm），将根盘轻置于扫描仪上，在根盘中添加恰好没过根系的蒸馏水，将根系完全铺平展开后，使用遮光板覆盖根盘，进行根系扫描。待根系分析仪扫描完成以后，将根系图片保存，用于WinRHIZO2012b 专业版根系分析软件的根系形态学指标测量。通过软件的系统分析可获得总根长、平均根系直径、总根表面积、根尖数、分支数、交叉数和总根体积等指标（张欣玥，2021）。

（六）光合指标测定

经不同处理后，各选 3 片黄瓜叶片，测定前对叶片进行暗处理 30 min，充分暗适应后，利用 IMAGING－PAM 调制叶绿素荧光成像系统，测定暗适应状态下的最小荧光（F_o）、暗适应状态下的最大荧光（F_m），并计算可变荧光（$F_v=F_m-F_o$）；打开测量光，设定光强（PAR）为 280 mol/(m^2·s)，获得光适应下荧光产率（F_s）的最小荧光（F'_o）以及最大荧光（F'_m），以此计算光系统Ⅱ的最大光合效率（F_v/F_m）、潜在活性（F_v/F_o）、有效量子产量（F'_v/F'_m）和光合电子传递速率（ETR）（张欣玥，2021）。

第五节　木霉诱导抗性功能评价

木霉诱导植物抗病性评价，包括表型评价和生化及基因评价。表型评价是指评价先行接种木霉菌剂，间隔一定时间后接种病原菌引起的植物发病程度的变化。主要是分析其对植物主要防御反应信号及相关酶系活性或基因表达的影响。常用评价指标是木霉菌剂诱导植物水杨酸（SA）、茉莉酸（JA）和乙烯（ET）含量变化及相关的标记基因的表达水平。例如，检测诱导的植物器官或远离诱导部位其他器官的水杨酸和茉莉酸的含量；分析植物水杨酸信号通路基因 *NPR1*、*PR1*、*PR2*、*PR5*、*PR10*、*PAL*，茉莉酸信号通路的基因 *PR3*、*PR4*、*OPR1*、*OPR7*、*OPR2*、*OPR3*、*PDF1.2*、*PAD3*、*LOX*、*AOS*、*HPL*、*Thi* 的表达水平；分析植物乙烯信号通路基因 *ETR1*、*ETR2*、*ERS1*、*ERS2*、*EIN4*、*EIN2*、*EIN3/EIL1*、*ACO1*、*ERF1* 等的表达水平。茉莉酸与乙烯途径的关系密切，JA 与 ET 共同的标记基因有 *PR3*、*PR4*、*OPR1*、*OPR2*、*OPR3*、*PDF1.2*、*PAD3*、*Thi*；乙烯信号途径相关基因 *ETR*、*EIN2* 与茉莉酸信号途径相关基因 *PAD3* 和 *Jamyb*（转录因子基因）相互为可逆应答，共同调控基因 *ERF1*、*PDF1.2*、*PR3*、*PR4* 表达。注意 SA 和 JA 通路上的信号表达规律有时是负向关系，例如 SA 抑制 JA 的基因表达。如果发现木霉处理诱导 JA/ET 信号表达非常明显，可观察木霉菌剂是否也诱导植物产生了抗虫性。

一、植物表型评价

（一）根部病害的诱导抗病性

木霉菌剂处理根部可引起局部和系统的防御反应表型，即发病程度变化。如何区别两种防御反应的表型需要用"分根法"。该方法就是在未做任何处理前将植物根系分开两部分，一半根系置入一个花盆内；另一半根系置入另一个花盆。两个花盆紧挨排放在一起，相当于同一植株的根系跨在或分布到两个花盆中。也可用特制的分根花盆，按图 2-4 在双半根系统中设置 5 组处理：①水—水；②水—木霉；③水—病原物；④木霉—病原物；⑤水—（木霉＋病原物）。测定不同处理组的根系表型变化，如根腐病发病率、褐变率和病情指数等。如果发现仅接种木霉的一半根系生长正常，而接种病原物的另一半根系明显比单独接种病原物的根系发病轻，则证明木霉诱导防御效应从一半根系传导到了另一半根系。调查如果发现同时接种木霉和病原物的一半根系明显比单独接种病原物的根系发病轻，同时也比一半根系接种木霉、另一半根系接种病原物的发病轻，则可证明木霉诱导根系产生了对病原物侵染的局部抗性反应。

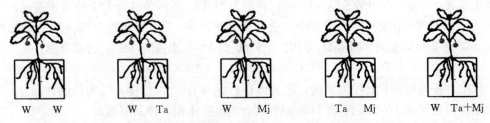

图 2-4　木霉防治番茄根结线虫病作用机理分根法试验（de Medeiros et al.，2017）

注：W 表示无菌水处理；Ta 表示深绿木霉（*Trichoderma atroviride*）；Mj 表示爪哇根结线虫（*Meloidogyne javanica*），番茄根结线虫病有多个线虫种可造成危害，爪哇根结线虫也是其一。

（二）叶部病害的诱导抗病性

木霉菌剂诱导叶部抗病性的性质评价，需要将木霉菌剂处理器官与病原菌接种叶片在空间上分开。例如，一种方法，将木霉菌剂喷施于下部叶片，取上部叶片接种病菌，间隔一段时间后（10～20 d），调查病斑面积或病情指数；另一种方法，木霉菌剂处理种子，出苗后叶片接种病原菌，间隔一段时间后（10～20 d），调查病斑面积或病情指数。如果在远离木霉处理叶片的其他叶位叶片或经木霉菌剂包衣（或浸种）的种子长出的幼苗叶片接种病菌后发病程度仍比对照明显减轻，则证明木霉诱导植物产生了系统防御反应，反之，仅在木霉菌剂和病原菌共同处理的叶片病情明显减轻，则可能诱导了局部防御反应。

二、植物生化反应评价

对于木霉菌剂诱导的叶部防御反应是属于局部反应，还是系统反应，比较容易区别，只需选择一个叶位的叶片接种木霉菌剂，在另一个叶位的叶片接种病菌，培养一段时间取样分析即可。但对于根部病害，木霉菌剂诱导植物防御反应的转导性质需要通过"分根法"确定。例如，在一半根系仅接种木霉菌剂或仅接种病原菌，另一半根系仅接种病菌或不接种（空白对照）；一半根系接种木霉菌剂，另一半根系接种病菌；一半根系同时接种木霉菌剂和病原菌，另一半根系为空白对照。如果接种木霉菌剂一半根系诱导了另一半根系防御信号或酶活性的增强，说明木霉菌剂诱导防御信号从一半根系传导到了另一半根系，证明了根系被木霉菌剂诱导发生了系统防御反应。如果同时接种木霉菌剂和病原菌的一半根系防御反应信号或酶活性明显增强，则证明木霉菌剂诱导根系发生了局部防御反应。

（一）植物水杨酸和茉莉酸测定

1. 水杨酸和茉莉酸的提取　称取 0.1 g 黄瓜（二叶期幼苗）根系与第二片真叶，液氮中研磨至粉碎。向粉末中加入 1 mL 提取缓冲液（甲醇：水：甲酸＝70：29：1），4 ℃ 振荡 30 min 后，13 000 r/min 离心 20 min，取上清液。再经离心浓缩仪浓缩 6 h，残渣用 200 μL 甲醇溶解，获得茉莉酸（JA）和水杨酸（SA）粗提样，保存在棕色瓶中。

2. 标准曲线绘制　将水杨酸、茉莉酸标品分别配置成 0.5 ng/mL、1 ng/mL、5 ng/mL、10 ng/mL、50 ng/mL、100 ng/mL、500 ng/mL、1 000 ng/mL 的混合标品，制备标准曲线，根据峰面积与浓度的线性关系分别计算水杨酸和茉莉酸浓度。

3. 茉莉酸（JA）和水杨酸（SA）LC－MS/MS 分析　色谱条件：色谱柱为 ACQUITY BEH C18 液相柱 2.1 mm×100 mm，1.7 μm；进样量为 5 μL；流动相为 0.1%（质量分数）甲酸水溶液（A 相）和甲酸乙腈（B 相）；柱温为 40 ℃。质谱条件为 ESI 负离子模式，气帘气为 35 psi[①]，离子化电压为－4 500 V，去溶剂温度为 500 ℃，雾化气 55psi，辅助加热气为 55psi，多重反应监测（MRM）分析。茉莉酸（JA）和水杨酸（SA）含量计算：

$$C_样 = (A_样 \times C_标 \times V_标)/(A_标 \times V_样) \qquad （式 2-2）$$

式中：A 为峰面积；C 为浓度；V 为体积；标为 JA/SA 标样；样为待测样品。

单位鲜重样品 JA/SA 含量（ng/g）＝（$C_样$×定容体积）/样品鲜重。

值得指出：水杨酸和茉莉酸具有功能多样性，寄生植物组织中两者含量变化不一定仅与防御反应相关。

（二）植物防御反应相关酶系活性测定

根系和叶片酶活性测定方法：分别取根系和叶片组织测定多酚氧化酶（PPO）、超氧化物歧化酶（SOD）、过氧化物酶（POD）、过氧化氢酶（CAT）、苯丙氨酸解氨酶（PAL）活性，测定方法参照试剂盒说明书。例如，在木霉菌剂处理盆栽黄瓜叶片或根系后，间隔 72 h 向黄瓜叶片或根系接种病菌，接种病菌后 0 d、3 d、6 d 及 9 d，分别测定叶片或根系抗氧化酶的活性。木霉菌剂也可处理黄瓜种子，出苗后根际接种一定剂量的病原菌孢子悬浮液，4～5 叶期取样测定根系和叶片的防御反应酶活性。应注意区分木霉诱导植物抗性反应属于系统性的，还是局部的，需要将木霉菌剂处理器官与取样的器官分开，如果没有直接接触木霉的植物器官防御反应酶活性提高，则表明是木霉诱导植物发生了系统防御反应。如果仅是木霉处理的植物器官防御反应酶活性提高，则说明是局部诱导了防

---

① 1 psi（磅力/英寸²）＝6 895 Pa。

御反应。

1. PPO 活性单位　在说明书规定的试验条件下，每分钟吸光度变化 0.01 所需酶量为 1 个酶活性单位（IU）。

2. SOD 活性单位　在说明书规定的试验条件下，以抑制 NBT 光化还原的 50% 为 1 个酶活性单位（IU）。

3. POD 活性单位　在规定的试验条件下，每分钟吸光度变化 0.01 所需酶量为 1 个酶活性单位（IU）。

4. CAT 活性单位　在 37 ℃，1 min 催化水解 1 μmoL 过氧化氢量为 1 个酶活性单位（IU）。

5. PAL 活性单位　在规定的试验条件下，每小时吸光度变化 0.01 所需酶量为 1 个酶活性单位（IU）。

三、植物防御反应相关基因表达评价

测定防御反应相关基因的木霉菌剂处理和取样方法同上。重点是需要区别诱导植物防御相关基因表达的系统性和局部性。

1. RNA 提取与 cDNA 反转录合成　按照总 RNA 提取试剂盒说明书提取总 RNA，使用 NanoDrop 超微量分光光度计检测其纯度和浓度后，保存于 −80 ℃。以总 RNA 为反转录模板，按照试剂盒说明书进行基因组 DNA 去除与反转录。16 μL 基因组 DNA 去除体系：50 ng/μL 终浓度模板、4× gDNA wiper Mix 4 μL、RNase - free ddH$_2$O 补足至 16 μL，42 ℃反应 2 min。20 μL 反转录体系：16 μL 去除基因组 DNA 模板、5×HiScript Ⅲ qRT Super Mix 4 μL。PCR 反应程序：37 ℃孵育 15 min，85 ℃加热失活 5 s。将反转录获得的 cDNA 于 −20 ℃保存备用。

2. 实时荧光定量 PCR 分析　20 μL 反应体系：50 ng/μL cDNA 2.0 μL、10 μmol/L 正反向引物（表 2-5）各 0.4 μL、2×ChamQ Universal SYBR qPCR Super Mix 10.0 μL，ddH$_2$O 补足至 20 μL。反应程序：95 ℃预变性 300 s；95 ℃变性 10 s，60 ℃退火 30 s，40 个循环；95 ℃熔解 10 s，65 ℃熔解 60 s，97 ℃熔解 1 s；37 ℃冷却 30 s，以 EF1 - α 为内参，设 3 个生物学重复。反应结束后，观察熔解曲线趋势是否正确，根据实时荧光定量 PCR 仪检测到的 CT 值，按照 $2^{-\triangle\triangle Ct}$ 法，计算不同处理时间下黄瓜叶片中目的基因的相对表达量。测定黄瓜叶片或根系挑战接种病菌 0 d、3 d、6 d 及 9 d 的黄瓜幼苗叶片水杨酸和茉莉酸信号通路相关基因的表达情况。值得指出：一般水杨酸信号与茉莉酸信号通路是相互拮抗的关系。水杨酸信号通路标记基因可选择病程相关蛋白基因 *PR1*、*PR2*、*PR5* 等，而茉莉酸信号通路标记基因可选择病程相关蛋白基因 *PR3*、*PR4* 等。

表 2 - 5　实时荧光定量 PCR 引物

引物名称	引物序列（5′-3′）
EF1 - α F	CTGTGCTGTCCTCATTATTG
EF1 - α R	AGGGTGAAAGCAAGAAGAGC

引物名称	引物序列（5′-3′）
PR1 F	TGCTCAACAATATGCGA*ACC*
PR1 R	TCATCCACCCACAACTGAAC
PAD4 F	AGAACAGCAAGCAGAATAGGAC
PAD4 R	CTTGAAGCAATCGTAGTA*ACCC*
LOX1 F	TTGGAGGAAACAAAATCAAAGGGA
LOX1 R	TGGCACTAATGAGTTGGAAAGAAA
LOX2 F	CCTAAGAGCAAACTTG*ACCCA*
LOX2 R	CAATGCCTCAGCAACTGTAAG
EIN2 F	ACAAAAGGGGC*ACCAGC*
EIN2 R	CCAACTCTCAGTAGAAGGCAA
ACC F	AGAACACATAGCCAGCAAAGG
ACC R	GGAGATGACGGAGGAAGAAAG
NPR1 F	TTACTGATAAGGGCAAGAAGGCC
NPR1 R	AAAGTTCACAAAGAGCAGGATGG

第六节　木霉抗逆功能评价

　　木霉菌剂在应用过程中经常遇到各种逆境因子或非生物胁迫，如高温、低温、干燥、盐渍化、重金属等，直接影响木霉在防治植物病害、生物修复土壤方面的作用发挥。确定木霉耐受极端逆境因子评价指标对筛选高质量木霉菌剂、选择木霉菌剂最适应用环境条件及提高应用效果具有重要意义（王强强等，2019）。

一、耐盐特性评价

（一）耐盐阈值与分级标准的确定

　　供试 20 株木霉在 NaCl 浓度为 1.2 mol/L、1 mol/L、0.8 mol/L 的 PDA 培养基上培养 4 d 后，测量其菌落直径。通过对 3 组数据进行正态分布分析，偏度分别为 −0.427、−0.790、−2.827。峰度分别为 −0.391、1.007、9.273。其中 NaCl 浓度为 1 mol/L 和 0.8 mol/L 时，均符合正态分布。其中 NaCl 浓度为 1 mol/L 时，有 50% 菌株的菌落半径能够达到培养皿面积的一半，正态分布较理想。此浓度下相对于 1.2 mol/L 及 0.8 mol/L 的 NaCl 浓度更容易将不同耐盐水平的木霉菌株区分开，因此确定 1 mol/L 为检测木霉耐盐性的阈值。

　　低耐盐，28 ℃培养 4 d 后菌落直径为对照菌落面积的 50% 以下（<4 cm）；中耐盐，28 ℃培养 4 d 后菌落直径为对照菌落面积的 50%~70%（4~5.5 cm）；高耐盐，28 ℃培养 4 d 后菌落直径大于对照菌落面积的 70%（>5.5 cm）。

　　崔西苓等（2014）以 8% NaCl 为评价阈值。含 8% NaCl 的 PDA 平板 28 ℃培养木

霉 3 d 和 7 d，观察菌落直径、孢子覆盖菌落水平及孢子颜色变化，以此评价木霉耐盐性。

高耐盐性，木霉培养 3 d，菌落直径为 1.6 cm，培养 7 d 菌落直径为 5.9 cm，且孢子覆盖菌落的 3/4，孢子颜色为绿色；中耐盐性，木霉培养 3 d 后菌落直径为 1.5 cm，7 d 后直径为 5.0 cm，孢子覆盖菌落的 3/4，孢子颜色为白色；低耐盐性，木霉培养 3 d 菌株不生长，7 d 后菌落直径仅为 1.0 cm，且不产孢子。

这种评价方法优点：除考虑盐胁迫下菌落生长速度，还考虑到产孢水平及色泽变化。

（二）菌丝生长耐盐特性相关分析

为了验证耐盐阈值的可靠性，将 20 株木霉在 SDY 液体培养基（萨氏培养基，含 1.0 mol/L NaCl）上培养，称量菌丝干重，结果表明菌落直径与菌丝干重的相关性显著，相关系数 $r \geq 0.700$（$P < 0.05$），说明在含 1.0 mol/L NaCl 的 PDA 培养基上获得的木霉耐盐阈值是可靠的。通过孢子萌发率对耐盐阈值的可靠性可进行进一步验证。

二、耐干旱特性评价

（一）耐干旱阈值（DT50）与分级标准的确定

供试 20 株木霉在 PEG - 6000 浓度为 500 g/L、400 g/L、300 g/L 的 SDY 培养基（蛋白胨 10 g、葡萄糖 40 g、蒸馏水 1 000 mL）中，于 28 ℃下恒温培养 4 d 后，称量菌丝干重，正态分布偏度分别为 1.019、0.824、0.910，峰度分别为 0.358、0.246、0.670。其中 PEG - 6000 浓度为 400 g/L 时，有 50% 菌株的菌丝干重在 0.6 g 以上，能更好区分木霉菌株耐旱能力。因此，400 g/L 的 PEG - 6000 浓度可作为耐干旱阈值。

低耐干旱性，28 ℃、180 r/min 培养 4 d 后菌丝干重低于 0.3 g；中耐干旱性，28 ℃、180 r/min 培养 4 d 后菌丝干重为 0.3 ~0.6 g；高耐干旱性，28 ℃、180 r/min 培养 4 d 后菌丝干重大于 0.6 g。

（二）耐干旱特性相关指标分析

通过相应胁迫下的孢子萌发率对耐干旱阈值的可靠性进行进一步验证，通过 SPSS 软件分析此胁迫条件下菌落直径与孢子萌发率的相关显著性。结果表明：两者的相关系数 $r \geq 0.700$（$P < 0.05$），进一步说明 PEG - 6000 浓度为 400 g/L 作为木霉菌株耐干旱评价阈值是可靠的。

三、耐高温特性评价

（一）耐高温阈值与分级标准的确定

供试 20 株木霉在 PDA 培养基上，置于 34 ℃、35 ℃、36 ℃下恒温培养 4 d 后，测量其菌落直径。利用 SPSS 软件对 3 组数据进行正态分布分析。根据木霉菌株在培养温度为 36 ℃时的菌落直径，确定木霉耐高温的阈值。

低耐高温，36 ℃培养 4 d 后菌落直径为对照的 50% 以下（<4 cm）；中耐高温，菌落直径为对照直径的 50%~70%（4~5.5 cm）；高耐高温，菌落直径大于对照直径的 70%（>5.5 cm）。

（二）耐高温特性相关指标分析

在通过 PDA 培养基初步确定胁迫温度 36 ℃是耐高温阈值后，对这 20 株木霉在 SDY 液体培养基中 36 ℃下培养 4 d，将菌丝烘干称重。通过 SPSS 软件对两组数据的分析，在此胁迫条件下菌落直径与菌丝干重的相关性显著，两者的相关系数 $r \geqslant 0.700$（$P < 0.05$），表明在 PDA 培养基中 36 ℃高温胁迫作为木霉菌株耐高温筛选阈值是可靠的。

四、耐低温特性评价

（一）耐低温阈值与分级标准的确定

供试 20 株木霉在 PDA 培养基上，置于 13 ℃、14 ℃、15 ℃下恒温培养 4 d 后，测量其菌落直径。利用 SPSS 软件对 3 组数据进行正态分布分析，根据木霉菌株在培养温度为 14 ℃时的菌落直径，确定木霉耐受低温的阈值。

低耐低温，14 ℃培养 4 d 后菌落直径为对照的 50%（<4 cm）；中耐低温，14 ℃培养 4 d 后菌落直径为对照的 50%～70%（4～5.5 cm）；高耐低温，14 ℃培养 4 d 后菌落直径大于对照的 70%（<5.5 cm）。

（二）耐低温特性的相关指标分析

在通过 PDA 固体培养基初步确定胁迫温度 14 ℃是耐低温阈值后，对该 20 株木霉在 SDY 液体培养基中 14 ℃培养 4 d，将菌丝烘干称重。通过 SPSS 软件对两组数据的分析，两者的相关系数 $r \geqslant 0.700$（$P < 0.05$）。

◆ **本章小结**

木霉菌株资源采集主要应用 GPS 对采集地定位，了解取样地土壤类型、肥力、植被种类等信息，取样方法主要有对角线取样法、五点取样法、蛇形取样法、棋盘取样法等，取 0～20 cm 深度土壤。菌株分离主要采用土壤稀释法和 PDA 或选择性培养基分离法。菌株纯化采用单菌丝或单孢分离，短期保存采用甘油管法。菌株筛选常用平板对峙培养筛选法和活体植株筛选法，也可采用多孔板快速筛选法等新方法。活体筛选结果是决定菌株生防价值的主要依据。木霉菌株生防功能因子评价有几丁质酶、葡聚糖酶、蛋白酶活性和抗菌肽含量及相关基因表达的评价方法，菌株每种酶活性水平可分多级评价。基于主成分分析的多种生物防治功能因子综合评价模式能较全面反映生防菌潜力。基于基因组、转录级和代谢组及高通量评价方法是确定和反映优良菌株特性的可靠方法。对根部诱导抗性表型鉴定可采用分根法。对木霉诱导抗病性能力评价主要检测木霉诱导后植物根和叶片 SA 和 JA/ET 信号通路相关酶活性变化和基因表达水平，需注意 SA 和 JA 防御反应信号系统的相互关系，尽量选择多种（3 种以上）防御反应标记基因测定。木霉促进植物生长功能评价主要选择黄瓜或其他易栽培的作物作为指标植物，评价木霉对种子萌发、幼苗生长和根系发育等的影响，对制备木霉菌肥有意义。木霉菌株对高温、耐旱和耐盐胁迫特性及诱导植物抗病能力评价是创制高质量木霉生物农药的重要指标。对木霉耐受环境胁迫能力评价时，需要以评价阈值为指标。

◆ 思考题

1. 如何提高优良木霉菌株筛选的准确性?

2. 为什么对木霉生防潜力评价需进行多重指标的综合评价?

3. 如何提高木霉生防资源的拮抗性和抗逆性评价效率?

4. 对木霉菌株或菌剂生物测定时,为什么强调进行种子萌发试验?

5. 提高木霉菌剂抗逆性的途径有哪些?

6. 为什么几丁质酶、葡聚糖酶、蛋白酶等功能因子活性高的木霉菌株,其对植物病害的防治效果有时并不理想?

7. 为什么木霉菌剂除诱导植物抗病性外,有时还能诱导植物的抗虫性?

第三章

木霉菌剂创制技术与工艺

木霉菌剂制备工艺主要包括木霉菌株及其与其他微生物菌株的组合设计、发酵培养基筛选与优化、发酵工艺优化、助剂的筛选和剂型加工。其中菌株的组合设计是开发高质量菌剂的基础工作，涉及菌株间亲和性检测、功能互补性和互养关系。木霉发酵工艺对木霉菌剂的孢子含量和功能性代谢物产生水平起着决定性的作用。木霉颗粒剂、可湿性粉剂、水分散粒剂、油悬浮剂和水剂对载体和助剂有不同的选择。木霉菌剂干燥、造粒或制粉等后加工工艺的改进是减少菌剂活孢子损失的技术难点。

第一节 菌株组合设计与评价

木霉菌株的组合设计原则和评价方法是创制多菌株组合菌剂的最重要基础工作。以往很多菌剂是以单一菌株为主，缺少关于多菌株组合设计的方法研究。多菌株在拮抗病菌活性、拮抗病原谱、对胁迫因子的抗逆性、促进作物生长能力等方面的互补性是菌株组合设计的要素，建立组合菌株间在上述诸要素方面的平衡和协同关系对成功开发防病促生高效的木霉菌剂具有重要意义。

一、菌株拮抗性评价

目前国际上木霉制剂已从原来的单一菌株向多菌株组合的方向发展，甚至需要木霉菌株之间或与其他微生物（如芽孢杆菌、假单胞菌、绿僵菌、白僵菌）进行组合。要实现科学的组合设计和制剂制备，首先需要根据第二章介绍的方法检测不同木霉菌株或其他微生物菌株在 PDA 平板上的生长速率、产孢速率、产孢量，对植物的促生作用，产生几丁质酶、葡聚糖酶和蛋白酶的能力，营养竞争能力，镰孢菌、稻瘟病菌、灰霉病菌等不同病原物在 PDA 平板对峙抑菌能力，耐高温、耐盐和干燥能力，等等，分别进行评价，进而筛选出在菌株生长与繁殖活性、拮抗活性、促进植物生长活性或抗逆能力等方面表现优良的候选木霉或其他生防菌优良菌株，以此为基础，设计靶标病害谱、抑菌能力、抗逆能力、营养利用能力、生长与繁殖能力等方面优势互补的组合。

二、菌株组合设计

（一）组合设计的目的与原则

组合设计的目的：一是通过菌株间互作生产新的功能性代谢物或提高生防功能因子产

量；二是通过菌株间协同效应，制备协同增效、功能多样的混合菌剂或合成菌群制剂。组合设计主要包括木霉菌株组合和木霉与其他微生物组合两类。组合设计原则：亲和互作、功能互补、适应性互补、营养互补、协同增效。木霉菌株间组合的亲和性没有太大障碍。但木霉与生长较慢的其他生防真菌，如与白僵菌或绿僵菌组合时会出现因木霉生长过快而抑制后者的问题；木霉与拮抗细菌组合则会出现拮抗细菌不同程度抑制木霉生长和繁殖的现象。针对组合菌株相互间不亲和的现象，除了要尽量筛选亲和性好的组合菌株之外，还可调整不同菌株培养物的混合比例。如果不同菌株是在同一容器共培养或共发酵，则需要通过顺序接种法解决，即先在培养基中接种生长慢或易被抑制的菌株，培养若干时间后，再接种第二种或第三种共培养菌株。例如，在共生培养基先接种木霉，培养 48 h 后，再接种芽孢杆菌，继续培养 48～72 h。经验表明：菌株间发生轻度的拮抗作用相当于一种胁迫效应，也可能有助于诱导产生新的化合物或提高某种产物的表达量。芽孢杆菌对木霉基因的影响一般要比木霉对芽孢杆菌基因的影响更明显。

（二）共培养组合设计案例

1. 木霉菌株组合　选取优良木霉菌株分别进行 2 株、3 株、4 株、5 株、6 株等的组合，按固体培养和液体培养两种条件下进行菌株间亲和性检测。①固体共培养检测：在 PDA 平板（直径 9 cm 培养皿）上将 2～6 株木霉菌株相互对峙培养，如果菌株的菌落间无明显的抑菌带，则证明木霉菌株间是亲和的。②液体共培养检测：首先制备 PDA 平板（直径 9 cm），尽量厚一些，在 PDA 平板上挖出 1 条穿越平板中心、宽为 1.5～2 cm 的沟槽，沟槽内注入 PD 培养液，不要漫出槽，构成固体-液体-固体的环境。在沟槽两侧的 PDA 平板上分别放入 2 个木霉菌株的菌饼，28 ℃培养 5～7 d，观察沟槽两侧不同木霉菌株菌丝生长进入沟槽后相互交错的情况，如果两个菌株菌丝在沟槽 PD 液内基本可以对等交错，则证明两者是亲和的。如果是多对供试木霉菌株，可以一对一对试验。

2. 木霉-芽孢杆菌组合　按固体培养和液体培养两种条件下进行木霉和芽孢杆菌菌株间亲和性检测。①固体共培养检测：采用十字划线法。制备 PDA 平板（直径 9 cm 培养皿），平板不能倒得太薄，最好在使用前一天倒好。为防止平板表面产生冷凝水，倒平板前培养基温度不能太高。用于平板划线的培养基，琼脂含量宜高些（2％左右），否则会因平板太软而被划破。接种环滴取芽孢杆菌液沿 PDA 平板中点划"十"字线，然后在"十"字线 4 个空间分别放入木霉菌饼。培养 5 d，如果木霉菌落与芽孢杆菌划线之间无明显的抑菌带，则证明是木霉和芽孢杆菌菌株间是亲和的，这样的方法可检测 1 株芽孢杆菌与 4 株木霉菌株的亲和性。②液体共培养检测：将筛选的木霉菌株进行平板活化，用无菌水清洗平板上的木霉孢子，将孢子浓度调整至 2×10^8 cfu/mL，用作共培养木霉的种子菌。将筛选的芽孢杆菌菌株进行平板活化，然后用无菌水将平板上的芽孢杆菌清洗下来，取 1 mL 接入 LB 液体培养基（30 mL/50 mL 锥形瓶），置于 28 ℃恒温摇床中 180 r/min 培养 1～2 d，直到 OD_{600} 值约等于 1.8（孢子量 4×10^8 cfu/mL），用作共培养芽孢杆菌的种子菌。将木霉和芽孢杆菌的种子菌各取 1 mL 加入灭过菌的 YMC 培养基中，置于恒温摇床中于 28 ℃、180 r/min 培养 1～2 d，以对应的单一木霉和芽孢杆菌为对照。采用差速离心法，可将木霉、木霉孢子、芽孢杆菌相互分开，分别检测不同分离物的性质和干重差异。由于一般是芽孢杆菌抑制木霉生长，因此仅检测共培养中的木霉孢子和菌丝鲜重即可，如果共培养发酵液单位体积木霉菌丝干重和孢子量与单一培养的木霉菌株的干重基本相同，说明两者是亲和的。

三、共培养组合的确定

（一）木霉共培养组合

分别在共培养木霉菌丝体干重、共培养发酵液对病菌（例如镰孢菌等）平板抑制率及共培养发酵液对黄瓜试管苗促生作用3个方面对共培养组合进行评价，从中优选出3项综合优于其他组合的最优组合。与单独培养相比，共培养可以显著改变木霉菌丝体干重、发酵液对镰孢菌平板抑制率及发酵液对黄瓜试管苗促生作用；但并非组合的菌株数量越多，效果越好。菌株在组合方面存在功能、基因、代谢上的互补和互作关系，而不是简单的数量堆叠、功能相加。

1. 菌丝体干重评价　测定不同木霉共培养组合在木霉菌体干重方面的差异。取培养5 d后的木霉共发酵液10 mL，用真空泵抽滤于定量滤纸上，并用纯净水洗涤2次，洗去培养基，于105 ℃条件下烘箱烘至质量恒定不变后，电子天平称量滤纸前后的质量差为菌丝干重。通过菌株组合中菌株数量增加对共培养组合木霉菌体干重影响进行PCA分析，可确定不同菌株对组合中菌体干重的贡献程度。

2. 抑菌率评价　取一定量共培养发酵液于4 ℃、8 000 r/min离心10 min，取上清液，将上清液用注射器通过0.22 μm的微孔滤膜过滤除菌得发酵滤液。将共培养无菌发酵液与融化的PDA培养基（50 ℃）以1∶9的比例混合制成混合培养基。用直径0.5 cm的无菌打孔器从PDA平板上活化5 d的病菌菌落（镰孢菌）边缘打取菌碟并将其接种至含代谢液PDA平板的中央位置，28 ℃恒温培养箱中培养5 d，以空白PDA平板接种镰孢菌菌碟为对照。观察菌落的生长速度及菌丝形态，待对照刚长满平板，测定镰孢菌菌落直径，计算抑菌率，每个处理3个平板。以单一木霉菌株培养液为对照。

抑菌率＝（对照组菌落面积－处理组菌落面积）/对照组菌落面积×100%。

通过不同菌株组合对病原菌（镰孢菌）抑菌率影响进行PCA分析，可明确组合中不同菌株对病菌抑菌率的贡献程度。

3. 种子萌发试验确定　可通过植物种子萌发试验确定最佳菌株组合。

（1）黄瓜种子消毒。选取大小、饱满程度基本一致的黄瓜种子进行表面消毒，75%酒精浸泡30 s，用无菌水冲洗3次，再用3%的次氯酸钠浸泡8～10 min，最后用无菌水洗3～4次。消毒后的无菌种子均匀放在灭菌的双层滤纸中，滤纸置于灭菌的培养皿中，加入无菌水浸湿滤纸，避光26 ℃催芽3 d。

（2）菌株组合促进发芽能力测定。用无菌水将共培养发酵液浓度调节成发酵滤液原液、50倍稀释发酵滤液、100倍稀释发酵滤液和200倍稀释发酵滤液，清水处理为对照。10 mL发酵液浸种处理24 h，清水处理为对照。选20粒大小一致的黄瓜种子放在垫有2层滤纸的9 cm培养皿中，每组处理3次重复，置于26 ℃人工气候箱。每天统计发芽数，计算发芽率。发芽率＝发芽种子数/供试种子数×100%。每个处理选取20株黄瓜幼芽，用吸水纸吸干黄瓜种子表面水分，称量鲜质量并测量胚根全长。

(二)木霉-芽孢杆菌共培养组合

1. 共培养对木霉和芽孢杆菌生长和繁殖的影响　木霉菌量的测定采用血细胞计数法，将木霉单培养液和共培养液用无菌水按 10^{-2}、10^{-3} 浓度梯度稀释于微型离心管（EP）管中，加入小钢珠涡旋振荡 1 min 使厚垣孢子尽量与菌丝分离，每个 EP 管中加入 1 滴亚甲基蓝溶液对孢子进行染色，涡旋混匀。用血细胞计数板进行孢子计数。如果某一组合的共培液中木霉孢子含量高于木霉单一培养液的孢子含量差异最明显，则该共培养组合在促进木霉生长和繁殖上为最佳组合。

芽孢杆菌菌量的测定采用稀释涂布法，将芽孢杆菌单培养液和共培养液在超净工作台用无菌水按 10^{-6}、10^{-7} 浓度梯度稀释，取 0.1 mL 于 LB 平板，用涂布棒均匀涂开，将涂抹好的平板平放于桌上 10 min，使菌液渗入培养基，然后将平板倒转，30 ℃培养 1～2 d，统计芽孢杆菌数量，每个处理重复 3 次。如果某一共培养组合中芽孢杆菌含量明显高于单一培养芽孢杆菌液的含量，则为促进芽孢杆菌生长和繁殖的最佳组合。

2. 共培养液抑制病菌作用　考虑到 PDA 平板筛选条件可能不能充分反映在液体共培养条件下的两类菌株互作情况，为此，通过比较两种菌共培养产生的代谢物与单一菌培养产生的代谢物在抑菌作用方面的差异，便可明确共培养液是否有协同增效的抑菌作用。如果两种菌共培养的代谢液比两种菌单一培养产生的代谢液累加的抑菌效果更明显，则可视为最佳共培养组合。例如：枯草芽孢杆菌 BS22 和深绿木霉 SG3403 的共培养代谢液抑菌效果达到了 61.5%，显著高于 BS22 和 SG3403 单一培养及简单累加的抑菌活性（42.9%、5.2% 和 48.1%），说明共培养发酵滤液的抑菌活性并不是简单的单一菌株发酵滤液直接累加的结果。

具体方法：取一定量的共培养发酵液于 12 000 r/min，离心 2 min，取上清液，将上清液用注射器通过 0.22 μm 的微孔滤膜过滤除菌。将共培养无菌发酵液与融化的 PDA 培养基（50 ℃）以 1∶50 的比例混合制成混合培养基。将 PDA 平板上活化 5 d 的镰孢菌菌落边缘打取菌片（直径 0.5 cm）并将其接种至含代谢液 PDA 平板的中央位置，28 ℃恒温培养箱中培养 5～6 d，以空白 PDA 平板接镰孢菌菌饼为对照。观察菌落的生长速度及菌丝形态，待对照刚长满平板，测定病原菌菌落直径，计算抑菌率，每个处理 3 个平板。

抑菌率＝（对照组菌落面积－处理组菌落面积）/对照组菌落面积×100%。

四、共培养工艺与评价

(一)最佳组合共培养基本工艺

采用 50 L 发酵罐进行菌株组合的共培养。

1. 种子液制备　不同木霉菌株孢子悬浮液或木霉与芽孢杆菌混合菌液加入 PD 培养基混合共培养，制备共培养种子菌，共培养 2 d。

2. 培养基灭菌　发酵培养基装液量 70%，121 ℃实消 30 min。

接种：0.33%～1.0%接种量接入各木霉种子液或木霉-芽孢杆菌混合种子液。

3. 木霉菌株培养观察　在 28 ℃、转速 160～220 r/min、通气量 0.6～1 L/(L·min)、pH 3.2～7 条件下观察共培养 24 h、48 h、72 h、96 h 时木霉孢子萌发及菌丝生长、厚垣孢子产生和菌丝溶解的动态变化。

4. 木霉-芽孢杆菌共培养观察 木霉生长与繁殖过程观察与木霉菌株共培养相同。对于芽孢杆菌生长和繁殖观察，主要通过显微和细胞染色观察共培养发酵 18 h 菌体生长，24 h 芽孢形成，48 h 后芽孢数增加、营养体数目减少，72 h 芽孢形成数量达到峰值，直至 96 h 菌体衰退。

（二）共培养代谢物成分分析及功能测定

1. 共培养菌丝干重的测定 取培养 5 d 后的木霉发酵液 10 mL，用真空泵抽滤于定量滤纸上，并用纯净水洗涤 2 次，洗去培养基，于 105 ℃条件下烘箱烘至质量恒定不变后，电子天平称量滤纸前后的质量差为菌丝干重。

2. 游离氨基酸测定 将样品涡旋振荡 1 min，4 ℃、8 000 r/min、离心 10 min，取上清液，使用氨基酸（AA）含量提取试剂盒（leagene biotechnology，货号 TC2153），按照试剂盒的说明测定发酵滤液的氨基酸含量。

3. 对病菌抑菌率测定 取一定量的共培养发酵液于 4 ℃、8 000 r/min、离心 10 min，取上清液，将上清液用注射器通过 0.22 μm 的微孔滤膜过滤除菌得发酵滤液。将共培养无菌发酵液与融化的 PDA 培养基（50 ℃）以 1∶9 的比例混合制成混合培养基。用直径 0.5 cm 的无菌打孔器从 PDA 平板上活化 5 d 的病菌菌落（镰孢菌）边缘打取菌碟并将其接种至含代谢液 PDA 平板的中央位置，28 ℃恒温培养箱中培养 5 d，以空白 PDA 平板接种镰孢菌菌碟为对照。观察菌落的生长速度及菌丝形态，待对照刚长满平板，测定镰孢菌菌落直径，计算抑菌率，每个处理 3 个平板（陈凯等，2022）。

抑菌率＝（对照组菌落面积－处理组菌落面积）/对照组菌落面积×100%。

4. 对黄瓜促生作用测定 用无菌水将共培养发酵液浓度调节成发酵滤液原液、50 倍稀释发酵滤液、100 倍稀释发酵滤液和 200 倍稀释发酵滤液，清水处理为对照。10 mL 发酵液浸种处理 24 h，清水处理为对照。选 20 粒大小一致的黄瓜种子放在垫有 2 层滤纸的 9 cm 培养皿中，每组处理 3 次重复，置于 26 ℃人工气候箱。每天统计发芽数，计算发芽率。发芽率＝发芽种子数/供试种子数×100%。每个处理选取 20 株黄瓜幼芽，用吸水纸吸干种子表面水分，称量鲜质量并测量胚根的全长。

5. 活菌数测定 共培养发酵液用无菌水梯度稀释至 $1×10^{-8}$～$1×10^{-6}$ cfu/mL，吸取 100 μL 涂布在 PDA 平板，28 ℃条件下培养 24 h 后统计菌落数。

第二节 木霉液体发酵基本工艺

木霉发酵类型的选择直接影响菌剂制备的效率和质量。常用的木霉液体发酵类型是分批发酵和补料分批发酵，而连续发酵便于实现木霉代谢产物大规模自动控制生产。木霉液体发酵的主要优势是能高产厚垣孢子以及富含氨基酸和有机酸的代谢液（de Rezende L et al.，2020）。

一、液体发酵的基本类型

液体发酵是将物料首先制备成液态，再将微生物接入而产生的生物反应过程。按微生物的聚焦状态，分为在液体培养基表面聚集并形成 1 层菌膜的表面培养、附着在反应器固体表面的附着培养、悬浮于液体培养基中的沉没培养（或深层培养）。其中，深层培养过程较易控制，易实现纯种培养，可在较大规模的反应器中进行，为多数工业发酵采用。

液体发酵类型可根据微生物种类、培养基状态、发酵设备、微生物发酵操作方式和发酵产物而划分成不同的类型。根据操作方式，液体发酵类型可分为分批发酵、连续发酵和补料分批发酵等；根据发酵产物，液体发酵类型可分为微生物菌体发酵、微生物酶发酵、微生物代谢产物发酵、微生物的转化发酵、生物工程细胞发酵。不同发酵类型有不同的特点（表3-1）。

表3-1 分批发酵、连续发酵和补料分批发酵特征比较

比较内容	分批发酵	连续（流加）发酵	补料分批发酵
发酵周期	在特定的条件下只完成一个生长周期的微生物培养方法	完成多个生长周期的微生物培养方法	
无菌要求	高	高	低
菌种变异	菌种不易变异和退化，不易污染	菌种易变异和退化，易污染杂菌	易控制菌种变异和杂菌污染
应用范围	范围广	范围小	范围广
发酵液体积	恒定值	体积相对恒定	随时间增加
成本	低	高	高
产物利用率与转化效率	高	低	高
优点	①对温度要求低，工艺操作简单；②比较容易解决杂菌污染和菌种退化问题；③对营养物的利用效率较高，产物浓度也比连续发酵要高	①可以提高设备的利用率和单位时间产量，只保持一个时期的稳定状态；②发酵中各参数趋于恒值，便于自动控制；③易于分期控制，便于在不同的罐中控制不同的条件	①可以解除底物的抑制、产物的反馈抑制和分解代谢物阻遏作用；②可实现活菌高密度生产，提高有用产物的转化率；③可控制菌种变异及杂菌污染；④便于自动化控制；⑤避免在分批发酵中一次性投入糖过多导致细胞大量生长，耗氧过多，以致通风搅拌设备不能匹配的状况
缺点	①人力、物力、动力消耗较大；②生产周期长；③生产效率低	①对设备的合理性和加料设备的精确性要求甚高；②营养成分的利用较分批发酵差，产物浓度比分批发酵低；③杂菌污染的机会较多，菌种易因变异而发生变化	对补料过程中加入的物料无菌程度要求较高，如果这个过程中处理不当，之前的过程全部作废，需倒罐

1. 分批发酵（batch fermentation） 又称为分批培养，是指在1个密闭系统内投入有限数量的营养物质，再接入少量的微生物菌种进行培养，使微生物生长繁殖，在特定的条件下只完成1个生长周期的微生物培养方法。分批发酵在发酵过程中需不断进行通气（好

氧发酵）和调节发酵液的 pH，是与外界没有其他物料交换的一种发酵方式。分批发酵的培养基一次性加入，产品一次性收获，是木霉等微生物广泛采用的一种发酵方式。整个发酵过程分为延迟期、对数生长期、稳定期和衰亡期，在快速生长阶段主要生产初生代谢物，在生长缓慢的稳定期主要产生次生代谢物。

2. 连续发酵（continuous fermentation） 是指在 1 个开放的系统内，以一定的速度向发酵罐内添加新鲜培养基，同时以相同速度流出培养液，从而使发酵罐内的液量维持恒定的发酵过程。连续发酵可分为单罐连续发酵和多罐串联连续发酵等方式。在单罐连续发酵中，由于发酵液在不断搅拌，一部分刚流入的发酵培养基将随发酵液一起流出。

3. 补料分批发酵（fed batch fermentation） 又称为半连续发酵（semi - continuous fermentation）、反复分批培养或换液培养，是指在分批发酵的基础上，间歇性补加有限制性营养物质，即周期性地放出部分含有产物的发酵液，然后再补加相同体积新鲜培养基的发酵方法，是介于分批发酵和连续发酵之间的一种发酵技术。在实施补料分批发酵的操作过程中，补充了新营养成分的反应体系的培养条件与分批培养条件相同，且反应器内培养液的总体积基本保持不变。

二、木霉液体发酵生产厚垣孢子

（一）生产厚垣孢子培养基筛选

高产厚垣孢子的发酵培养基与生产分生孢子的培养基在培养基碳源和氮源上有一定差异。玉米粉、大豆粉、硫酸铵、蛋白胨和牛肉膏比较有利于产生厚垣孢子；而仅含葡萄糖、红糖等碳源则比较有利于产生分生孢子。此外培养基中微量元素，如锌和铜的含量以及培养基的 pH 均对厚垣孢子产生有影响。玉米秸秆粉也可作为生产厚垣孢子的培养基成分（顾金刚等，2008；武为平等，2013）。

1. 基础培养基 玉米粉培养液（玉米粉 50 g，过 40 目筛，加水至 1 L），小麦秸秆粉培养液（小麦秸秆粉 50 g，过 40 目筛，加水至 1 L），高温大豆饼粉培养液（高温大豆饼粉 20 g，过 40 目筛，加水至 1 L），高温大豆饼粉-玉米粉培养液（高温大豆饼粉 20 g，玉米粉 10 g，分别过 40 目筛，两者混合后，加水至 1 L），燕麦粉培养液（燕麦粉 30 g，过 40 目筛，加水至 1 L），马铃薯浸出液（马铃薯 200 g，煮沸 20 min，加水至 1 L）。

每 250 mL 三角瓶装液量为 100 mL，接种采用 PDA 平板上培养的分生孢子，配制成每毫升 1×10^6 个孢子的悬浮液，接菌量为每 100 mL 培养液接入 1 mL 孢子悬浮液，于 28 ℃、180 r/min 下摇床振荡培养，第 8 天用血细胞计数板计数每毫升培养液中厚垣孢子数量。每个处理设 3 个重复，结果取平均值，并计算标准差 sd。

以下各项试验除了已筛出的最佳条件和所测项目外，均与此相同。

2. 基础培养基补充碳源 向基础培养基中分别加入不同碳源，例如：葡萄糖、蔗糖、乳糖、菊糖（每 100 mL 添加 0.5 g）、甘油（每 100 mL 添加 0.5 mL）等，可促进产生厚垣孢子。

3. 基础培养基补充氮源 向基础培养基分别加入不同氮源，例如：酵母粉、胰蛋白胨、牛肉膏、硫酸铵、甘氨酸（每 100 mL 添加 0.2 g），有利于生产厚垣孢子。

4. 基础培养基补充无机盐 在每 100 mL 基础培养基、碳源、氮源基础上分别加入不同无机盐，如 KH_2PO_4（0.2 g）、$MgSO_4 \cdot 7H_2O$（0.05 g）、$CaCl_2$（0.1 g）、$FeSO_4$（0.05 g）、$NaNO_3$（0.1 g），有利于生产厚垣孢子。

(二) 生产厚垣孢子发酵工艺参数初筛

1. 接种量　以每毫升 1×10^6 个分生孢子的悬浮液，每 100 mL 分别接种 0.5 mL、1 mL、2 mL、4 mL、8 mL、16 mL 的分生孢子悬浮液。

2. 装液量　装液量分别设 50 mL、75 mL、100 mL、125 mL、150 mL 5 个处理。

3. 转速　设置 4 个转速水平，分别为 120 r/min、150 r/min、180 r/min、210 r/min。

4. 发酵温度　①恒温发酵：一般是在 28 ℃下完成发酵 96 h 全过程。在这一发酵过程中主要通过调节 pH、溶氧、搅拌速度变化促进厚垣孢子生产。目前大多数木霉发酵生产厚垣孢子主要是采用恒温培养工艺，调控工艺相对简单。②变温发酵：温度选择为 30 ℃、20 ℃、28 ℃。各温度培养天数设置为 2 d - 2 d - 4 d、2 d - 3 d - 3 d、2 d - 4 d - 2 d、3 d - 2 d - 3 d、3 d - 3 d - 2 d、3 d - 4 d - 1 d、4 d - 2 d - 2 d、4 d - 3 d - 1 d，共 8 个处理。发酵前期为适应期，温度高，木霉生长快，有利于孢子萌发，使得适应期缩短且减少杂菌的污染机会；而对数生长期菌体生长旺盛，放出大量生物热，培养基内部温度较高，因此应降低培养温度，以利于孢子的产生，而且厚垣孢子的形成是木霉在逆境下的一种繁殖方式，温度的骤变有利于其产生，同时，温度低阻止一些高温下生长的杂菌污染；到后期大量孢子成熟，基质有效营养降低，菌体生长缓慢，此时再升高温度，缩短发酵周期。

5. 发酵液 pH　一般在发酵过程初期（35 h）偏酸性（pH 为 2），后期调为中性（pH 为 6～7）。初始 pH 筛选可通过 0.1 mol/L 的 HCl 与 NaOH 调节确定，发酵过程中的 pH 可通过氨水调节。

(三) 生产厚垣孢子发酵工艺参数优化

采用 Box - Behnken 设计和 Design Expert 软件分析，筛选出诱导上述调控基因高效表达的液体发酵高效生产厚垣孢子的培养基（玉米粉、大豆粉、牛肉膏为核心组分），建立了发酵前期控制 pH（pH 为 3.5～4.17），后期定时补料（2%酵母浸出液、2%腐殖酸和 0.3%淀粉）、变温发酵（30 ℃→20 ℃→28 ℃）等厚垣孢子产生关键技术。厚垣孢子产量突破每毫升 5×10^8 个，超过常规方法的两倍，生产效率提高了 43.3%。

三、木霉液体发酵生产代谢物

(一) 代谢液生产培养基

木霉代谢液的生产可采用专门的培养基，也可选用适合产生活孢子的培养基。前者需要更为丰富的碳源、氮源或特异诱导物。

1. 专门产代谢物的培养基　碳源和氮源对代谢物影响较大。一般需要用营养比较丰富的成分，如马铃薯、葡萄糖、红糖、糖蜜和酵母膏等。

2. 兼顾产孢的培养基　常用发酵罐进行木霉代谢液发酵。常用培养基：大豆饼粉-玉米粉（1∶1）10 kg，动物组织匀浆 20 kg，$MgSO_4 \cdot 7H_2O$ 100 g，$FeSO_4$ 1.5 g，$MnSO_4$ 0.5 g，$ZnSO_4$ 0.4 g，KH_2PO_4 766 g，$NaNO_3$ 284 g，$(NH_4)_2SO_4$ 220 g，NaCl 或 $CaCl_2$ 200 g，水 220 L。

(二) 发酵条件

木霉发酵过程中调节的参数：pH＝6.5～7.0，搅拌 150～200 r/min，溶氧量 30%～

80％，温度 30 ℃，发酵 120 h。溶氧量达到 80％时，以 220 g/h 流速流加 45％葡萄糖溶液。

（三）代谢物主要成分

木霉代谢液中至少可检测出 18 种游离氨基酸，其中磷酸丝氨酸、丙氨酸、甘氨酸的含量较高，γ-氨基丁酸次之；可检测到拮抗性次生代谢物，其中 6-戊基-α-吡喃酮（6-PP）、聚酮化合物、2-戊酮、α-蒎烯、β-蒎烯、对二甲苯、2-庚醇、辛酸乙酯、癸酸乙酯、苯甲酸盐、α-姜黄素和 β-法呢烯等较为常见；可检测到促进作物生长和防御的物质，其中吲哚乙酸、吲哚丁酸、赤霉素、玉米素、水杨酸等物质较常见；可检测到 1 400 余种蛋白质，其中有调控植物生长发育、提高抗逆性和诱导植物抗病性的钙调蛋白、组蛋白、糖苷水解酶、疏水蛋白、细胞色素 P-450、肽酶等数十种。

第三节　木霉液体发酵工艺优化方法

响应曲面设计（response surface methodology，RSM）是利用合理的试验设计方法并通过实验得到一定的数据，采用多元二次回归方程来拟合因素与响应之间并得出函数关系，通过对回归方程的分析来寻求最优工艺参数，解决多变量问题的一种统计方法。PB（Plackett-Burman）试验设计是响应曲面设计的一种，是用于中心复合试验设计（CCD）之前挑选优化因素的一种试验设计方法，可用专业软件 Minitab 19 进行设计分析。PB 试验设计是一种两水平的试验设计方法，它试图用最少的试验次数达到因素的主效果，并得到尽可能的精确估计，适用于众多考察因素中快速有效地筛选出最为重要的几个因素，供进一步研究用。

基于 Box-Behnken（BB）试验设计的响应曲面设计可以进行因素数 3～7 个的试验；试验次数为 15～62 次，在因素数相同时比中心复合试验设计所需的试验次数少，可以评估因素的非线性影响；适用于所有因素均为计量值的试验；使用时无须多次连续试验；设计不存在轴向点。响应曲面设计中的中心复合试验设计比 BB 试验设计能更好地拟合相应曲面。因为 CCD 的设计过程中，有很多点会超出原定的水平，所以在实验室条件下，建议做 CCD 试验设计，如果超出原定的水平，或者不容易达到，那就做 BB 试验设计。

本节介绍以玉米粉、葡萄糖、磷酸氢二钾、七水硫酸亚铁、硫酸铵、海藻渣、色氨酸和牛肉膏 8 个因素为变量，两水平 PB 试验设计。然后以大豆饼粉-玉米粉用量、甘油添加量、装液量和初始 pH 为自变量，以厚垣孢子产量为响应值进行 BB 试验设计，通过 Design Expert 8.0.5b 软件对试验数据进行多项式回归分析，建立多元二次回归方程，并利用方差分析模型和各因子的显著性获得木霉菌株厚垣孢子液体发酵工艺的最佳参数，为木霉厚垣孢子菌剂的开发提供参考。

一、PB 试验设计

（一）培养基成分单因素优化试验

为了优化基础培养基中某一成分，可选择下列候选营养源的某一种替换基础营养配方中的原营养成分。例如，用 3％海藻渣替换原配方中的葡萄糖。

1. 基础培养基配方 葡萄糖（20 g/L）、酵母膏（10 g/L）、KH_2PO_4 3.82 g/L、$NaNO_3$ 1.42 g/L、$(NH_4)_2SO_4$ 1.1 g/L、$NaCl$ 1 g/L、$MgSO_4 \cdot 7H_2O$ 0.5 g/L、$FeSO_4 \cdot 7H_2O$ 0.007 5 g/L、$MnSO_4$ 0.002 5 g/L、$ZnSO_4$ 0.002 g/L，pH 自然。

2. 可替换的营养成分

（1）单一碳源。分别以葡萄糖、海藻渣、乳糖、麦芽糖、蔗糖、糖蜜、淀粉、玉米粉代替基础培养基中的碳源。

（2）有机氮源。分别以 2‰酵母膏、牛肉膏、蛋白胨、大豆蛋白粉代替基础培养基中的有机碳源。

（3）无机氮源。分别用 1‰的 NH_4Cl、$(NH_4)_2SO_4$、$NaNO_3$ 和 KNO_3 代替原培养基中的无机氮源。

（4）无机盐。分别加入 0.05‰ $NaCl$、$MgCl_2$、K_2HPO_4、KH_2PO_4、$MgSO_4 \cdot 7H_2O$、$FeSO_4 \cdot 7H_2O$、$MnSO_4$、$ZnSO_4$ 等代替原培养基中的无机盐。

（5）其他。0.1‰色氨酸。

（二）多因素 Plackett - Burman 试验设计

使用 Minitab 19 软件，选用 Plackett - Burman 法对单因子试验确定的 8 个成分设计 15 次试验进行考察，其中 12 次因子筛选试验，3 个区组中心点，以 A、B、C、D、E、F、G、H 分别代表玉米粉、葡萄糖、K_2HPO_4、$FeSO_4 \cdot 7H_2O$、$(NH_4)_2SO_4$、海藻渣、色氨酸和牛肉膏，每个因素取高低两个水平，分别以 1 和 −1 表示（表 3 - 2），每组试验设计 3 组平行试验。根据方案配制不同培养基 100 mL，装入 250 mL 锥形瓶中，115 ℃灭菌 30 min。按照木霉菌株共培养方法进行共培养，共培养发酵液促生作用采用黄瓜试管苗检测。以共培养发酵上清液对黄瓜试管苗胚根长度的影响作为响应值，确定影响共培养发酵液促生作用的最显著影响因素。

表 3 - 2 Plackett - Burman 设计因子、水平及编码

编码	因子（g/L）	水平		
		−1	0	+1
A	玉米粉	20	30	40
B	葡萄糖	20	30	40
C	K_2HPO_4	0.6	0.8	1.0
D	$FeSO_4 \cdot 7H_2O$	0.4	0.5	0.6
E	$(NH_4)_2SO_4$	0.5	1.0	1.5
F	海藻渣	40	50	60
G	色氨酸	0.5	1.0	1.5
H	牛肉膏	15	20	25

（三）最陡爬坡试验

通过最陡爬坡试验可以寻找到响应值最大的范围，从而尽可能靠近黄瓜试管苗胚轴长度的最大区域，确定此时各培养基组分因子的浓度，寻找响应曲面设计的中心点。通过

PB 试验得到的 4 个显著影响因子的系数值确定最陡爬坡试验的爬坡方向及步长,因子系数值为正值向高水平爬坡,负值向低水平爬坡,爬坡的步长由因子系数的比值确定。

(四) 中心复合试验设计 (CCD)

通过最陡爬坡试验确定了 4 个显著影响因子及其浓度,以此作为响应曲面中心点,应用 Minitab 19 软件设计 4 个因素、5 个水平的试验(表 3-3)。每组试验 3 次重复,并进行响应曲面分析。

表 3-3　中心复合设计因子、水平及编码

编码	因子 (g/L)	水平				
		-2	-1	0	+1	+2
A	葡萄糖	0	6	12	18	24
B	玉米粉	2	10	18	26	32
C	磷酸氢二钾	0.9	1.0	1.1	1.2	1.3
D	色氨酸	0	0.2	0.4	0.6	0.8

通过对不同变量响应系数的显著性进行分析,对模型进行优化,并利用响应曲面优化器得到预测的最优条件。

(五) 响应验证试验

响应曲面优化器得到预测的最优条件,在该条件下进行 5 组平行实验,分析实际结果是否处于预测值 95% 置信区间,从而验证模型预测的准确性。采用 Minitab 19 对 Plackett-Burman 试验设计、CCD 试验设计采集的数据进行分析。

Plackett-Burman 试验设计实例分析　以发酵液促生作用为目标进行培养基优化设计。以玉米粉、葡萄糖、K_2HPO_4、$FeSO_4 \cdot 7H_2O$、$(NH_4)_2SO_4$、海藻渣、色氨酸和牛肉膏 8 个因素为变量进行 PB 试验。经过 15 次试验,PB 试验结果见表 3-4,各因素之间的效应评价见表 3-5。

表 3-4　Plackett-Burman 试验设计及结果

编码	因子								黄瓜试管苗胚轴长度 (cm)
	玉米粉	葡萄糖	K_2HPO_4	$FeSO_4 \cdot 7H_2O$	$(NH_4)_2SO_4$	海藻渣	色氨酸	牛肉膏	
	A	B	C	D	E	F	G	H	Y
1	1	-1	1	-1	-1	-1	1	1	9.95±0.31f
2	1	1	-1	1	-1	-1	-1	1	7.93±0.21i
3	-1	1	1	-1	1	1	-1	-1	12.33±0.14c
4	1	-1	1	1	-1	1	1	-1	13.75±0.12a
5	1	1	-1	1	1	-1	1	-1	5.57±0.21k
6	1	1	1	-1	1	1	-1	-1	10.22±0.11ef
7	1	1	1	-1	-1	-1	1	-1	6.84±0.3j
8	-1	1	1	1	-1	-1	-1	1	11.44±0.12d

（续）

编码	因子								黄瓜试管苗胚轴长度（cm）
	玉米粉	葡萄糖	K_2HPO_4	$FeSO_4 \cdot 7H_2O$	$(NH_4)_2SO_4$	海藻渣	色氨酸	牛肉膏	
9	−1	−1	−1	1	1	1	−1	1	13.04±0.17b
10	1	−1	−1	−1	1	1	1	−1	8.93±0.25h
11	−1	1	−1	1	−1	1	1	−1	5.85±0.18k
12	−1	−1	−1	−1	−1	−1	−1	−1	13.9±0.2a
13	0	0	0	0	0	0	0	0	9.55±0.19g
14	0	0	0	0	0	0	0	0	9.21±0.24gh
15	0	0	0	0	0	0	0	0	10.54±0.37e

表 3 - 5　Plackett - Burman 试验设计的各因素效应评价

项	效应	系数	T 值	P 值
常量		9.979	66.12	0**
玉米粉	−1.175	−0.587	−3.89	0.011 *
葡萄糖	−3.712	−1.856	−12.3	0**
K_2HPO_4	1.552	0.776	5.14	0.004**
$FeSO_4 \cdot 7H_2O$	−0.435	−0.218	−1.44	0.209
$(NH_4)_2SO_4$	0.552	0.276	1.83	0.127
海藻渣	−0.415	−0.207	−1.37	0.228
色氨酸	−3.765	−1.883	−12.47	0**
牛肉膏	−0.482	−0.241	−1.6	0.171
Ct Pt		−0.212	−0.63	0.557

注：$R^2 = 0.986\,2$；$R^2_{Adj} = 0.961\,5$；$R^2_{预测} = 0.912\,1$；**差异极显著（$P < 0.01$）；*差异显著（$P < 0.05$）。

由试验结果可知，该试验模型 $P < 0.05$，说明该试验模型影响显著，决定系数 $R^2 = 0.986\,2$；矫正系数 $R^2_{Adj} = 0.961\,5$，两者较为接近，说明该模型对于试验的重复性较好，因素水平设计合理。由图 3-1 可知，各因素对黄瓜试管苗胚轴长度的影响显著性大小排序为色氨酸＞葡萄糖＞K_2HPO_4＞玉米粉＞$(NH_4)_2SO_4$＞牛肉膏＞$FeSO_4 \cdot 7H_2O$＞海藻渣，其中色氨酸、葡萄糖、K_2HPO_4 对于黄瓜试管苗胚轴长度具有极显著影响（$P < 0.01$），玉米粉对于黄瓜试管苗胚轴长度具有显著影响（$P < 0.05$）。因此，选择色氨酸、葡萄糖、K_2HPO_4、玉米粉作为主要影响因素进行下一步试验。

通过 PB 试验筛选出 4 个对于黄瓜试管苗胚轴长度影响较为显著的因子，分别为色氨酸、葡萄糖、K_2HPO_4、玉米粉（图 3-1），以此为基础进行最陡爬坡试验确定响应曲面试验中心点。色氨酸、葡萄糖、玉米粉对于黄瓜试管苗胚轴长度的效应系数均为负值，分别为 −1.883、−1.856、−0.587，K_2HPO_4 对于黄瓜试管苗胚轴长度的效应系数为正值 0.776，因此，应减少色氨酸、葡萄糖、玉米粉的用量，增加 K_2HPO_4 的用量。但 PB 试

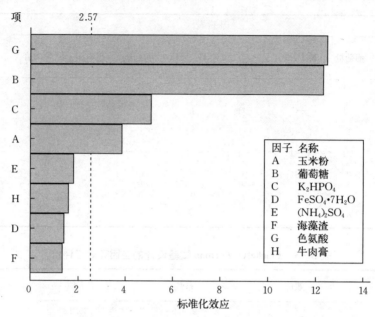

图3-1 标准化效应 Pareto 图（响应为黄瓜试管苗胚轴长度，$\alpha < 0.05$）

验中的其他因子不应该被剔除，这些因子虽然对黄瓜试管苗胚轴长度的效应系数不显著，但是保证了发酵培养基营养成分的完整性，预试验中若剔除这些因子，木霉在培养基中生长将较差。

从 PB 试验设计得到色氨酸、葡萄糖、玉米粉和 K_2HPO_4 的效应系数分别为 -1.883、-1.856、-0.587 和 0.776，可以得出这 4 个因素步移的步长比约为 $1:1:0.3:0.5$。以 PB 试验的中心点作为步移的起点，试验设计与试验结果见表 3-6。黄瓜试管苗胚轴长度在步移进行至第 4 步时达到最高点，之后黄瓜试管苗胚轴长度开始下降。步移最高点时葡萄糖、玉米粉、K_2HPO_4、色氨酸的浓度分别为 12 g/L、12 g/L、1.1 g/L、0.4 g/L，这一点被用作下一步响应曲面分析的中心点。

表 3-6　最陡爬坡试验设计与结果

编号	葡萄糖 (g/L)	玉米粉 (g/L)	K_2HPO_4 (g/L)	色氨酸 (g/L)	黄瓜试管苗胚轴长度 (cm)
1	30	20	0.5	1.0	12.04±0.12e
2	24	28	0.9	0.8	13.48±0.21d
3	18	26	1.0	0.6	16.18±0.51c
4	12	12	1.1	0.4	18.21±0.14a
5	6	10	1.2	0.2	17.58±0.24b

中心复合试验设计（CCD）采用 Minitab 19 软件进行设计，试验设计和预测结果如表 3-7 所示。采用 t 检验和 F 检验分析了葡萄糖、玉米粉、K_2HPO_4、色氨酸这 4 个重要变量之间的响应交互作用。最大黄瓜试管苗胚轴长度为（18.45±0.12）cm，此时葡萄糖为 6.0 g/L，玉米粉为 10.0 g/L，K_2HPO_4 为 1.2 g/L，色氨酸为 0.2 g/L。

运用 Minitab 19 软件对 31 组试验数据进行回归分析，结果见表 3-7。得到拟合回归方程：$Y=17.3771-0.9188A-0.1946B+0.2971C-1.0138D-0.2594A\times A-0.4806B\times B-0.4881C\times C-0.6694D\times D+0.0744A\times B-0.0756A\times C+0.3169A\times D+0.0494B\times C-0.0006B\times D-0.0231C\times D$，模型回归决定系数 $R\text{-}sq=99.35\%$，$R\text{-}sq$（Adj）$=98.78\%$，$R\text{-}sq$（预测）$=97.28\%$，其中 AC、AB、BC、BD、CD 的效应系数不显著，因此剔除这 5 项，并再次分析。

表 3-7　中心复合试验设计与结果

编号	葡萄糖 A	玉米粉 B	K_2HPO_4 C	色氨酸 D	黄瓜试管苗胚轴长度（cm）
1	−1	−1	−1	−1	17.85±0.31bc
2	1	−1	−1	−1	15.21±0.24jk
3	−1	1	−1	−1	17.02±0.36f
4	1	1	−1	−1	14.99±0.18kl
5	−1	−1	1	−1	18.45±0.12a
6	1	−1	1	−1	15.55±0.15ij
7	−1	1	1	−1	18.02±0.11b
8	1	1	1	−1	15.52±0.25ij
9	−1	−1	−1	1	15.04±0.13kl
10	1	−1	−1	1	13.88±0.16p
11	−1	1	−1	1	14.58±0.34mno
12	1	1	−1	1	13.48±0.28q
13	−1	−1	1	1	15.65±0.16hi
14	1	−1	1	1	14.22±0.21op
15	−1	1	1	1	15.26±0.17jk
16	1	1	1	1	13.95±0.24p
17	−2	0	0	0	17.96±0.23b
18	2	0	0	0	14.47±0.12no
19	0	−2	0	0	15.74±0.21hi
20	0	2	0	0	14.92±0.16klm
21	0	0	−2	0	14.66±0.18lmn
22	0	0	2	0	15.94±0.41h
23	0	0	0	−2	16.52±0.16g
24	0	0	0	2	12.63±0.52r
25	0	0	0	0	17.22±0.14def
26	0	0	0	0	17.45±0.13ed

（续）

编号	葡萄糖 A	玉米粉 B	K₂HPO₄ C	色氨酸 D	黄瓜试管苗胚轴长度 （cm）
27	0	0	0	0	17.09±0.12ef
28	0	0	0	0	17.47±0.18cde
29	0	0	0	0	17.54±0.35cd
30	0	0	0	0	17.35±0.26def
31	0	0	0	0	17.52±0.17cd

去除不显著项后，拟合回归方程：$Y = 17.377\,1 - 0.918\,8A - 0.194\,6B + 0.297\,1C - 1.013\,8D - 0.259\,4A \times A - 0.480\,6B \times B - 0.488\,1C \times C - 0.669\,4D \times D + 0.316\,9A \times D$，模型回归决定系数 $R\text{-}sq = 99.04\%$，$R\text{-}sq$（Adj）$= 98.62\%$，$R\text{-}sq$（预测）$= 97.45\%$，说明模型与实际拟合良好；模型失拟项 P 为 0.413，大于 0.05，表明模型失拟项不显著，因此模型选择合适。

回归模型方差分析（表 3-8）中一次项葡萄糖、玉米粉、K_2HPO_4、色氨酸，二次项色氨酸×色氨酸、$K_2HPO_4 \times K_2HPO_4$、玉米粉×玉米粉、葡萄糖×葡萄糖、葡萄糖×色氨酸都极为显著，其他交互项不显著，表明各因子对响应值的影响不是简单的一次线性关系，部分为二次关系。综上所述，分析该模型可用来对木霉共培养促生发酵培养基成分进行分析预测。

表 3-8 回归模型的方差分析

来源	自由度	Adj SS	Adj MS	F 值	P 值
模型	9	71.773 4	7.974 8	239.69	0
线性	4	47.949 9	11.987 5	360.29	0
A-葡萄糖	1	20.258 4	20.258 4	608.88	0
B-玉米粉	1	0.908 7	0.908 7	27.31	0
C-K₂HPO₄	1	2.118 2	2.118 2	63.66	0
D-色氨酸	1	24.664 5	24.664 5	741.31	0
平方	4	22.216 9	5.554 2	166.94	0
A×A	1	1.924	1.924	57.83	0
B×B	1	6.606	6.606	198.55	0
C×C	1	6.813 8	6.813 8	204.79	0
D×D	1	12.813 3	12.813 3	385.11	0
双因子交互作用	1	1.606 6	1.606 6	48.29	0
A×D	1	1.606 6	1.606 6	48.29	0
误差	21	0.698 7	0.033 3		
失拟	15	0.53	0.035 3	1.26	0.413
纯误差	6	0.168 7	0.028 1		
合计	30	72.472 1			

根据获得的试验方差分析结果及二次回归方程，借助 Minitab 19 软件绘制不同因子之间的响应曲面分析图和等高线图（彩图 3 至彩图 8、图 3-2），进而更加直观地观察因子之间的交互作用对黄瓜试管苗胚轴长度的影响。可以分析出，只有葡萄糖与色氨酸交互项是显著的。

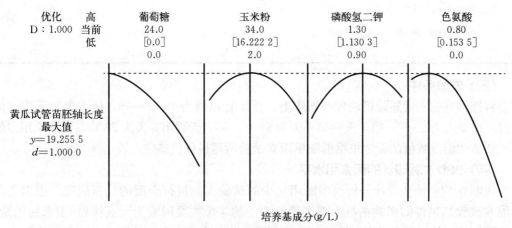

图 3-2　木霉共培养发酵培养成分最优模拟

为了对培养基配方进一步优化，借助 Minitab 19 软件的响应优化功能，对黄瓜试管苗胚轴长度为 19.5 cm 时的培养基成分进行预测。由图 3-2 可知，预测当葡萄糖为 0 g/L、玉米粉 16.222 2 g/L、K_2HPO_4 1.130 3 g/L、色氨酸 0.153 5 g/L 时，黄瓜试管苗胚轴长度可以达到 19.255 5 cm，处于 95% 置信区间（18.868，19.643）和 95% 预测区间（18.713，19.798）。

在确定的最优条件下，用摇瓶培养，重复试验 3 次，验证预测的响应优化结果。摇瓶培养试验得到的黄瓜试管苗胚轴长度为 19.19 cm，与预测值 19.255 5 cm 相近，处于 95% 置信区间（18.868，19.643）和 95% 预测区间（18.713，19.798），表明该模型拟合良好。

二、BBD 响应曲面法设计

（一）菌株活化、接种

将保存的拮抗木霉菌株转接到 PDA 平板上，培养至第 3 天取其菌落边缘菌丝再次转接到新的 PDA 平板上，这样连续活化 3 次，然后培养至第 7 天，用无菌水将其稀释成每毫升 $1×10^7$ 个孢子的悬浮液，按 1% 的接种量向培养基中接种此分生孢子悬浮液，即每 100 mL 培养基中接入 1 mL 此孢子悬浮液。

（二）培养基配制

发酵所用培养基配制是将大豆饼粉-玉米粉（混合比例为 2:1）和甘油加入去离子水中，然后用 0.1 mol/L 的 HCl 与 NaOH 调节发酵液的初始 pH，最后倒入 500 mL 的三角瓶中，置于摇床振荡培养，其中大豆饼粉-玉米粉和甘油的用量、pH 的调节、三角瓶的装液量都根据表 3-9 中的试验设计方案确定，每个处理 3 次重复，结果取平均值。

表 3 - 9　BBD 试验设计因素水平及编码

因子		编码水平		
		−1	0	1
大豆饼粉-玉米粉用量（g/L）	X_1	20	35	50
甘油添加量（mL/L）	X_2	3	9	15
每 500 mL 装液量（mL）	X_3	70	100	130
pH	X_4	2.50	3.25	4.00

（三）发酵条件

将接种好的三角瓶随机放置到摇床上，摇床转速调为 150 r/min，培养温度采取变温发酵：前 2 天为 30 ℃，第 3 天到第 4 天为 20 ℃，第 5 天到第 8 天为 28 ℃，光照采用自然光。转速和温度数值的设定根据前期单因素试验所得最佳值确定。

（四）BBD 试验设计的因素和水平

BBD 响应曲面法设计分析模型能用较少的试验次数进行全面的分析研究。根据之前单因素试验结果得知影响拮抗木霉产厚垣孢子的 4 个主要因素为大豆饼粉-玉米粉用量、甘油添加量、装液量和 pH，因此选取此四因素为本试验的自变量，以厚垣孢子产量为响应值进行 BBD 响应曲面法设计，试验因素、水平值及编码值见表 3 - 9。

大豆饼粉-玉米粉用量（g/L）、甘油添加量（mL/L）、每 500 mL 装液量（mL）和 pH 的实际值分别用 X_1，X_2，X_3 和 X_4 表示，按照（式 3 - 1）进行编码。

$$x_i = \frac{X_i - X_{i0}}{\Delta_i}, \ i = 1, \ 2, \ 3, \ \cdots, \ k \qquad （式 3 - 1）$$

式中，x_i 表示编码值，X_i 表示实际值，X_{i0} 表示因素的零水平，Δ_i 为因素变化的步长。

对于以上 4 个试验变量，试验的响应值为厚垣孢子产量 Y，其二次回归方程的一般形式如（式 3 - 2）所示。

$$Y = \beta_0 + \beta_1 X_1 + \beta_2 X_2 + \beta_3 X_3 + \beta_4 X_4 + \beta_{12} X_1 X_2 + \beta_{13} X_1 X_3 + \beta_{14} X_1 X_4 +$$
$$\beta_{23} X_2 X_3 + \beta_{24} X_2 X_4 + \beta_{34} X_3 X_4 + \beta_{11} X_1^2 + \beta_{22} X_2^2 + \beta_{33} X_3^2 + \beta_{44} X_4^2 \qquad （式 3 - 2）$$

式中，β_0 为截距项；β_1、β_2、β_3、β_4 为线性系数；β_{12}、β_{13}、β_{14}、β_{23}、β_{24}、β_{34} 为交互项系数；β_{11}、β_{22}、β_{33}、β_{44} 为二次项系数；X_1 为大豆饼粉-玉米粉用量（g/L）；X_2 为甘油添加量（mL/L）；X_3 为每 500 mL 装液量（mL）；X_4 为 pH。

（五）厚垣孢子产量测定

发酵至第 8 天时，厚垣孢子基本脱落，将摇瓶取出，把发酵液摇晃均匀后取出 1 mL 稀释 10 倍，然后将清洁干燥的血细胞计数板盖上盖玻片，把稀释好的菌液摇匀后用移液枪吸取 150 μL，将其从盖玻片边缘滴入，静置 5 min 后，在显微镜下计数。本试验所用血细胞计数板的计数室为 5×5 大格，每个大格内为 4×4 小格，将 4 个顶角和 1 个中间大格内的厚垣孢子数之和记下，然后除以 5 再乘以 25 得到此计数室内厚垣孢子个数，另一个计数室也以同样方法计数，取两个计数室内厚垣孢子数的平均数，再乘以 10^4，得到每毫升菌液中厚垣孢子数，最后乘以稀释倍数 10，得到每毫升原始发酵液中厚垣孢子数量。

（六）统计分析与验证

每组试验重复 3 次，取平均值，试验结果利用 Design - Expert 8.05b 软件中 Box - Behnken Design（BBD）模块进行数据建模和分析，并绘制各显著因素对于响应值之间的相互关系的 3D 响应曲面和 2D 等高线图。多项式回归拟合后得到二次响应曲面的四元二次回归方程。

为了验证响应曲面模型推算得到的最佳发酵工艺的可行性，采用得到的最佳发酵条件进行验证试验。将最佳发酵条件分别应用于 3 次平行摇瓶试验和 10 L 发酵罐上，考察响应曲面模型预测的准确性及最佳发酵工艺在 10 L 发酵罐水平上产厚垣孢子的适用性情况。发酵罐搅拌转速调节为 138 r/min、溶解氧 20%～30%，其他发酵参数都同最优发酵条件相同，发酵 8 d 取发酵液测定。

Box - Behnken Design 实例分析　以促进厚垣孢子产生为目标的发酵工艺优化设计。根据表 3 - 9 进行 Box - Behnken Design（BBD）响应曲面 4 因素 3 水平的试验设计，试验共有 29 组，每组试验结果是 3 个平行样品的平均值，试验设计及厚垣孢子产量如表 3 - 10 所示。

表 3 - 10　棘孢木霉产厚垣孢子的响应曲面优化分析试验设计与结果

试验组数	因子1 X_1：大豆饼粉- 玉米粉用量 （g/L）	因子2 X_2： 甘油添加量 （mL/L）	因子3 X_3：每 500 mL 装液量 （mL）	因子4 X_4：pH	反应 Y：每毫升厚垣孢子 产量（个）
1	20	9	100	4	5.22×10^7
2	20	9	130	3.25	4.32×10^7
3	35	15	100	2.5	3.89×10^7
4	50	15	100	3.25	4.01×10^7
5	20	15	100	3.25	4.39×10^7
6	50	9	70	3.25	3.58×10^7
7	35	9	100	3.25	9.66×10^7
8	35	3	100	4	4.11×10^7
9	35	9	100	3.25	9.72×10^7
10	35	3	70	3.25	3.98×10^7
11	35	15	70	3.25	3.83×10^7
12	35	9	130	2.5	3.64×10^7
13	20	9	100	2.5	5.32×10^7
14	35	3	100	2.5	4.30×10^7
15	35	9	70	2.5	4.39×10^7
16	50	3	100	3.25	3.67×10^7
17	35	15	130	3.25	3.86×10^7
18	35	9	130	4	4.48×10^7

（续）

试验组数	因子1	因子2	因子3	因子4	反应
	X_1：大豆饼粉-玉米粉用量（g/L）	X_2：甘油添加量（mL/L）	X_3：每500 mL装液量（mL）	X_4：pH	Y：每毫升厚垣孢子产量（个）
19	35	9	100	3.25	9.33×10^7
20	35	15	100	4	4.08×10^7
21	50	9	130	3.25	4.65×10^7
22	35	9	100	3.25	9.43×10^7
23	20	3	100	3.25	5.12×10^7
24	35	3	130	3.25	4.17×10^7
25	50	9	100	2.5	3.81×10^7
26	35	9	70	4	4.03×10^7
27	20	9	70	3.25	5.83×10^7
28	35	9	100	3.25	9.50×10^7
29	50	9	100	4	4.33×10^7

表3-10结果表明，不同因素组合发酵厚垣孢子产量差异很大，范围在每毫升$3.64 \times 10^7 \sim 9.72 \times 10^7$个。组合的最高产量是最低产量的两倍，因此各发酵因素的优化能显著提高厚垣孢子产量。进一步采用Design-Expert 8.05对试验数据进行方差分析（表3-11），采用Manual模式进行多项式回归，并建立回归方程。利用F检验确定此模型及各参数的显著性。

表3-11　BBD试验数据的方差分析（ANOVA）

方差来源	总方差	自由度	均方	F值	$P_r > F$	
因素	1.21×10^{16}	14	8.63×10^{14}	381.91	< 0.000 1	差异显著
X_1	3.15×10^{14}	1	3.15×10^{14}	139.17	< 0.000 1	
X_2	1.36×10^{13}	1	1.36×10^{13}	6.01	0.027 9	
X_3	2.27×10^{12}	1	2.27×10^{12}	1	0.333 1	
X_4	6.60×10^{12}	1	6.60×10^{12}	2.92	0.109 5	
$X_1 X_2$	2.83×10^{13}	1	2.83×10^{13}	12.5	0.003 3	
$X_1 X_3$	1.67×10^{14}	1	1.67×10^{14}	73.99	< 0.000 1	
$X_1 X_4$	9.67×10^{12}	1	9.67×10^{12}	4.28	0.057 5	
$X_2 X_3$	6.24×10^{11}	1	6.24×10^{11}	0.28	0.607 4	
$X_2 X_4$	3.57×10^{12}	1	3.57×10^{12}	1.58	0.229 2	
$X_3 X_4$	3.55×10^{13}	1	3.55×10^{13}	15.72	0.001 4	
X_1^2	3.36×10^{15}	1	3.36×10^{15}	1 485.51	< 0.000 1	

（续）

方差来源	总方差	自由度	均方	F 值	$P_r > F$	
X_2^2	5.38×10^{15}	1	5.38×10^{15}	2 381.58	$< 0.000 1$	
X_3^2	4.77×10^{15}	1	4.77×10^{15}	2 110.11	$< 0.000 1$	
X_4^2	4.40×10^{15}	1	4.40×10^{15}	1948.33	$< 0.000 1$	
残差	3.16×10^{13}	14	2.26×10^{12}			
失拟项	2.14×10^{13}	10	2.14×10^{12}	0.84	0.627 2	差异不显著
误差	1.02×10^{13}	4	2.55×10^{12}			
总和	1.21×10^{16}	28				

注：$P < 0.05$ 时，显著；$P < 0.01$ 时，极显著，$P > 0.05$ 时，不显著。

由表 3-11 可知，该模型 $P < 0.000 1$，失拟项 0.627 2 不显著，说明此模型建立能够涵盖所有试验数据，而由试验误差导致的不能拟合情况可以忽略；由各因素的显著性分析可知，大豆饼粉-玉米粉用量（$P < 0.000 1$）、甘油添加量（$P = 0.027 9$）对厚垣孢子产量影响显著，初始 pH（$P = 0.109 5$）、装液量（$P = 0.333 1$）影响不显著。两两因素交互项：大豆饼粉-玉米粉用量和甘油添加量（$P = 0.003 3$）、大豆饼粉-玉米粉用量和装液量（$P < 0.000 1$）、装液量和 pH（$P = 0.001 4$）的交互作用对厚垣孢子的发酵产量影响极显著。

多项式回归拟合后得到二次响应曲面的四元二次回归方程如（式 3-3）所示。

$$Y = -7.495 30E+008 + 4.584 24E+006X_1 + 1.272 76E+007X_2 + 5.096 81E+$$
$$006X_3 + 2.820 59E+008X_4 + 29 527.777 78X_1X_2 + 14 366.666 67X_1X_3 +$$
$$1.382 22E+005X_1X_4 - 2 194.444 44X_2X_3 + 2.100 00E+005X_2X_4 +$$
$$1.324 44E+005X_3X_4 - 1.011 02E+005X_1^2 - 8.000 83E+005X_2^2 -$$
$$30 124.166 67X_3^2 - 4.631 42E+007X_4^2 \qquad \text{（式 3-3）}$$

式中 Y 为厚垣孢子产量，回归方程相关系数 R^2（adj）为 0.994 8（$R^2 > 0.80$），表明该方程与实验真实值拟合度高，进一步说明模型构建能够充分优化出棘孢木霉 ZJSX5003 发酵产厚垣孢子的工艺条件。

根据回归方程绘制三维响应曲面图和二维等高线图，根据彩图 9、彩图 10、彩图 11 分析两两因素交互作用对棘孢木霉 ZJSX5003 菌株产厚垣孢子的影响，由响应曲面最高点可知，因素所选浓度范围内存在厚垣孢子最大值，同时这个最高点也是等高线最小椭圆的中心点（齐勇等，2012）。等高线的形状可反映出交互效应的强弱，椭圆形表示两因素交互作用显著。

由彩图 9 可知，当甘油添加量固定在某个浓度时，大豆饼粉-玉米粉在 20～33.25 g/L 范围内时，厚垣孢子产量随着其浓度增加而增加；大豆饼粉-玉米粉在 33.25～50 g/L 范围内时，厚垣孢子产量随着其浓度的增加而减少。说明：最佳的厚垣孢子产量出现在大豆饼粉-玉米粉在 33.25 g/L 附近，而相对应的甘油浓度在 8.86 mL/L。两因素椭圆形等高线图表明：相比大豆饼粉-玉米粉不同浓度变化，甘油浓度的变化对厚垣孢子产量影响更为显著。

由彩图 10 可知，大豆饼粉-玉米粉浓度和装液量存在交互影响，大豆饼粉-玉米粉浓度在 26～44 g/L 范围内变化时，装液量对厚垣孢子产量的影响更为显著，当装液量固定为每 500 mL 装入 79 mL 时，大豆饼粉-玉米粉用量分别 26.44 g/L 和 44 g/L 时厚垣孢子产量基本相同；说明与营养成分相比，发酵条件的变化会对厚垣孢子产量产生更大的影响。

彩图 11 所示，装液量和 pH 对厚垣孢子交互影响，由其等高线的椭圆形性质可知，装液量和 pH 的交互作用显著，椭圆的延伸方向可知 pH 对厚垣孢子产量的影响更为显著。

根据上述构建的回归方程模型，进行计算求解，获得模型参数的最佳优化值，即最佳工艺参数：大豆饼粉-玉米粉用量 33.25 g/L、甘油添加量 8.86 mL/L、装液量每 500 mL 装入 99.35 mL、初始 pH 3.26，此时预测的厚垣孢子产量为每毫升 $9.56×10^7$ 个。采用得到的最佳发酵条件进行验证试验，3 次平行试验得到实际平均厚垣孢子产量为每毫升 $9.84×10^7$ 个，实际产量达到理论预测值的 97.07%，十分接近预测值，证明该模型较好地预测了实际发酵情况。进一步采用 10 L 发酵罐进行适用性验证，厚垣孢子产量达到每毫升 $1.75×10^8$ 个，比摇瓶发酵的产量高，推测是发酵罐的通气、溶氧等条件比三角瓶更为优越，同时证明本试验结果对实际应用有指导意义。

三、消泡剂筛选

消泡剂根据原料不同可分为有机硅消泡剂、聚醚消泡剂；根据形态不同分为固体消泡剂、液体消泡剂；根据使用范围不同分为工业级消泡剂、食品级消泡剂。在正交试验基础上，进行筛选对分生孢子产量无副作用的消泡剂的试验。在固体马铃薯葡萄糖培养基（PDA）中分别加入 3 种浓度 0.1%、0.4% 和 0.7%（v/v）的消泡剂。消泡剂共 10 种，包括豆油（天然油脂），GPE-6330、GP-6301、GP-6303（聚醚类），T-30c（高碳醇），L-101a、L-104a 和 TSA-673（有机硅类），LX-601、LX-603（聚醚改性聚硅氧烷类）。结果显示，所测试的消泡剂中有豆油（天然油脂）、聚醚类（GPE-6330、GP-6301）和有机硅类（L-101a、L-104a）对木霉菌株（Tr148c）的菌丝生长抑制作用显著弱于（$P≤0.05$）其他组消泡剂。将此 5 种消泡剂进行发酵液消泡测试，得 GPE-6330、L-101a 和 L-104a 在消泡剂能力上，都显著优于豆油（$P≤0.05$）和 GP-6301。消泡剂 GPE-6330、L-101a 和 L-104a 分别用于 Tr148c 在 10 L 发酵罐中液体发酵，其中 L-101a 对木霉产孢的抑制作用最小、消泡剂用量最少。将优化的发酵工艺放大到 10 L 发酵罐，消泡剂 L-101a 用量为 0.1% 的情况下，木霉最终分生孢子产量达 $2.9×10^8$ cfu/mL。将筛选出的综合性能最好的消泡剂，用以上相同的测试方法在 2 个 750 L 发酵罐中进行重复性验证试验。发酵罐在温度 28 ℃、通气量 250 L/(L·min)、搅拌速度 150 r/min 下培养 144 h。每个发酵罐配备 10% 的消泡剂，消泡剂用量的记录和孢子量的测定相同，获得了类似结果（马晓梅等，2017）。有机硅制成的消泡剂加入发泡体系后，能迅速分散在其中，表面活性剂分子排列在气泡表面。当消泡剂达到一定浓度、表面活性剂分子足够多时，气泡壁上会形成一层薄膜，其表面张力降低，增加气液接触面，最终使气泡破裂。

第四节　木霉液体发酵基本操作过程

木霉发酵过程中形成菌丝、分生孢子、厚垣孢子及其代谢产物的含量和质量与发酵操作技术关系密切，如温度、转速、酸度、溶氧速率、补料时间等需要实时监控和调节。

一、发酵设备

按照发酵罐的设备，分为机械搅拌通风发酵罐和非机械搅拌通风发酵罐；按照微生物的生长代谢需要，分为好气型发酵罐和厌气型发酵罐（表3-12）。

表 3-12　常用发酵设备的主要配置与用途

名　称	用　途
空气压缩机及储气瓶	储存高压空气，为发酵罐提供空气，维持罐内压强
空气冷凝机	冷却空气，减少去除空气水分，稳定空气压力
蒸汽发生机	产生高温高压蒸汽，用于灭菌
发酵罐	用于微生物发酵
发酵控制系统	设定与记录发酵参数
pH 电极	检测发酵罐内 pH 变化
溶氧（DO）电极	检测发酵罐内溶氧变化
蠕动泵	补培养基、酸、碱、消泡剂
空气过滤器	去除空气中的微生物
冷水制备机	发酵各环节迅速降温，高效控温

机械搅拌式发酵的设备比较常用。该设备采用内循环方式，用搅拌桨分散和打碎气泡，溶氧速率高，混合效果好。

二、操作流程

（一）种子菌液准备

1. 菌种活化与复壮　将保存于 25％甘油中的木霉孢子悬浮液吸取 5 μL 接种于 PDA 平板中央，于 28 ℃恒温培养箱中培养 5 d 进行活化。在活化后的木霉菌落边缘打取菌饼，继续传代 2～3 次，直到菌落形态及产孢情况稳定。

2. 种子菌液制备及接种　复壮后的木霉重新接种到新 PDA 培养基中，28 ℃恒温培养箱中培养 3 d，此时木霉菌丝刚开始产孢，菌丝活力最强。从培养基边缘打 2 个 5 mm 菌饼，加入 4 瓶装有 100 mL PD 培养基的 250 mL 锥形瓶，于恒温摇床 28 ℃、200 r/min 下培养 2 d。

（二）发酵罐使用前的技术准备

1. 在发酵罐开机使用之前，应先检查电源是否正常，空压机、蒸汽发生器，循环水系统是否能正常工作。

2. 检查整个系统上的阀门、接头及紧固螺钉是否拧紧。

3. 开动空压机，用 0.15 MPa 压力，检查发酵罐、过滤器、管路、阀门的密封性能是否良好，有无泄漏。

4. 溶氧仪、pH 仪、PLC 系统（PLC 主要指数字运算操作电子系统的可编程逻辑控制器，用于控制机械的生产过程）应用根据使用说明书进行检查、校正。

（三）发酵罐灭菌

1. 空消 在投料前，气路、料路、发酵罐必须用蒸汽进行灭菌，消除所有死角杂菌，保证系统处于无菌状态。

（1）空气管路的空消。①空气管路上有除水减压阀和除菌过滤器。除水减压阀不能用蒸汽灭菌，因此在空气管路通蒸汽前，必须将通向除水减压阀的阀门关死，使蒸汽通过蒸汽过滤器然后进入除菌过滤器。②空消过程中，除菌过滤器下端排气阀应微微开启，排出冷凝水。③空消时间应保持在 40 min 左右，当设备初次使用或长期不用启动时，最好采用间歇空消，即第 1 次空消后，暂停 3～5 h 再空消 1 次，以便消除芽孢杆菌等杂菌污染。④经空消后的过滤器，通气吹干 20～30 min，然后将气路阀门关闭。

（2）发酵罐的空消。①将蒸汽通过发酵罐内进行空消。②空消时，应将罐上的接种口、排气阀及料路阀微微打开，使蒸汽通过这些阀门排出，同时保持罐压 0.13～0.15 MPa。③空消时间为 30～40 min，特殊情况下，可用间歇空消。注意：小型发酵罐（5 L）可将罐体放入大灭菌锅 115 ℃，灭菌 30 min。④空消结束后，应将罐内冷凝水排掉。注意：发酵罐空消时，应将夹套内的水放掉，空消前最好将夹套排水阀门打开，以防夹套水排不净。空消时，溶氧、pH 电极必须取出，以延长其使用寿命。

2. 实消 实消是发酵罐罐内加入培养基后，用蒸汽对培养基进行灭菌的过程。

（1）空消结束后，首先需将 pH、DO 电极校正好装入罐体接头，然后将配好的培养基从加料口加入罐内，此时夹套内应无冷却水。

（2）pH 电极标定。在灭菌前，首先用 4.00 和 9.18 的 pH 标定溶液对 pH 电极进行两点标定。

（3）发酵培养基配制。玉米粉 50 g/L、KH_2PO_4 3.82 g/L、$NaNO_3$ 1.42 g/L、$(NH_4)_2SO_4$ 1.1 g/L、NaCl 1 g/L、$MgSO_4 \cdot 7H_2O$ 0.5 g/L、$FeSO_4 \cdot 7H_2O$ 0.007 5 g/L、$MnSO_4$ 0.002 5 g/L、$ZnSO_4$ 0.002 g/L，pH 自然。

（4）培养基在进罐之前，应先糊化。一般培养基的配方量以罐体全容积的 70% 左右计算（泡沫多的培养基为 65% 左右，泡沫少的培养基可达 75%～80%），考虑到冷凝水和接种量因素，加水量为罐体全容积的 50%～60%，加水量与培养基温度和蒸汽压力等因素有关，需在实践中探索。

一般先在发酵罐中装入一定量的水，开启搅拌 100～180 r/min，边搅拌边向发酵罐加入培养基（体积一般不超过罐容积的 2/3）。培养基加好后，再加入适量（15～20 mL）的消泡剂，最后用少量清水冲洗加料口及罐壁残留物料。注意：实消过程的高温高压水蒸气冷却后留在发酵罐内，导致灭菌后罐内培养基体积增加，所以在配培养基时，水量需减少 3～5 L，以防止灭菌后培养基液面过高，增加逃液染菌风险。

（5）为了减少蒸汽冷凝水，实消先利用夹套通蒸汽对培养基进行预热，保持夹套压力 ≤0.1MPa，待培养基温度到达 90 ℃后，关闭夹套蒸汽，改为直接向罐内通入蒸汽。

（6）灭菌过程中需要一直维持搅拌 100 r/min，一是为了防止培养基沉积在底部结块，二是使培养基受热均匀升温更快。向夹套通入蒸汽，使培养基温度加热到 90 ℃，这一过程中通入夹套的蒸汽直接排出，不需给夹套加压。内罐的顶通排气孔要打开，使罐内冷空气排出。

（7）当罐温度上升到 90 ℃后，停止向夹套通蒸汽，关闭内罐的顶通排气孔，开始向内罐通蒸汽。停止搅拌（保护搅拌密封性的持久性，直通蒸汽及物料的沸腾可代替搅拌作用），温度上升至 121 ℃，内罐压强达到 0.12 MPa 左右开始计时，罐压不变，维持 121 ℃灭菌 30 min，之后停止供蒸汽。在灭菌 25 min 左右时，标定溶氧为 0。

（8）夹套升温或内罐灭菌时，可同时对二级空气精过滤器灭菌，灭菌过程中精过滤器的排污阀要微开，防止蒸汽冷凝导致滤膜泡水被堵，121 ℃灭菌 30 min，灭菌完成后，关闭蒸汽压力降至 0.08 MPa 左右通入空气，吹干滤膜。在内罐灭菌时，可同步给取样口、种子罐移种管道等与内罐连通的管道灭菌。注意：过滤器灭菌过程中要严格控制温度与压强，压强不能超过 0.15 MPa，否则易损坏滤膜。

（9）灭菌完成前 5 min 关闭蒸汽发生机，此时管道内残留的蒸汽足以维持完成灭菌。关闭所有蒸汽阀门，向夹套中通入冷水，使培养基快速冷却，当温度降到 100 ℃以下时，可以向罐内通入空气，开启搅拌，维持罐内压强 0.05 MPa。注意：在夹套通冷水冷却时，罐压会急剧下降，当罐内压力降至 0.05 MPa 时，微微开启排气阀和进气阀，开启电机进行通气搅拌，加速冷却速度，并保持罐压为 0.05 MPa，直到罐温降至接种温度。

（四）罐平衡

接种木霉种子菌前，根据木霉培养条件设定培养参数，发酵罐内培养环境需平衡 5 h 以上。例如：接种前，发酵参数设定为 28 ℃、200 r/min、通气量 1 L/（L·min）、罐压 0.03 MPa，维持 5 h 以上。

（五）种子菌接种

1. 采用火焰封口接种，接种前应先准备好酒精棉花，钳子、镊子和接种环。

2. 用酒精棉球擦洗双手和种子罐（由上到下）。

3. 在接种环内滴酒精并点燃，围在接种口处。

4. 带上隔热手套，用钳子或扳手将螺帽拧下或打开接种口，螺帽过下火焰之后放在干净器皿中。

5. 将接种瓶过火焰之后在火焰旁拔下棉塞，瓶口过下火焰，向罐内少量通气，接种物迅速倒入发酵罐，接种量 0.67%～2%。接种时，溶氧量标定为 100%，此时通气速率为 1 L/（L·min），转速为 200 r/min。

6. 用扳手夹住螺帽过下火焰，在火焰上将螺帽拧紧到接种口上。用湿抹布熄灭接种环内的火焰。

7. 接种后加大通气，罐压保持在 0.03 MPa。

8. 发酵温度根据工艺要求而定，通过调节循环水的温度来控制发酵温度，当环境温度高于发酵温度时，需用冷水降温。

9. 溶氧量的大小主要通过调节进气量来实现。

10. pH 的调节是由控制系统通过执行机构（蠕动泵）自动加碱来实现的。

11. 触摸屏可指示泡沫报警信息。

(六) 发酵过程控制

木霉生长至对数期，溶氧量会降低至 1.5% 左右，此时应适当调节转速，使溶氧量增加至 5%～10%，而后溶氧量会继续下降，保持此时控制条件至溶氧量回升，当溶氧量回升至 50% 以上，降低转速与通气量，保持溶氧量在 20%～50%。

为了提高发酵质量，可在发酵过程添加葡萄糖作为碳源，补料时间一般为待溶氧量下降到最低后的 2～4 h；进行补料时，补料葡萄糖浓度建议设定为 30%，总体补料体积占发酵体积的 5% 左右，否则黏度过高不利于后期制剂制作。补料速度不宜过快，一般在 6 h 内完成补料。氨水补加应放在补料之后进行，氨水设为自动控制（pH 3.2～3.5），氨水浓度一般是原液，氨水补加速度不宜过快，因为此时木霉快速生长，过快会影响菌丝生长。

发酵过程中，可通过取样口取样。取样前，取样管路阀门需用蒸汽灭菌，防止杂菌污染而引起误导，取样结束后同样要用蒸汽冲洗取样管道阀门。

主要发酵参数如表 3-13、表 3-14 所示。

表 3-13　50 L 发酵罐发酵过程主要参数

木霉形态	时间（h）	温度（℃）	转速（r/min）	通气量 [L/(L·min)]	pH
孢子萌发及菌丝生长	0～24	28	200	0.8	3～5
分生孢子及厚垣孢子产生开始	24～96	28	180	0.6	3.2
大部分菌丝溶解，全是厚垣孢子	96～144	28	160	0.5	6～7

表 3-14　300 L 发酵罐发酵过程主要参数

木霉形态	时间（h）	温度（℃）	转速（r/min）	通气量 [L/(L·min)]	pH
孢子萌发及菌丝生长	0～24	28	160	0.6	3～5
分生孢子及厚垣孢子产生开始	24～96	28	140	0.5	3.2
大部分菌丝溶解，全是厚垣孢子	96～144	28	120	0.4	6～7

(七) 出料

1. 利用罐压将发酵液从出料管道排出，根据发酵液的浓度，罐压可控制在 0.05～0.1 MPa。

2. 出料结束后取溶氧电极、pH 电极，进行清洗保养。

3. 出料结束后，应立即放水清洗发酵罐及料路管道阀门，并开动空压机，向发酵罐供气搅拌，将管路中的发酵液冲洗干净。

(八) 发酵罐的维修与保养

1. 安置设备的环境应整洁、干燥、通风良好，水、汽不得直接泼到电器上。

2. 设备启用后，必须及时清洗，防止发酵液干结在发酵罐、管路和阀门内。

3. 溶氧探头、pH 探头、仪表，应按规定要求保养存放，压力表、安全阀、温度仪每年应校准 1 次。

4. 设备停止使用时应清洗，吹干。过滤器的滤芯取出清洗、晾干，妥善保管，法兰压紧螺母应松开，防止密封圈永久变形。

三、木霉液体发酵案例

（一）菌丝生长和产孢过程观察

目的：生产厚垣孢子。

菌种：棘孢木霉 GDFS1009。

接种量：0.67%。

装液量：100 L/300 L。

培养条件：见表 3-15。

表 3-15　发酵过程主要参数

时间（h）	温度（℃）	转速（r/min）	通气量 [L/(L·min)]	pH
0～24	28	180	0.8	3～5
24～96	28	160	0.5	3.2
96～144	28	140	0.4	6～7

1. 种子液制备　种子液培养 2 d 后，培养基中的棘孢木霉菌丝顶端膨大开始产生厚垣孢子。但厚垣孢子只是刚产生，不会脱落（图 3-3），此时的木霉菌丝活力最强，适宜作为种子液。

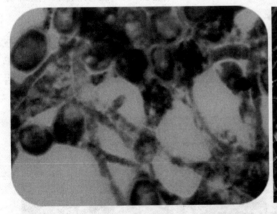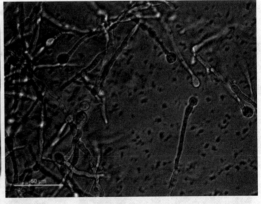

图 3-3　木霉种子液中菌丝与厚垣孢子（左，染色图；右，原色图）

2. 接种种子液　种子液接入后，由于木霉从原来的营养、溶氧受限的摇瓶环境中转移到了营养、溶氧等环境条件均非常适宜的发酵罐中，木霉停止产生厚垣孢子，菌丝加快生长，变粗变长。木霉接种 12 h 以后，菌丝开始生长，16～19 h 后菌丝明显变长，分枝增加，pH 显著下降，此时可以加入氨水调节 pH，全程可以开启自动控制模式，维持 pH 为 3.0～3.5（图 3-4）。

3. 发酵过程控制　由于生长造成营养、氧气消耗，次生代谢产物积累，此时的环境已不适宜木霉菌丝继续生长，木霉开始顶端膨大及菌丝缢裂产生厚垣孢子或者产生分生孢子等休眠组织以对抗逆境。从接种到开始产生厚垣孢子需要 24～26 h（图 3-5），这段时间木霉快速消耗营养物质与氧气，并产生大量有机酸使得发酵环境 pH 快速下降，木霉发酵至 35 h，发酵液 pH 会下降到最低点，pH 可降至 2.0 以下，相对溶氧值降低至 1.3。此时应加入氨水以调节 pH 至 3～3.5，在该 pH 条件刺激下，木霉菌丝可以产生更多的厚垣孢子，同时氨水可以作为无机氮源被木霉消耗。

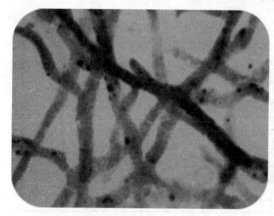 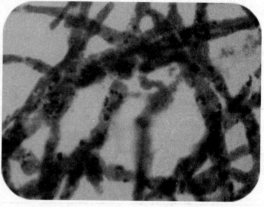

图 3-4　木霉发酵 19 h 的菌丝形态　　　　图 3-5　木霉发酵 26 h 后菌丝形态

此阶段，降低 10% 的搅拌速度，对于 50 L 发酵罐，由 180 r/min 降低至 160 r/min。在产生厚垣孢子时，木霉菌丝会顶端膨大或菌丝缢裂，视野下会观察到类似"糖葫芦"形状的木霉菌丝，此时的菌丝细胞壁比较脆弱，若继续保持高转速会导致机械损伤，使部分菌丝直接死亡。降低转速同时也可以减少溶氧。

发酵 35～50 h 厚垣孢子逐渐形成（图 3-6、图 3-7），此阶段菌丝逐渐减少，pH 会逐渐上升，通气量降低了约 25%。对于 50 L 发酵罐，通气量由 0.8 L/(L·min) 降低至 0.6 L/(L·min)，例如：50 L 发酵罐装液量 35 L，初始通气量 1.6 L/(L·min)，24 h 后调到 1.3 L/(L·min)。

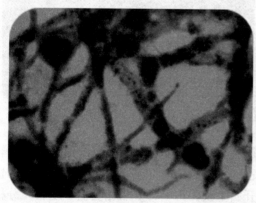 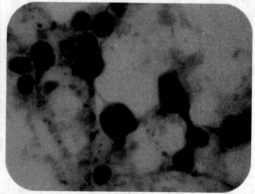

图 3-6　木霉发酵 43 h 产生的厚垣孢子　　　图 3-7　木霉发酵 50 h 产生的厚垣孢子

4. 厚垣孢子质量检测　发酵 50～90 h，pH 上升到 6.0～7.0，菌丝逐渐消失，孢子逐渐成熟，并在发酵液中散落。这个过程中大部分的木霉菌丝产生厚垣孢子，并变成"糖葫芦"形状（图3-8）。

发酵至90 h，镜检可观察到部分脱落的厚垣孢子及大量破裂待形成厚垣孢子的菌丝（图3-9）。为了促使这些菌丝进一步形成厚垣孢子需要再次降低转速与溶氧量。搅拌速度降低了约10%，通气量降低了约15%。对于50 L发酵罐，由160 r/min降低至140 r/min，由0.6 L/(L·min)降低至0.5 L/(L·min)。由于菌丝减少，氧气消耗速率减少，溶氧量也会慢慢升高。

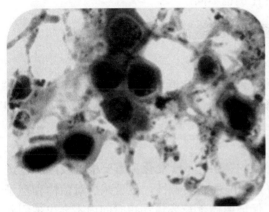 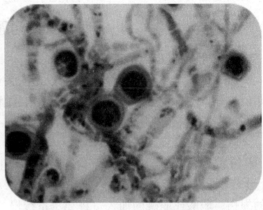

图3-8　木霉发酵64 h产生的厚垣孢子　　　图3-9　木霉发酵90 h产生的厚垣孢子

5. 出料　发酵至96 h后，pH上升到8.0以上，90%以上木霉菌丝变成厚垣孢子，厚垣孢子从菌丝上大量脱落，结束发酵（图3-10）。

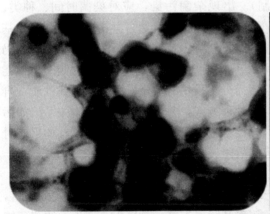 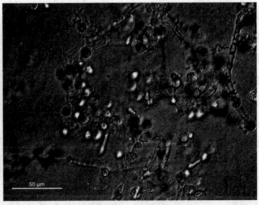

图3-10　木霉发酵96 h产生大量厚垣孢子（左，染色图；右，原色图）

（二）发酵过程发酵液色泽变化观察

通过观察发酵液色泽变化规律，有助于积累木霉在不同发酵阶段菌丝生长和孢子形成变化节点的监测经验。不同菌株发酵过程色泽变化规律有差异。棘孢木霉GDFS1009发酵需5～6 d，前期发酵培养基颜色为浅黄色（0～48 h），这一阶段主要进行菌丝的营养生长；随着发酵时间逐渐加深，由浅黄色变为黄色（48～96 h），这一阶段主要产生分生孢子和厚垣孢子；发酵后期由浅黄色变为黄褐色（96～144 h），这一阶段菌丝断裂，产生大量的厚垣孢子（彩图12）。

哈茨木霉GDFS10569发酵需6～8 d，前期发酵培养基颜色为浅黄色（0～48 h），这一阶段主要进行菌丝的营养生长；随着发酵时间逐渐加深，由浅黄色变为黄色变为浅橙色（48～144 h），这一阶段主要产生分生孢子；发酵后期由浅橙色变为橙色（144～192 h），这一阶段产生大量的分生孢子（彩图13）。

根据两个菌株发酵过程发酵液体色泽变化比较观察，可以看出不同菌种发酵液色泽在中后期变化明显不同，产生的两种孢子类型的比例也不同。

四、常见问题与解决途径

（一）摇瓶提高溶氧方法

摇瓶提高溶氧可考虑降低装液比、增加摇床转速、不会造成染菌的情况下减少瓶口纱布层数等方法。发酵罐提高溶氧的方法有选择合理罐型、增加高径比、适当提高通气量和适当提高搅拌速度（搅拌罐）等方法。

（二）pH调节方法

在发酵过程中随菌体生长和代谢物的产生，均会引起pH变化。需要根据发酵工艺进行pH调控，调控使用的酸性或碱性物质最好是弱酸性或弱碱性，尽量减少对菌体和孢子的损伤。弱酸或弱碱的加入过程要尽量缓慢，保证菌体生长环境在短时间内不会出现剧烈变化。

（三）发酵过程杂菌污染处理途径

发酵过程杂菌污染的途径：种子带菌、培养基及设备消毒不够、设备破损、空气系统有问题、操作不当（取样、补料、消泡、控制）。出现杂菌污染，应对染菌时间、种类、染菌规模根据具体情况进行分析处理。例如，种子液带杂菌，可通过种子罐灭菌和培养基灭菌时间调整解决。发酵前期污染，可通过发酵罐重新空消或物料重新实消解决。如果仍不能解决污染问题，需要对发酵罐内表面的死角（例如，进出发酵罐的管道、阀门与罐连接处、挡板等）进行化学消毒。发酵中期污染，需分析微生物数量、种类、物料性质，再做处理。发酵后期污染，处理同发酵中期污染的处理方式，并考虑产率与成本关系。如污染严重则考虑放罐。如果个别罐体频发染菌，则要检查是否罐体设备出现问题，如果同时多罐出现染菌，则要检查公用空气系统是否出现故障。

（四）泡沫对发酵的影响和常用消泡方法

1. 泡沫产生的原因 ①在发酵前期由于培养基营养成分消耗少，培养基成分丰富，易起泡。②培养基配比与原料组成不当，导致培养基营养丰富，黏度大，产生泡沫多而持久，前期难以搅拌。③通气量大、搅拌强烈会使泡沫增多。④菌种和种子液质量不好，接种量不适合，生长速度慢，可溶性氮源消耗慢，泡沫产生概率增加。⑤培养基灭菌质量不好，糖氮比被破坏，抑制微生物生长，使种子菌丝自溶，产生大量泡沫，加消泡剂也无效。⑥发酵后期，菌体成熟几乎不再消耗空气，菌丝慢慢断裂消失，释放丰富代谢物，从而持续积累泡沫。

2. 泡沫对发酵的影响 ①泡沫持久存在，妨碍通风与搅拌效果及CO_2的排出，影响微生物对氧的吸收和传递，破坏正常生理代谢，不利于发酵和生物合成以及菌体自溶，严重影响到微生物发酵的正常生长曲线。②泡沫大量产生，使发酵罐有效容积大大减少，影响设备利用率、拖慢发酵进度，延长发酵周期，增加发酵成本。③泡沫过多，使罐内压强不平衡，出现溢流现象，造成原料的浪费、增加染菌风险与周围环境的污染、降低发酵菌体的纯度。④泡沫过多影响后期发酵产物的提取。⑤泡沫溢出造成发酵罐清洗、维护难的问题，增加一定的清洁成本。

3. 消泡剂消泡原理 ①降低泡沫局部表面张力，导致泡沫破灭。例如，高级醇或植物油撒在泡沫上，当其溶入泡沫液，会显著降低该处的表面张力。因为这些物质一般对水的溶解度较小，表面张力的降低仅限于泡沫的局部，而泡沫周围的表面张力几乎没有变化。表面张力降低的部分被强烈地向四周牵引、延伸，导致泡沫破裂。②消泡剂能破坏膜弹性而导致气泡破灭。消泡剂添加到泡沫体系中，会向气液界面扩散，使具有稳泡作用的表面活性剂难以发生恢复膜弹性的能力。③消泡剂能促使液膜排液，因而导致气泡破灭。泡沫排液的速率可以反映泡沫的稳定性，添加一种加速泡沫排液的物质，也可以起到消泡作用。④添加疏水固体颗粒可导致气泡破灭。在气泡表面疏水固体颗粒会吸引表面活性剂的疏水端，使疏水颗粒产生亲水性并进入水相，从而起到消泡的作用。

4. 常用消泡剂及其特点

(1) 常用消泡剂。常用消泡剂有天然油脂消泡剂、聚醚消泡剂、有机硅消泡剂、矿物油消泡剂、复合消泡剂等。聚醚消泡剂消泡性能和抑制泡沫的性能优于有机硅消泡剂，聚醚消泡剂毒性较小、耐高温、耐碱、耐高酸，适用于微生物发酵过程的消泡处理。有机硅消泡剂消泡性能和抑制泡沫性能较好，不耐高温、高酸和高碱。矿物油消泡剂价格较高，消泡和抑泡性能较好。复合消泡剂用得较多，其中硅聚醚消泡剂是由聚硅氧烷和聚醚、乳化剂、分散剂及稳定剂等组成，聚醚多元醇消泡剂主要是在氢氧化钾催化作用下，用丙二醇或甘油与环氧丙烷、环氧乙烷等进行混合制得强力消泡剂。消泡剂的添加量为物料的 $0.01\%\sim0.1\%$。

(2) 消泡剂主要特点。高固含量，用量少，消泡快，抑泡长，水溶性好，耐热性好，化学性能稳定，不燃、不爆。例如，生物惰性消泡剂，可直接与基础料一起加入发酵液中，经高温灭菌后流加或补料，克服了发酵前高温消毒稳定性差、发酵过程中抑制木霉生长及发酵罐易结垢等缺点，且具有发酵后易分离、罐易清洗等优点。它的特点是一次性加入，快速消泡、超长抑泡、用量少、无味、得罐率高，尤其耐 $200\,^\circ\!C$ 高温，耐酸碱性好，化学稳定性好。

(五) 发酵过程中糖氮的消耗减慢、发酵周期延长、产品得率下降的原因

菌种发生了衰退。可采取以下方法验证：①显微镜镜检，观察菌种形态上有无发生变异。②平板培养，观察菌落生长状况是否发生变化。③摇瓶培养，测定相关生理指标、分析变化特点。通过更换菌种或进行菌种复壮，观察上述现象是否消失。

(六) 如何解决菌种衰退问题

1. 做好菌种的保藏和复壮工作 菌种在保藏中，孢子、芽孢处于休眠状态。低温、干燥、缺氧、营养缺乏，使孢子、芽孢代谢活动下降，可实现菌种长期保存。菌种重新纯化用新鲜的培养基斜面，取幼龄菌物接种；接种量要适当，斜面生长不要过密；保藏培养基的碳源比例小，营养贫乏一些，否则产酸，产生代谢产物，易引起变异；保藏培养基不加或少加葡萄糖。尽量减少传代次数，每 $3\sim6$ 个月传代 1 次。培养条件中，营养、温度、水分要调配合适、稳定。木霉菌种在传代保藏过程中，易发生衰退、变异、污染、死亡，因此必须定期检查。每隔一段时间，注意改变培养基成分（改变、调整、增加某种碳源、氮源或矿质元素等），或在原有的培养基中添加酵母膏、麦芽汁、氨基酸类物质和维生素等，或采用麦粒、谷粒、玉米粒等繁殖木霉，或与病菌对峙培养再分离木霉菌丝，以刺激菌丝生长和拮抗活性。木霉重新分离，纯化分开单个菌落，或切取尖端菌丝培养，再做菌种检定，包括菌落形态、颜色等。

2. 定期进行菌种选育工作 通过自然选育和诱变育种的方法，选育遗传性能稳定的高产菌株。

（七）突发状况紧急处理

如果出现突发状况（突然停电、动力设备故障）造成动力及通气供应不足，为防止染菌需紧急封罐保压，尽快找出问题、恢复正常（如启用备用发电系统），以免故障期过长，对菌体生长不利。

第五节　木霉-芽孢杆菌共发酵技术

共培养或共发酵技术是指两种或多种微生物在同一培养容器中共培养，通过菌株间的相互作用产生单一微生物单一培养时产生较少或不产生的化合物。由于木霉-芽孢杆菌的生物防治功能因子具有一定的互补性，因此两类微生物共发酵可为创制新型生物农药或菌肥提供新的代谢物资源。

一、共培养的概念

人们对微生物的利用经历了天然混合培养、纯培养到有目的的混合培养（共培养）阶段。共培养是指在无菌条件下，将一些专门指定的不同微生物在厌氧或好氧条件下进行的混合培养，以挖掘新的化合物或提高某些代谢物的产量。这个概念与以往的天然混菌培养本质的区别在于共培养是人们有目的地利用菌株之间的相互关系，通过高通量筛选技术和生物信息平台挖掘新的微生物源活性物质，并提高其产量的手段。

二、共培养技术的优势与存在问题

微生物共培养的优势之一是通过菌株间共培养或共代谢来生产新物质。这一技术可以达到提高微生物源营养物质和抗生物质产品质量并发现新物质的目的。例如，两种海洋真菌的共培养产生了新的活性增强的抗菌物质（Haque et al.，2011）。巨大曲霉（*Aspergillus giganteus*）和一株尖镰孢（*Fusarium oxysporum*）共培养时显著增加抗真菌物质的产量（Meyer et al.，2002）。共培养技术存在的主要问题是不同类型的微生物之间在共培养过程中是否能保持亲和互作关系。例如，芽孢杆菌作为抗生类的拮抗细菌在其与拮抗真菌木霉共培养中产生了明显抑制木霉生长和繁殖及产生次生代谢物的作用，使共培养中木霉不能正常生长、繁殖，抑制了木霉与芽孢杆菌互作程度和新代谢物的诱导。因此，木霉和芽孢杆菌在共培养过程中需要保存相当程度的亲和互作关系，才能实现共培养代谢协同增效的目的。保持两种或多种微生物共培养的亲和关系，主要有两种途径：一种是筛选出两种或多种微生物相互亲和的菌株；另一种是通过改变不同微生物接种顺序，如采用先后接种（顺序接种）可在一定程度上减轻微生物在共培养中的不亲和互作（Karuppiah et al.，2019）。共培养菌株亲和组合的筛选需要在明确不同菌株对病原菌拮抗性的前提下进行，不能仅考虑菌株间的亲和性，而忽略了菌株的拮抗能力。

三、木霉-芽孢杆菌共发酵技术

（一）同时接种与发酵技术

两种拮抗菌同时接种进行共培养的前提是两种菌之间是相互亲和的。为此，在共培养前需要进行两种拮抗菌的对峙培养，例如，观察拮抗木霉和芽孢杆菌间是否存在抑菌带，如果两者间无明显的相互抑制现象，便可用于共培养。如果多种拮抗菌间表现相互亲和的，可以采用同时接种进行共发酵。操作要点如下。

1. 检测木霉和芽孢杆菌相互影响情况　在 50 mL 锥形瓶内，将 100 μL 芽孢杆菌发酵滤液加入 10 mL PD 培养基，以空白 PD 培养基为对照。将平板上活化 4～5 d 的木霉孢子用无菌水洗下，浓度调整至每毫升孢子 1×10^6 个，取 1 mL 加入芽孢杆菌发酵滤液-PD 混合培养基中，置于恒温摇床中于 28 ℃、180 r/min 下共培养 1～2 d 后取样，用光学显微镜观察载玻片上的木霉孢子萌发情况，每个处理重复 3 次。共培养 2～3 d 后，用血细胞计数板统计木霉孢子数。每个处理重复 3 次，测定芽孢杆菌发酵液对木霉产孢的影响。同样方法可测定木霉对芽孢杆菌生长和繁殖的影响。在 50 mL 锥形瓶内，将 100 μL 木霉培养滤液与 10 mL PD 培养基混合，以空白 PD 培养基为对照。摇瓶培养 1～2 d 的芽孢杆菌溶液浓度调整至 $OD_{600} = 1$，取 1 mL 加入木霉培养滤液-PD 混合培养基中，置于恒温摇床中于 28 ℃、180 r/min 下培养 1～2 d。将共培养液用无菌水稀释至 $1 \times 10^{-7} \sim 1 \times 10^{-6}$，取 0.1 mL 用涂布棒在 LB 平板上均匀涂开。30 ℃ 倒置培养 1～2 d，统计芽孢杆菌数量，每个处理重复 3 次，测定木霉培养液对芽孢杆菌产孢的影响。

2. 木霉与芽孢杆菌混合比例　同时接种木霉和芽孢杆菌，不同木霉和芽孢杆菌种类可以混合接种的比例是不同的，混合比例的不同直接影响抑制病菌的效果。例如：棘孢木霉与解淀芽孢杆菌共培养代谢物对灰霉病菌抑制效果与混合接种比例有关，棘孢木霉 GDFS1009 与解淀粉芽孢杆菌 1841 混合接种比例为 1：19，则共培养产物抑菌效果最好。

3. 共发酵培养基　一般通过响应曲面设计确定最佳培养基。共发酵培养基可选择含 1% 玉米粉、酵母粉 2%、糖蜜 2% 的培养基。

4. 共发酵条件控制　一般通过响应曲面设计优化共发酵条件。共发酵条件可选择：28 ℃、214 r/min、pH 6.8。发酵 4～5 d。

（二）顺序接种与发酵技术

可采用芽孢杆菌代谢液处理候选的木霉菌株，进而筛选亲和组合（Li et al.，2020）。如果液体培养中芽孢杆菌对木霉生长和繁殖有一定程度的抑制作用，而两个菌株单独评价又是较好的生防菌株，则这两个菌株共培养就要采用顺序接种技术。即先接种生长易被抑制的菌株，培养一段时间，再接种另一种生长相对较快或抗性较强的菌株，这样可在一定程度减少生长过快菌株对生长慢的菌株的干扰。

基本发酵过程：种子液摇瓶培养→种子罐增殖（木霉或芽孢杆菌）→先接种木霉→单发酵一段时间→接种芽孢杆菌→共发酵→下罐。

1. 小型发酵罐（50 L）共发酵操作要点

（1）接种方法。1%木霉在 100 mL YMC 培养基 28 ℃下培养 48 h。然后接种 0.1% 芽孢杆菌（OD_{600}＝1.0），继续在 28 ℃下培养 2 d。

（2）共发酵培养基。以提高抑菌效率、产孢率和拮抗性次生代谢为指标，通过正交设计或响应曲面设计优化培养基。

（3）发酵过程控制。通过响应曲面设计建立基于提高抑菌效率、产孢率和拮抗性次生代谢的优化发酵条件。对发酵罐培养基进行灭菌，灭菌标准为 121 ℃，30 min。灭菌完毕，接入木霉种子液共生培养基中（1%，v/v），按照通气量 1 L/（L·min）、转速 180 r/min、温度 28 ℃进行发酵，发酵 48 h。利用氨水调整发酵培养 pH 为 4.5～5.5，将芽孢杆菌种子液接入发酵液中（2.0%，v/v），再共同发酵 48 h，即芽孢杆菌形成孢子率达到 85%，木霉厚垣孢子形成率达到 90%，下罐。如果共发酵是以生产共生代谢物为主，则需要在加入芽孢杆菌后分时取样检测标志性代谢物产生情况，如细胞壁降解酶 CWDEs、抗菌肽、氨基酸、还原糖等功能因子产生水平，确定最佳下罐时间。

2. 工业发酵罐操作要点

（1）木霉种子液摇瓶培养。在接种种子罐之前 48 h 准备木霉种子液。长满木霉 PDA 平板后用无菌水洗下孢子，制备木霉孢子悬浮液（$1×10^7$ cfu/mL），按 2%～5% 的量接种于 PD 培养基，或在平板菌落边缘打取菌片，按菌片 4～5 个/瓶接种到 PD 培养基，150 r/min、25～28 ℃下，培养 48 h，接种到种子罐前需镜检木霉孢子量。

（2）芽孢杆菌种子液摇瓶培养。在接种种子罐之前 24 h 制备芽孢杆菌种子液。准备试管斜面菌种（12～24 h，30～37 ℃），然后接种 1～2 环菌苔至 LB 培养基（250 mL）中，在 30～37 ℃、180 r/min 下振荡培养 12～24 h，接种种子罐之前需镜检芽孢量。

（3）种子罐增殖（木霉与芽孢杆菌）。①木霉增殖。将已准备的木霉种子液接入 300 L 种子罐（培养基 120 L，接种量 1%～5%）中，150 r/min、25～28 ℃下，培养 20～48 h。②芽孢杆菌增殖。将已准备的芽孢杆菌种子液接入 300 L 种子罐（培养基体积 120 L，接种量 2%～5%）中，180 r/min、30～37 ℃下，培养 20～24 h。

（4）共发酵增殖。①木霉增殖。将种子罐中木霉种子液转入 5 t 发酵罐中［培养基含 1%酵母膏、1%糖蜜、1%玉米面筋粉。发酵参数为转速 120 r/min、温度 28 ℃、通气量 0.5 L/（L·min）、压力 0.05 MPa］，此时进行溶氧量的校正，最高值为 100%，发酵 20～48 h，准备接种芽孢杆菌。②芽孢杆菌增殖。将种子罐中芽孢杆菌种子液转入 5 t 发酵罐中，发酵参数为转速 180 r/min、温度 30 ℃、通气量 1 L/（L·min）、压力 0.05 MPa。

（5）共发酵生产与检测。共发酵开始 4 h 芽孢杆菌开始增殖，发酵 60～70 h，木霉完全变成厚垣孢子，芽孢杆菌的芽孢成熟、下罐。如果共发酵是以生产共代谢物为主，则需要在共发酵 48 h 后，分时取样检测标志性代谢物产生情况，如细胞壁降解酶 CWDEs、抗菌肽、氨基酸、还原糖等功能因子产生水平，确定最佳下罐时间。

（三）共培养（共发酵）产物质量评价

重点评价木霉诱导的芽孢杆菌生防功能及促生功能因子。①生物防治功能因子。如大环内酯类、宽缨酮等抗生素产生水平；几丁质酶、葡聚糖酶、纤维素酶、蛋白酶、N-乙酰基氨基葡萄糖苷酶（nag1 和 nag2）、天冬氨酰蛋白酶（PapA）、类胰蛋白酶（TLP1）、α-

L-阿拉伯呋喃糖苷酶（AF）产生水平；聚酮合成酶基因、几丁质酶基因（*ech42*）、葡聚糖酶基因（*bgnl3.1*、*bgnl6.1*）表达水平。②促进植物生长因子。如氨基酸、还原糖、蛋白质、植物生长调节物质吲哚乙酸（IAA）、吲哚丁酸（IBA）、氨基环丙烷-1-羧酸脱氨酶（ACC）、铁素合成酶产生水平。③抗逆相关基因。如细胞色素合成酶基因、NADPH 氧化酶（NOX）基因、过氧化氢酶（CAT）基因。④产孢相关基因。如为了评价木霉产孢的变化，可分析芽孢杆菌对木霉产孢基因（*BLR1*、*BLR2*、*ENV-1*）表达的影响。操作要点如下。

1. 生物防治功能因子测定

（1）抑菌率测定。取一定量的共培养发酵液于 8 000 r/min、4 ℃下离心 10 min，取上清液，将上清液用注射器通过 0.22 μm 的微孔滤膜过滤除菌得发酵滤液。将共培养无菌发酵液与融化的 PDA 培养基（50 ℃）以 1∶9 的比例混合制成混合培养基。用直径 0.5 cm 的无菌打孔器从 PDA 平板上活化 5 d 的镰孢菌菌落边缘打取菌碟并将其接种至含代谢液的 PDA 平板中央位置，28 ℃恒温培养箱中培养 5 d，以空白 PDA 平板接种镰孢菌菌碟为对照。观察菌落的生长速度及菌丝形态，待对照刚长满平板，测定镰孢菌菌落直径，计算抑菌率，每个处理 3 个平板。抑菌率=（对照组菌落面积－处理组菌落面积）/对照组菌落面积×100%。

（2）几丁质酶活性测定。采用几丁质酶提取试剂盒（Solarbio，货号 BC0820），按照制造商的说明测定发酵滤液的几丁质酶活性。活性单位定义：37 ℃下，每毫升培养液每小时分解几丁质产生 1 μmol N-乙酰氨基葡萄糖的酶量为 1 个酶活性单位（IU）。

（3）葡聚糖酶活性测定。采用 β-1,3 葡聚糖酶（β-1,3-glucanase，β-1,3-GA）提取试剂盒（Solarbio，货号 BC0360），按照制造商的说明测定发酵滤液的葡聚糖酶活性。β-1,3-GA 活性单位定义：每毫升培养液每小时产生 1 mg 还原糖定义为 1 个酶活性单位（IU）。

（4）中性蛋白酶活性测定。采用中性蛋白酶（neutral protease，NP）提取试剂盒（Solarbio，货号 BC2290），按照制造商的说明测定发酵滤液的中性蛋白酶活性。NP 活性单位定义：30 ℃每毫升样本每分钟催化水解产生 1 μmol 酪氨酸为 1 个酶活性单位（IU）。

（5）酸性蛋白酶活性测定。将样品涡旋振荡 1 min，8 000 r/min、4 ℃下离心 10 min，取上清液，采用酸性蛋白酶（acid protease，ACP）提取试剂盒（Solarbio，BC2208），按照制造商的说明测定发酵滤液的酸性蛋白酶活性。ACP 活性单位定义：30 ℃每毫升样本每分钟催化水解产生 1 μmol 酪氨酸为 1 个酶活性单位（IU）。

（6）抗生素与抗菌肽测定。采用 LC-MS 方法测定共发酵液中丙甲菌素、康宁菌素、美伐他汀等含量。

2. 促进植物生长因子测定

（1）游离氨基酸测定。将样品涡旋振荡 1 min，8 000 r/min、4 ℃下离心 10 min，取上清液，使用氨基酸（AA）含量提取试剂盒（Leagene Biotechnology，货号 TC2153），按照制造商的说明测定发酵滤液的氨基酸含量。

（2）还原糖含量测定。将样品涡旋振荡 1 min，8 000 r/min、4 ℃下离心 10 min，取上清液，采用还原糖检测提取试剂盒（Leagene Biotechnology，货号 TC0699）按照制造商说明测定发酵滤液的还原糖含量。

（3）蛋白质含量测定。将样品涡旋振荡 1 min，8 000 r/min、4 ℃下离心 10 min，取上清液，采用蛋白质检测提取试剂盒（Leagene Biotechnology，货号 PT0002）按照制造商的说明测定发酵滤液的蛋白质含量。

3. 次生代谢组分析 将共培养液（500 μL）与甲醇（500 μL）和乙腈（500 μL）混合，将混合物涡旋振荡 60 s，在 −20 ℃ 冰箱保存 1 h，12 000 r/min、4 ℃下离心 10 min，取上清液。将上清液送至测试公司进行 LC - MS 分析，使用 UniFi 软件对共发酵产生的次生代谢物进行分析。

4. 活体植物测定

（1）防御反应相关基因测定。主要测定植物 SA 和 JA/ET 信号通路相关基因表达水平。

（2）促进生长作用测定。用黄瓜进行穴盘或盆栽育苗。用共培养发酵液（稀释 500 倍）浸种或在 4～5 叶期用共培养发酵液灌根或喷施，调查种子萌发率、胚根长、株高、鲜重等指标。

（3）防病作用测定。待测植物叶片或根系先用共培养酵液处理，然后接种病菌，接种病菌 7～10 d 后调查发病情况。经方差分析和多重比较等方法进行统计分析防治作用。有时需要用化学农药作为对照。

第六节 木霉固体发酵工艺

固体发酵和液体发酵工艺有较大区别。固体发酵条件的自动化监控程度远不如液体发酵。固体发酵是木霉菌剂传统的生产工艺，技术已经很成熟，所需设施条件简单，投入少，易操作，分生孢子产量大。固体发酵所用培养基种类、无菌水平、接种量、温度、湿度和氧气量等是影响木霉固体发酵质量的主要因素。

一、固体发酵与液体发酵的区别

固体发酵是指在没有或几乎没有自由水的基质中进行生物反应过程。宜于水活度在 0.93～0.98 的微生物生长，特别是丝状真菌的生长繁殖。固体发酵通常以低价的农业和工业下脚料作为主要原料，如作物秸秆、麸皮、生活垃圾、作物的枯枝蔓等，这些废弃物具有适合木霉生长发育的碳源、氮源和其他营养物质。固体发酵操作工序简单，能量消耗较少，发酵过程供氧充足，糖化和发酵过程同时进行，无有机废液产生，有良好的环保性，能够实现废弃物的再利用。固体发酵的缺点主要在于发酵原料和其他附加营养物存在梯度差，使菌体生长、对营养的吸收和分泌的代谢产物不均匀。另外，发酵基质较为紧密，发酵过程中不易进行传热等，容易导致温度过高和氧气不足，进而影响发酵质量。固体发酵相较于液体发酵而言，其发酵过程中的 pH、湿度、基质浓度等参数难以监测和调控，各批次的发酵条件不一致，再现性较差，发酵产物因黏度高难以萃取和浓缩。木霉固体发酵主要用于生产分生孢子和农业废弃物资源化再利用。

固体发酵工艺是木霉生物农药和生物菌肥创制过程中应用最为普遍的一种菌剂生产方式，因其对发酵设备要求不高，既可用简易的曲盘、多层模块式发酵，又可用温度、湿度及 CO_2 可监控的简易发酵室，还可采用全自动固体发酵器。山东省科学院在木霉固体发酵技术上已取得较好的研究和应用进展，其通过 6 个营养因素组合、9 个发酵工艺参数的正交设计和响应曲面设计优化了固体发酵工艺，又通过集成旋风分离、机械筛分、水洗分离等技术，建立了固体发酵生产高孢子含量菌剂技术系统，木霉母药分生孢子数达每克 7×10^{10} 个，并对固体制曲灭菌和培养自动控制等技术进行了集成，建立了 5 000 t 水平的规模化、高效固体发酵生产分生孢子技术系统，生产效率提高了 150％～200％，成本降低了 30％，实现了木霉分生孢子的规模化高效制备和废弃物的零排放。

液体发酵主要用于生产木霉厚垣孢子和代谢产物，木霉液体发酵过程自动化程度明显高于固体发酵，而且发酵过程不易污染，并可随时调整多种发酵参数实现不同的发酵目的，在生产木霉代谢产物方面具有明显的优势。

二、固体发酵方式

（一）摇瓶发酵

采用 500 mL 三角瓶或耐高温塑料发酵瓶进行木霉的固体发酵。例如，将干物料与水以 1∶0.8 的比例搅拌均匀，称取一定物料装入瓶中，使厚度为 1～3 cm。121 ℃灭菌 15 min，冷却后按照 1％的接种量加入种子液，置于 28 ℃恒温培养箱中培养。从第 2 天开始，隔 1 d 晃动发酵瓶，防止培养基结块，使菌丝更充分、更均匀地利用营养物质。发酵时间通常为 3～10 d，具体时间根据培养基和菌种的特性而定，可间隔一段时间取样，以血细胞计数板在显微镜下检测孢子含量来判断发酵是否终止。没有检测设备的情况下，也可通过观察发酵瓶呈现均匀的绿色时，即代表发酵终止。

（二）菌包发酵

发酵所用的菌包袋通常为一端或两端开口，以海绵过滤空气的耐高温塑料袋，规格为 18 cm×35 cm。将湿重为 100～300 g 的物料装入菌包袋中，于 121 ℃灭菌 15 min，冷却后按照 1％的接种量从一端或两端接入液体种子，摇晃均匀，置于 28 ℃恒温培养箱中培养。从第 2 天开始，间隔 1 d 摇晃菌包使发酵更为均匀，若所用菌包袋太长，则会导致接触空气的两侧（或一侧）木霉生长较好，而远离空气的中间（或另一侧）木霉无法生长。

（三）浅盘发酵

浅盘固体发酵主要以曲盘发酵等为主。将物料于 121 ℃灭菌 15 min，置于浅盘中，使厚度尽量低于 3 cm。物料温度降至 30 ℃以下时用培养 18～24 h 的摇瓶种子菌液或纯固体菌剂接种，接种量为 3％～5％。接种后的浅盘放入曲架。在曲架的上、中、下层随机选取 3 个曲盘插入温度计，用于监测发酵温度。物料的温度一般在接种后 15～24 h 开始上升，36～60 h 温度会超过 32 ℃，此时应翻搅物料并给发酵曲房通风，以防止缺氧和高温导致的菌体死亡。整个发酵周期持续 5～10 d，具体时间与菌种、物料、温度等因素密切相关。目前这种方法存在主要问题是发酵过程散热不均衡，发酵物孢子量低，孢子易损伤。

（四）层式固体发酵器

固体发酵过程中散热效率和对菌丝、孢子损伤率是评价发酵器质量的重要指标。目前山东省科学院开发的 CO_2 自动监测的多层模块式固体发酵器通过超声雾化装置、热交换系统、排风系统、空气过滤器、温度传感器、湿度传感器和 CO_2 传感器系统整合，实现了非搅拌温差散热、CO_2 全程均衡自动监控，孢子和菌丝无损伤，固态发酵周期缩短到 72 h，发酵物活孢子含量达到每克 $5×10^9$ 个，染杂菌率低于 2%，单位面积发酵产率是常规发酵设备的 3~5 倍，生产成本降低 50% 以上。

（五）流化床式生物反应器

流化床生化反应器是一种多用于底物为固体颗粒，或有固定化生物催化剂参与的反应系统。该类反应器由于混合程度高，所以传质和传热效果好。海南大学利用自主设计的一种具有搅拌和通风系统的流化床式生物反应器，探索了木霉孢子粉规模化生产的条件。结果表明：反应器在装料量 250 kg，基质厚度 7 cm 时，生产的木霉孢子粉活孢子含量可达每克 $2×10^9$ 个以上，通过这套生物反应器可以进行木霉孢子粉规模化生产（张成，2022）。

（六）全自动固体发酵器

不锈钢全自动固体发酵系统，实现了温度、湿度、进气和排气的全自动控制。发酵过程中的温度、pH、溶解氧含量（DO 值）、补料等均可自动化管理。接种管道或接种器和风管要用蒸汽灭菌 1.0 h，管道蒸汽压力≥0.2 MPa，温度降至 30~32 ℃，发酵过程中通过接种管道或接种器将菌种压入发酵罐，搅拌 30~32 min，通入无菌空气。发酵阶段罐压控制在 0.02~0.025 MPa，初始培养温度为 29~30 ℃，风量为 20 m³/h，产热后调至 40 m³/h，发酵至 16 h 后，每隔 8 h 搅拌 1 次，每次 10 min。

三、固体发酵培养基

固体发酵培养基可为木霉提供必需的营养物质和适宜的生长环境，其组成和配比对木霉菌丝的生长发育、代谢物的产生、孢子的形成具有重要影响。木霉的生长需要碳源、氮源、无机盐、水和生长因子及充足的氧气和空间。不同的发酵目的对培养基的要求不同，但固体发酵原料大多是来源广泛、价格低廉且具有一定营养成分的农业废弃物，以达到低成本、高产出的目的。

（一）常用固体培养基物料

常用的固体发酵原料有谷物类、其他农产品及加工副产品等，麸皮、米糠、稻壳、玉米秸秆、小麦秸秆、荞麦秆、甘蔗渣、草炭、柑橘皮、马铃薯皮、木薯皮、香菇多糖、海藻粉等主要用于木霉生长所需碳源；大豆饼粉、花生饼粉、棉籽饼粉等，主要用于氮源。有时还加入蔗糖作为速效碳源，加入蛋白胨、半胱氨酸、谷氨酸补充有机氮源。除了木霉生长所需的碳氮源，培养基中还应补充无机盐和微量元素，如碳酸钙、硝酸钙、硫酸铵、硫酸锌、硫酸铜、硫酸亚铁、硫酸锰、磷酸氢二钠、磷酸二氢钾等，有时还加入一些维生素 C。

（二）固体培养基的筛选技术

按照培养基的用途可分为孢子培养基、种子培养基和发酵培养基。孢子培养基可使木霉快速生长并产孢，且不引起变异。大多数生产木霉孢子的培养基利用麦麸、秸秆等作为主要碳源，有时也补充部分氮源。麦麸富含纤维素、半纤维素以及蛋白质、脂肪、低聚糖等成分，且发酵后粗蛋白、粗纤维等含量均有显著提高，能为木霉提供较多的营养供应。但麦麸成本较高，且在含水量较高时通气性较差。因此国内大部分木霉的固体发酵基质多为麸皮、秸秆等农业废弃物与营养元素混合，有时也补充部分氮源。绿色木霉和棘孢木霉固体发酵所用的孢子培养基均属于此类（杨丹丹等，2020；张成等，2021）。此外，柑橘皮含有钙、磷、钾、镁等多种常量元素和铁、铜、锰、锌、硒、碘等多种微量元素，将麦麸和柑橘皮混合是里氏木霉发酵的理想培养基。其中含有的元素通常能够满足产孢所需，不需要另外添加无机盐和其他元素，这极大地简化了生产程序，降低了孢子制剂的成本（罗洋等，2014）。种子培养基是供孢子萌发生长、菌体大量繁殖所用，为了保证在发酵中得到数量较多且质量整齐的优质种子细胞，所用原料富含氮源和维生素等。这类培养基通常以葡萄糖等速效碳源为主，便于木霉快速吸收利用，实验室常见的马铃薯培养基属于此类，常用于培养木霉种子菌。发酵培养基是用于菌体生长繁殖且积累特定发酵产物的培养基，一般数量较大、配料较粗。其组成通常由作物秸秆、谷物麸皮、玉米芯和甘蔗渣为主，并根据特定需求添加诱导物或促进剂。这一类培养基作为里氏木霉生产纤维素酶的发酵培养基时，具有纤维素酶产量较高且稳定性好、易于分离纯化、培养及代谢产物安全无毒等优点。

在进行固体发酵培养基的选择时，首先根据生产实践或科学试验选择适合的培养基。不同的木霉菌种对培养基的要求不一致，应根据实际进行配方调整。除了满足木霉的生长发育外，还要充分考虑经济效益，以低成本且无毒的当地原材料为最佳。

固体发酵培养基的优化可运用单因素试验、正交试验、响应曲面设计中的一种或几种方法依次进行，以进一步提高目标产量。单因素试验是假定各因素间没有交互作用，一次只对一项因素进行试验而将其他因素固定的优化方法。该方法简单、直观性好，常用于主成分筛选。但当培养基成分较多时存在试验次数多、周期长的缺点。另外，由于单因素试验不考虑各个因素之间的交互作用，可能丢失最优配比。正交试验是从全面试验中挑选出具有代表性的点来进行多因素多水平试验，并利用普通的统计分析方法来分析实验结果的优化方法。该方法根据正交表进行部分试验，可大幅度减少试验次数，不需要进行重复实验，误差便可估算出来。海南大学采用正交设计 L_9（4^3）研究麦麸、玉米碎粉、稻壳与硅藻土 4 种原料作为棘孢木霉固体发酵培养基的合适配比为 5.8∶0.5∶1.7∶1.0；西北农林科技大学利用绿色农药沙地柏的残渣作为培养基主成分，并通过正交试验所优化后的培养基组分为沙地柏∶硫酸铵∶鸡粪∶麸皮＝12∶4∶3∶1（张双玺等，2008）。响应曲面试验通过试验所得数据，建立多元二次回归方程拟合各因素与响应值的函数关系，来预测最优参数及最大产量。响应曲面方法在使用时可先通过 Plackett - Burman 法确定要考察的因素，再使用中心复合试验设计（central composite design，CCD）和 Box - Behnken 试验设计（BBD）方法设计试验。该过程的数学模型建立和结果分析可通过软件 Design - Expert 进行。杨丹丹等（2020）在进行绿色木霉固体发酵产孢子培养基优化时，先通过 Plackett - Burman 试验得出，影响绿色木霉产孢的重要因子依次是碳酸钙＞硫酸铵＞氯化锰，后通过中心复合试验设计，以孢子数为响应值，验证了碳酸钙、硫酸铵、氯化锰 3 个因素的最佳含量分别为 0.55％、1.08％、0.37％。

无机盐和培养基初始含水量对木霉的发酵产孢具有较大影响。不同浓度的 Ca^{2+}、Fe^{2+}、Zn^{2+}、Cu^{2+}、Mn^{2+} 可在一定程度上促进木霉分生孢子和厚垣孢子的产生（孟文诚，2017）。固体发酵培养基的含水量过高时抑制基质内部的气体交换，基质含水量过低时会使木霉菌丝生长受限，提前衰老并产孢。

（三）固体培养基简易筛选方法

1. 种子菌培养基　酵母膏、葡萄糖或糖蜜、硫酸铵、有机提取物（香菇、藻类、鱼粉等）、麦芽膏、半胱氨酸。其中酵母膏用量为 $18\sim20$ g/L，葡萄糖或糖蜜为 $20\sim25$ g/L，有机提取物为 2 g/L。

2. 固体培养基筛选　根据已往研究，将不同物料或营养按不同配比制备成若干固体培养基，接种木霉进行繁殖能力比较。例如，分别选取候选固体培养基物料，用粉碎机粉碎后过 40 目筛，分别称取 20 g，放入 500 mL 三角瓶中，添加发酵物 100% 的水分（质量分数），封口膜封口，每个处理 3 次重复，高压蒸汽灭菌锅 121 ℃ 条件下灭菌 30 min，冷却后接种木霉种子菌液 2 mL（1×10^8 cfu/mL），搅拌均匀后，置于 28 ℃ 恒温培养箱黑暗培养，培养时每天摇瓶混匀基质，从中取出 1 g 样品在 40 ℃ 烘箱中干燥，干燥后称重，无菌水稀释 100 倍，并添加 $20~\mu L$ 吐温 80，涡旋振荡器上涡旋 15 min，显微镜下血细胞计数板计算孢子浓度，并统计 $8\sim10$ d 的产孢量，筛选出产孢量高、干燥迅速的固体发酵培养基。在实际应用中，培养基的物料之间一般按不同比例（质量分数）混合，制备成混合的发酵底物，以提高培养产孢水平。例如，粉碎的玉米秸秆和荞麦秸秆与玉米粉混合，玉米粉的质量分数为 $0.5\%\sim5\%$。

四、固体发酵前灭菌

除传统的堆肥腐熟发酵，木霉固体发酵均应使用纯种培养技术，即只允许木霉这一种微生物在培养基中生长。因此，在发酵过程开始前应对培养环境、发酵设备和培养基进行彻底灭菌。若灭菌不充分，可能导致杂菌的大量繁殖，原料的损失和产量的降低，降低木霉的实际应用效果。污染更为严重时会导致菌体生长受抑制、后期孢子将无法形成。因此，灭菌操作对纯种木霉的生产至关重要。

常见的灭菌方法分为化学灭菌、紫外线灭菌、干热灭菌、湿热灭菌、过滤介质除菌等。

（一）化学灭菌

化学灭菌是指用化学药品直接作用于微生物而将其杀死的方法。化学灭菌法可分为气体灭菌法和液体灭菌法。由于化学药剂会与培养基中的蛋白质等营养物质发生反应，加入后不易去除，因此仅用于培养环境的灭菌而不用于培养基灭菌。甲醛能与蛋白质中的氨基结合而导致其变性，是一种常用的强还原性气体杀菌剂。发酵曲房的灭菌常采用甲醛气体熏蒸的方式，将液体甲醛倒入加热容器中，使其受热加快挥发继而填充满整个房间。甲醛灭菌时间较长且具有强刺激性气味，一般熏蒸 1 个晚上，彻底通风后再进入。酒精能使细胞内的原生质体脱水、变性凝固，导致微生物死亡，是常用的一种液体杀菌剂。75% 的酒精杀菌效果最好，常用于实验室转接或活化菌种，以及小规模接种时使用。

（二）紫外线灭菌

紫外线灭菌是木霉固体发酵中常用的射线灭菌方法，通过紫外线照射，破坏及改变微生物的 DNA 结构，使细菌当即死亡或不能繁殖后代，达到杀菌的目的。波长为 $200\sim300$ nm 的紫外线都有杀菌能力，其中以 260 nm 的杀菌力最强。紫外线穿透力不大，因此，只适用于超净工作台、无菌培养室、接种室的灭菌。

（三）干热灭菌

干热灭菌是利用灼烧或干热空气以达到灭菌目的，该过程没有饱和水蒸气的参与，方便简单。但该方法在木霉固体发酵中应用范围较窄，仅适用于金属或玻璃等耐高温的工具器材及污染物品等的处理。

（四）湿热灭菌

湿热灭菌是利用饱和蒸汽进行灭菌的方法。湿热条件下，微生物细胞中的蛋白质、酶和核酸分子内部的化学键和氢键受到破坏，致使微生物在短时间内死亡。在生产上常用高压蒸汽灭菌锅对固体发酵培养基进行灭菌，一般 121 ℃灭菌 20 min 可将细菌的芽孢全部杀死。大批量的物料在进行高压蒸汽灭菌时，可适当延长时间，但同时应考虑过多蒸汽通入时所引起的含水量变化，并在物料初始含水量中去除相应水量。

（五）过滤介质除菌

过滤介质除菌是采用机械的方法，设计一种滤孔比细菌还小的筛子，做成各种过滤器，只让空气从筛孔流出，各种微生物菌体则留在筛子上，从而达到除菌的目的。实验室超净工作台、工业发酵中的通风设备常采用这种方法过滤无菌空气。菌包袋的开口处常采用海绵或棉花过滤空气，成本低且使用方便。发酵瓶的瓶盖通常被设计成可过滤空气的类型，但为进一步降低污染风险，可加封一层过滤透气封瓶膜。

不同的发酵规模和灭菌方法所能达到的灭菌效果有极大差异，在工业生产中，为了缩短灭菌时间、降低灭菌成本，可对灭菌过程参数进行优化。开始需要针对不同理化性质物料，通过单因子试验确定灭菌强度。单因子灭菌参数包括灭菌温度、灭菌时间、蒸汽量等。需要注意不同理化性质物料和环境条件对灭菌参数的要求。在此基础上通过正交试验或响应曲面设计确定灭菌的最佳参数组合。

五、固体发酵接种与发酵工艺优化

固体发酵条件的优化是指在不增加成本能耗的前提下，对接种方式、接种量、培养温度、通风及搅拌时间等因素进行控制，以提高整体发酵水平。

接种方式可分为固体接种和液体接种，即木霉孢子粉和木霉孢子悬浮液接种。液体接种比固体接种的孢子更易萌发，其操作方便，因此实际操作中多采用液体接种方式。

接种量是指接种时所用种子液的质量占总湿物料质量的比例。接种量决定于木霉在发酵罐中生长繁殖的速度，较大的接种量可缩短发酵周期、减少杂菌污染概率。但也存在溶氧不足、引发代谢废物、增加成本的缺点。最佳接种量的确定方法是采用低浓度、宽范围的种子液，将种子液浓度调整为 $1 \times 10^6 \sim 1 \times 10^8$ cfu/mL，设置 2%、4%、6%、8%、10%的不同接种量，每个处理 3 次重复进行培养，隔天测定固体培养基中产孢量或产酶量，绘制产孢量或产酶量随时间变化的曲线，以选择最佳的初始接种量。如果采用木薯皮为物料，一般种子液浓度（每克活孢子 1×10^8 个）足以满足固体发酵要求，在接种量为0.5%～4%的情况下，产孢量相差不大（张成，2022）。

温度是决定木霉生长繁育以及作为生物农药发挥生物活性的主要非生物因素（Daryaei et al.，2016）。木霉可以在 0～40 ℃的温度范围内生长，而最佳产孢温度通常为

25 ℃和 30 ℃ (Tronsmo et al., 1978；Zhang et al., 2015)。大多数木霉菌种产酶和产孢的温度都在 25~30 ℃，对最适发酵温度筛选时可设置 6 个温度条件 20 ℃、23 ℃、25 ℃、28 ℃、30 ℃、35 ℃，根据开发需求，测定不同温度条件下产酶或产孢能力。此外，若采用静置培养的方法，筛选时应使用统一的低厚度培养基，厚度一般不超过 3 cm，防止热量堆积造成发酵失败。

pH 对木霉固体发酵产孢量的影响因物料不同而不同，一般 pH＝7 较为适合。但在 pH＞7 时，木霉的生长受到轻微抑制。张成（2022）研究表明：木薯皮基质的自然 pH 为 5.7，适合木霉生长和孢子形成。

木霉作为好氧菌，固体发酵过程中良好的供氧环境和培养基透气条件是保证发酵过程传质和传热的必要条件。木霉在发酵过程中，氧的供给非常重要，若没有充足的氧气，会导致呼吸受到强烈抑制，蛋白质被分解，产生浓重的氨气味。如果长期不间断的通风供氧，会导致水分蒸发过快，生长受到抑制。因此适当的通风和搅拌，可有效补充发酵环境和培养基中的氧气，促进木霉生长及产孢。目前国内外的自动化固体发酵器可实时监测和反馈控制二氧化碳浓度，确保发酵物供氧正常。

一般来说，菌种、培养条件和基质共同决定了最大孢子产量。Sachdev 等（2018）通过响应曲面方法在 30 ℃、68.87％的水分含量和 31 d 的培养中获得了 *T. lixii* TvR1 的最大孢子产量（每克 $1.91×10^8$ 个）。Ning 等（2021）将木霉在水分含量为 60％~70％的稻草和沼气渣（3∶1）的基质混合物中培养 8 d，获得的最大的孢子产量为每克 $2×10^8$~$5×10^8$ 个。

正交设计和响应曲面设计被广泛用于优化物料、接种量、含水量、培养温度、透气性等发酵工艺条件。甘肃农业大学将草炭、蛭石、牛粪等比例混合作为孢子培养基，通过响应曲面设计确定了长枝木霉 T6 最佳产孢培养基中草炭、蛭石、牛粪的比例为 1∶1∶1，后通过响应曲面设计确定了最佳发酵条件为含水量 64％、接种量 27％、透气性为 9 层纱布（景芳，2016）。

张成（2022）开展了利用木薯皮作为营养基质发酵生产木霉孢子的研究。①单因素实验。木薯皮被筛选出作为合适的底物，优化温度（20 ℃、24 ℃、28 ℃、32 ℃、36 ℃、40 ℃）、接种量（0.5％、1％、2％、3％和 4％）、初始含水量（29％、42％、50％、57％、62％和 66％）、物料重量（5 g、10 g、15 g、20 g）、初始 pH（4、5、6、7、8、9）5 个发酵条件。发酵至第 5 天测量每克基质的孢子浓度。②响应曲面设计。在单因素试验的基础上，选择培养温度、初始含水量、物料重量 3 个对产孢量影响较大的因素，采用响应曲面分析法中的 Box - Behnken 设计（BBD）。第 3 天和第 5 天的产孢量是依赖型的响应值，分别以 Y1 和 Y2 表示。使用 Design - Expect 8.06 软件进行实验设计、统计分析和回归模型的优化。为研究不同变量对 T069 孢子产生的影响，计算预测响应采用二次多项式方程：$Y = β_0 + \sum β_i X_i + \sum β_{ii} X_i 2 + \sum β_{ij} X_i X_j$，其中，Y 为预测响应，X（$X_1$ 为培养温度、X_2 为初始含水量、X_3 为物料重量）为决定变量，$β_0$ 为截距项，$β_i$ 为线性效应，$β_{ii}$ 为平方效应，$β_{ij}$ 为交互效应（Sachdev et al., 2018）。结果表明：木薯皮是生产 *T. brev* T069 孢子粉最佳的固体发酵基质，在培养温度 29.1 ℃、初始含水量 55.26％、物料质量 7.51 g

的最优发酵条件下，第 3 天的孢子产量达到每克 9.31×10^9 个。

发酵产物需要进行孢子检测，例如，将固体发酵产物混匀，称取 1 g 固体发酵产物置于装有 100 mL 无菌水的 500 mL 锥形瓶中，28 ℃ 条件下，170 r/min 摇床振荡摇匀 1 h。平板菌落计数法进行孢子数检测。检测培养基为添加 50 μg/mL 卡那霉素的 LB 固体培养基，培养温度 28 ℃。

第七节　木霉制剂载体和助剂的筛选

木霉生物农药或木霉菌肥中的有效成分多为分生孢子和厚垣孢子，确定开发的剂型后，必需慎重地选择载体和助剂，因为不同载体和助剂的特定物理和化学性质直接影响孢子的生物活性，进而影响木霉产品的应用效果。

一、主要载体和助剂材料

1. 载体　磷矿粉、高岭土、滑石粉、硅藻土、膨润土、海藻酸钠。

2. 分散剂　木质素磺酸钠、亚甲基双萘磺酸钠（NNO）、萘磺酸甲醛缩合物钠盐 2-萘磺酸、甲醛的聚合物钠盐，羧甲基纤维素钠、吐温 80、2-萘磺酸甲醛聚合物钠盐，SP-2836、GY-D10、十二烷基苯磺酸钠（LAS）、皂角粉等。

3. 湿润剂　皂角粉、甲基纤维素、聚乙二醇、十二烷基硫酸钠（SDS）、十二烷基苯磺酸钠（SD-BS）、吐温 20 等。

4. 稳定剂　六偏磷酸钾、硝酸钾、尿素、硼砂、碳酸钠、碳酸钙、磷酸二氢钾、糊精、磷酸钙、羧甲基纤维素钠。

5. 崩解剂　酒石酸、碳酸钠、氯化钠、干淀粉、羧甲基淀粉钠、低取代羟丙基纤维素、交联聚乙烯吡咯烷酮、交联羧甲基纤维素钠、碳酸氢钠、硫酸铵、硫酸钠。

6. 保护剂　黄原胶、腐殖酸、糊精、荧光素钠、羧甲基纤维素、可溶性淀粉、壳寡糖、蔗糖、脱脂奶粉、卵磷脂、B 族维生素、抗坏血酸、维生素 C、β-环糊精。

7. 黏结剂　聚乙烯吡咯烷酮（PVP-K30）、乳糖、淀粉、聚乙烯醇、聚乙二醇（PEG6000）、糊精、羧甲基纤维素钠。

8. 乳化剂　十二烷基硫酸钠、脂肪醇聚氧乙烯醚、月桂酰基谷氨酸钠、羧甲基纤维素钠。

9. 增稠剂　大豆油、淀粉、阿拉伯胶、果胶、琼脂、明胶、海藻胶、角叉胶、糊精、羧甲基纤维素钠。

值得注意的是上面一些助剂在功能上存在相似性，在功能划分上不是绝对的。例如，糊精可同时作为稳定剂、保护剂、增稠剂等，羧甲基纤维素钠可作为稳定剂、黏结剂、增稠剂、乳化剂等，而且其功能可能因溶解液的性质（如重金属盐和 pH）而发生变化。

二、筛选方法

（一）载体的筛选

在可湿性粉剂中，载体对制剂的性能影响很大。选择对菌落生长和孢子萌发没有影响或者影响很小的载体，根据载体的吸附容量、流动性、价格等方面的因素确定最佳载体。不同种类的载体对厚垣孢子萌发和生长的影响不同，相对而言，硅藻土对厚垣孢子萌发和菌丝生长的抑制作用要小于滑石粉和膨润土。

菌丝生长速率测定：将载体以 5 mg/mL 的浓度与融化的 PDA 培养基混合，灭菌后制成平板。用直径为 5 mm 的打孔器取生长旺盛、菌龄相同的木霉菌块，接种在混合培养基平板中心，对照为普通的 PDA 平板，每个处理重复 3 次，48 h 后测菌落直径。处理半径记作 R_t，对照半径记作 R_c，半径比＝$R_t/R_c×100\%$。

孢子萌发率：将载体以 5 mg/mL 的浓度与融化的 PDA 培养基混合，灭菌后制成平板。取 0.1 mL 孢子悬浮液（浓度每毫升 1 000 个）均匀涂布在混合培养基平板上，以普通 PDA 平板作为对照，每个处理重复 3 次，放置于 28 ℃人工气候箱内 12 h 黑暗、12 h 光照培养，24 h 后计算菌落数。处理孢子数记作 C_t，对照半径记作 C_c，萌发率＝$C_t/C_c×100\%$。

载体对厚垣孢子浆吸附率：准确称取载体硅藻土、滑石粉、膨润土各 5 g 分别放于 50 mL 烧杯中，滴加木霉厚垣孢子浆，用玻璃棒搅拌至载体开始聚成一团，称量吸附悬浮液后的载体质量，并计算载体对厚垣孢子浆的吸附率，每个载体 3 次重复。$q＝(m_f－m_o)/m_o$，其中 q 为载体吸附率（g/g），m_f 为吸附厚垣孢子浆后载体的质量（g），m_o 为吸附载体前吸附材料的质量（g）（张晶晶，2016）。

（二）分散剂的筛选

1. 菌丝生长速率测定　将助剂以 1 000 μg/mL、500 μg/mL 的浓度与融化的 PDA 培养基混合，灭菌后制成平板。用直径为 5 mm 的打孔器取生长旺盛、菌龄相同的木霉菌块，接种在混合培养基平板中心，对照为普通的 PDA 平板，每个助剂处理重复 3 次，48 h 后测菌落直径。处理半径记作 R_t，对照半径记作 R_c，半径比＝$R_t/R_c×100\%$。

2. 孢子萌发率测定　将助剂以 1 000 μg/mL、500 μg/mL 的浓度与融化的 PDA 培养基混合，灭菌后制成平板。取 0.1 mL 孢子悬浮液（浓度每毫升 1 000 个）均匀涂布在混合培养基平板上，以普通 PDA 平板作为对照，每个处理重复 3 次，放置于 28 ℃人工气候箱内 12 h 黑暗、12 h 光照培养，24 h 后计算菌落数。处理孢子数记作 C_t，对照半径记作 C_c，萌发率＝$C_t/C_c×100\%$。

3. 悬浮性测定　分散剂的选择是可湿性粉剂的关键，尤其是像真菌孢子粉这样难分散的原药。将载体与润湿分散剂、孢子粉加工成可湿性粉剂，目测分散情况。分 3 个等级：优，在水中呈云雾状自动分散，无可见颗粒下沉；良，在水中自动分散，有颗粒下沉，下沉颗粒可慢慢分散或轻摇后分散；劣，在水中不能自动分散，呈颗粒状下沉或絮状下沉，经强烈摇动后才能分散。细筛是将经过粗筛得到的优良的分散剂按照《农药悬浮率测定方法》（GB/T 14825—2006）测定其悬浮率，确定最佳分散剂。

（三）湿润剂的筛选

1. 菌丝生长速率测定　将助剂以 1 000 μg/mL、500 μg/mL 的浓度与融化的 PDA 培养基混合，灭菌后制成平板。用直径为 5 mm 的打孔器取生长旺盛、菌龄相同的木霉菌块，接种在混合培养基平板中心，对照为普通的 PDA 平板，每个助剂处理重复 3 次，48 h 后测菌落直径。处理半径记作 R_t，对照半径记作 R_c，半径比＝$R_t/R_c×100\%$。

2. 孢子萌发率测定　将助剂以 1 000 μg/mL、500 μg/mL 的浓度与融化的 PDA 培养基混合，灭菌后制成平板。取 0.1 mL 孢子悬浮液（浓度每毫升 1 000 个）均匀涂布在混合培养基平板上，以普通 PDA 平板作为对照，每个处理重复 3 次，放置于 28 ℃人工气候箱内 12 h 黑暗、12 h 光照培养，24 h 后计算菌落数。处理孢子数记作 C_t，对照半径记作 C_c，萌发率＝$C_t/C_c×100\%$。

3. 润湿时间测定　采用尝试法，将润湿剂、载体和孢子粉加工成可湿性粉剂测定润湿时间，筛选出润湿时间小于 1 min 的润湿剂。润湿时间按照《农药可湿性粉剂润湿性测定方法》（GB/T 5451—2001）测定。

4. 润湿剂流点测定　准确称取厚垣孢子粉 1 g 并放置于 50 mL 烧杯中，用移液器将浓度为 5% 的润湿剂水溶液慢慢滴加到厚垣孢子粉上，同时不断用玻璃棒搅拌使其成糊状，当糊状物刚形成滴滴下时，记下所用的润湿剂体积，并计算单位重量有效成分所需溶液的体积，即为流点。

5. 润湿剂含量测定　按厚垣孢子粉 20%，润湿剂分别为 1%、2%、3%、4%、5%，并以硅藻土补足 100% 后测定。

（四）稳定剂的筛选

将助剂以 1 000 μg/mL、500 μg/mL 的浓度与融化的 PDA 培养基混合，灭菌后制成平板。用直径为 5 mm 的打孔器取生长旺盛、菌龄相同的木霉菌块，接种在培养基平板中心，对照为普通的 PDA 平板，每个助剂处理重复 3 次，48 h 后测菌落直径。

（五）保护剂的筛选

保护剂筛选主要是解决紫外线和高温胁迫对木霉孢子活性的不良影响。

1. 针对紫外线胁迫　将木霉厚垣孢子用无菌水稀释到 $1×10^8$ cfu/mL，将浓度为 $1×10^8$ cfu/mL 厚垣孢子悬浮液与同体积的紫外线保护剂液（浓度为 1‰糊精）混合均匀，以厚垣孢子悬浮液与无菌水等体积混合液为对照 1。吸取 5 mL 不同处理的木霉厚垣孢子放于直径为 9 cm 的培养皿中，打开培养皿盖在紫外灯（30 W，光强度 120 lx）下 30 cm 处照射 3 min 后，以厚垣孢子悬浮液与无菌水等体积混合液未进行紫外线照射的处理设为对照 2。将不同处理的厚垣孢子液稀释后，吸取 0.1 mL 涂布于 PDA 平板上，盖上培养皿盖，在 28 ℃恒温培养箱中培养 48 h，记录菌落数。

2. 针对高温胁迫　可按木霉浓缩液（$1×10^9$ cfu/mL）：分散剂：淀粉：糊精：硅藻土＝20：10：3：1：66 的比例混合制成粉剂，然后将粉剂在 25～36 ℃下保存 45～90 d，以不加淀粉（耐高温保护剂）的粉剂为对照，采用平板稀释法检测加入保护剂的粉剂和对照粉剂中的木霉活孢子数。

（六）黏结剂的筛选

将供试黏结剂按 1%、3%、5%（w/v）的比例与 PD 培养基混合，经湿热灭菌后充分混合制成 PDA 培养基平板，将活化的木霉菌片接种于混有黏结剂的 PDA 平板中央。30 ℃恒温培养 48 h 后观察其生长情况。每种供试黏结剂每个浓度处理重复 3 次，以不添加黏结剂的 PDA 平板作为对照。处理半径记作 R_t，对照半径记作 R_c，半径比＝$R_t/R_c×100\%$。

（七）乳化剂的筛选

1. 相容性测试　将十二烷基硫酸钠、脂肪醇聚氧乙烯醚、月桂酰基谷氨酸钠按 10 g/L、

50 g/L、100 g/L 质量浓度分别加入 PDA 中，混合摇匀后，121 ℃灭菌 20 min，冷却至 60 ℃后倒入培养皿，用不含助剂的 PDA 培养皿作为空白对照。用灭菌打孔器取直径为 2.5 mm 的木霉菌块，接种到上述不同处理的 PDA 平板中心，每个处理有 3 个重复，在 28 ℃的无光培养箱中培养 48 h 后，测量菌落直径，取平均值，并按以下公式计算菌落生长抑制率（谢俊等，2017）。

生长抑制率＝（空白对照菌落直径－加有填料或助剂的菌落直径）/空白对照菌落的直径×100％。

2. 乳化效果观察 将木霉沉降浓缩液与大豆油按 2∶8 的比例混合后，加入 1％～5％ 筛选出的与木霉相容性好的乳化剂，使用数显高速分散均质机 4 500 r/min，乳化分散 40 min，静置 48 h 后观察分层状况，乳化相体积越大乳化效果越好（谢俊等，2017）。

3. 乳化稳定性测定 根据乳化剂类型，选择乳化效果最好的 1 组，按照乳化剂、油、菌液的不同混合比例，加入 1％乳化剂，搅拌混合均匀，制备出乳浊液，将乳浊液移至刻度离心管中，以 4 000 r/min 离心 15 min 后读取乳化相体积，按照下式计算结果：乳化稳定性＝乳化层高度/液体总高度×100％。

4. 倾倒性试验 将混合好的样品，装入已称量好的 500 mL 具磨口塞量筒（包括塞子）中，至量筒体积的 4/5 处，塞紧磨口塞，称量，放置 24 h 后，打开塞子，将量筒由直立位置旋转 135°，倾倒 60 s，再倒置 60 s，重新称量量筒和塞子。再将相当于 80％量筒体积的水倒入量筒中，塞紧磨口塞，将量筒颠倒 10 次后，按上述操作倾倒内容物，第 3 次称量量筒和塞子。残余物越少说明乳化效果越好。一般残余物≤5％，洗涤后残余物≤ 0.5％为较理想的乳化剂（谢俊等，2017）。

倾倒后的残余物 W_1 计算方式：

$$W_1＝(m_2－m_0)/(m_L－m_0)×100\% \qquad （式 3-4）$$

洗涤后的残余物 W_2 计算方式：

$$W_2＝(m_3－m_0)/(m_L－m_0)×100\% \qquad （式 3-5）$$

（式 3-4）和（式 3-5）中：m_L 为量筒、磨口塞和试样的质量（g），m_2 为倾倒后量筒、磨口塞和残余物的质量（g），m_3 为洗涤后量筒、磨口塞和残余物的质量（g），m_0 为量筒、磨口塞恒量后的质量（g）。

5. 悬浮率测定 用 250 mL 的具塞量筒直接量取混合均匀的样品 250 mL，盖上塞子。以量筒中部为轴心，在 1 min 内上下颠倒 30 次。结束后，直立量筒，打开塞子，静置约 30 s，用小口长吸管快速从量筒接近中部处取 1 mL 样品，测定悬浮液的含菌量，再将量筒放入（30±1）℃恒温水浴或恒温箱中，静置 30 min。在 15～20 s 内用吸管将 225 mL 的悬浮液移出，对量筒底部剩余的 25 mL 悬浮液进行含菌量测试。一般悬浮率≥90％为较理想的乳化剂（谢俊等，2017）。

悬浮率 X 的计算方式：$X＝[10/9×(250C_1－25C_2)/250C_1]×100\%$

上式中：C_1 为静置前每毫升悬浮液含菌量（个），C_2 为静置后每毫升底部 1/10 悬浮液含菌量（个）。

（八）增稠剂的筛选

增稠剂的相容性测试与乳化剂相容性测定方法相同。将木霉沉降浓缩液与大豆油按

2：8 的比例混合后，加入 1‰ 已筛选出的与木霉相容性较好的增稠剂，使用数显高速分散均质机 4 500 r/min，乳化分散 40 min，静置 48 h 后进行倾倒性试验、悬浮率检测。其检测方法同乳化剂相应测定方法。一般残余物≤5％，洗涤后残余物≤0.5％，悬浮率≥90％为较理想的增稠剂（谢俊等，2017）。

第八节　木霉活体菌剂产品制备

木霉产品形式主要有活体生物农药、活体微生物菌肥、活体生物刺激素、代谢液肥料及活菌与代谢液复合产品等。不同产品类型质量标准不同，因此加工技术是不完全相同的。例如，木霉活体生物农药加工技术要突出对木霉孢子活性、数量的保护，而木霉活体菌肥的加工技术则更突出活体孢子与制剂中的辅助营养等成分的协同增效作用。

本节介绍的木霉产品制备主要是后加工技术，包括发酵后菌液的过滤、固体发酵孢子富集、菌液浓缩、载体和助剂混合、干燥、造粒、制粉或制备油悬浮剂。在加工诸环节中对孢子活性影响最大的是干燥温度和粉碎强度（图 3-11）。

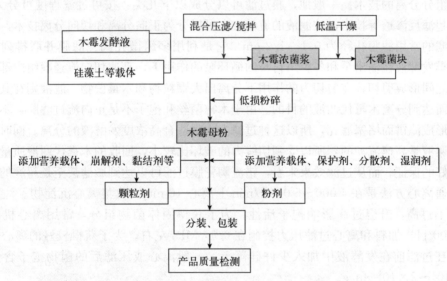

图 3-11　木霉活菌制剂制备一般流程

一、液体发酵产物的液固分离

制备木霉菌剂可采用不同的固液分离方法。收集菌物一般作为活菌制剂开发，收集无菌发酵液作为代谢水剂。固液分离还可实现孢子的富集。

常用来分离微生物发酵液中菌体的方法有板框压滤分离、高速离心分离和膜分离。为了获得较高的过滤速率并较快形成滤饼，板框压滤分离方法往往需要加入絮凝剂等化学药品，但絮凝剂的加入可能会影响产品质量。对于微生物菌体而言，尽管板框压滤是常用的方法，但缺陷是伴随过滤的进行易出现堵塞现象，因此不适合处理菌体含量高的微生物发酵液。菌体分离也可采用膜过滤技术，但是膜过滤存在一次性投资大的缺点，而且需要定期清洗膜来维持较高的过滤通量。高速离心分离的缺陷是投资和能耗均较高,尤其是对于菌体浓度较低的大批量发酵液,产业化较难。将约占发酵体积95%的水在离心机中高速旋转,需要消耗大量电能。

板框压滤机是一种间歇性固液分离设备,它由滤板、滤框排列构成滤室,在输料泵压力的作用下,物料从止推板上的进料孔进入各滤室,固体颗粒因其粒径大于过滤孔被留在滤室,滤液则从滤板下方的出液孔流出。按下压紧滤板按钮,油泵启动同时打开压紧电磁,在油压的驱动下,油缸中的活塞向前移动,推动压紧板同时带动滤板向前移动,当最前面的滤板触及止推板时,压紧板缓慢地压紧滤板。当压紧力达到压力表的上限时,电源自动切断,油泵停止供油,滤板、滤框被压紧,此时板框压滤机处于自动保压状态,其压力主要是由电接点压力表控制的,压力表的上限指针和下限指针设定在工艺要求的数值。例如,木霉发酵液加入一定比例硅藻土,充分混匀,将混合好的木霉硅藻土液在不超过0.2 MPa压力下打入压滤机,在压滤机充满经过滤的木霉浆后停止进料,再由不超过0.2 MPa的水压进行进一步压滤,最后得到合适水分的木霉浆。

膜过滤技术是利用选择透过性膜的孔径或者表面吸附作用,在一定的外力作用下将滤液中的组分分离的技术。一般地,膜过滤可以分成以下几类:按可过滤程度可分为纳滤、微滤、超滤反渗透等技术;按滤液的流动方向可以分为正向分离和切向分离技术。错流陶瓷膜过滤的常用滤膜孔径为 $0.1 \sim 1.2 \ \mu m$。它是利用多组微孔陶瓷滤膜并联排列成滤膜组,木霉发酵液在输出泵和各膜组自身的循环泵的作用下,高速切向流经膜组内部并与两侧滤膜之间形成剪切,在剪切力的作用下分离出大颗粒物和木霉菌物,滤液则在其切线方向流出而达到分离木霉代谢液的目的。由于木霉菌丝和孢子不是正向流过滤膜,不容易在其表面形成滤饼而堵塞滤孔,所以这种过滤方式很适合高浓度发酵液的分离。同时又由于木霉代谢液是高速流动的,所以受到切线力的破坏比较小,回收的木霉代谢液质量就能够得到很好的保证。而从过滤效果来看,错流陶瓷膜过滤可以达到微滤甚至是超滤的精度。

普通离心方法是在 $4\ 000 \sim 5\ 000$ r/min 上离心 10 min,收集离心沉淀物。注意离心时转速不过高,升温过高影响孢子活性。为了获得固体菌物组分,常用离心机滤布为 $100 \sim 200$ 目,加料和离心过滤压力控制在 0.15 MPa 左右。为了获得较好的离心过滤效果,可在过滤前在发酵液中加入少许硅藻土。一般离心或压滤后的菌物孢子含量可达到 $1 \times 10^9 \sim 2 \times 10^9$ cfu/g。

高速离心技术是将木霉液体发酵产生的分生孢子和厚垣孢子进行富集的方法。离心前首先需要把菌丝与孢子分离,这一步可通过一种多孔陶瓷管过滤器完成。通过阀门控制过滤模式与反冲洗模式的切换,经孢子出口管将孢子液收集到孢子桶中。孢子液单独收集后,再进行高速离心富集。可将少量孢子液装于一定容积的离心管中,在严格控温(20 ℃)的 $8\ 000 \sim 10\ 000$ r/min 条件下离心 10 min,从而将上清液和孢子有效分离,孢子沉积在离心管底部。

二、固体发酵的分生孢子收集

固体发酵产物经过粉碎后,根据不同用途,通过特定目数的振动筛网收集孢子。如果以制备可湿性粉剂为目标,则需要使用 325 目以上的筛网收集孢子;如果制备普通粉剂,可使用 200 目以上、325 目以下的筛网。固体发酵粉碎后所收集的孢子通常含有大量的固体基质，因此，细度越高，孢子浓度越大。这些较细的固体基质随孢子一起通过筛网，可作为载体为孢子提供良好的附着环境。

旋风离心式收集，例如，CC 型旋风分离器，在分离性能上优于进口的 MH5 型旋风孢子分离器和 200 目不锈钢筛网。其基本原理为含孢固体培养基颗粒在前期的旋风收集阶段进行粗分离后，颗粒表面附着物（孢子粉、菌丝等）随气流依次通过进风口切向进入主分离器内。在双旋涡气流作用下，含孢子粉与菌丝的气流在获得旋转运动的同时，气流上下分开形成双旋涡运动，形成上下两个气流环。在双旋涡分界处产生强烈的分离作用，较粗的菌丝颗粒随下旋涡气流分离至主分离器的内壁，再通过主分离器与副分离器间的通道进入副分离器，最后进入副收集筒。孢子粉由较弱的向下的气流带入主收集筒，并不断积聚，风机系统与出风口相连（王丹琪等，2013）。旋风式孢子富集技术是国内外主流收集孢子的方法，该方法存在不同程度粉尘污染，且孢子损失量较明显、杂质多。但目前缺少低成本、易操作的非旋风式孢子富集技术。水洗富集和离心富集孢子方法在一定程度上解决了旋风离心法富集孢子的不足，山东省科学院建立了水洗-离心分生孢子收集工艺，该工艺回收率高达 90% 以上，分生孢子含量为每克 8×10^{10} 个以上，分生孢子的生物活性达到 85% 以上。但该技术成本高、操作烦琐，对孢子本身亦有损伤。

三、菌剂制备

（一）可湿性粉剂

1. 供试载体和助剂　以硅藻土、高岭土、滑石粉、白炭黑、海藻酸钠等为载体，以分散剂、崩解剂、湿润剂、保护剂等为助剂。载体细度对制剂悬浮性很重要，白炭黑的细度在 1 000～2 000 目，硅藻土的细度在 400～600 目。载体所占制剂总量的比例大致为 50% 左右。如果要制备水分散粒剂则需要在配方中增加崩解剂，如果要制备全溶性粉剂则需要利用糊精、加益粉等为载体（张敏等，2008）。

2. 木霉活菌成分　木霉发酵原液、浓缩液或木霉母粉提前通过液体发酵或固体发酵制备完成。由于木霉孢子不耐贮，孢子易失活，因此木霉菌剂的孢子含量至少要达到每克或每毫升 2×10^8 个。一般制备木霉生物农药时要求母液或母药的孢子含量高一些，最好每毫升或每克菌物活孢子数达 1×10^9 个以上，制备木霉菌肥的则要求母液每毫升或母粉每克活孢子数 5×10^8 个以上。在加入适当的保护剂条件下，常温保存一年的产品活孢子数能达到产品质量标准。

3. 主要工艺

（1）将载体 90 g 与木霉孢子母粉（1×10^{10} cfu/g）混合均匀，再分别加入 4 g 润湿剂、6 g 分散剂、0.3 g 保护剂和 0.2 g 稳定剂，每步需要混合均匀，35～40 ℃ 干燥至含水量 10% 以下，过 300～400 目筛，最终制剂孢子浓度为 5×10^8 cfu/g。如果加入木霉孢子浓缩液（1×10^9～2×10^9 cfu/g），同样需要先与载体混合均匀，然后与其他助剂混合，但 35～40 ℃ 干燥时间要略长。

（2）将 4 g 十二烷基硫酸钠、5 g 羧甲基纤维素钠（CMC）、1 g 糊精、65～70 g 硅藻土混合均匀，再加入 20%～25% 厚垣孢子粉，混合均匀，35～40 ℃ 干燥至含水量 10% 以下，过 300～400 目筛，最终活孢子数为 2×10^8 cfu/g。

（3）将 67 g 凹凸棒与 20 g 厚垣孢子粉混合均匀，再分别加入 5 mL 润湿剂（吐温 40）、7 g 分散剂（羧甲基纤维素钠）、1 g 紫外线保护剂（维生素 C），每一步需要混合均匀，35～40 ℃ 干燥至含水量 5%～8%，过 300～400 目筛，最终制剂的活孢子数为 2.3×10^8 cfu/g。

载体或助剂与木霉活菌成分按比例混合时，要注意不同成分的混合先后顺序要以保证孢子活性和易进行下一步处理为前提，每一步混合都要搅拌均匀，注意混合过程中菌物不要升温。例如，有一些加益粉与木霉原液混合过程中易产生热量，影响孢子活性。另外，要尽量减少菌剂与载体或助剂的搅拌次数，以免影响孢子活性；选择的载体或助剂要尽量避免对搅拌机械部件产生黏附。

作为菌肥开发的可湿性粉剂中还要加入各种营养成分，例如腐殖酸、玉米粉、大豆饼粉、微量元素、复合化肥、硫酸锌等。具活孢子和代谢成分的木霉发酵液与上述优选的营养成分以不同的比例混合，混合后要确定不同营养成分与木霉成分在促进作物生长和兼治病害方面的协同增效作用。

（二）颗粒剂

1. 供试载体 硅藻土、高岭土等（细度为 400 目）。

2. 木霉活菌成分 将拮抗木霉菌株接种在 PDA 培养基上，培养 3 d 后，用打孔器（直径 0.5 cm）从菌落边缘打取菌片 3～5 个，接种到 PD 培养基中，在 28 ℃、140 r/min 摇床条件下培养 5 d，得到拮抗木霉的新鲜发酵菌液。

3. 主要工艺 颗粒剂型一般作为菌肥开发，因此菌剂中还要加入各种营养成分，例如腐殖酸、玉米粉、大豆饼粉、微量元素、有机肥、复合化肥、硫酸锌、麦麸等。木霉发酵液（活孢子和代谢成分）与上述优选的营养成分以不同的比例混合。混合后要确定不同营养成分与木霉成分在促进作物生长和兼治病害方面的协同增效作用。

4. 方法举例 称取质量比为 10：3：2 的硅藻土、麸皮、玉米粉或大豆饼粉混合均匀，取上述混合物每 10 kg 加入 100 g 黄腐殖酸钾，最终制成营养载体；然后按照质量体积比为 15 kg：12 L 将上述营养载体与木霉发酵菌液搅拌混匀，取出湿润的半成品，干燥造粒。近年来，开发出先制备由载体和助剂组成的“营养载体核”，然后外表再喷施木霉发酵液和保护层，经干燥后形成颗粒剂。前一种工艺制备的颗粒剂内菌物与载体和助剂混合均匀，含菌量较大，货架期可长一些。后一种颗粒剂制备工艺简单，菌量低一些，但易工业化生产。也可提前将腐殖酸有机肥颗粒加入造粒机圆盘中，再将木霉发酵液均匀喷洒在颗粒上，最后按比例均匀撒入木霉母粉，使木霉母粉均匀裹在腐殖酸有机肥颗粒上，并包裹紧实，形成木霉颗粒剂。

（三）水分散粒剂

1. 供试载体与助剂 白炭黑、海藻酸钠等为载体；抗坏血酸、羧甲基纤维素（CMC）、β-环糊精等为保护剂；碳酸钙、磷酸钾、羧甲基纤维素钠、磷酸氢二钾、糊精等为稳定剂；淀粉、羧甲基纤维素、聚乙烯醇（PVA）、聚乙烯基吡咯烷酮（PVP）、聚乙二醇等为黏结剂；硫酸钠、尿素、硫酸铵、可溶性淀粉等为崩解剂。

2. 木霉活菌成分 将拮抗木霉菌株接种在 PDA 培养基上，培养 3 d 后，用打孔器（直径 0.5 cm）从菌落边缘打取菌片 3～5 个，接种到 PD 培养基中，在 28 ℃、140 r/min 摇床条件下培养 5 d 得到拮抗木霉的新鲜发酵菌液。在 37 ℃下鼓风干燥机干燥，得到母粉。

3. 主要工艺 在下面的载体和助剂配方加入木霉母粉。①保护剂抗坏血酸 0.5%，稳定剂羧甲基纤维素钠 4%，润湿分散剂烷基萘磺酸盐（EFW）4%，黏结剂淀粉 5%，崩解剂可溶性淀粉 4%。②载体白炭黑 10%，分散剂烷基萘磺酸盐 4%，保护剂抗坏血酸 0.5%，稳定剂羧甲基纤维素钠 4%，黏结剂淀粉 5%，崩解剂可溶性淀粉 4%。③载体海藻酸钠 0.74%、保护剂 β-环糊精 0.35%，稳定剂磷酸二氢钾 0.7%，分散剂羧甲基纤维素钠 0.71%，崩解剂硫酸钠 0.35%，黏结剂聚乙二醇 0.7%。木霉母粉可先与分散剂、保护剂、稳定剂、崩解剂混合均匀，再向混合物中喷入黏结剂水溶液，使混合物的含水量在 35%左右，造粒，干燥，得到水分散粒剂。筛选粒径 0.4 mm，烘干温度 30 ℃，烘干时间 72 h（李秀明等，2013；陈磊等，2020）。

（四）微胶囊剂

1. 供试材料 常用囊壁材料有海藻酸钠、壳聚糖、明胶、阿拉伯胶、黄腐酸、麦芽糊精等；保湿剂为甘油。不同囊材可单一使用也可混合使用，囊材与喷雾干燥进风口温度间互作对孢子活性的影响有特异作用，有时某一种囊材并不是在喷雾干燥温度低的情况下对孢子活性保护好。囊芯材料主要是被包埋的材料，例如木霉孢子粉或菌液的交联剂为氯化钙。海藻酸钠用前配制一定浓度的水溶液，置于 80 ℃恒温水浴锅中高温灭菌 60 min，室温无菌保存备用。用前配制一定浓度的水溶液，灭菌，室温无菌保存备用（于稳欠等，2020）。

2. 木霉活菌成分 将拮抗木霉菌株接种在 PDA 培养基上，培养 3 d 后，用打孔器（直径 0.5 cm）从菌落边缘打取菌片 3～5 个，接种到 PD 培养基中，在 28 ℃、140 r/min 摇床条件下培养 2 d 得到拮抗木霉种子液。在无菌条件下，移种至装有 35 L 无菌液体培养基（含玉米粉、无机盐、微量元素等成分）的 50 L 发酵罐中，28 ℃、转速 100 r/min、通气量 200 L/min，培养 96 h；发酵液经离心机离心获得木霉浓缩液。

3. 主要工艺 目前制备微胶囊使用较多的方法有挤压法、乳化法以及喷雾干燥法。挤压法制备的微胶囊尺寸一般较大，大多为毫米级别，进一步缩小尺寸对器材要求较高。乳化法制备的微胶囊尺寸均一性较差，且制备过程中需要剧烈的机械搅拌，对菌的活性有较大损伤。为了避免高温干燥对木霉孢子和菌丝造成较大损伤，目前一般要用冷冻干燥成囊、低温喷雾干燥成囊。较理想的制备参数：成囊温度 30～45 ℃、粒径大小 1 mm 以下、囊壁厚度 0.2～10 μm、反应时间 20～40 min、水饱和度 3%～6%。目前不仅能在木霉孢子外面包衣 1 层，还可包衣 2 层（内层壁包衣海藻酸钠和 $CaCl_2$、外层包衣壳聚糖）或包衣 3 层（或多层）。例如，江西华威科技有限公司 2020 年成功构建了一种水凝胶壳多囊核结构哈茨木霉菌剂。将哈茨木霉、纤维素、可溶性淀粉、碳酸钙等粉末混合均匀，制成菌剂核层，再在菌剂核层表面包一层聚乙烯醇膜，使菌剂核层与外部环境得到隔绝。在此基础上，又包 1 层以葡萄糖、硫酸铵、磷酸二氢钾等为主要成分的营养增效剂。营养增效层表面可再包 1 层聚乙烯醇丙三醇或明胶双网络水凝胶壳。此方法可以得到低菌粉封装量、高菌活量释放的哈茨木霉菌剂。在微胶囊包衣情况下，木霉菌剂可以喷雾干燥（Muñoz-Celaya et al.，2012）。操作步骤如下。

（1）简易木霉微胶囊制作。将蒙脱石（膨润土）（Montmorillonite K-10）加入 250 mL

去离子水，室温下溶解 24 h。取 7.5 g 海藻酸钠粉加入蒙脱石溶液，搅拌 4 h，加入 7.5 mL 甘油和 30 mL 木霉浓缩液（5×10^9 cfu/mL），搅拌均匀。用 5 mL 无针头注射器将这一混合液挤入预冷的 0.5 mol/L CaCl$_2$ 溶液中，轻微搅动，最后形成不溶于水的海藻酸钙-蒙脱石微胶囊球。取微胶囊球在室温下硬化 3～6 h，过筛，在无菌水中清洗数遍（Adzmi et al.，2012）。

（2）木霉复合胶囊制备。

方法一：将保湿剂甘油和囊壁材料麦芽糊精、黄腐酸、阿拉伯胶按一定比例（2∶15∶15∶2）加入木霉浓缩液（芯材）中，浓缩液含固量为 20%，糊精＋YHA 复合壁材（1∶1）为 30%，阿拉伯胶浓度为 2%。用搅拌机充分混合得到制备液，经蠕动泵均匀进料到喷雾干燥机的常温干燥介质中，喷雾干燥后收集产物。喷雾干燥进风和出风的温度分别为 80 ℃和 50 ℃（于稳欠等，2020）。

方法二：①富集孢子。液体发酵获得分生孢子，然后通过纱布过滤，2 000 r/min 下离心 15 min，获得分生孢子富集物，转入磷酸缓冲液中保存。②准备生物多聚物囊材。麦芽糖糊精与阿拉伯胶 1∶1 混合。③将 20%（w/v）生物多聚物囊材（麦芽糖糊精、阿拉伯胶）与 1%（w/v）孢子悬浮液在 500 mL 磷酸缓冲液中混合。④样品注入。500 mL 孢子悬浮液注入喷雾干器。⑤喷雾干燥参数控制。喷雾干燥机的喷雾管直径 0.19 mm，空气流量 8.82 m^3/min，压力 58.9 kPa。进风口温度（Ti）分别设 150 ℃、160 ℃和 170 ℃，出风口温度（T$_o$）为（90±2）℃。⑥检测孢子活性。采用 PDA 平板检测喷雾干燥前后孢子形成单位数（cfu）。喷雾干燥后的孢子存活率＝喷雾干燥后 cfu/喷雾干燥前 cfu×100%。微胶囊化孢子存活提高率＝微胶囊化的孢子喷雾干燥后存活率/未微胶囊化的孢子喷雾干燥后存活率。⑦孢子保贮后活性检测。微胶囊化和未微胶囊化的木霉分生孢子在（4±2）℃保存 40 周后检测孢子活性。

值得指出：微胶囊化处理可使孢子活性在喷雾干燥条件下仍保持较高活性，微胶囊化处理可使孢子耐受喷雾干燥高温的能力提高 6.37 倍。实践表明：喷雾干燥的低进风温度并不一定有利于孢子的存活。相反，有时喷雾干燥在某种高温范围内还有利于孢子存活，所以存在最佳进风温度的问题（Ishak et al.，2020）。研究表明：麦芽糖糊精和阿拉伯树胶的混合囊材（1∶1）包衣木霉分生孢子，在进风温度 150 ℃、出风温度 90 ℃的高温条件下喷雾干燥，微胶囊化处理的孢子活性达 86%，4 ℃保存 8 周后孢子活性仍达 40%。与未微胶囊化孢子相比，微胶囊化的孢子干燥后孢子活性高出 11～300 倍（Muñoz - Celaya et al.，2012）。

（3）单一囊材木霉微胶囊粉剂制备。将水稻粒上固体发酵获得的木霉孢子粉 50 g，过 100 目筛后，孢子悬浮在 2% 蔗糖溶液中，搅拌均匀，通过泵将孢子悬浮液 65～70 mL 加入干燥机，设备进风、出风温度分别为 60 ℃、31 ℃干燥，平衡后喷口吸入 5 mL 无菌水，启动吸入孢子悬浮液，完成干燥后取 2 g 喷雾干燥微胶囊化孢子粉样品，采用稀释法在 PDA 平板上检测孢子活性（cfu/g）（Jin et al.，2011）。有研究比较了常用囊材耐受干燥温度性能的差异。在 90 ℃干燥温度下，麦芽糊精（DE20）微胶囊化的孢子活性为 92.89%±1.47%，其次是乳清蛋白 82.84%±2.35%、蔗糖 82.55%±2.01%、阿拉伯树胶 81.59%±0.37% 和乳糖 44.73%±0.40%（Alinne et al.，2019）。

(五）油悬浮剂

1. 供试材料 大豆油（油基）、脂肪醇聚氧乙烯醚、十二烷基硫酸钠、月桂酰基谷氨酸钠（乳化分散剂）、有机膨润土、黄原胶、羧甲基纤维素、硅酸铝镁（增稠剂）。

2. 木霉活菌成分 木霉接种到 PDA 平板上培养 96 h，用无菌接种针刮平板上的分生孢子，并转移到含有 500 mL PDB 的三角瓶中。再通过血细胞计数板和无菌蒸馏水（SDW），将孢子液的含量定容至每毫升 1×10^8 个，放置在 28 ℃、200 r/min 的摇床上培养 168 h，再将发酵孢子液置于 6 ℃冷库中，静置 60 h 后用注射器吸出 300 mL 的上清液，保留余下的 200 mL 沉降孢子悬浮液备用，也可采用 1 000 r/min 离心浓缩，活孢子数需达 5×10^9 cfu/mL 以上。

3. 主要工艺 按月桂酰基谷氨酸钠：硅酸铝镁：大豆油：木霉发酵浓缩液＝2：1：77：20 的比例混合。取 200 g 木霉发酵浓缩液，加入 20 g 月桂酰基谷氨酸钠搅拌均匀，再次加入 10 g 硅酸铝镁搅拌均匀，最后加入 770 g 大豆油用混合器混合均匀，4 ℃条件下保存。

四、干燥工艺

(一）常用干燥设备

由于木霉菌物对高温敏感，需要在不超过 50 ℃下干燥才能保证孢子和菌丝的活性，即便在高温 80 ℃下干燥，也最好在瞬间完成。如果木霉菌物含有保护剂或经微胶囊化处理，可在一定程度上增加对高温的耐受性，但仍以低温干燥为好。常用的设备有低温闪蒸干燥机、沸腾干燥粒机、低温喷雾干燥机、电热恒温鼓风干燥箱等。

(二）干燥技术

1. 简易烘干技术 采用烘干箱或烘干房的简易干燥技术。温度控制为 34～40 ℃，干燥时间 24～40 h。例如，将木霉浆均匀摊放烘干车上，推入烘干房中，在 34～40 ℃下干燥 24～30 h，获得木霉菌块，含水量 6%～8%，再由低损伤粉碎机粉碎得到木霉母粉。

2. 低温闪蒸干燥机 低温闪蒸干燥旋流、流化、喷动及粉碎分级技术的有机结合，可在 30～60 ℃下完成的干燥技术。主要过程：热空气切线进入干燥器底部，在搅拌器带动下形成强有力的旋转风场，使木霉菌丝和孢子的培养物料由螺旋加料器进入干燥器内，在高速旋转搅拌桨的强烈作用下，物料受撞击、摩擦及剪切力的作用下得到分散，块状物料迅速粉碎，与热空气充分接触、受热、干燥。脱水后的干物料随热气流上升，分级环将大颗粒截留，小颗粒从环中心排出干燥器外，由旋风分离器和除尘器回收，未干透或大块物料受离心力作用甩向器壁，重新落到底部被粉碎干燥。该技术干燥强度大，能耗低，热效率高、物料停留时间短，成品质量好，可用于热敏性物料干燥。例如，对于木霉菌物干燥，进风温度 60 ℃，出风温度 30 ℃，可使含水量 40%～50% 的木霉浓浆干燥成粉，并保持较高的活孢子数。

3. 低温喷雾干燥机 低温喷雾干燥是在 50～110 ℃完成的干燥技术。该技术大大降低了物料干燥温度，解决了热敏性物料喷雾干燥的难题。主要过程：空气通过过滤器和加热器，进入干燥器顶部的空气分配器，热空气呈螺旋状均匀进入干燥器。料液由料液槽经过滤器由泵送至干燥器顶部的离心雾化器，使料液喷成极小的雾状液滴，料液和热空气并流接触，水分迅速蒸发，在极短时间内干燥成成品。如果向浓缩的孢子液中加入少量的保护剂，控制进风温度在 80 ℃，出风温度控制在 50 ℃，蒸发水量控制在 600～1 000 mL/h，蠕动泵调节进样，可取得较高孢子活性的干燥效果。一般干燥后粒径越小（1～4.75 mm），分散性越好。研究表明：如果向孢子浓缩液中添加 3％～5％的马铃薯淀粉和可溶性淀粉单一或组合助剂，可选择进风温度为 110～120 ℃，出风温度为 51～ 53 ℃，进料量为 10％～15％。低温喷雾干燥方法尽管对木霉孢子活性保护较好，但干燥的产率一般不如高温喷雾干燥。

4. 高温喷雾干燥机　高温喷雾干燥是在瞬间高温下，通过机械作用，将需干燥的物料，分散成很细的像雾一样的微粒（加大水分蒸发面积，加速干燥过程），与热空气接触，在瞬间将大部分水分除去，使物料中的固体物质干燥成粉末。由于木霉孢子对高温和脱水非常敏感，高温干燥时间过长或脱水过度会使孢子受到氧化损伤而失活，孢子接触高温的阶段需要控制在瞬间范围内。例如，进风温度 115 ℃，物料的温度应该低于 70 ℃；通过冷壁和冷风输送，收料温度低于 40 ℃。如果加入孢子耐高温保护剂，温度可以高一些。又如，木霉孢子在优化的微胶囊保护前提下，进风瞬时高温控制在 130～150 ℃、出风温度控制在 80～90 ℃范围内，同时采用冷风输送干燥工艺，活孢子回收率达到 90％以上，分生孢子活性达到 88％。木霉可湿性粉剂在小型干燥塔（最大水蒸发量 5 kg/h）、中型干燥塔（最大水蒸发量 50 kg/h）和大型干燥塔（最大水蒸发量 800 kg/h）干燥后，制菌活菌存活率均大于 70％，含水量小于 5％。

5. 沸腾干燥机　空气在高压离心通风机的吸送下，经亚高效空气过滤器过滤，进入空气热交换器加热至设定温度，然后通过气体分布板形成无数高速气流束冲出物料，气束所形成的负压卷吸物料，使之成为沸腾状。此状态下热空气与物料广泛地接触，增强了传热过程，因而在较短的时间内能促使物料中的水分蒸发、分离。湿气流透过捕集袋由风机排出，被捕集袋截留在沸腾器内的物料则为干燥产品。

五、粉碎工艺

粉碎机是将干燥后的产物粉碎，这一过程机械强度对孢子活性影响较大。一般的粉碎过程中施加于固体的外力有剪切、冲击、碾压、研磨，且会产生大量的热量。粉碎可使用水冷粉碎机，采用宽腔体带水夹套结构，有 4 组冷却通道，在机器内部由 4 组刀盘共 56 把刀片组成的粉碎转子支承在左右端盖的轴承座上进行高速旋转，使固体物料颗粒在内腔的齿形衬板与刀片之间受到挤压、撕裂、碰撞、剪切等多种机理作用，从而达到粉碎目的；同时转子两端的大、小叶轮的高速旋转，在进口和出口间通过腔体形式涡流效应，使被粉碎颗粒顺畅地从进口（间隙大）到出口（间隙小），实现粉碎并细化。对于木霉孢子固体物料粉碎需要改进刀片设计，尽量减少剪切力和粉碎过程中产生的高温。为防止腔内温度过高，提高粉碎效率，防止颗粒粘腔、粘刀、堵齿、结团，在腔体表面的 4 组宽腔体水夹套强迫水冷，使腔内温度控制在较低限度。

六、造粒与制粉技术

木霉颗粒剂造粒过程中要减少挤压强度和步骤。目前一般先成粒，再加菌剂，最后进行常温干燥。如采用卧式或立式混合釜，将孢子粉包在产品颗粒上，或采用喷雾法，将孢子悬浮液喷在颗粒上，然后常温下干燥获得。载体颗粒可以是腐殖酸颗粒，也可以是化肥颗粒。如果用化肥颗粒为载体，需要先将矿物油喷在化肥表面，再喷孢子粉。上述方法既能保护孢子，又能保证制剂细度和均匀度。其次为圆盘造粒方法，结合低温干燥技术也是可行的。采用圆盘造粒后低温烘干工艺，虽一次性投资较大，但产品质量较好，产品可混性好，有利于产品投放市场。混合挤压造粒法不适合木霉颗粒剂的制备，粒子强度较差、带粉率高，而且造粒过程中因挤压强度大对孢子损失较大，产品质量难以保证。

制粉技术主要涉及可湿性粉剂的制备。可湿性粉剂是将原药、填料、表面活性剂及其他助剂等一起混合粉碎所得到的一种很细的干剂。可先将载体用气流粉碎机粉碎，细度为99.5%，通过320目筛，然后再加入木霉孢子，混合后采用低温、常温干燥或瞬时喷雾干燥。菌剂的悬浮率大于80%，润湿时间≤1 min。

七、产品质量检测

（一）可湿性粉剂

1. 质量检测方法

孢子含量检测。采用平板菌落计数法，单位为 cfu/g。在无菌条件下，将样品搅拌均匀，准确称取 1.00 g 样品，溶入 100 mL 无菌水中浸泡 30 min 后，加入玻璃珠振荡 30 min，得到稀释100倍的样品溶液，标记为1号，然后参照表3-16（以稀释6次为例）进行梯度稀释（或直接称取 10 g 样品进行稀释检测，降低误差）。

表 3-16 可湿性粉剂孢子含量检测方法设计

项　　目	1	2	3	4	5	6	7
灭菌水体积（mL）	100.0	99.0	99.0	9.0	9.0	9.0	9.0
加入上一稀释浓度溶液的体积（mL）	—	1.0	1.0	1.0	1.0	1.0	1.0
累计稀释倍数	10^2	10^4	10^6	10^7	10^8	10^9	10^{10}

注：—表示加入 1.0 g 可湿性粉剂原粉。

采用平板菌落计数法，在无菌条件下，将上述各梯度稀释液分别吸取 0.1 mL 于 0.05% 脱氧胆酸钠 PDA 平板上，用曲玻棒均匀涂布在整个平板表面，每个稀释梯度做 3 次重复，然后置于 25 ℃下培养 24~48 h 后，选择适宜的稀释度，取菌落数在 30~200 个的平板进行计数。若只有 1 个稀释度平板上的菌落数在适宜计数范围内，则计算该稀释度 3 个重复，将平均值乘以相应的稀释倍数，再乘以 10，作为每克制剂中的菌落数，按（式3-6）计算。

$$N=[(a_1+a_2+a_3)/3]\times b\times 10 \qquad （式 3-6）$$

式中：N 为单位样品（g）中的菌落数，单位为 cfu/g；a_1 为第 1 个重复的调查平板数；a_2 为第 2 个重复的调查平板数；a_3 为第 3 个重复的调查平板数；b 为稀释倍数。

如有两个连续稀释度的平板菌落数均在适宜计数范围之内，则按（式3-7）计算。

$$N = \sum C/[(1 \times n_1 + 0.1 \times n_2) \times d] \qquad (式 3-7)$$

式中：$\sum C$ 为平板（含适宜范围菌落数的平板）菌落数之和；n_1 为第 1 个适宜稀释度的调查平板数；n_2 为第 2 个适宜稀释度的调查平板数；d 为第 1 个适宜计数的稀释度。

2. 质量标准 木霉厚垣孢子可湿性粉剂活菌含量 2×10^8 cfu/g，含水量为 $5\% \sim 8\%$，润湿时间为 $60 \sim 95$ s，总悬浮率为 80% 以上，细度（100% 通过 325 目筛）为 $44\ \mu m$，pH 为 7 左右。

（二）水分散粒剂

1. 质量检测方法

（1）润湿时间测定。润湿时间采用刻度量筒试验法，参考《农药可湿性粉剂润湿性测定方法》（GB/T 5451—2001），加 500 mL 的标准硬水于 500 mL 的量筒内，称量 1.0 g 样品快速倒入量筒内，静置不动，然后立即用秒表记录 99% 样品沉入量筒底部的时间，小于 60 s 为合格。

（2）悬浮率测定。参照《农药悬浮率测定方法》（GB/T 14825—2006），在 30 ℃ 下，将适量水分散粒剂溶解在 50 mL 标准硬水中，用手匀速绕动烧杯 2 min 后放入同温度水浴锅 4 min，然后用标准硬水将其洗入具塞 250 mL 量筒中，加水至刻度处，盖上塞子，1 min 内上下颠倒 30 次后静置 30 min，用吸管吸出 225 mL 水分，将量筒底部 25 mL 的悬浮液转移到培养皿内烘干称量残留物，悬浮率大于 80% 为符合标准。悬浮率测定按（式 3-8）计算。

$$悬浮率 = 10/9 \times (m_1 - m_2) \times 100\% \qquad (式 3-8)$$

式中：m_1 为配制悬浮液所取试样中有效成分质量（g）；m_2 为留在量筒底部 25 mL 悬浮液中有效成分质量（g）。

（3）崩解时间测定。在 25 ℃ 下，向含有 90 mL 蒸馏水的具塞量筒（100 mL）加入 0.5 g 水分散粒剂颗粒，塞住筒口，夹住量筒中部，以 8 r/min 的速度绕中心旋转，样品在水中完全崩解的时间小于 3 min 为合格。

（4）表面张力测定。利用表面张力仪（QBZY-1）测定不同浓度下水分散粒剂的表面张力，同一浓度平行测定 3 次取平均值。

2. 质量标准 木霉孢子含量为 $1 \times 10^8 \sim 2 \times 10^8$ cfu/g，含水量 $5\% \sim 8\%$，悬浮率 $\geq 80\%$，分散性 $\geq 80\%$，润湿时间 ≤ 60 s，崩解时间为 52 s，持久起泡沫性 ≤ 30 mL（1 min 后泡沫体积），耐磨性 $\geq 90\%$，pH6~8，热贮分解率 $\leq 25\%$，贮存稳定性 6 个月（25 ℃）。

（三）油悬浮剂

1. 质量检测方法

（1）贮存稳定性检测。将筛选出的最佳乳化剂与增稠剂，添加到产品中后，将产品装入安瓿瓶中，分别放在 0 ℃ 和 54 ℃ 贮存 14 d，观察是否有分层，并进行有效成分含量检测、悬浮率与倾倒性测试。

（2）有效成分含量的测定。按木霉选择培养基 TSM（K_2HPO_4 0.9 g、$MgSO_4 \cdot 7H_2O$ 0.2 g、KCl 0.15 g、NH_4NO_3 1 g、葡萄糖 3 g、孟加拉玫瑰红 0.15 g、60% 敌磺钠可湿性粉剂 0.3 g、五氯硝基苯 0.2 g、琼脂 20 g、蒸馏水定容至 1 000 mL，121 ℃ 灭菌20 min，

用之前加入 100 mg/L 氯霉素），采用平板菌落计数法，将木霉油悬浮剂用涡旋振荡器振荡 1 min 使其分散均匀，再用移液枪吸取 1 mL，加入含有 9 mL 0.1% 吐温 80 的无菌水试管中，振荡均匀后，用移液器吸取 1 mL 转移到下一个试管中，依次稀释并配制成 $1\times10^{-8}\sim1\times10^{-2}$ cfu/L 浓度梯度的孢子悬浮液。用移液器从不同梯度的试管中分别吸取并转移 1 mL 到 TSM 平板上，用曲玻棒涂布均匀。每个处理重复 3 次。将平板放入 25 ℃ 的培养箱培养 72 h 后，统计平板木霉菌落数，根据稀释倍数计算样品中木霉孢子的浓度（谢俊等，2017）。

2. 质量标准 产品一般无或少析油、不分层，有效成分的分解率均低于 5%，一般残余物小于 5% 为乳化和增稠稳定性好的产品。有少量析油的样品，轻摇后即可恢复贮存前状态。木霉孢子含量为 2×10^8 cfu/mL。经过 2 周的低温（0 ± 2）℃ 贮存测试，产品中各成分的分解率（降解率）均小于 5%（谢俊等，2017）。

（四）微胶囊剂

1. 质量检测方法 质量检测参照：《农药 pH 的测定方法》（GB/T 1601—1993）；《农药水分测定方法》（GB/T 1600—2021）；《农药粉剂、可湿性粉剂细度测定方法》（GB/T 16150—1995）。

2. 质量标准 木霉孢子含量为每克 1×10^9 个，含水量为 8%～9%，100 目（孔径 $<150~\mu m$）细度通过率为 99%，pH 6.0～7.0。

第九节 木霉代谢液产品制备

木霉代谢液产品成分主要有两种来源，一种是木霉胞外代谢液，另一种是木霉胞内代谢液，也可通过加工工艺制备胞外和胞内代谢液的混合液。胞内代谢液需要采用均质机对菌丝进行匀浆处理，而胞外代谢液制备需要过滤去除菌丝和孢子，保留无菌滤液。如果要兼顾收集活孢子和代谢液，则需同时收集孢子、菌丝和代谢液，或分别收集后根据代谢液中所需要的孢子浓度，再进行混合或添加孢子。

一、木霉胞外代谢液收集与分析

1. 膜过滤 用接种环将斜面培养的绿色木霉孢子刮下，用 10 mL 无菌水冲洗至三角瓶中制成菌悬液。按 1.5% 的接种量将菌悬液接种于含有 60 mL 液体培养基的三角瓶（250 mL）中，在 32.5 ℃、125 r/min 下发酵 4 d。液体培养 4 d 后，用滤纸粗滤除去菌丝，再用 0.22 μm 的微孔滤膜除去孢子，于 4 ℃ 冰箱中保存备用（褚福红等，2011）。

2. 板框压滤 木霉发酵液不超过 0.2 MPa 压力下打入压滤机，在压滤机充满经过滤的木霉浆后停止进料，再由不超过 0.2 MPa 的水压进行进一步压滤，压出的液体为木霉胞外代谢原液，将其收集到贮液桶中，在 4～7 ℃ 冷库中保存。

3. 代谢液的浓缩 通过超低温真空浓缩机，在蒸发温度 20～40 ℃，真空度 -0.098 MPa 条件下进行浓缩。

（1）浓缩机启动。启动真空泵和循环水，夹套、辊筒和盘管内水温加热到 40～70 ℃，开启电机搅拌物料，维持温度、搅拌和真空度准备进料。

（2）开启进料阀门缓慢进料，进料过程中需监控观察镜，注意物料起泡情况，如果有起泡现象应放慢进料速度。

（3）随着浓缩机运行，代谢液中的水分蒸发进入冷凝罐，继续向蒸发罐内补入代谢液，监控蒸发罐情况避免物料沸腾起泡引起跑料，同时启动冷凝水水泵排除冷凝水，在无跑料的情况下排出的冷凝水应清澈透明。

（4）浓缩过程中可以根据密度计读数并观察镜中液体的黏稠程度判断蒸发罐中代谢液的浓缩程度，通过补料保持蒸发罐中的液位在一半以上，避免浓缩液糊化在罐体和辊筒上，保持物料在浓缩全程流动性良好，在浓缩 10 倍左右时即可关闭真空泵，消除真空后放料出罐。

（5）浓缩后代谢液流动性良好，颜色较原液略深，关键指标，例如几丁质酶活性、含糖量、游离氨基酸含量等显著提升。

4. 木霉代谢液活性分析

（1）抑菌率的测定。在超净工作台上，将代谢液和 PDA 培养基按 1∶10 的比例混合，摇晃均匀，倒平板（直径 9 cm），每个灭菌培养皿倒入 15～20 mL 混合培养基，待培养基凝固后接种靶标病菌菌碟（0.5 cm）于培养基中心；以 1∶10 混合无菌水的 PDA 平板中央接种病菌为对照，置于 30 ℃恒温培养箱中倒置培养 5 d 左右；每个处理设置 3 个重复，培养 3～5 d 测量其菌落的大小，计算抑菌率。

（2）代谢液稳定性测定。

① 热稳定性：将代谢液分别于不同温度恒温水浴锅（20～70 ℃）中处理 1 h 后，测其抑菌率。以未处理发酵液和无菌水为对照，每个处理重复 3 次。

② 酸碱稳定性：分别用 1 mol/L NaOH 和 1 mol/L HCl 将发酵液调节 pH 为 3～10，测其抑菌率。以无菌水为对照，每个处理重复 3 次。

③ 光稳定性：将代谢液置于 25 ℃自然光下贮藏不同天数后，测其抑菌率。以置于暗处处理的发酵液和无菌水为对照，每个处理重复 3 次。

④ 耐贮藏性：将代谢液置于 4 ℃冰箱中贮存不同天数后，测其抑菌率。以未低温贮存的代谢液和无菌水为对照，每个处理重复 3 次。

5. 不同处理技术对代谢液稳定性的影响

（1）微波加热。将代谢液分别置于微波炉中加热不同时间后，测其抑菌率。以未微波处理的代谢液和无菌水为对照，每个处理重复 3 次。

（2）金属离子。用已灭菌的去离子水分别配制浓度为 0.1 mol/L 的 K^+、Na^+、Mg^{2+}、Zn^{2+}、Cu^{2+}、Fe^{2+}、Fe^{3+} 的离子溶液，各取 1 mL 分别放入 9 mL 代谢液里，4 ℃下放置 15 h 后，测其抑菌率。以未处理的代谢液和无菌水为对照，每个处理重复 3 次。

（3）防腐剂。分别配制不同浓度的苯甲酸钠或山梨酸钾溶液，各取 1 mL 分别放入 9 mL 的代谢液里，放置 15 h 后，测其抑菌率。以无菌水为对照，每个处理重复 3 次。

（4）氧化剂。分别配制不同浓度的 H_2O_2，各取 1 mL 分别放入 9 mL 的代谢液里，放置 15 h 后，测其抑菌率。以无菌水为对照，每个处理重复 3 次。

（5）还原剂。分别配制不同浓度的亚硫酸钠溶液，各取 1 mL 分别放入 9 mL 的代谢液里，放置 15 h 后，测其抑菌率。以无菌水为对照，每个处理重复 3 次。

木霉代谢液对热、光、微波、pH 6～7 条件下，状态稳定，但 Cu^{2+}、Fe^{3+} 对代谢产物活性影响较大。防腐剂、氧化剂、还原剂在一定浓度范围内对代谢液活性影响不显著。木霉代谢液在低温下有较好的耐贮藏性，一般保存 40 d 可保持对病原菌的抑菌活性达 50％以上。

二、木霉胞内代谢成分提取

通过离心获得的菌体，加入适量的无菌水充分洗涤菌物沉淀，8 000 r/min 离心 2 次，弃上清液。将菌物沉淀充分混匀于 10 mL 无菌水中，用超声波破碎 10 min，并于 13 000 r/min、4 ℃下，离心 20 min，保留上清液。用无菌细菌过滤器抽滤灭菌，得到木霉胞内物质的无菌液。

三、木霉混合代谢物工业化提取

将含有活孢子和代谢物的发酵液通过高压均质机，将其中的菌丝和孢子在组织捣碎机中捣成菌浆，加入高压均质，均浆 10 min，加入 10～30 倍去离子水（pH=7），均质压力 60～80 MPa，均浆 1～3 次，再将均质浆置于超声波提取机中提取 15～20 min，超声功率 80～120 W，超声温度 30～40 ℃，工作时间 2 s、间隔时间 3 s，经膜过滤，超声 2 次，离心弃沉淀，最后经膜过滤，获得全木霉胞外和胞内代谢的混合产物。

四、木霉代谢液防腐、抗氧化与保存

由于代谢液含有丰富的营养，易被压滤环节和贮存环境中的微生物污染而发生腐败，因此可加入食品级的防腐剂，如乙酸、苯甲酸、苯甲酸钠、山梨酸、山梨酸钾、柠檬酸。例如苯甲酸加入量为 5％～10％。

五、木霉代谢液的开发技术

（一）木霉代谢液＋氮磷钾化肥

木霉代谢液与氮磷钾化肥、微量元素、防腐剂和抗氧化剂等成分混合，过滤，制备成代谢液复合制剂，其中各成分配比为木霉代谢液 80％以上、磷酸二氢钙水浸出液 2％～3％、尿素 0.3％～0.5％、硫酸钾 1％～1.5％。使用前要稀释 200～500 倍。

（二）木霉代谢液＋腐殖酸＋氮磷钾复合肥

木霉代谢液与黄腐酸钾、氮磷钾化肥、微量元素、防腐剂、抗氧化剂等成分混合，过滤，制备成代谢液复合制剂，其中各成分配比为木霉代谢液 50％以上、黄腐酸钾 4％、氮磷钾复合肥 40％。稀释 500 倍使用。

（三）木霉代谢液＋壳寡糖

木霉代谢液与 99％壳寡糖混合，其中各成分配比为木霉代谢液 75％、壳寡糖 3％、水 22％。混合液稀释 150～200 倍使用。

（四）木霉代谢液＋芸薹素内酯

木霉代谢液与 0.1％芸薹素内酯溶液混合，其中各成分配比为木霉代谢液 99％、芸薹素内酯 1％。使用前稀释至 4 000～5 000 倍液。

（五）木霉代谢液＋水产品加工废弃物＋免疫激活蛋白

木霉代谢液与动物蛋白粉、免疫激活蛋白（如 6% 寡糖·链蛋白）、防腐剂、抗氧化剂混合，过滤，制备成代谢液复合制剂，其中各成分配比为木霉代谢液 60%、水产品加工废弃物 32%～35%、植物免疫激活蛋白 5%～8%。稀释 500～600 倍使用。

（六）木霉代谢液＋聚谷氨酸

木霉代谢液与 25% 聚谷氨酸混合制备复配剂，其中各成分配比为木霉代谢液 99%、聚谷氨酸 1%。稀释 100～200 倍使用（柴虹等，2019；刁倩等，2020）。

由于使用的木霉菌株不同，与代谢液复配产品来源和成分含量差异，作物敏感性不同，因此，严格的复配比例和使用方法还需要以试验为准。

第十节　木霉工程菌剂制备技术

多年来，木霉生物防治相关的遗传改良主要通过物理和化学诱变、基因插入诱变、原生质体融合实现。将木霉诱导抗病性和杀菌相关基因进行融合表达构建工程菌技术已成熟。基因编辑技术目前已开始用于高产木霉纤维素酶的遗传改良，但在木霉生物防治特性方面的改良应用还较少。

一、木霉诱变育种

微生物诱变育种是一种基因突变技术，主要改变了微生物的遗传结构和功能，进而筛选出具有特定性状的优良突变型微生物。常用的微生物诱变育种方法包括物理法、化学法和生物法等。其中物理法诱变包括：紫外线诱变、X 射线诱变和 γ 射线诱变等。化学诱变包括烷基磺酸盐和烷基硫酸盐、亚硝基烷基化合物、次乙胺、环氧烷类和芥子气类。生物诱变包括基因转导、基因转化和转座子诱导等。复合诱变是指采用两种及以上的诱变方法。一般仅采用一种方法进行诱变，然而复合诱变更具优势。此外，离子束注入诱变、大气冷等离子诱导是较新的诱变技术，应用越来越多。可以预计，随着航天和空间技术的发展，微生物的航天诱变技术将为微生物育种提供新的技术途径。

（一）紫外线诱变技术

DNA 由以嘌呤和嘧啶为碱基的核苷酸组成，紫外线诱变可以使嘧啶形成二聚体，DNA 在复制和转录时，因存在嘧啶二聚体而不能分离，进而发生变异。其缺点是引起的突变单一，形成突变类型较少。对细菌或真菌原生质体的诱变，可提高诱变效率，产生更多的突变体类型。紫外线诱变在诱导木霉变异方面已有较多应用，从诱变的突变体中可筛选出产孢能力、拮抗病原活性、抗药性、纤维素酶、解磷相关酶活性等特性优异的突变株（薛应钰等，2015）。

1. 菌悬液的制备　取 1 个新鲜的木霉培养斜面，加 10 mL 无菌水，洗脱下表面孢子，振荡、过滤，制成孢子悬浮液，诱变处理前将其稀释至孢子浓度为 1×10^7 cfu/mL。

2. 杀菌曲线的测定　吸取 10 mL 菌悬液，放入直径为 9 cm 的平皿中，在黑暗中用紫外线灯（15～30 W，距离 27 cm，波长 254 nm）于磁力搅拌下分别照射 30 s、45 s、60 s、90 s（有的试验可照射 10 min），诱变后的菌液梯度稀释后涂布于 PDA 平皿，28 ℃倒置避光培养 60 h，待长出菌落，进行活菌计数。以未诱变的孢子悬浮液的活菌数为基准，计算致死率；以照射时间为横坐标，致死率为纵坐标绘制杀菌曲线。致死率＝（对照菌落数－处理菌落数）/对照菌落数×100%；同时统计正突变率。正突变率＝菌落直径大于对照菌株菌落的突变株数目/突变株总数×100%。

3. 紫外线初次诱变及筛选 选取致死率在 80%～90% 的紫外线照射时间为最适处理剂量处理出发菌株。待菌落长出后挑选菌丝体生长快且茂盛的诱变菌株进行筛选。初筛采用菌丝生长速率法。取滤除菌丝的诱变菌株发酵液 1 mL 于无菌培养皿内，与 9 mL 冷却至 45 ℃ 的 PDA 培养基迅速混匀，冷却后在每个培养基平面放 1 个指示菌（病菌）的菌饼（直径为 4 mm），菌饼接于培养皿中央（培养皿直径 9 cm），以无菌水处理作为对照，重复 3 次。28 ℃ 下培养 36 h，采用十字交叉法测定菌落直径，计算抑菌率。通过 GC - MS 测定突变株发酵产物中拮抗性次生代谢物的水平，如木霉素、抗菌肽等，同时检测菌落产生的分生孢子和厚垣孢子的水平。为了提高诱变效果，可进行二次诱变。

4. 遗传稳定性测定 将筛选的突变菌株连续转接 5～8 代，分别测定各代菌株生长速率、产孢率、发酵液抗生素水平，以测定其遗传稳定性。前人研究表明：通过 2 次紫外线诱变的木霉菌株，其抗生素可提高 50% 以上。

（二）γ 射线辐射诱变

辐射诱变的前提是辐射处理，而辐射处理效果受辐射剂量、处理方法、处理材料等因素的共同影响。因此优化辐射处理方法是获得理想突变体的必备条件。^{60}Co - γ 射线辐射诱变既能获得较高的突变率和较宽的突变谱，同时还有利于筛选新的突变型。据统计，已诱变育成的品种中用 ^{60}Co - γ 射线辐射的占 75%～84.2%。γ 射线在水中会产生活氧自由基，使微生物发生基因重组而产生突变株。γ 射线辐照诱变已在木霉分生孢子萌发、拮抗活性、纤维素酶产生、抗药性等性状遗传改良方面有较多应用（陈建爱，2006）。

1. 孢子悬浮液制备 用无菌水将木霉孢子粉制成不同稀释浓度的孢子悬浮液，放在 18 mm×180 mm 试管中，备用。

2. 辐照剂量 采用 ^{60}Co - γ 辐照装置，设辐照剂量为 0.2 kGy、0.4 kGy、0.6 kGy、0.8 kGy、1 kGy、2 kGy、4 kGy、8 kGy、12 kGy。选择适宜的 ^{60}Co - γ 射线的剂量与紫外线照射进行复合诱变。

3. 死亡率测定 不同剂量辐照后的菌悬液适量加入液体的 PD 培养液中，28 ℃ 恒温床培养 6 h 以上，显微检测孢子萌发数，同时通过 PDA 平板培养实测活菌数。

4. 生长速度和产孢量测定 将变异菌株接种于固体 PDA 培养基上，28 ℃ 恒温培养，测量不同时间菌落直径；用无菌水洗下孢子，观察孢子类型并涂在 PDA 平板上，测活孢子量。

5. 优选参数确定 转接培养三代后观察遗传稳定性。^{60}Co - γ 照射以 0.6～1 kGy 为宜，照射 5～7 min，稳定率 11%～36%。

6. 抑菌率测定 采用 PDA 平板进行病菌和木霉突变株对峙培养，以出发菌为对照，测不同突变株的抑菌率。

7. 变异后代筛选 优良变异株筛选：挑选单孢子转接培养，与出发菌（原菌株）相比，选择形态变异明显，而且生长速度快、产孢量高、拮抗活性高的菌株。

耐化学杀菌剂变异株筛选：将多菌灵、代森锰锌制成含量为 30～180 mg/kg 的选择性培养基，对变异株进行定向筛选抗、耐杀菌剂的木霉菌株。

（三）REMI 诱变

限制性内切酶介导的基因整合技术（restriction enzyme mediated DNA integration，REMI）是目前通过插入突变进行木霉分子改良的重要途径（周晓英，2007）。

1. 供试菌株与质粒 木霉 T30（*Trichoderma koningii*），质粒为 pV2。

2. 原生质体制备 将 T30 在 PDA 培养液上 28 ℃下培养 4～5 d 后产生大量分生孢子，用无菌水洗下孢子并将孢子悬浮液的浓度控制在 $1×10^8$ cfu/mL。取 1～2 mL 置于 100 mL 的 PD 培养液中，28 ℃、120 r/min 振荡培养 20～24 h 后收集菌丝。将培养得到的菌丝体用 3 层擦镜纸过滤，用提前冰浴的 0.7 mol/L 的 NaCl 溶液冲洗去掉残余的液体培养基。将过滤后得到的菌丝称重后装入 50 mL 的离心管中，向管中加入 2 倍于菌丝体积的崩溃酶液（用 0.7 mol/L NaCl 配制 15～20 mg/mL 浓度的酶液）。28 ℃、120 r/min 下振荡培养 3～4 h 后，冰浴中经 3 层擦镜纸过滤得到原生质体，收集于 2 支 50 mL 的离心管中，同样用 0.7 mol/L 的 NaCl 溶液冲洗擦镜纸，至加满两个离心管。于 4 ℃条件下，4 000 r/min 离心 15～20 min，弃上清液，冰浴条件下向离心管中加入适量 STC，混匀后 4 ℃下 4 000 r/min 再次离心 15～20 min，同样加入适量 STC 缓冲液，混匀，并调节原生质体浓度至 $1×10^7$ cfu/mL。将得到的原生质体稀释到 10^2 cfu/mL，并取 1 mL 在固体再生培养基上涂板再生，观察再生情况。

3. 质粒提取与酶切 将含有质粒的冷冻保存的菌种接在含有适量抗生素的 LB 固体培养基上，37 ℃过夜后，挑取单菌落转接入 100 mL LB 培养液中，于 37 ℃条件下，110～120 r/min 振荡培养 12～16 h。采用碱裂解法提取质粒 DNA。将上述质粒浓度定量后进行酶切，采用 150 μL 酶切体系，37 ℃温育 30～60 min，后取 4 μL 经凝胶电泳检测是否酶切彻底。

150 μL 酶切体系：DNA 65 μg，BamHI 8 μL，Buffer 15 μL，BSA 1.5 μL，用无菌水补充至 150 μL。

4. REMI 转化及稳定性检测 取浓度为 $1×10^7$ cfu/mL 的 T30 原生质体溶液 100 μL 于 50 mL 离心管中，加入适量 pV2 和 HindⅢ混合，置于冰浴上 20～25 min。缓慢加入 1.5 mL 60% PEG，冰浴 20～25 min 后加入 STC 4 mL，混匀后，4 ℃下 2 000 r/min 离心 15 min，弃上清液，向沉淀中加入 3 mL 液体再生培养基。将培养液倒入培养皿，后加入 15 mL 左右的固体培养基（50 ℃左右），水平晃动使其混匀冷却。室温放置 6 h 后，平铺上 1 层含有 300 μg/mL 潮霉素的水琼脂。28 ℃培养 2～3 d 后，挑取抗潮霉素的转化子转至含有 250 μg/mL 潮霉素的 PDA 培养基上进行二次筛选，得到的即是木霉转化子。这些转化子一般在 PDA 培养基上培养 7 代后，仍旧能够在含 250 μg/mL 潮霉素的 PDA 培养基上正常生长的才是稳定的转化子。

5. 出发菌及转化子 DNA 提取 取适量木霉孢子悬浮液于 100 mL PD 培养液中 28 ℃、120 r/min 振荡培养 2 d 后，将得到的新鲜菌丝体在 −80 ℃下冷冻过夜，在冷冻干燥机上将水分抽干。将干菌丝用液氮研磨成粉末状，迅速装入 1.5 mL 离心管中。采用 CTAB 法提取转化子 DNA。

6. 转化子 PCR 检测 根据潮霉素和氨苄西林的基因序列设计引物序列。25 mmol/L

MgCl$_2$ 2 μL，10×buffer 2 μL，dNTP 0.5 μL，Taq 酶 0.2 μL，DNA 模板 1 μL，引物 1 μL，加无菌水补足 25 μL。扩增条件为 95 ℃ 3 min 变性；1 个循环为 94 ℃ 1 min，56 ℃ 1 min，72 ℃ 1 min，共进行 35 个循环；72 ℃ 10 min 延伸，另外设立 PCR 反应的阳性 （pV2），阴性（T30）及 H$_2$O 作为对照。

7. 转化子 Southern blot

（1）转膜印迹与固定。将提取的转化子 DNA 测定浓度后，按照 65 ng DNA 的量，利用限制性内切酶 BamHI 对 150 μL 体系进行总 DNA 酶切，37 ℃过夜。将酶切后的 DNA 与适量 loading buffer 混合后，上样至 1% 的琼脂糖凝胶。150 V 恒压电泳 3～4 h 后，将胶移至托盘中，加入适量脱嘌呤溶液，室温下水平摇床 60 r/min 孵育 15 min；倒去脱嘌呤溶液，清水冲洗，加入变性液，室温下水平摇床 60 r/min 孵育 30 min；弃变性液，水清洗后，加入中性液，室温下水平摇床 60 r/min 孵育 30 min。

凝胶开始中和时，取 1 个方盘，上架 1 块长与宽均大于凝胶的有机玻璃板，板上铺干净的 Whantman3 mm 滤纸搭桥，方盘中加入足够量的转移缓冲液（10×SSC），滤纸两端浸泡在缓冲液中，当滤纸完全浸湿后，用玻璃棒去除所有气泡。从中和液中取出凝胶，倒置凝胶于滤纸桥上，并用封口膜将四周封住。将硝酸纤维酯膜（用前在 10×SSC 中完全浸湿至少 10 min）盖在凝胶上，膜一经与凝胶接触，不可再移动，膜与胶间不应有气泡。在膜上加 3 层 3 mm 滤纸，并再次去除气泡，在滤纸上放 5～10 mm 厚的稍小于滤纸的吸水纸，上面压上重物。一旦吸水纸浸湿后就应立即更换。12～16 h 后取出，小心取下硝酸纤维酯膜，置于 2 张 3 mm 滤纸中间，80 ℃烘烤 2 h，取出冷却备用。

（2）探针的标记与检测。以质粒 pV2 为模板，PCR 扩增出潮霉素的抗性基因序列，凝胶检测后，用 DNA 纯化试剂盒回收扩增产物于 1.5 mL 离心管中，测定其浓度和纯度。DNA 模板 30 μL 在 98 ℃下变性 10 min，立即冰浴。在冰浴条件下依次向变性 DNA 中加入 primer 20 μL，Nucleotide mix 40 μL，KlenowE 6 μL，补去离子水至 200 μL，混匀，用锡箔纸将其严实包上，37 ℃过夜。将标记好的探针取出，吸取 5 μL 点于干净的膜上，将膜放入 2×SSC，60 ℃下杂交炉中杂交 15 min，取出膜后在紫外线灯下观察，如若出现两点，则说明探针标记成功，加入 0.5 mol/L EDTA（pH=8.0）使其终浓度达到 20 mmol/L 即终止反应。用锡箔纸包好离心管置于-20 ℃冰箱中待用。

（3）Southern 杂交。配制所需体积的预杂交液，在水浴中溶解充分，将已变性鲑鱼精 DNA 放入预杂交液中，混匀。在杂交炉中于 60 ℃下转动至杂交管中无颗粒。将已制备好的膜放入杂交管中，60 ℃下继续转动 3 h 左右，取出杂交管，赶出膜后的气泡，加入标记好的探针 30 μL，杂交 16 h 以上。取出杂交管，洗膜 3 次后，加入用 Buffer A 按 1：10 稀释配制的检测封阻液，28 ℃下温育杂交膜 1 h，倒去封阻液，加入 0.5% BSA 稀释抗体-荧光素-AP 共轭物 5 000 倍液，28 ℃温育 1 h，倒去抗体后，加入 0.3% 吐温 20，共洗膜 3 次，每次 15 min，去除未结合的共轭物。

（4）封膜及放射自显影。将杂交完成的膜取出后封入塑胶纸中，剪下 1 个小口，加入 2 mL CDP-starTM，将 CDP-starTM 均匀铺开，去除气泡，封住小口。封好的膜放入夹片中，保持膜的平整，正面向上，暗室中压上 X 射线片，曝光 2.5～3 h。在暗室中取出 X 射线片，浸入显影液，一旦出现带影，则停止显影，将 X 射线片在清水中泡一下，而后转入定影液，2～3 min 后，流水冲洗，晾干即可。

8. 突变株筛选 采用常规方法检测突变株目标性状，例如：生长速度、产孢率、抑菌率和抗逆性等的变化，同时可检测突变株拮抗性、抗逆性和促进作物生长等相关酶活性和代谢物的变化。

（四）EMS 化学诱变

化学诱变剂 EMS（ethylmethane sulfonate，甲基磺酸乙酯）被广泛用作优质作物新材料创制。目前对于木霉构建突变体、诱变育种主要通过物理诱变，成功率不高；转座子法（插入缺失）因抗生素不敏感等原因，很多木霉诱变效果不理想；而 EMS 诱变因具有操作简便、突变频率高、染色体畸变少、易于筛选等优点（何英，2020）。

1. 孢子悬浮液的制备 用接种环将木霉菌丝接种至 PDA 培养基上，28 ℃培养 4～7 d，在无菌条件下，利用磷酸缓冲液（pH=7.0）冲洗 PDA 培养基上的木霉分生孢子获取分生孢子悬浮原液，4 层灭菌的擦镜纸过滤并旋涡振荡，血细胞计数板计数，备用。

2. EMS 诱变处理及条件优化 吸取 50 μL 木霉分生孢子悬浮液与 100 μL EMS 磷酸缓冲液充分混匀，于 28 ℃避光振荡培养 1～6 h，处理完成后在混合液中加入 50 μL 浓度为 10% 的 $Na_2S_2O_3$ 溶液结束诱变反应。稀释 100 倍后，取 100 μL 涂布于 PDA 培养基上，放在 28 ℃培养箱中培养 2～3 d。对照组用不加 EMS 的磷酸缓冲液，其他步骤同上。通过对照组未诱变处理和试验诱变处理过的分生孢子的萌发情况来计算诱变致死率，致死率=（野生型－突变型）/野生型×100%。致死率大约在 70% 为 EMS 最佳诱变条件。对 EMS 处理浓度（0.1 mol/L、0.2 mol/L、0.3 mol/L、0.4 mol/L、0.5 mol/L 和 0.6 mol/L）、诱变处理时间（1 h、2 h、3 h、4 h、5 h 和 6 h）和木霉孢子浓度（$1×10^4$ cfu/mL、$5×10^4$ cfu/mL、$1×10^5$ cfu/mL、$5×10^5$ cfu/mL、$1×10^6$ cfu/mL 和 $5×10^6$ cfu/mL）等影响转化效率的主要因子进行单因子条件试验。每个处理设置 3 组重复。

3. 突变菌株形态及稳定性观察 以野生型木霉为对照组，取直径是 5 mm 的打孔器分别取木霉野生株和突变菌株菌落边缘的菌丝体，分别接在 PDA 固体培养基的中央，于 28 ℃静置培养，每 24 h 测量 1 次菌落生长直径，直到菌丝铺满整个 PDA 平板，观察突变体菌丝的形态、颜色、生长速度和产孢量等性状，筛选出表型显著变化的突变菌株；用菌丝尖端接种法连续转接 4 代，观察其生长形态是否能稳定遗传。

（五）N^+ 离子束注入诱变

氮离子束诱变技术属于物理诱变，其实质是利用氮离子连续注入靶目标，通过电、能、质的综合作用引发一系列质量沉积、动量交换和电荷交换效应，造成细胞内 DNA 键的断裂，染色体发生畸变，诱导细胞发生突变。离子注入生物体诱变育种是近年发展的人工诱变方法，可获得高突变率，扩大突变谱。离子束也可以作为介质进行外源目的基因的转移和转导。该技术具有正突变的高效性、菌体细胞表面的刻蚀性、菌体存活曲线呈"马鞍"形。离子注入技术已在木霉高产纤维酶和几丁质酶、提高对植物病原菌拮抗性等方面得到应用（陈晓媛，2018）。

1. 菌株的活化 取菌株的冻干管，用接种环蘸取少量菌株冻干粉，于液体培养基中，30 ℃培养 3 d。蘸取少量菌液，划线涂布于 PDA 固体培养基平板上，30 ℃，培养 3 d，重复 2 次，完成菌株活化。

2. 菌膜的制备 菌液培养至对数期后，镜检稀释至 1×10^8 cfu/mL。吸取菌液 $100\ \mu$L 于培养皿正中心，以中心为圆心，均匀地涂成硬币一样大小，用超净台无菌风吹干，从而形成菌膜，备用。

3. 氮离子束的诱变条件 氮离子束注入在离子注入机内进行。氮离子束注入能量为 30 keV，真空度为 5.0×10^{-2} Pa，采用脉式注入方式（离子注入频率为 24 Hz），束流为 200 mA。氮离子（N^+）束注入剂量为每平方厘米 5×10^{14} 个、10×10^{14} 个、25×10^{14} 个、50×10^{14} 个、100×10^{14} 个、200×10^{14} 个，共 6 组，并设置真空对照组。

4. 菌落的计数 氮离子束注入处理后，于每个培养皿中加入 $200\ \mu$L 无菌生理盐水，用镊子夹着灭菌处理后的橡胶块，轻轻擦拭菌膜，重复 3 次，使菌体充分洗脱。进行 1×10^{-1}、1×10^{-2}、1×10^{-3}、1×10^{-4}、1×10^{-5}、1×10^{-6} 浓度梯度稀释后取 $100\ \mu$L 菌液涂布于 PDA 固体培养基上，30 ℃培养 2 d，计算菌落数。

5. 高产菌株的筛选 选择适合稀释浓度的平板计数后，每个剂量挑选长势较好的 20 个单菌落分别转接到 PDA 固体培养基上继续培养 3 d，并将其接种于液体培养基中，于 130 r/min 摇床中 30 ℃振荡培养 3 d。测定目标酶的活力，如蛋白酶、几丁质酶、羧甲基纤维素酶等。

6. 存活率和突变率的计算 存活率的计算：采用菌落计数法，分别对氮离子束注入后和对照组的菌落进行计数，计算存活率，计算公式如（式 3 - 9）。

$$存活率=\frac{N}{n}\times100\% \qquad （式 3 - 9）$$

式中：N 为诱变处理组的菌落数；n 为真空对照组的菌落数。

突变率的计算：随机选取各诱变剂量计数平板上的单菌落，进行液体振荡培养，测定其目标酶活性，以真空处理为对照。酶活性比出发菌株提高 10%的视为正突变株，降低 10%的视为负突变株。根据酶活性分别计算正负突变率，计算公式如下。

$$正突变率=\frac{P}{N}\times100\% \qquad （式 3 - 10）$$

$$负突变率=\frac{M}{N}\times100\% \qquad （式 3 - 11）$$

（式 3 - 10）和（式 3 - 11）中：P 为正突变菌株数；M 为负突变菌株数；N 为总菌株数。

7. 突变菌株的遗传稳定性 将正突变菌株接种于 PDA 固体培养基上 30 ℃继续培养 3 d，再转接至试管液体培养基中，于 130 r/min 摇床中 30 ℃振荡培养 48 h，测定目标酶活性。共传 5 代，判断各个正突变菌株的遗传稳定性，选择合适的菌株进行后续实验。

二、木霉原生质体融合育种

原生质体融合是 20 世纪 70 年代发展起来的基因重组技术，具有许多常规杂交方法无法比拟的独到优点，通过制备木霉的原生质体，进而诱变或融合，是对木霉菌株进行改良选育的有效手段。原生质体融合技术为木霉属育种提供了有效途径。1983 年，康奈尔大学的 Harman 教授与其团队通过胞质融合，将 2 株哈茨木霉进行杂交，得到了著名的 T22 菌株，并开发成了生防产品，畅销全球数十年。Prabavathy 等（2006）对 *T. harzianum* 菌株 PTh18 进行自发融合；Hatvani 等（2006）对具有较强耐寒能力的 *T. harzianum* 和

T. atroviride 进行紫外线诱变后的原生质体融合；Srinivasan 等（2009）对 *T. harzianum* 和 *T. reesei* 的原生质体融合均获得了比亲本在生长速率、拮抗多种病原活性、几丁质酶活性、葡聚糖酶、木聚糖酶、淀粉酶、纤维素酶和蛋白酶等性状方面提高 60% 以上的融合子，为开发新型木霉生物农药和工业木霉源制剂提供了重要资源。2005 年，杨合同等人以产孢量大、对苯菌灵有抗性、对潮霉素 B 敏感的 *T. harzianum* 菌株 T9 和产孢量少、对潮霉素 B 有抗性、对苯菌灵敏感的 *T. koningii* 菌株 Tk7a 为亲本，进行原生质体融合，筛选出了耐受化学杀菌剂、产孢量、拮抗靶标病原菌及相关酶活性等一个或多个性状优于亲本菌株的融合子（陈凯等，2017）。

1. 裂解酶种类筛选与原生质体制备 使用渗透压稳定剂将崩溃酶（driselase）、蜗牛酶（snailase）、溶菌酶（lysozyme）、纤维素酶（cellulase）、几丁质酶（chitodextrinase）、溶壁酶（lysing enzyme）等不同种类的裂解酶配制为 5 mg/mL，经 0.22 μm 微孔滤膜过滤。从 PDA 平板上挑取木霉平板边缘的幼嫩气生菌丝，接种至 PD 培养基中 28 ℃振荡培养12～20 h，用 3 层无菌擦镜纸过滤，无菌水冲洗 2 次，预处理剂处理 10 min，渗透压稳定剂冲洗 2 次。取适量菌丝悬浮于不同种类的裂解酶液中，30 ℃、75 r/min 振荡裂解2～3 h，镜检观察原生质体形成情况，筛选裂解效果较好的裂解酶进行试验。当裂解形成大量原生质体后，用 3 层擦镜纸过滤去除残碎菌丝，渗透压稳定剂冲洗 2 次，4 ℃、5 000 r/min 离心10 min，沉淀用 STC 洗涤后，离心收集，并用 STC 悬浮，调整原生质体量 1×10^6 cfu/mL。

分别用 STC 和无菌水梯度稀释原生质体，不同梯度各取 1 mL，混入 45 ℃的再生培养基或 PDA 培养基中，28 ℃培养 3 d，计算菌落个数及再生率，再生率＝（高渗稀释液长出的菌落数－无菌水稀释长出的菌落数)/原生质体数×100%。

2. 原生质体非对称灭活及融合

（1）热灭活。取制备好的原生质体悬浮液 1 mL 置于小试管中，55 ℃水浴处理 5 min、10 min、15 min、20 min、25 min 后取出。

（2）紫外线灭活。取制备好原生质体悬浮液 1 mL 置于 60 mm 平皿中，在距离 30 cm 的30 W 紫外线灯下照射 5 min、10 min、15 min、20 min、25 min，取出后在黑暗条件下培养 2 h。

（3）灭活率。把上述不同条件灭活处理的原生质体悬浮液稀释到 10～100 cfu/mL，取 1 mL 与再生培养基混匀倒入平板，25 ℃培养 3 d 后计算灭活率，灭活率＝（灭活前菌落数－灭活后菌落数)/灭活前菌落数×100%。

（4）原生质体融合。将上述完全灭活后的双亲原生质体悬浮液等体积混合，5 000 r/min离心 10 min，弃上清液，用 STC 悬浮并温和打匀。缓慢加入等体积的 PTC 溶液促融，混合均匀，35 ℃水浴保温 5 min，5 000 r/min 离心 10 min，用 STC 洗涤沉淀后，加入液体再生培养基 1 mL 悬浮并稀释至合适浓度。平板中预先倒入 1 层薄的再生培养基（1.5%琼脂），将稀释后的沉淀悬浮液与再生培养基（0.8%琼脂）混合后倒在上层平板上，25 ℃恒温培养 3 d，将平板上长出的单菌落转接至 PDA 平板后保存，融合率＝融合后菌落数/灭活前双亲原生质体菌落数×100%。

3. 融合子生防性状的测定及分析 根据试验需要可进行融合子在病原菌平板对峙试验、几丁质酶等酶活性测定、厚垣孢子培养和灰色关联度分析等试验和分析。

4. 融合子平板形态及遗传稳定性 将单孢分离后的融合子在 PDA 平板上 25 ℃培养 7 d，观察菌落形态。对综合生防性状较好的融合子在 PDA 平板上转接 10 代，检测第 1 代和第 10 代的生物学特性，主要包括菌落形态、在 PDA 平板上对病原真菌的拮抗作用等。

三、基因编辑技术构建木霉工程菌

根据哈茨木霉常用密码子将 *Streptococcus pyogenes* 的 Cas9 基因编码序列进行优化并合成。将 Cas9 序列、*Aspergillus nidulans* 的组成型启动子 gpdA 和 trpC 终止子插入 pNOM102 质粒，构建成基因编辑载体 pCas。使用在线 E-CRISPR 设计服务器设计 (http://www.e-crisp.org/E-CRISP/) 将目标基因和里氏木霉组成型启动子 *tef1* 插入质粒 pLHhph1，构建 CRISPR 载体。两个载体按 1：1 摩尔比混合后，再与直径为 0.2 μm 的钨颗粒、CaCl₂（2.5 mol/L）和亚精胺游离碱基（100 mmol/L）混合，孵育 10 min，离心，去上清液，分别用 70% 乙醇和无水乙醇清洗。钨颗粒在使用前需用无水乙醇重悬浮并超声处理 2 s，放置在载体膜上，并于干燥器中以 12% 的空气相对湿度蒸发。在高压氦驱动粒子加速装置驱动下，使用 DNA 包裹的钨颗粒对萌发的哈茨木霉分生孢子进行轰击。轰击后，转化子在含有 5-氟乳清酸（5-FOA）1.5 g/L 和尿苷（10 mmol/L）的酵母提取物琼脂平板上于 28 ℃培养 10 d，定期检查平板是否有哈茨木霉分生孢子萌发。孵化后出现的菌落用无菌针挑选，并转移到新鲜的选择性培养基中对突变体进行继代培养，共计 3 代（Vieira et al.，2021）。

里氏木霉（*Trichoderma reesei*）是生产纤维素酶的重要工业菌株，同时也可用于表达多种外源蛋白，但目前对其进行基因组编辑的技术尚不成熟，表达严重依赖于 CBH1 表达系统。关于里氏木霉中 CRISPR-Cas9 基因组编辑及木糖调控基因表达方法已有研究，本研究通过胞内表达 Cas9 和体外装载 Cas9-gRNA 两种方法进行基因敲除。首先，在里氏木霉 QM9414 菌株胞内表达 Cas9，并转化体外转录的 gRNA，得到了 5-FOA 抗性的转化子，其中 7 个转化子在靶位点下游 100 bp 处插入 12 bp 片段，1 个靶位点下游 70 bp 处缺失了 9 bp 片段。其次，将胞外组装的 Cas9-gRNA 和带有 *pyr4* 标记基因的质粒共转化到里氏木霉 TU-6 菌株，当靶向主要的外切纤维素酶 CBH1 时，发现在 27 个转化子中有 8 个转化子失去了表达 CBH1 蛋白的能力，表明通过基因编辑成功地敲除了 *cbh1* 基因。序列分析表明，在靶位点处插入了共转化质粒、染色体基因或两者的混合物（郝珍珍，2019）。此外，还可以用上述方法为基础进行基因定点插入，如从 β-葡萄糖苷酶 celc3（GenBank accession number：AY 281 375.1）作用靶位点的上下游各选择 1.0 kb 长的同源臂作为启动子、终止子，与 *M. albomyces* laccase 构建表达盒（donor DNA）。在 HDR（homology directed repair，重组介导的 DNA 修复）介导下，将 Cas9-gRNA 和 11.7 kb 的 donor DNA 共同转化到里氏木霉 SUS1 菌株中，结果显示 3% 的转化子中 donor DNA 成功整合到 celc3 靶位点。

四、木霉工程蛋白农药制备

木霉可产生 30 余种诱导植物抗病性的激发子物质，其中蛋白类激发子最为丰富。疏水蛋白（Sm1）、几丁质酶（Chit42）具有诱导植物抗病性的作用，几丁质酶还具有降解病原真菌细胞壁的功能。此外，疏水蛋白还具有结合几丁质、识别病原菌细胞壁和植物疏水表面、促进木霉附着和促进 Chit42 发挥作用的功能。因此，两种蛋白之间具有明显的功能互补性，构建两者融合工程蛋白可提高复合蛋白农药防病促生效果。主要方法是将木霉 Sml 与 Chit42 基因通过连接体（linker gene）融合共表达，构建高活性免疫激活融合蛋白工程菌，提取其分泌的纯化融合蛋白，制备具有激活植物免疫反应的工程蛋白农药。

（一）原料与试剂

1. 菌株　哈茨木霉（*T. harzianum*）T30 野生型菌株，拟轮枝镰孢（*F. verticillioides*）、尖镰孢（*F. oxysporum*）及灰葡萄孢（*Botrytis cinerea*），单丝壳白粉菌（*Sphaerotheca fuliginea*）均保存于上海交通大学植物病理学实验室。

2. 试剂　牛血清蛋白（BSA）、5×SDS 上样缓冲液及考马斯亮蓝快速染色液均购自碧云天生物科技有限公司；ATMT 转化的农杆菌 AGL－1 及大肠杆菌 DII5α、Amicon® Ultra 3K 超滤离心管、0.22 μm 滤菌器均购自上海少辛生物科技有限公司；水杨酸及茉莉酸标准品购自 Sigma 公司；其他试剂及药品均购自国药集团化学试剂有限公司。限制性内切酶、T4 连接酶、Premix Taq，高保真 Premix Star 及反转录试剂盒均购于 Takara 公司（Japan）；RNA 提取试剂盒、质粒提取试剂盒和胶回收试剂盒购于上海天根生物有限公司。

（二）蛋白农药制备过程

1. Sm1－Chit42 工程菌构建

（1）融合基因过表达载体的构建。融合基因过表达框由 Sml 基因、Chit42 基因、Linker 基因、trpC 启动子和终止子 5 部分构成，采用 primer premier 软件设计引物，用 SOEpcr 的方式将模板逐步连接起来。根据融合基因设计结果，采用一步克隆法将融合基因过表达框与 pCambia 1300 th 载体（具有硫酸卡那霉素和潮霉素抗性）连接起来，转化至大肠杆菌 DH5α 中，挑取单菌落摇培测序，鉴定过表达框的完整性。

融合基因过表达框由五部分构成，分别为构巢曲霉 trpC 启动子及终止子、Sml 基因、Linker 基因和 Chit42 基因，将组氨酸标签组合至 C 端（图 3-12）。采用 Snap Gene 软件设计引物，Takara PrimeStar 高保真酶扩增后用 Takara IN－fusion Cloning Kit 一步克隆试剂盒将融合基因表达框整合至 pCambia 1300 th 质粒上，采用 ATMT 的方法将融合基因转化至哈茨木霉 T30 菌株中，筛选获得阳性过表达工程菌株。

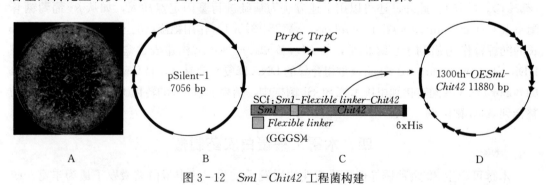

图 3-12　*Sml - Chit42* 工程菌构建

A. *Sml - Chit42* 工程菌　B. 过表达载体　C. *Sml - Chit42* 过表达框　D. pSlient - 1 强启动子获得载体

（2）AGL1 转化。将 5 μL 阳性质粒加入 200 μL 农杆菌感受态细胞 AGL1 中，置于冰上 5 min，液氮速冻 5 min 后，37 ℃水浴 5 min，置于冰上 5 min，加入 800 μL 液体 LB 培养基，28 ℃摇床培养 2～3 h，取 200 μL 菌液涂布在 LB 抗性平板（含浓度为 20 μg/mL 利福平和 50 μg/mL 卡那霉素），28 ℃倒置培养 2 d。

（3）ATMT 转化木霉。采用 ATMT 的方法将 *Sml－Chit42* 融合基因过表达框导入木霉基因组中。将转化 pCambia 1300 th－*Sml－Chit42* 载体的农杆菌接种至 1 mL LB 培养基（含 50 μg/mL 卡那霉素）中，作为种子液 28 ℃、200 r/min 培养 48 h。将全部种子液接种至 20 mL LB 培养基中 28 ℃、200 r/min 过夜培养。将全部培养液 8 000 r/min 离心 5 min，弃上清液后用含 MES 和 AS 的 IM 液体培养基重悬菌体，8 000 r/min 离心 5 min 加入 10 mL 含 MES 和 AS 的 IM 液体的三角瓶中，农杆菌终浓度 OD_{600} 控制在 0.18～0.24。28 ℃、200 r/min 振荡培养 4 h，使 OD_{600} 达到 0.6～0.8。将农杆菌与等量含 MES 和 AS 的 IM 液体培养基诱导培养 6 h 的木霉分生孢子（$1×10^6$ cfu/mL）混匀后，取 200 μL 涂布至已加玻璃纸的 IM 平板，22 ℃培养 48 h；将玻璃纸转移到 CYA 培养基（含终浓度为 300 μg/mL 的特美汀和 200 μg/mL 的潮霉素），培养 4～6 d 后挑选产生的菌落到新的同样抗性平板上培养，继代 5 次后进行单孢分离。进一步采用 PCR 和 Southern blot 的方式进行验证。

（4）酶活性测定。收集 PDA 平板上培养的木霉分生孢子，经 4 层纱布过滤，收集分生孢子悬浮液稀释至 $1×10^6$ cfu/mL，将 1 mL 分生孢子悬浮液加入 100 mL Czapek－Dox 培养基中，28 ℃、180 r/min 恒温振荡培养 7 d，培养物过滤后获得培养液，分别测定各酶酶活性。配制葡萄糖标准曲线。将 50 ℃条件下、pH＝4.8 时，每毫升发酵液每小时释放 1 mg 葡萄糖所需要酶的量，定义为一个酶活性单位。实验均重复 3 次，利用 t－test 验证差异显著性。

① 几丁质酶活性测定：取 1.5 mL 粗提物溶液，将 1.5 mL 胶体几丁质作为底物与发酵液混合，37 ℃水浴反应 1 h，然后加入 3 mL DNS 反应液于反应体系中，沸水浴反应 5 min，通过酶标仪测定 585 nm 处吸光度。

② 纤维素酶活性测定：将 100 μL 粗提物溶液与 1.9 mL CMC－Na 溶液（pH＝4.8）混匀，50 ℃水浴反应 1 h。加入 3 mL DNS 反应液于反应体系中，沸水浴反应 10 min，通过酶标仪测定 550 nm 处吸光度。

③ 多聚半乳糖醛酸酶活性测定：将 100 μL 粗提物溶液与 0.5% 的多聚半乳糖醛酸溶液混匀，在 37 ℃水浴中反应 1 h，加入 3 mL DNS 反应液于反应体系中，沸水浴 5 min 后，通过酶标仪测定 540 nm 处吸光度。

④ 葡聚糖酶活性测定：将 100 μL 粗提物溶液与 0.7% 的葡聚糖溶液混匀，55 ℃水浴反应 30 min。加入 3 mL DNS 反应液于反应体系中，沸水浴反应 10 min，通过酶标仪测定 540 nm 吸光度。

2. 发酵工艺优化

（1）发酵培养基优化。对玉米粉、七水硫酸镁、硫酸锰、硫酸锌、磷酸二氢钾、硝酸钠、硫酸铵、氯化钠或氯化钙各组分的添加量进行优化，筛选出蛋白产量最高的培养基配方。优化的培养基：玉米粉 10 kg、七水硫酸镁 100 g、硫酸锰 0.5 g、硫酸锌 0.4 g、磷酸二氢钾766 g、硝酸钠284 g、硫酸铵220 g、氯化钠或氯化钙200 g、水230 L。

（2）发酵条件优化。检测不同培养时间、pH对工程菌生物量和 Sml – $Chit42$ 产量变化，确定最佳发酵时间和pH。首先比较培养温度22 ℃、24 ℃、26 ℃、28 ℃、30 ℃对生物量及对 Sml – $Chit42$ 产量的影响，然后将等量的菌体接入pH分别为4.0、6.0、8.0、10.0、12.0的发酵培养基（利用氨水调节pH），发酵培养5 d后收集发酵液，用BCA试剂盒检测上清液中 Sml – $Chit42$ 的浓度。类似的方法，比较0.5～5 L/(L·min)空气流量、葡萄糖补料比例35%、40%、45%、50%、55%对生物量及 Sml – $Chit42$ 产量的影响。确定稳定实验工艺参数之后，连续进行3批次10 L发酵规模稳定实验，分别取上清液进行SDS – PAGE检测及几丁质酶活性检测，计算3批发酵最终的平均生物量及 Sml – $Chit42$ 产量。通过发酵上清液的液相色谱图与纯品对 Sml – $Chit42$ 的色谱图进行比较，计算出 Sml – $Chit42$ 产量占菌全部分泌物的比例。

优化的发酵条件：pH—6.5～7.0，搅拌150～200 r/min，溶氧量30%～80%，温度30 ℃，发酵120 h。溶氧量达80%时，以220 g/h流速流加45%葡萄糖溶液。发酵5 d融合蛋白的浓度达到峰值。

3. 融合蛋白分离与纯化

（1）融合蛋白粗提。取发酵5 d的融合蛋白工程菌株发酵液，14 000 r/min离心30 min后得到含有胞外蛋白的澄清液体，然后采用江苏久吾高科技股份有限公司生产的有机膜分离系统JW – NF – 2540对工程蛋白进行粗提，即用10 000 kDa有机膜过滤液体，去除杂蛋白、孢子和破碎菌丝，然后用50 kDa有机膜截留浓缩过滤液，获得截留液。使用手持折光仪测定截留浓度。

（2）融合蛋白纯化。截留浓缩过滤液，使用0.22 μm的滤菌器再次过滤，得到含有胞外蛋白的澄清液体。使用超滤离心管保留分子质量在30 kDa以上的物质，在4 000 r/min下离心30 min，收集滤管中液体，并吸取PBS缓冲液冲洗滤膜4次，以获取残留在滤膜上的蛋白，重复超滤粗提物溶液提高蛋白浓度。工程菌菌株融合蛋白具有His标签，使用GE公司的Superdex 200 10/300GL高表现液柱及AKTAprime plus色谱系统进行FPLC（快速蛋白质液相色谱），以0.4 mL/min、1 mol/L Tris – HCl（pH 6.8）为流动相，对收集到的蛋白进行分析。

4. 融合蛋白活性生物测定

（1）平板抑菌试验。分别接种拟轮枝镰孢、灰葡萄孢与尖镰孢于PDA平板，28 ℃培养3 d，在无菌操作下打菌饼。将 Sml – $Chit42$ 工程菌粗提物溶液与蛋白溶液通过0.22 μm微孔滤膜，与融化的PDA培养基混合，融化的PDA培养基温度需控制在不使发酵液中酶类或其他代谢物失活的范围内。混合液倒入平板，待培养基凝固之后，接种病原菌菌饼，28 ℃培养箱倒置培养，培养3 d后观察病原菌生长情况，该试验重复3次。

（2）防病试验。黄瓜种子用2%次氯酸钠浸泡10 min，进行表面消毒，再浸种3 h，去除种子表面黏性物质，然后进行催芽播种。待黄瓜长到3叶期后进行接种处理，即分别向叶片喷施Sml – Chit42融合蛋白粗提物溶液、野生株T30分泌物和无菌水对照，24 h后喷施白粉菌孢子悬浮液（$1×10^6$ cfu/mL），每个处理重复3次，调查发病后病情指数与相对防效。

病情指数 = $\sum$(各级病株数 × 该病级值)/(调查总株数 × 最高病级值)× 100。

相对防治效果 =（对照病情指数 - 处理病情指数）/对照病情指数 × 100%。

5. 融合蛋白农药制备 采用上述融合蛋白粗提方法对融合蛋白进行粗提。根据表 3 - 17 的配方进行蛋白农药母药制备。

表 3 - 17 木霉蛋白农药技术指标

组　　分	通用名称	技术指标（%）
工程蛋白	Sm1 - Chit42 工程蛋白	≥0.15
增效剂	壳寡糖	≥0.002
稳定剂	高岭土	≥45
分散剂	NNO	≥20.0
高温保护剂	β-环糊精	≥15.0
蛋白保护剂	硫酸铵	≥0.05

灭活融合蛋白处理方式：通过差示扫描量热法（differential scanning calorimetry, DSC）获得 Sm1 - Chit42 融合蛋白的变性温度和变性时间。蛋白粉剂灭活处理温度 85 ℃，灭活时间 20 h。冷冻干燥 48 h 制备母药。

非灭活蛋白处理方式：按配方配制完成之后，直接冷冻干燥 48 h 制备母药。

6. 制剂质量检测

（1）样品的消化。在消化瓶中加入 10 mL 样品、0.2 g 硫酸铜粉末、6 g 硫酸钾粉末、10 mL 浓硫酸和沸石后于通风橱中消化。

（2）蒸馏。将 10 mL 消化好的消化液和 10 mL 30% 的氢氧化钠进行水蒸气蒸馏。

（3）吸收。以溴甲酚绿-甲基红为指示剂，用 2% 的硼酸溶液吸收蒸馏出的氨。

（4）滴定。用 0.025 mol/L 硫酸标准溶液进行滴定。蛋白质与硫酸和催化剂一同加热消化，使蛋白质分解，分解的氨与硫酸结合生成硫酸铵，然后碱化蒸馏使氨游离。硼酸溶液吸收氨后，再以硫酸标准溶液滴定。以 2 g/L 的标准蛋白对凯氏定氮法进行校正，测定样品溶液的蛋白含量，重复测定 3 次。

（三）蛋白农药田间应用示范

1. 田间处理

（1）浸种。蛋白农药 1 000 倍稀释液浸种 2 h 后取出种子，自然晾干后播种，10 d 后移栽至大棚内。

（2）灌根。移栽 4 d 后，用蛋白农药 400 倍稀释液灌根 1 次，移栽 11 d 后 400 倍稀释液第 2 次灌根。

（3）叶面喷雾。在病害发生前或初期，连续喷雾蛋白农药 400～500 倍稀释液 3～4 次，间隔 7～10 d。

2. 防效调查

针对番茄病毒病和黄瓜白粉病，采用随机取样法对每处理定株选取 10～15 株作物进行调查，每次用药前、后均进行病情分级调查，计算防效。

病情指数＝$\sum$[各级病果（叶）数×相对级数值]/[调查总果（叶）数×最高级]×100。

防治效果＝[空白对照区病果（叶）率或病情指数－药剂处理区病果（叶）率或病情指数]/空白对照区病果（叶）率或病情指数×100%（施药前无病害）。

防治效果＝[1－（空白对照区药前病情指数×处理区药后病情指数）/（空白对照区药后病情指数×处理区药前病情指数）]×100%（施药前已发生病害）。

五、木霉纳米农药制备

纳米农药是通过功能材料与纳米技术，使农药有效成分在制剂和使用分散体系中，以纳米尺度分散状态稳定存在，并在使用时能发挥出区别于原剂型应用性能的农药制剂。木霉菌丝、孢子及其代谢物与金属硝酸盐、纤维素、壳聚糖等物质相互作用生产直径 5～50 nm 的纳米级颗粒。例如，将 20 mL（10 mmol/L）硝酸银（$AgNO_3$）溶液与 100 mL 木霉菌丝滤液混合，25～28 ℃持续搅拌培养 7 d，然后经过滤，11 000 r/min 离心 15 min，获得木霉硝酸银纳米颗粒（Manikandaselvi et al.，2020）。基本原理：木霉湿菌丝暴露于硝酸银溶液中刺激木霉为了生存而产生特殊的酶和代谢产物，有毒的银离子在胞外酶和代谢产物的催化作用下还原为无毒的木霉 AgNPs 颗粒。制备木霉蛋白-壳聚糖纳米颗粒，可先在含麦麸和硝酸铵的培养基中培养，过滤获得木霉培养物的上清液，加入 20%～30%硫酸铵沉淀蛋白，然后在 2～8 ℃、8 000～12 000 r/min 下离心 30～60 min，获得粗蛋白。粗蛋白再进一步用硫酸铵沉淀处理，并在 2～8 ℃保持 8～16 h，获得粗蛋白颗粒，粗蛋白颗粒再在 8 000～12 000 r/min 下离心 20～50 min，最后将 180 μg/mL 蛋白颗粒加入 10～20 mL 0.3%～0.7%壳聚糖醋酸溶液（pH 4.5～5）中，磁力搅拌 20～25 min，粗蛋白-壳聚糖混合液在室温下静置过夜，在 8 000～12 000 r/min 下离心 15～50 min，冻干制备成木霉蛋白-壳聚糖纳米颗粒（Kandasamy et al.，2018）。目前已有木霉硝酸铜 [$Cu(NO_3)_2 \cdot 3H_2O$] 纳米颗粒、木霉氟化物纳米颗粒、木霉硝酸锌或氧化锌 [$Zn(NO_3)_2 \cdot 6H_2O$ 或 ZnO] 纳米颗粒、木霉合成金纳米颗粒、木霉氯化铁（$FeCl_3$）纳米颗粒、木霉硒纳米颗粒、木霉壳聚糖纳米颗粒、木霉纤维素纳米颗粒和木霉硅纳米颗粒等产品。木霉及其代谢液或蛋白制成的纳米颗粒对病原真菌有明显的抑制作用。橘绿木霉和毛簇木霉合成的 AgNPs 均对尖镰孢有抑制作用，抑菌效果随浓度的增大而增大，AgNPs 在浓度为 200 mg/L 时，抑菌率达到 33.745%～36.083%。

◆ 本章小结

单一木霉菌株抑菌谱和功能因子谱存在一定的局限性，因此通过多菌株组合设计可实现菌株间亲和互作和功能互补，从而提高木霉菌剂的功能。功能互补主要体现在抑菌谱、促进植物生长能力和抗逆性 3 个方面。共培养组合更强调菌株组合间的亲和互作和互养关系。木霉发酵工艺分为固体发酵和液体发酵，两类发酵培养基配方和发酵参数均可通过正交试验设计和响应曲面设计。正交试验设计注重科学合理的安排试验，可同时考虑几种因素，寻找最佳因素组合，但不能在给出的整个区域找到因素和响应值之间的明确的函数表达式即回归方程，从而无法找到整个区域的因素的最佳组合和响应值的最优值。而响应曲面分析法可在很大程度上满足这些要求。生防木霉液体发酵参数响应曲面设计优化一般选择一个主要目标进行，如选择对某种病原菌的拮抗性水平优化发酵工艺。木霉补料分批发酵是目前应用最普遍的发酵技术。补料种类、补料时间和补料水平对厚垣孢子产生有明显的影响。明确菌株对病原菌拮抗性后，木霉-芽孢杆菌共发酵或共培养的先决条件是两者的亲和互作，如果不能完全亲和互作，则可通过顺序接种法解决。固体发酵的优点是可产生大量的分生孢子，并兼顾农业废弃物资源化利用，但常规固体发酵过程难以全程自动化控制，发酵过程易发生污染，目前，先进的固体发酵器中的 CO_2 浓度变化已实现了自动化监控。木霉发酵后产物的后加工技术，主要涉及剂型、载体和助剂的选择与配制加工。不同载体和助剂对木霉孢子活性和货架期有明显影响，部分助剂在功能或特点上有类同性。目前水分散粒剂和油悬浮剂是主要木霉剂型的开发方向。现代农业应用非常需要全溶性木霉菌剂，但高水溶性载体材料还比较缺少。由于木霉孢子对高温的敏感性，目前能在常温下实现木霉菌剂低损失干燥、制粉和造粒的工艺较少。木霉代谢液产品的制备是目前的木霉产品开发的重要方向，该技术根据合成生物学的原理定向生产功能性的木霉代谢物产品，为开发不同类型复合代谢物制剂提供原料。目前需要高效浓缩和分离技术，并要加强代谢液产品的长效绿色防腐和延长货架期技术的开发。木霉基因工程和遗传改良技术较多，其中原生质体融合技术和 N^+ 离子束注入诱变技术是获得优良性状突变株资源的重要途径。基因编辑技术可对木霉定向分子改良，有望成为木霉获得新的生防相关性状或强化某些重要功能性状、深度挖掘和高效利用木霉基因资源的关键技术。木霉工程蛋白农药制备是新的发展方向，可实现不同功能基因嵌合表达或基因修饰拓展木霉功能，或用于制备植物免疫激活蛋白或大分子生物农药。基因编辑技术和纳米技术在木霉生物农药制剂中具有很好的应用前景，经分子改良的木霉代谢物和蛋白均可创制出抑菌和防病效果更为突出的生物农药。

◆ **思考题**

1. 名词解释：响应曲面设计、共培养、分批发酵、连续发酵、补料分批发酵、基因编辑技术、合成生物学。

2. 木霉菌剂创制质量的主要影响因素有哪些？

3. 为什么木霉菌剂强调采用多菌株组合？多菌株组合设计的原则是什么？

4. 木霉菌株间或木霉与芽孢杆菌株间共发酵（共培养）的意义有哪些？

5. 木霉固体发酵与液体发酵各自的优势是什么？

6. 提高木霉高产厚垣孢子和分生孢子的发酵工艺有哪些区别？

7. 根据响应曲面设计的原理，分别设计固体发酵和液体发酵工艺参数优化方案。

8. 哪些木霉活菌产品加工工程或环节影响产品质量，如何通过改进加工工艺减少活孢子的损失？

9. 通过工程菌构建或基因编辑技术提高木霉生防潜力的技术突破点有哪些？

10. 以生产代谢液为目的与以生产孢子为目的的液体发酵培养基配方的设计有哪些区别？

第四章 木霉产品贮藏与延长货架期技术

第一节 影响货架期的因素与贮藏条件

木霉菌剂货架期是木霉产品质量的重要指标。多数木霉产品需要在低温下贮藏，而在常温下贮藏其活孢子数量经常会有较大损失，其中分生孢子损失最为明显，直接影响了菌剂在田间的应用效果。木霉菌剂含水量、厚垣孢子比例、保护剂的有效性等是影响货架期的主要因子。

一、孢子类型与货架期

货架期是指菌剂产品在推荐的条件下贮藏，能够保持其孢子活性或代谢物含量和性质，保留标签声明的活孢子数、代谢物含量和性质的一段时间。一般在 25 ℃和 4 ℃两种贮藏条件下评价菌剂产品货架期水平。

木霉产生分生孢子和厚垣孢子两种孢子类型，其中分生孢子对异常的高温等逆境很敏感，易失活，从而影响货架期。随着贮存时间的延长，分生孢子萌发率均呈现明显降低的趋势。厚垣孢子是木霉菌丝在胁迫下形成的一种抗逆性孢子类型，对各种逆境因子均有明显的耐受性，含有较高含量厚垣孢子的木霉产品一般比含分生孢子为主的木霉产品货架期长。木霉 CEK-1 介导的环磷酸腺苷（cAMP）途径、Efg1、APSES、全局调控因子 velvet 表达水平均与厚垣孢子形成呈正相关。但仅依靠提高厚垣孢子含量还不能完全解决环境胁迫对木霉产品货架期的不良影响。国内外很多厂家建议木霉产品需在 7~10 ℃冷库中保存，至少要在阴凉、干燥处条件下保存。即便在低温贮藏的木霉产品也要在使用前检测产品中孢子活性。

简易检测方法：将菌剂放入干净的器皿内，加入少量冷开水，混匀，潮湿即可，盖上打孔的塑料膜，在 25~28 ℃条件下培养 3~4 d，如果绿色孢子在菌剂表面形成 80%以上，则为有生防活性的产品。在实验室内检测，一般孢子数不低于千万级（$1×10^7$ cfu/g）的菌剂对应用效果影响不大。

二、影响孢子活性的因素与贮藏条件

（一）木霉抗逆因子

木霉孢子对干燥的耐受力与海藻糖含量有关，木霉细胞表面的疏水蛋白、热激蛋白在

孢子的抗脱水方面发挥作用。温度的波动会使蛋白质变性，从而改变细胞膜的流动性。木霉孢子水分残留量（residual moisture content，RMC）高对孢子存活不利。干燥温度是影响木霉孢子活性的主要外在因素。脱水过程能够使原先受到水分子保护的表面或空间暴露于活性氧的攻击之下，导致氧化胁迫的发生。对活性氧敏感的木霉细胞膜脂、膜蛋白和核酸等极易被氧化，而使孢子失活，因此，孢子的存活率与储存过程中的氧化损伤呈负相关，筛选抗氧化相关基因表达能力强的菌株对木霉产品的实际应用非常重要。

（二）环境因素

1. 温度 温度对木霉产品孢子活性的影响主要来自两个环节。其一，在木霉制备过程中的干燥温度会对孢子活性有较大影响，要尽量采用低温或常温干燥。其二，木霉产品的贮藏温度对孢子活性有影响，产品要尽量贮藏在低温条件下。例如：很多木霉产品在低于 0 ℃条件下贮藏 1 年孢子仍能存活；产品在 5 ℃条件下贮藏，孢子可存活 9 个月；产品在24 ℃条件下贮藏，孢子可存活 6 个月。产品在 4 ℃冰箱贮存效果最好，室温（25 ℃以上）贮存效果差。一般在室温下保存 3 个月后孢子存活率开始大幅度下降。

2. 水分 木霉产品含水量对孢子活性影响较为明显。5%～10%的制剂含水量对分生孢子的存活有利，存活率在 70%以上；而含水量大于 17%的制剂中，分生孢子的存活率在 50%以下。减少产品含水量至 5%～8%，可延长货架期。产品含水量低于 2.5%时，分生孢子的存活率仅为 30%左右。因此，木霉产品的含水量并不是越低越好。

3. 综合因素 影响木霉产品孢子的活性往往是综合因素作用的结果，酸度、温度、含水量、保护剂和载体种类等往往交互影响孢子的活性。一般情况下，首先是温度对木霉孢子活性的影响最大，其次是选用保护剂种类，再次是产品含水量，载体对其影响相对较小。例如：保护里氏木霉孢子活性因素的最佳组合为温度为 5 ℃、含水量为 7%、保护剂为糊精、载体为腐殖酸。厚垣孢子浓缩浆 pH 调到 3.0，加入 5% 淀粉或发酵 72 h 浓缩浆调 pH 到 3.0，加入 5%淀粉（w/w）均有利于延长货架期。

第二节　延长货架期技术

延长木霉菌剂货架期技术是提高产品质量的关键技术之一。液体发酵过程中尽可能多地诱导厚垣孢子产生，或在发酵后的菌物中加入孢子保护剂，例如孢子的微胶囊化保护等。

一、诱导厚垣孢子形成技术

厚垣孢子由菌丝发育而来，体积大、内含物多、细胞壁厚，萌发快；分生孢子从产孢器官产生，分生孢子小、细胞壁薄。厚垣孢子一般在液体发酵后期产生，逆境条件下更容易被诱导产生。厚垣孢子抗紫外线能力强，可在 40 ℃下萌发，而分生孢子抗紫外线能力弱，在 40 ℃下不能萌发。室温和低温条件下厚垣孢子比分生孢子更耐贮存，厚垣孢子对尿素耐受性明显比分生孢子高。培养基中玉米粉和大豆粉、燕麦粉、蛋白胨、牛肉膏、腐殖酸有利于诱导木霉产生厚垣孢子。芽孢杆菌上清液、微量抗生素（枯草芽孢杆菌素）、硫酸铵、植物油、酪蛋白、苯并噻二唑（BTH）、微量元素等在一定浓度下均能促进木霉厚垣孢子产生。减少培养基中钙离子（≤0.1 mmol/L）、浓缩浆中加入 $CuSO_4$（20 mg/L）均有利于厚垣孢子形成。发酵 60～90 h 交替光暗处理，也有利于厚垣孢子产生。木霉-芽孢杆菌共培养、诱导木霉 *vel1* 和 *lae1* 等基因表达均有利于产生厚垣孢子。

二、微胶囊化技术

微胶囊化技术（microencapsulation technology），是用高分子化合物等在微生物或化学物质的外部生成 1 层连续薄膜，形成具有核壳结构小粒子的方法，具有抵抗外界逆境和缓释的作用。微胶囊化技术包含物理法、化学法、物理化学法等。这种内部包裹芯材、微米/纳米尺度的球形粒子，直径大约只有头发丝直径的 1/10 甚至 1/1 000，称为微胶囊。微胶囊能够改变内包芯材的形态、密度、体积、状态和表面性能，保护内包芯材免受环境影响，隔离其活性成分以降低挥发性和接触毒性，做到缓慢可控释放。例如，香精香料、日化洗涤、美妆防晒、食品工业、相变材料（也称调温材料）、农药医药、油墨涂料等众多领域。利用微胶囊化技术可以保护微生物免受外界环境的胁迫，对于延长活体生物农药和生物肥料的货架期具有重要意义。由于包衣的是活体微生物，因此对成囊材料有较高的要求。

（一）微胶囊制备方法

1. 复凝聚法　该方法是利用两种带有相反电荷的高分子材料以离子间的作用相互交联，制成的复合型壁材的微胶囊。一种带正电荷的胶体溶液与另一种带负电荷的胶体溶液相混，由于异种电荷之间的相互作用形成聚电解质复合物而发生分离，沉积在囊芯周围而得到微胶囊。

2. 单凝聚法　该方法通常被称为沉淀法，该方法通过向含有芯材的某种聚合物溶液中加入沉淀剂，使该聚合物的溶解性降低，该聚合物和芯材一起从溶液中析出，从而制取微胶囊。该方法不需要事先制备乳液，也可以不使用有机交联剂，可以避免有机溶剂的使用，但通过该法制得的微胶囊粒径较大。

3. 界面聚合法　该方法是将两种发生聚合反应的单体分别溶于水和有机溶剂中，其中芯材溶解于分散相溶剂中，然后将两种液体加入乳化剂以形成乳液，两种反应单体分别从两相内部向液滴界面移动，并在相界面上发生反应生成聚合物将芯材包裹形成微胶囊的方法。该法的优点是反应物从液相进入聚合反应区比从固相进入更容易，所以通过该法制备的微胶囊适于包裹液体，制得的微胶囊致密性好。在界面聚合法制备微胶囊时，分散状态在很大程度上决定着微胶囊的性能。分散状态取决于搅拌速度、溶液黏度以及乳化剂和稳定剂的种类及其用量。

4. 原位聚合法　该方法应用的前提是形成壁材的聚合物单体可溶，而聚合物不溶。该法需先将聚合物单体溶解在含有乳化剂的水溶液中，然后加入不溶于水的内芯材料，经过剧烈搅拌使单体较好地分散在溶液中，单体在芯材液滴表面定向排列，经过加热单体交联从而形成微胶囊。如何让单体在芯材表面形成聚合物，是该方法需要控制的重点。

5. 锐孔-凝固浴法　该方法用的壁材是可溶性的。通常将芯材物质和高聚物壁材溶解在同一溶液中，然后借助于滴管或注射器等微孔装置，将此溶液滴加到固化剂中，高聚物在固化剂中迅速固化从而形成微胶囊。因为高聚物的固化是瞬间完成的，所以将含有芯材的聚合物溶液加入固化剂中之前应预先成型，需要借助于注射器等微孔装置。锐孔-凝固浴法的固化过程可能是化学变化或物理变化。

6. 喷雾干燥法　该方法是将芯材分散在壁材的乳液中，再通过喷雾装置将乳液以细微液滴的形式喷入高温干燥介质中，依靠细小的雾滴与干燥介质之间的热量交换，将溶剂快速蒸发使囊膜快速固化制取微胶囊的方法。喷雾干燥法操作简单，综合成本较低，易于实现大规模生产。但该方法制备微胶囊时，芯材会处于高温气流中，有些活性物质容易失活，限制了其应用范围。此外，通过该方法制备微胶囊溶剂蒸发较快，微胶囊的囊壁容易出现裂缝，致密性有待提高。由于高温对微胶囊化微生物仍有损伤，还是需要发展低温喷雾干燥技术。

7. 分子包埋法　该方法采用的芯材必须含有疏水端，用环糊精为壁材，因为环糊精是有疏水性空腔的环状分子。含有疏水端的芯材可以进入空腔内，靠分子间的作用力结合成分子微胶囊。

8. 微通道乳化法　该方法利用表面张力形成微小液滴，微通道的尺寸决定了液滴的尺寸，可以选择适当孔径的膜制备出所需粒径的微胶囊。

9. 超临界流体快速膨胀法　难挥发物质在超临界流体中有很大的溶解度，所以如果将溶质溶解在超临界流体中，然后通过小孔毛细管等减压，可在很短的时间内快速膨胀，使溶质产生很大的过饱和度，形成大量细小微粒超临界流体。快速膨胀法就是将某种溶质溶解在超临界流体中，然后通过减压膨胀，使溶质以小颗粒的形式析出。通过控制实验条件，可以析出具有一定粒径的空心微囊，然后将生成的空心微囊与芯材高频碰撞接触，微囊即可均匀包裹于芯材外部，再除去未包埋的芯材，即可制得微胶囊产品。

10. 酵母微胶囊法　用酵母菌的细胞壁作为微胶囊壁材。实施时需先将酵母菌用酶溶解掉细胞内部的可溶成分，这使酵母菌的细胞壁内部成为空腔，即可以作为微胶囊壁材，让芯材与酵母菌细胞壁空腔高频接触，芯材即可进入细胞壁内形成微胶囊，再除去多余的芯材即可。

11. 层-层自组装法　该方法是一种逐层交替沉积方法，即借助各层分子间的弱相互作用（如静电引力、氢键、配位键等），使层与层自发地缔合形成结构完整、性能稳定且具有某种特定功能的分子聚集体或超分子结构。

（二）微胶囊常用壁材

1. 海藻酸钠　该化合物分子式为 $(C_6H_7O_6Na)_n$，是白色或淡黄色不定型粉末状的天然多糖，无味、易溶于水、吸湿性强、持水性能好、不溶于酒精、氯仿等有机溶剂，具有生物黏附性、生物相容性和生物降解性等特点。其黏度因聚合度浓度和温度的不同而不同。海藻酸钠具有药物制剂辅料所需的稳定性、溶解性、黏附性和安全性，适用于制备药物制剂。

2. 壳聚糖　壳聚糖也称几丁聚糖，是甲壳素经浓碱加热处理脱去 N-乙酰基的产物，一种碱性多糖，易溶于盐酸和大多数有机酸，不溶于水和碱溶液。壳聚糖具有良好的生物黏附性、生物相容性、生物降解性以及较好的成膜性，可作为可生物降解材料用于新型给药系统。壳聚糖通过改变给药途径可大大提高药物疗效，具有控制释放、增加靶向性和药物稳定性的特点。另外，壳聚糖本身也具有诱导植物抗性的功能。

3. 明胶　明胶是一种蛋白混合物，不溶于冷水，冷却至 40 ℃以下成为凝胶状，外观为无色或淡黄色薄片或微粒。可溶于热水、甘油、丙二醇、乙酸、水杨酸、苯二甲酸、尿素、硫脲、硫氰酸盐和溴化钾，可吸收本身质量 5～10 倍的水分而膨胀；不溶于乙醇、氯仿、乙醚等。明胶能与甲醛等醛类发生交联反应，形成缓释层。明胶具有生物相溶性、生物降解性以及凝胶形成性，适宜于做微胶囊壁材。

值得指出的是不同壁材对木霉孢子保护效果不同，例如对孢子活性保护效果排序：糊精＞海藻糖＞可溶性淀粉＞蔗糖＞轻质碳酸钙。

（三）木霉微胶囊化技术

研究表明，木霉经过 3％海藻酸钠和 1.5％氯化钙一次微胶化包衣后，再用壳聚糖进行二次微胶囊化保护，其产品在常温下（28 ℃）货架期可达到 1～2 年，并提高了菌剂抗紫外线、缓释和全水溶性的效果。该技术的优势是在常温（28 ℃）下成囊。利用麦芽糖糊精和阿拉伯树胶复合生物多聚物基质（maltodextrin - gum arabic biopolymer matrix）微胶囊化木霉分生孢子，然后通过喷雾干燥制备成微胶囊化分生孢子产品，产品中的孢子活性得到很好保护，微胶囊化的分生孢子产品比未经微胶囊化的分生孢子产品对喷雾干燥温度耐受性提高了 11 倍，这也是常用微胶囊化材料。2％蔗糖、黑糖蜜和甘油、10％纤维素和海藻酸钠均可提高木霉分生孢子的存活率（Jin et al.，2011），分生孢子产品均能在出风温度 60 ℃下进行喷雾干燥。

（四）其他孢子保护技术

在滑石粉、液状石蜡-甘油、甘油制剂中，孢子的存活率下降相对较慢；6 个月后，孢子存活率最高的是菜籽油-甘油制剂，不同载体对孢子活性也有明显的影响，从保护效果排序：硅藻土＞腐殖酸＞海泡石＞滑石粉＞膨润土。

在发酵过程中或在发酵制备的浓菌浆或菌粉中加入各种保护剂也可延长产品货架期。在培养基中加入 3％和 6％的甘油，可使木霉分生孢子产品货架期延长至 7～12 个月，而对照产品货架期仅有 4～5 个月。在培养基中加入壳寡糖，可使分生孢子产品货架期延长 1～2 个月，加入海藻酸盐和液状石蜡也能延长木霉产品的货架期。在液体发酵得到的棘孢木霉菌物糊中加入 3％淀粉和少量铜、降低 pH 等操作均能延长产品在常温下的货架期，至少可达半年。1％十二烷基硫酸钠（SDS）防护紫外线的作用最强，加入 SDS 后木霉分生孢子的死亡率仅为 5.53％，其次分别为 0.1％黄腐酸钠、0.1％黄原胶、0.1％和 0.5％糊精，分生孢子的死亡率分别为 9％～15％。而 0.2％甲基纤维素的防护效果较差。

◆ **本章小结**

木霉菌剂货架期一般要求 1 年以上，应用时的产品孢子含量要求保持在每克 $2×10^8$ 个活孢子以上的水平。影响木霉产品货架期的主要因素是高温胁迫和产品过高的含水量，所以很多产品需要在低温（0～5 ℃）条件下保贮，含水量不超过 8％。木霉产品含水量在 5％～8％范围内有利于长期保存。厚垣孢子具有比分生孢子更强的适应环境能力，所以提高厚垣孢子含量是延长木霉菌剂货架期的重要途径。发酵培养基的玉米粉、蛋白胨、牛肉膏、腐殖酸、铜离子、芽孢杆菌发酵液等成分及光暗交替和酸性培养条件均有利于诱导木霉形成厚垣孢子。微胶囊化技术是在孢子表面包衣一层至多层的保护材料，可在胁迫条件下保护孢子活性。$CaCl_2$、海藻酸钠、壳聚糖、淀粉、明胶等均为常用微胶囊材料，微胶囊化木霉菌剂可在常温（25℃）下保存1年以上。

◆ **思考题**

1. 影响木霉菌剂产品货架期的因素有哪些？
2. 简述木霉分生孢子与厚垣孢子在环境适应性和生防特性方面的优缺点。
3. 哪些载体和助剂有利于保护孢子活性？哪些载体或助剂是多功能的？
4. 微胶囊化技术对木霉孢子保护和提高应用效果的优缺点有哪些？
5. 提高木霉厚垣孢子产生水平的主要技术瓶颈是什么？
6. 请设计一种可延长产品货架期的完整的木霉菌剂制备工艺技术。

第五章 木霉菌剂防治植物病害与促进作物生长作用测定

防治植物病害和促进作物生长是木霉菌剂产品的重要功能，因此木霉菌剂制备后需要对其防病和促进作物生长能力进行评价，评价主要通过开展田间和温室的生物测定，观察木霉菌剂的实际应用表现。不同作物的生物测定方法不同，需要有针对性地制定试验方案，尤其要注意菌剂不同处理小区的田间排布、对照设置和重复次数等，不同处理间要有可比性，试验结果要有代表性。

第一节 木霉菌剂防治植物病害作用生物测定

温室和田间测定木霉菌剂防治植物病害的能力表现，需要在明显发病或接种病菌的条件下进行，要注意不同植物病害病原菌的最合适接种生育期和接种剂量及保持发病条件。除了设置空白对照之外，还要增设主流化学杀菌剂和生物农药为药剂对照，这样获得的试验结果才能客观反映木霉菌剂防治植物病害的水平，体现其未来开发的价值。

一、防治水稻稻瘟病

1. 主要处理 木霉可湿性粉剂、自然发病（不防治对照）、40％苯甲·嘧菌酯悬浮剂（化学杀菌剂对照）。

2. 处理方法 选择历年发病明显的地块进行试验。小区试验每个处理面积 25 m²，每个处理 4 次重复，随机区组设计。小区处理间需要有 2 m 间隔的保护行，减少处理间干扰。在接种菌剂时还需要用塑料布遮挡，避免菌剂漂移干扰。对照化学杀菌剂 40％苯甲·嘧菌酯悬浮剂稀释 750～1 500 倍液使用。

在破口前 7 d 和齐穗期各进行 1 次木霉可湿性粉剂 300～500 倍液处理，使用背负式电动喷雾器喷施。两次喷药均选择在下午 4 时以后，风速小于 4 m/s，气温不超过 27 ℃、空气相对湿度大于 65％的天气，喷药做到细致均匀。喷液量为 225 L/hm²。

3. 防效调查 第 1 次施用菌剂 7 d 后及第 2 次施用菌剂 15 d 后进行调查，观测有无药害发生，并调查穗颈瘟发生情况。每个处理采用 5 点取样法进行调查，每点调查 20 穗。穗瘟分级标准（以穗为单位）：病情分级标准和防效计算方法参照附录。

4. 产量测定 水稻成熟后，各处理以对角线法取 3 点，每点取样 3 m² 实行脱粒测产，并连续取有代表性的 10 穴对产量相关因子进行室内考种，测量稻米产量、千粒重、含水量，计算增产率，并对增产率采用邓肯氏新复极差法（DMRT）进行差异显著性分析。

二、防治水稻纹枯病

1. 主要处理 木霉可湿性粉剂、自然发病（不防治对照）、16％井·酮·三环唑可湿性粉剂（每 667 m² 用 175 g）（化学杀菌剂对照）。

2. 处理方法 选择历年发病明显的地块进行试验。小区试验每个处理面积 25 m²，每个处理 4 次重复，随机区组设计。小区处理间需要有 2 m 间隔的保护行，减少处理间干扰。在接种菌剂时还需要用塑料布遮挡，避免菌剂漂移干扰。在水稻纹枯病发病前期施木霉可湿性粉剂 300～500 倍稀释液，间隔 10 d 再施 1 次。使用背负式电动喷雾器喷施。不防治对照区和化学杀菌剂对照区与木霉菌剂处理区相同。

3. 防效调查 每个处理 5 点取样，每点 1 m²。分别在第二次施菌剂 10 d 后和 60 d 后（采收前 10 d）调查病穴数、病株数和病株严重度，分别计算病株率和病情指数，以处理区与对照区的病情指数计算防治效果。对防治效果采用邓肯氏新复极差法进行差异显著性分析。病情分级标准和防效计算方法参照附录。

4. 产量测定 在采收前，每个处理对角线 5 点取样，每点取 21 穴（1 m²）。在室外晾晒，测量稻米产量、千粒重、含水量。计算增产率，并对增产率采用邓肯氏新复极差法进行差异显著性分析。

三、防治小麦茎基腐病

1. 主要处理 木霉颗粒剂、木霉种衣剂、木霉颗粒剂＋木霉种衣剂、空白对照、48％氰烯菌酯·戊唑醇悬浮剂或 20％三唑酮乳油（化学杀菌剂对照）。

2. 处理方法 选择历年发病明显的地块进行试验。所有试验小区的栽培条件（土壤类型、土壤肥力、土壤含水量、施用肥料量、耕作方式等）均一致，且与当地的农事操作一致。小区试验每个处理面积 25 m²，每个处理 4 次重复，随机区组设计。小区处理间需要有 2 m 间隔的保护行，减少处理间干扰。

木霉颗粒剂（$2×10^8$ cfu/g）每 667 m² 用 2 kg，整地时施入土壤。播种前将木霉干粉种衣剂（$5×10^8$ cfu/g）与种子混拌均匀（菌剂和种子比例为 1∶100）。48％氰烯菌酯·戊唑醇悬浮剂或 20％三唑酮乳油按每 667 m² 用 50 mL 折算后使用。

3. 防效调查 在灌浆期每个处理区中央区域 3～5 点取样，每点随机调查 50 株，记录小麦茎基腐病病株数和病级。病情分级标准和防效计算方法参照附录。

4. 产量测定 成熟期随机取各处理的 20～25 株整株小麦进行考种调查，每个试验处理区选择 1～3 个测样点收获计产。

四、防治小麦赤霉病

1. 主要处理 木霉可湿性粉剂、25％氰烯菌酯（化学杀菌剂对照）、24％井冈霉素水剂 A（化学杀菌剂对照）、空白对照。

2. 处理方法 每个处理面积约 100 m²，小区处理间随机排列。木霉可湿性粉剂 300 倍液，每 667 m² 施 25%氰烯菌酯 100 g、24%井冈霉素水剂 A 3 000 倍液。为保证菌剂或药液均匀，每 667 m² 用水量至少 45 kg。所有处理均使用背负式电动喷雾器施药。分别在小麦抽穗前-灌浆期、小麦扬花初期施 1 次菌剂或药剂，把菌液或药液均匀喷雾于小麦穗上，每 667 m² 用水量 30 kg。

3. 防效调查 分别在小麦成熟后，每个处理采用对角线 5 点取混合样，每点调查 100 穗，各点单独记录，取平均数，以枯穗面积占整穗面积的百分率来分级，记录各级病穗数和总穗数，计算病穗率、病情指数和防治效果。病情分级标准和防效计算方法参照附录。

4. 产量测定 成熟期随机取各处理的 20～25 株整株小麦进行考种调查，每个试验处理区选择 1～3 个测样点收获计产。

五、防治玉米病害

1. 主要处理 木霉种衣剂（裸种子包衣）、木霉种衣剂＋化学种衣剂（二次包衣）、化学种衣剂（裸种包衣）、木霉可湿性粉剂、空白（裸种）对照。

2. 处理方法 选择重病田或人工接种田进行试验。每个处理 3 次重复，随机排列。每个重复 4 垄，垄长 100 m。每个处理间要留 2～3 垄间隔区；对照区不要设在边行。

（1）木霉种衣剂（一次包衣）处理。干粉种衣剂按菌剂和种子重量比例（1∶50）倒入玉米种子，混匀、播种。

（2）二次包衣处理。化学种衣剂与种子 1∶（200～2 000）比例包衣种子，晾干后，再包衣木霉生物种衣剂。

（3）叶面喷施处理。大喇叭口期按照每 667 m² 喷施木霉可湿性粉剂 100 mL，稀释 10～50 倍，采用无人机喷施；或者稀释 450 倍，采用背负式喷雾器或机械喷施。

3. 防效调查

（1）苗期根腐病。在玉米 3～5 叶期前，每个处理对角线 5 点调查，每点随机取 4 垄，每垄随机调查 50 株，调查植株病株率、统计田间防效、拍照。病株率统计和防效计算方法参照附录。

（2）茎腐病。在成株期（乳熟期后），每个处理对角线 5 点调查，每点随机取 4 垄，每垄随机调查 50 株，调查各处理的病株率（包括倒伏率）、病情分级、统计田间防效、拍照。病株率统计方法、病情分级标准和防效计算方法参照附录。

（3）纹枯病。在乳熟期，每个处理对角线 5 点调查，每点随机取 4 垄，每垄随机调查 50 株，调查各处理的病株率和每株病级，统计病情指数和田间防效，拍照。病株率统计方法、病情分级标准和防效计算方法参照附录。

（4）大（小、灰、白）斑病。每块示范田对角线 5 点取样，每点选 4 垄，每垄随机调查 50 株，调查各处理的病株率和每株叶片病级，统计病情指数和田间防效，拍照。病情分级标准和防效计算方法参照附录。

（5）南方（普通）锈病。每块示范田对角线 5 点取样，每点选 4 垄，每垄随机调查 50 株，调查各处理的病株率和每株叶片病级，统计病情指数和田间防效，拍照。病株率统计方法、病情分级标准和防效计算方法参照附录。

（6）穗腐病。每块示范田对角线 5 点取样，每点选 4 垄，每垄随机调查 50 株，调查各处理的病穗率和每穗病级，统计病情指数和田间防效，拍照。病穗率统计方法、病情分级标准和防效计算方法参照附录。

（7）多病虫混合发生调查。调查不同处理穗腐病或茎腐病的单一发生率（穗腐病还要调查病情指数）、穗茎腐病复合发生率、穗腐和穗虫并发率及 3 种病虫并发率，取样分析病原种群和毒素积累的变化，统计防效和减毒效果。

4. 产量测定　在收获期，每个处理 5 点取样调查 10 m^2 的植株，取每点 $10 \sim 20$ 株考种，分别测定玉米穗数、千粒重、收获时籽粒的含水量。记录每小区产量，与空白对照相比，计算增产率。

六、防治蔬菜枯萎病

1. 主要处理　木霉可湿性粉剂＋接种尖镰孢、单一载体助剂混合物（孢子粉所占比例用载体补足）＋接种尖镰孢、仅接种尖镰孢、25 g/L 咯菌腈悬浮种衣剂＋接种尖镰孢、仅处理木霉可湿性粉剂、空白对照。

2. 处理方法　试验用土为健康大田土，过筛后等量分装于一次性干净花盆（口径 13 cm、高 12 cm、每盆 800 g 土），每盆浇入 1×10^6 cfu/mL 的尖镰孢孢子悬浮液 300 mL，室温预培养 3 d。将木霉可湿性粉剂兑水稀释 500 倍后，浸种黄瓜 1 h，均匀播种在花盆中，种子上覆盖 200 g 土，每个处理用 8 盆，每盆播种 20 粒种子，随机排列，在温室内生长观察，每天光照和黑暗时间分别为 16 h、8 h。播种出苗后第 20 天灌根 1 次木霉可湿性粉剂，每盆 100 mL。

将 2.5％咯菌腈悬浮种衣剂 $400 \sim 800$ mL 包衣 100 kg 种子，包衣后晒干播种。仅用木霉可湿性粉剂浸种的土壤不接种尖镰孢，土壤仅接种尖镰孢处理的黄瓜种子用清水处理，空白对照种子和土壤不用任何处理。

3. 防效调查　仅接种尖镰孢的处理明显发病后，调查每个处理的病株百分率和病情指数。病株率统计方法、病情分级标准和防效计算方法参照附录。各处理病情指数和防治效果采用邓肯氏新复极差法进行差异显著性分析。

4. 木霉和病原菌再分离　取出黄瓜幼苗根系，保留完整植株，抖掉根周围结构松散的土粒，收集与根结合紧密的根际土。分离根系和根际木霉、病原菌，鉴定分离物种类，确定分离频率。

七、防治蔬菜灰霉病

（一）浸种试验

1. 主要处理　木霉可湿性粉剂＋接种灰葡萄孢、仅接种灰葡萄孢、空白对照。

2. 处理方法　将番茄种子于 30 ℃无菌水浸种 2 h 后，取出，再在木霉可湿性粉剂 $300 \sim 500$ 倍液中浸种 24 h，取出、催芽；其余处理的种子均用清水浸泡处理后，取出、催芽。种子催芽后播种于用于园艺栽培的花盆中。30 d 后，前两组处理中的叶片均匀喷施接种灰葡萄孢（1×10^8 cfu/mL），每盆 100 mL，25 ℃下加湿器高度保湿 3 d，空白对照组叶片均匀喷施清水，置于相同条件下培养。每组处理 10 盆，温室内随机排列，花盆土壤保持湿润。

3. 防效调查 当仅接种灰葡萄孢的对照植株明显发病后（叶片平均病级在 5 级以上），调查各处理的发病率及病情指数，计算防效。病株率统计方法、病情分级标准和防效计算方法参照附录。

4. 木霉和病原菌再分离 取出番茄幼苗根系，保留完整植株，抖掉根周围结构松散的土粒，收集与根结合紧密的根际土。分离根际土壤、根系内的木霉和病原菌及叶片病斑内的病原菌，鉴定病原和木霉种类，确定分离频率。

（二）叶面喷施试验

1. 主要处理 木霉可湿性粉剂＋接种灰葡萄孢、仅接种灰葡萄孢、空白对照。

2. 处理方法 将番茄种子表面消毒，先用温和无菌水浸泡 6 min，再用 25％次氯酸钠浸泡 3 min，无菌水冲洗。置于无菌培养皿中，室温下催芽 2～3 d，播种于直径为 15 cm 花盆中，每盆 3 粒种子，待新鲜番茄苗生长 3～4 叶期接种木霉和灰葡萄孢。木霉可湿性粉剂用无菌水稀释，最终孢子浓度为 1.5×10^6 cfu/mL。将 PDA 平板培养 7～9 d 的灰葡萄孢菌落孢子用无菌水洗下，孢子浓度调至 1.0×10^8 cfu/mL。先将木霉可湿性粉剂稀释液均匀喷洒在番茄植株上，每盆 100 mL；48 h 后，均匀喷洒番茄灰葡萄孢孢子菌液，每盆 100 mL；每组处理 10 盆，加湿器充分保湿 3～5 d。仅接种灰葡萄孢的处理中，叶片均匀喷施接种灰葡萄孢，每盆 100 mL；空白对照喷施等量清水。

3. 防效调查 当仅接种灰葡萄孢的对照明显发病后（叶片平均病级在 5 级以上），调查各处理发病率和病情指数，计算防效。病株率统计方法、病情分级标准和防效计算方法参照附录。各处理的病情指数和防治效果采用邓肯氏新复极差法进行差异显著性分析。

4. 木霉和病原菌再分离 取出番茄幼苗根系，保留完整植株，抖掉根周围结构松散的土粒，收集与根结合紧密的根际土。分离根系、根际木霉和叶片病斑的病原菌，鉴定分离物种类，确定分离频率。

八、防治葡萄灰霉病

（一）离体叶片生测试验

1. 主要处理 木霉可湿性粉剂、木霉可湿性粉剂＋接种灰葡萄孢、仅接种灰葡萄孢、空白对照。

2. 处理方法 采叶龄一致、带有 1～2 cm 叶柄的葡萄叶片，用湿棉球包裹叶柄保湿并放置在培养皿中。将含 2×10^8 cfu/g 活孢子的木霉可湿性粉剂，用无菌蒸馏水进行梯度稀释至 1×10^5 cfu/g 悬浮液。将各处理木霉悬浮液及空白（清水）对照均匀地喷洒到叶片正反面，每个处理 10 枚叶片，重复 4 次。木霉悬浮液干燥后，用无菌接种器取直径为 5 mm 的灰葡萄孢菌丝块，接种到各处理叶片的背面，将叶背面朝上置于培养皿内，盖上培养皿盖。将培养皿置于温度 25 ℃、湿度 85％、12 h 光暗交替且光照度为 10 000 lx 条件下的人工气候箱中培养 5 d。

仅接种木霉可湿性粉的处理将 1×10^5 cfu/g 木霉孢子悬浮液喷在叶片上，不接种灰葡萄孢；仅接种灰葡萄孢的叶片喷施清水；空白对照叶片仅喷施清水。

3. 防效调查 观察和记录各处理叶片的病斑直径，取平均值。

防治率＝(病原对照病斑平均直径－药剂处理病斑平均直径)/病原对照病斑平均直径×100％。

（二）田间生物测定试验

1. 主要处理 木霉可湿性粉剂（3.75 kg/hm²）、50％腐霉利可湿性粉剂（化学杀菌剂对照，3.75 kg/hm²）、清水对照（CK）。

2. 处理方法 每个处理小区面积为 30 m²，重复 3 次，采用随机区组排列。喷药处理共 3 次：葡萄花序分离期、初花期、末花期。每 667 m² 用水量为 50 L。

3. 防效调查 在第 1 次施菌剂前和第 3 次施菌剂后 7～10 d 进行统计。调查每小区的全部花穗数，病情指数以每个花穗的发病面积占整个花穗的百分比进行分级：0 级，花序无病；1 级，花序发病＜5％；3 级，花序发病 6％～10％；5 级，花序发病 11％～25％；7 级，花序发病 25％～50％；9 级，花序发病＞50％。病情指数和防治效果按以下公式进行计算。

病情指数 ＝ ∑（各级病花穗数×相对级数值）/（调查总花穗数×9）×100。

防治效果＝(空白对照区病情指数－药剂处理区病情指数)/空白对照区病情指数×100％。

木霉和病原菌再分离：从葡萄发病叶片和健康叶片表面，用无菌水洗下表面微生物，培养，鉴定灰葡萄孢和木霉，并统计分离频率。

九、防治苹果再植病害

苹果再植病害（apple replant disease，ARD），又称苹果连作障碍。据报道，生物和非生物因素（pH、非生物胁迫、植物毒素、土壤肥力、重金属污染）都被认为参与了 ARD 的发生，但生物因素起主导作用。苹果再植病害是由 *Cylindrocarpon* spp.、*Rhizoctonia* spp.、*Fusarium* spp.、*Phoma* spp.、*Pythium* spp. 和 *Phytophthora cactorum* 等病原菌单一或组合侵染引起的，生物防治已成防治这一土传病害的重要措施。

1. 主要处理 木霉可湿性粉剂浸根、氯化苦熏蒸剂处理土壤（化学农药对照）、木霉可湿性粉剂处理土壤、无处理对照。

2. 处理方法 ①将木霉可湿性粉剂稀释成每毫升活孢子 $1×10^7$ 个，浸蘸苹果苗根尖 20 min；将 4～5 L 自然病土装入塑料种植袋内，移入经木霉浸蘸的苹果苗，盖土。②将苹果根砧浸入 6 L 木霉孢子悬浮液 20 min 后，移入种植桶内，桶内每 500 g 自然病土混入 50 g 木霉可湿性粉剂。③未处理的苹果苗或砧木移入自然病土。④未处理的苹果苗或砧木移入氯化苦熏蒸土壤。⑤浸根处理的苹果苗或砧木移入氯化苦熏蒸土壤。每个处理 5 桶（或袋），3 次重复，分 3 列排放。

3. 防效调查 种植后 27 周取样调查根系发病情况。主根或侧根系发病情况按 0～4 级评价：0＝所有侧根健康，1＝25％根发病或坏死，2＝50％根系坏死，3＝75％根系坏死，4＝100％根系坏死。

4. 生长调查 种植后 27 周取样，测量根、茎的鲜重和干重。用卷尺对树体株高（植株顶端生长点到土壤表面的距离）初始值进行测量，下次对相同果树再次进行测量，测量方法相同。

使用叶绿素仪测量不同处理下植株叶片的叶绿素含量，测量每个枝条顶端叶片 6～7 片以下的功能叶片。每株果树的所有测量数据取平均值作为该株的叶绿素含量值。统计不同处理每株果树的主干分枝个数。

5. 土壤调查 土壤微生物总 DNA 的提取采用 Fast DNA SPIN Kit for Soil 试剂盒，DNA 浓度和提取质量的检测采用 NanoDrop–ND2000 分光光度计。利用 Illumina MiSeq 高通量测序技术进行测序。真菌 ITS rDNA 采用引物 F 和 R 扩增 ITS 区扩增体系和反应程序。采用 25 μL 的 PCR 反应体系：5 μL 的 5×reaction buffer，5 μL 的 5×GC buffer，10 μmol/L 的上游和下游引物各 1 μL，2 μL 的 dNTP（2.5 mm），0.25 μL 的 Q5 DNA 聚合酶，2 μL 的 DNA 模板和 8.75 μL 的灭菌水。PCR 运行程序：98 ℃，2 min；27 cycles（98 ℃，15 s）；27 cycles（55 ℃，30 s）；27 cycles（72 ℃，5 min）；72 ℃，10 min。土壤酶活性的测定采用分光光度法利用试剂盒测定了土壤中 4 种酶的活性，即中性磷酸酶（S–NP）、脲酶（S–UE）、蔗糖酶（S–SC）、过氧化氢酶（S–CAT）（孙杨等，2022）。

十、防治柑橘采后病害

柑橘青霉病和绿霉病是柑橘贮藏期常发生的病害，施用化学农药易引起病原菌产生抗药性和果实污染。生物防治是在保证食品安全前提下防控病害发生的有效措施。

1. 主要处理 木霉可湿性粉剂孢子悬浮液喷施或浸果；木霉代谢液喷施或浸果；甲基硫菌灵喷施或浸果；清水（对照）喷施或浸果。

2. 处理方法

（1）人工接种。采用 1‰次氯酸钠对甜橙表面消毒 5 min，晾干，用集束针在近果蒂处刺伤果皮，造成深 3 mm、直径 5 mm 的伤口。立即喷雾接种柑橘青霉菌孢子悬浮液（1×10⁴ cfu/mL），24 h 后分别喷施木霉可湿性粉剂孢子悬浮液（1×10⁷ cfu/mL）、木霉代谢液 200 倍稀释液、50%甲基硫菌灵悬浮剂 700～800 倍液、清水。每个处理 3 次重复，每次重复处理果实 35 个。施用菌剂或农药后，摘后的果实用塑料膜小袋单个包裹，置于 25 ℃下培养 7 d。

（2）自然发病。采收前 7 d 施用木霉可湿性粉剂孢子悬浮液（1×10⁷ cfu/mL）、木霉代谢液 200 倍稀释液、70%甲基硫菌灵可湿性粉剂 1 000～1 500 倍液，以清水处理为对照，每个处理 3 次重复，每个重复 2 株柑橘树；摘果时，每株树按东、南、西、北和中间方位随机各摘 10 个果实，每株树共采摘 50 个果实。每个重复共采摘 100 个果实，故每处理共摘 300 个果实。采摘后，再用 2,4-滴（200 μL/L）浸果。用塑料膜小袋包裹果，存放于纸箱内，室温贮藏，3 个月后调查发病情况。

采收后施用木霉可湿性粉剂孢子悬浮液（1×10⁷ cfu/mL）、木霉代谢液 200 倍稀释液、70%甲基硫菌灵可湿性粉剂 1 000～1 500 倍液及清水浸果，每组处理 3 次重复，每次 100 个果实。浸果后用塑料膜小袋单个包裹，存于纸箱内，室温贮藏，3 个月后调查发病情况。

3. 防效调查

调查不同处理的病果百分率和病情指数，计算防效。病情分级标准和防效计算方法见附录。

第二节　木霉菌剂促进作物生长作用测定

木霉菌剂促进作物生长是木霉菌肥和木霉生物刺激素的主要评价指标，重点要测定其对种子萌发、出苗、根系发育、株高、叶片发育等农艺性状的影响，还要评价其对植物光合作用等生理指标的影响。同一菌剂促进植物生长作用的测定应采用不同处理方法比较，才能全面反映菌剂对作物的促生功能。

一、植物生长指标测定

（一）营养基质处理法

木霉可湿性粉剂与基质均匀混合，使得每穴基质中有效活菌数为 3.0×10^7 cfu/g，混合后置入21孔穴盘内。挑选籽粒饱满，大小相近的黄瓜种子播种于各种处理的基质中，以空白育苗基质作为对照。育苗穴盘为21孔，每穴2粒种子。处理与对照均各自种满穴盘。播种后充分浇水，直至穴盘底部排水孔有水溢出，穴盘上覆盖透明保鲜膜，保湿保温，有利于种子萌发。种子发芽出土后统计出苗率，每穴移去1株苗，只保留1株苗生长。育苗光照时间为16 h光照、8 h黑暗，室内温度24～25 ℃，每天浇1次水，培育21 d。

播种5 d后统计黄瓜种子出苗率，出苗率＝发芽种子数/供试种子数×100%。培养21 d后分别测定黄瓜幼苗的株高（cm）、根长（cm）；根部鲜质量（g）用自来水洗净根部育苗基质后用吸水纸吸去表面水分并在室温下晾干后用电子天平测量；全株鲜重（g）用电子天平测量；叶面积（mm²）利用叶面积测定仪，测定黄瓜幼苗所有真叶叶面积总和。每组处理重复3次，每次测量20株。黄瓜促生率＝（处理－对照）/对照×100%。

（二）浸种法

将番茄种子置于55 ℃温水中浸泡30 min；分别置于由哈茨木霉原菌粉稀释制成的孢子浓度为 1×10^7 cfu/mL、1×10^6 cfu/mL、1×10^5 cfu/mL 的溶液中浸泡7 h，以清水（CK）为对照；挑选饱满一致的种子，播于含灭菌营养土的育苗钵中，每钵放5～8粒种子，每处理5钵，置于番茄大棚内培养2个月，正常田间管理；取苗，测量其株高、根长、茎粗、鲜质量，重复3次。

（三）灌根法

1. 黄瓜灌根方法　①施加可湿性粉剂。具体步骤为将可湿性粉剂兑水稀释500倍后，在黄瓜播种出苗后第20天灌根，7 d后再灌1次，每盆次灌根100 mL。②施加单一载体助剂混合物（按制剂中载体或助剂的用量），其施用方式与可湿性粉剂一致。③对照（CK）。每组处理3次重复。将土壤过10目筛后分别混氮磷钾基础肥料，每盆8～10 g（花盆规格为外口径23.5 cm，内口径20.1 cm，高14 cm），装土1.5 kg。保持土壤含水率为最大田间持水量的70%。试验在植物生长室中进行，每日光照14 h，日温25 ℃，夜温20 ℃，湿度60%～70%。植物样品4个月后收获。用不锈钢剪刀沿土面剪取地上部，测定植株鲜重。分别用自来水、去离子水洗涤，105 ℃杀青30 min，80 ℃烘干，测定植株干重。

2. 番茄灌根方法　将番茄种子置于 55 ℃温水中浸泡 30 min；挑选饱满一致的种子，播于盛有灭菌营养土的育苗托盘中；待幼苗长出 2 片真叶，将苗移至 21 cm×21 cm 的育苗钵内，每钵 5 株苗；培养 7 d 后，分别采用孢子浓度为 $1×10^7$ cfu/mL、$1×10^6$ cfu/mL、$1×10^5$ cfu/mL 的木霉可湿性粉剂溶液灌根，以清水（CK）为对照；每隔 10 d 灌根 1 次，连灌 3 次，每组处理 5 钵；2 个月后取苗，测量其株高、根长、茎粗、鲜质量。

二、植物生理指标测定

番茄叶片叶绿素含量的测定。分别选取不同处理下的番茄叶片进行叶绿素含量测定。选取新鲜叶片，用去离子水将表面洗干净，用滤纸将表面水分吸干，去掉中脉，剪碎；称取样品 0.2 g，分别置于研钵中，加入少量碳酸钙粉末及乙醇，研磨成匀浆并继续加入乙醇，研磨至组织变白。用滤纸过滤于 50 mL 棕色容量瓶中，用少量乙醇冲刷研钵、研棒数次并一同过滤于容量瓶。用吸管吸取乙醇将滤纸上的叶绿素全部洗下；最后用无水乙醇定容至 25 mL。以同浓度乙醇为空白对照，于波长 652 nm 下测定 OD 值。

$$叶绿素总含量（mg/g）=Ct×V/W \qquad （式5-1）$$
$$Ct=(OD_{652}×1\,000)/34.5 \qquad （式5-2）$$

（式 5-1）中：Ct 为叶绿素总浓度（mg/L），V 为提取液体积（mL），W 为叶片鲜重（g）。（式 5-2）中：34.5 为叶绿素 a、叶绿素 b 相同吸光系数。

◆ **本章小结**

　　木霉菌剂防治植物病害和促进作物生长作用测定主要通过盆栽试验和田间小区试验完成。植物幼苗盆栽试验适合在接种病原菌和人工控制条件下对菌剂生防功能和促进作物生长作用进行较精准评价。通过先接种木霉菌剂，间隔一段时间后接种病菌；或先接种病菌，间隔一段时间后接种木霉菌剂，以区别木霉菌剂的预防作用或治疗作用。田间小区试验主要是在自然发病条件下对木霉菌剂进行评价，因此对照是否充分发病直接影响木霉菌剂评价的准确性。田间试验中要设不同的对照，如清水对照、菌剂空白载体或溶剂对照、化学农药对照等。木霉菌剂对土传病害防效调查主要是根据病株率进行计算，对叶斑病的防效调查主要是根据病情指数进行计算。如果在已发病的田块处理，则需要调查处理前的对照、处理区病情指数的基数和处理后一段时间的病情指数，以此计算相对防效更准确。关于木霉菌剂促进作物生长作用，盆栽试验主要测定幼苗株高、根鲜重、叶片数、叶片面积等，田间试验则要通过不同的处理技术（种子包衣、浸种、蘸根、灌根、喷雾）观察对生长的影响，并测定产量。

◆ **思考题**

　　1. 木霉菌剂防治植物病害与促进植物生长能力的生物测定技术途径有哪些？

　　2. 田间小区试验中影响木霉菌剂生物测定结果有效性的因素有哪些？

　　3. 如果在自然条件下田间试验证明某种木霉菌剂防治某种植物病害效果很好，这样的结论一定可靠吗?

4. 简述采用不同处理方法进行盆栽或田间生物测定的意义。

5. 如果在一个设施大棚示范木霉菌剂,另一个设施大棚设置常规防控技术或无防控对照,这样设计合理吗? 如何进行科学的田间示范?

6. 为什么在田间生物测定过程中需要在施用菌剂后的不同时间点进行调查?

7. 田间生物测定过程中为什么要分析根际土壤或根内的病原菌及木霉的定殖情况?

8. 如何在试验中区分木霉菌剂对植物病害的预防作用和治疗作用?

第二篇 PART 2

木霉菌剂应用技术

第六章　木霉菌剂应用概况

木霉菌剂在农业领域主要以生物农药、生物肥料和生物修复剂的形式被应用，尤其是在防治植物土传病害和修复土壤方面具有优势。木霉菌剂不同的应用方法对菌剂产品在田间的应用效果影响很大。一方面，同类的商业化菌剂由于使用剂量、施用方法、施用植物生育期等的不同，在防病、促进作物生长的效果上会有明显差异。另一方面，由于气候、品种和栽培技术的变化，作物病虫害种类和危害也不断发生变化，对绿色防控水平的要求日益提高。因此，很多情况下木霉菌剂单独使用防效不佳，需要与其他微生物菌剂、生物源农药、有机肥和农艺措施，甚至要与化学农药等协同使用，建立一个适合现代农业发展需求的木霉菌剂综合应用技术体系。

第一节　我国木霉菌剂应用现状

我国木霉菌剂的应用相当普遍，几乎在所有的作物上均有应用，其中以木霉菌肥的应用形式最为普遍，木霉菌肥对土壤微生态重建、促进植物生长和提高产量均发挥了重要作用。

一、木霉菌剂适用范围

木霉菌剂在植物病害生物防治、土壤修复和提高作物产量等方面应用普遍，尤其在生物防治粮食作物、蔬菜、果树、药材植物、园林植物、森林植物、草原植物土传病害，减少化学农药和化肥使用量，生物修复土壤或水域污染治理等以上方面发挥了重要作用，应用前景广泛。不仅如此，木霉在生物能源开发、工业酶制剂生产、饲料加工、纺织业生产、生物医药开发等方面也有较多应用。

二、木霉菌剂应用特点

目前我国木霉菌肥比木霉生物农药应用更为普遍。这与木霉菌肥登记的数量多、较易与其他农艺措施复配使用有关。木霉生物农药在防治植物土传病害方面有明显优势，而木霉菌肥在治理土壤连作障碍或土壤盐渍化修复、复配有机肥或复合化肥、促进作物秸秆残体和农化物质降解等方面有优势。木霉生物农药在应用中常与芽孢杆菌生物农药混用或协同使用，因为木霉主要针对真菌病害，而芽孢杆菌对真菌病害和细菌病害均有效。木霉生物农药在兼顾诱导抗虫性和防治植物线虫方面有优异的表现。在土壤修复、降解还田作物残体方面，木霉菌肥比芽孢杆菌菌剂应用更为普遍，这与木霉具有很强吸附土壤盐渍化离子和重金属离子的能力，以及高活性降解农化物质和秸秆残体酶系有关。在面对植物种子萌发和出苗安全性方面，由于某些作物对木霉分泌的某些次生代谢物和小分子疏水蛋白比较敏感，要防止木霉菌剂过量使用对作物种子萌发和苗期生长的不利影响。

三、木霉菌剂应用形式

木霉生物农药和木霉菌肥的应用形式是多样的，主要有种子包衣或浸种、苗床土壤处理，蘸根、灌根、喷雾等。由于木霉非常适合在土壤中生存，因此一般在整地时土壤处理的效果较好，对全生育期植物病害的控制均有益。在粮食作物上木霉菌剂拌种比较适合，而在蔬菜和果树作物上以灌根效果较好。木霉菌剂可与其他生物源和农化物质混用，木霉生物农药常与芽孢杆菌生物农药协同使用，而木霉菌肥常与有机肥混合施用。复合菌肥常含有木霉成分，如绿色木霉、棘孢木霉和哈茨木霉等，其他成分主要有地衣芽孢杆菌、枯草芽孢杆菌、胶冻样芽孢杆菌、解淀粉芽孢杆菌、贝莱斯芽孢杆菌、假单胞菌、淡紫拟青霉、固氮菌、解磷解钾菌等。复合菌肥除了含有微生物成分外，还含有有机质（≥45%）、生化黄腐酸、氨基酸、甲壳素、鱼骨粉、海带根、中微量元素、免深耕成分、活性酶、保水保墒因子等成分。显然，复合菌肥的功能是木霉与多种成分综合作用的结果，因此，在分析复合菌肥应用效果时不能简单把所有作用均归功于木霉或某种微生物的贡献。由于木霉菌肥或含木霉的复合菌肥成分较丰富，对植物生产的综合作用超过了木霉本身的作用，实际是多种组分的协同效应。木霉生物农药和木霉菌肥的作用尽管有相似之处，但前者更突出木霉的防病功能，而后者则更强调其对作物生长促进作用和土壤的修复功能。因此，应用时需要注意使用菌剂的主要目的。

第二节 木霉菌剂在防治植物病害中的应用技术

木霉生物农药在农业生产中防治植物病害是木霉菌剂最重要的应用。木霉菌剂在防治植物病害中可以单一使用，也可与其他生物源农药、生长调节剂和营养物质复合使用，复合使用的目的是提高木霉菌剂的防病效果，因此协同增效是关键。

一、木霉菌剂单一使用

国际上至 2021 年登记为生物农药的木霉菌剂产品已达 400 余种，主要用于防治大豆、小麦、玉米、棉花、蔬菜、茶树等土传病害，例如美国 BioWorks 公司生产的 Root-Shield® WP、Bio-Tam®、RootShield® Plus，RootShield® AG 等（表 6-1）在 20 多个州的玉米、大豆、棉花上应用于防治根腐病、枯萎病、黄萎病、疫霉病等，此外也用于兼治叶部病害。例如，在玉米上主要用于防治炭疽病、茎腐病、顶鞘坏死病、苗枯萎病、玉米内州萎蔫病、镰孢菌茎腐病、色二孢穗腐病、镰孢菌穗腐病、纹枯病、线虫病、炭腐病、玉米大斑病、玉米灰斑病和南方锈病等。在大豆上主要用于防治立枯丝核菌根腐病、腐霉菌猝倒病、疫霉根腐病、猝死综合病（sudden death syndrome）、白霉病等。在小麦上主要用于防治纹枯病和根腐病。在棉花上主要用于防治枯萎病、黄萎病、线虫病、棉花根腐病（病原为 *Phymatotrichopsis*）、棉花苗病、棉花软腐病（病原为 *Rhizopus*）等。美国 ABM 公司开发了木霉及其与根瘤菌的复合产品共 18 种，具有促进作物生长和诱导植物防御基因表达（iGET）的功能，适用于粮食、豆类、棉花、蔬菜等作物种子包衣、蘸根、滴灌等处理，例如 SabrEx® PB 和 LQ、SabrEx™、Excalibre‑SA™、Excalibur Gold™、Graph‑Ex™、Graph‑Ex SA®、Naturall™、Excellorate™。SabrEx™ 或 SabrEx® 含有木霉成分，对促进水稻、玉米、大豆（或豆类）、麦类、棉花根系生长、提高产量的作用非常突出，对水稻分蘖促进作用效果也很好。Graph‑Ex™、Graph‑Ex SA® 和 Excalibre‑SA™ 为根瘤菌与木霉混合而成的种衣剂，主要用于大豆或多种豆类作物，产品有胶囊化或 3 层接种剂包装，适合贮运和应用，在干燥和湿冷土壤中均适用，对提高豆类作物生长和产量作用明显。Excellorate™ 为微量元素制剂，适合于水稻种子处理，可与木霉等活体生防微生物结合使用，协同增效作用明显。Naturall™ 含哈茨木霉和深绿木霉、主要用于蔬菜种子处理，可沟施、蘸根和滴灌。ABM 公司历经 5 年开发出以木霉代谢物（SabrEx®）为主要成分的新型非生物种衣剂 AmpliMax，于 2021 年开始推向市场。该生物种衣剂除木霉代谢物外，还含有酵母提取物和腐殖酸等物质，并可与化学农药复配，货架期达 3 年。AmpliMax 种衣剂具有提高作物抗旱性、刺激根系生长、易贮运和使用的优点。ABM 公司开发的新型 GroFlo 液体生物种衣剂是由根瘤菌、木霉、芽孢杆菌、营养元素、绿色成膜剂组成的复合种衣剂。

表 6‑1 2018 年在美国 EPA 登记的木霉生物杀菌剂

活性成分	PC 码	首次登记时间	商标名
Trichoderma asperellum（ICC012）	119208	2010 年	Bio‑Tam®
Trichoderma gamsii（ICC080）	119207	2010 年	Bioten WP，Tenet WP，Remedier WP
Trichoderma hamatum isolate382	119205	2010 年	Floraguard
Trichoderma harzianum Rifai（variety）KRL‑AG2	119202	1993 年	RootShield® WP
Trichoderma harzianum Rifai strain T‑22	119202	2000 年	RootShield® Plus，T‑22ᴹHC RootShield® AG
Trichoderma polysporum（ATCC 20475）	128902	1989 年	Binabᴹ WP
Trichoderma virens strain G41 和 *Trichoderma harzianum* strain T‑22	1776604	2012 年	RootShield®Plus，RootShield® WP
Trichoderma viride（ATCC 20476）	128903	1989 年	Binabᴹ WP

Biovalens 公司面向巴西生物防治市场新推出了 Tricho‑Turbo（含棘孢木霉 BV10 菌株）生物农药，在保护植物根系免受土传病害影响的同时，还能发挥生物刺激素的作用。这款多功能产品具备独有的液态高浓缩剂型，可有效阻隔有害真菌，为作物提供更强效的保护。

我国登记的 22 种木霉生物农药和 104 种木霉微生物肥料主要用于防治蔬菜枯萎病、根腐病、灰霉病、疫病，果树灰霉病、根腐病与青霉病，大豆根腐病和线虫病，中药材植物根腐病，水稻恶苗病、稻瘟病和纹枯病、小麦茎基腐病、纹枯病、白粉病和赤霉病，玉米根腐病、茎腐病、纹枯病和穗腐病，棉花苗病、枯萎病、黄萎病，同时兼治作物地上部害虫。近年来，木霉菌剂在治理设施农业和果园土壤连作障碍方面发挥了重要作用。上海交通大学、齐鲁工业大学（山东省科学院）等单位科研成果表明：木霉生物农药和生物肥料对 16 种植物病害防效达 60%～96%，增产 9%～20%，农产品和土壤营养水平明显改善，土壤盐渍化和重金属污染降低 30%～40%，化学农药和化肥分别减量 30% 以上。

二、木霉菌剂复合使用

大多数应用实践表明：木霉菌剂对于防治真菌病害具有优势，而对于细菌病害的防治效果往往不如芽孢杆菌和农用抗生素。木霉菌剂对于防治线虫病和病毒病也有一定效果，但应用效果可能不如专门用于防治植物线虫和病毒病害的生防制剂（陈立杰等，2011）。有研究表明：木霉可防治害虫，但一般是通过诱导植物抗性间接实现的，尽管木霉有一定的直接杀虫效果，但往往不如绿僵菌和白僵菌等昆虫病原真菌突出。因此对于非真菌病害或虫害的防治，木霉菌剂往往需与其他生物源农药或减量的化学农药协同或结合使用。

1. 木霉菌剂-壳聚糖-抗生素复配种衣剂　已有研究表明，复合施用木霉水分散粒剂和几丁聚糖水剂，在避雨栽培模式下初花期、初果期和转色期对葡萄灰霉病的防治效果达到 88.24%，防效优于化学农药嘧霉胺悬浮剂和木霉水分散粒剂的防治效果（赵永田等，2015）。

木霉菌剂与壳聚糖以及 1% 申嗪霉素复配包衣玉米种子，有效防治多种玉米病害。其中壳寡糖和申嗪霉素浓度分别为 4 mg/mL 和 1.0 μg/mL，木霉孢子含量为 $1×10^7$ cfu/mL，1：100（w/w）包衣玉米种子，防治玉米纹枯病效果达 76.58%，防治弯孢霉叶斑病效果达到 54%，增产 15%，均超过化学种衣剂；与对照相比，叶绿素提高了 4.41 倍，PPO 活性提高了 1.40 倍，降低了玉米幼苗丙二醛含量，减轻了氧胁迫。

木霉-井冈霉素混合制备颗粒剂：木霉液体发酵液 40%、玉米粉 5.2%、硅藻土 37%、麦麸 12%、硫酸锌肥 1%、腐殖酸 0.4%、氮磷钾复合肥 0.4%、井冈霉素（5% 水剂）4%。使用搅拌机搅拌均匀，造粒机挤压造粒后，干燥机 43～50 ℃ 干燥 1～2 h 成品，即为木霉-井冈霉素颗粒剂，适于机械化与化肥混合施用。土壤穴施 6 g 棘孢木霉-井冈霉素颗粒剂防治玉米纹枯病，防效达 62.5%。

2. 木霉菌剂-芽孢杆菌-寡糖-免疫激活蛋白全生育期协同使用"套餐"产品　植物生长过程中发生多种病害，不仅有真菌病害，还有细菌病害和病毒病害，因此系统解决作物全生育期病害防控难题，需要将各种生物防治技术在不同时空进行系统整合。木霉菌剂处理土壤、木霉菌剂-芽孢杆菌剂灌根、壳寡糖叶面喷雾就是常用的系统整合或"套餐"技术（尹丹韩等，2012；王贻莲等，2017）。例如，木霉菌剂（每 667 m² 用量 5 kg）与芽孢杆菌剂（每 667 m² 用量 10 kg）混合处理土壤，500 g 木霉菌剂与 1 m³ 基质混匀制备防病育苗基质，番茄定植后用木霉菌剂（每 667 m² 用量 2 kg）穴施，生育后期滴灌木霉菌剂（每 667 m² 用量 500 g）和叶面喷雾壳寡糖 1 万～2 万倍液，形成番茄全生育期防治病害绿色生产技术，有效防治了番茄灰霉病和疫病。上海交通大学利用稀释 400～1 000 倍的木霉菌剂工程蛋白农药液或工程蛋白-寡糖复配制剂浸种，移栽后 7～10 d 用 400 倍液灌根

2 次，间隔 7 d，发病初期喷施 400～1 000 倍液木霉菌剂工程蛋白农药或工程蛋白-寡糖复配制剂3～4 次，间隔 7 d，对黄瓜病毒病防效达到 63％，并兼治了霜霉病和枯萎病。

3. 木霉菌剂-植物生长调节剂 与其他微生物菌剂相比，木霉菌剂有时会因施用剂量过多或在一定环境条件下产生了抑制植物出苗或生长的现象。为了解决这一问题，上海交通大学开发出了木霉菌剂与芸薹素内酯复配种衣剂或交替使用技术，在全国十余个省份示范应用，较好地防治了玉米根腐病、茎腐病、纹枯病、穗腐病，并兼治了大斑病、小斑病、南方锈病、北方炭疽病和玉米螟及棉铃虫的危害。由于制剂中含有芸薹素内酯可使玉米抗早衰，进而也提高了玉米对茎腐病的抗性。

木霉与芸薹素内酯复配可协同防治番茄灰霉病、促进番茄植株生长。深绿木霉发酵代谢物的 10 倍、50 倍、100 倍稀释液与 0.1％芸薹素内酯 5 000 倍稀释液复配，其复配制剂对番茄种子的发芽势及芽生长有显著促生作用。深绿木霉发酵代谢物 50 倍稀释液与 0.1％芸薹素内酯 5 000 倍稀释液复配，其复配制剂浸种使番茄的株高、根长、鲜重、干重分别比对照提高了 20.00％、35.17％、59.20％、29.03％，对番茄灰霉病的防效达到 56.62％。研究证实，木霉发酵代谢产物与芸薹素内酯在促生长及防病方面具有协同增效作用（张婧迪等，2017）。

4. 木霉菌剂-有机肥混合使用 由于木霉生物农药或木霉菌肥单独施用在营养供应上较难满足植物生长的需求，而且木霉菌剂有时因菌株在一定环境下产生了抑制性代谢物，影响了作物出苗。有机肥含有较丰富的营养，能满足植物生长的营养需求，而且有机肥往往也含有一些有益微生物，因此木霉菌剂与有机肥混合施用有利于产生防病和促生的协同增效作用。例如：木霉可湿性粉剂与有机肥混合后处理土壤（木霉可湿性粉剂每 667 m^2 用量 5 kg，有机肥每 667 m^2 用量 50 kg）的黄瓜枯萎病防效达到 75％，而两者单独使用的防效分别为 58.3％和 58.7％，说明木霉菌剂与有机肥具有协同增效作用。王秉丽（2012）研究表明：有机肥和木霉可湿性粉剂混合施用，可以明显促进黄瓜植株生长，混合处理后，苗的鲜重和干重均比单施有机肥和单施木霉可施性粉剂的高，即有机肥和木霉的混合能更好地促进黄瓜的生长（孟昭杰等，2021）。

5. 木霉菌剂-芽孢杆菌-有机肥混合使用 木霉菌剂一般用于防治土传真菌病害，而芽孢杆菌还能防细菌性病害，而且两者在功能上也有一定的互补性，因此木霉菌剂与芽孢杆菌复合使用往往可形成协同增效作用。匡石滋等（2013）将木霉和枯草芽孢杆菌与腐熟的生物有机肥混合，制成药肥两用生物有机肥（生物有机肥＋混合木霉菌剂、生物有机肥＋单株木霉菌剂、生物有机肥＋枯草芽孢杆菌菌剂），应用到接种香蕉枯萎病菌的土壤。结果表明：生物有机肥处理与对照处理相比较，病情指数降低了 31.8％～50.0％，防病效果为 31.8％～49.6％；香蕉植株根尖 β-1，3 葡聚糖酶活性显著高于对照，提高了 18.95％～37.13％。同时也影响根际土壤中枯萎病菌和主要微生物类群数量，引起土壤微生物群落结构发生变化，根际的细菌数量和放线菌数量分别比对照增加了 2.75～4.30 倍和 2.14～2.33 倍，而根际真菌数量却减少了 19.07％～23.26％，根际尖镰孢的数量减少了 2.18％～80.27％；土壤微生物含碳、氮量分别增加了 760～780 mg/kg 和 13.2～15.8 mg/kg。

6. 木霉菌剂-化学农药混合或交替使用 在植物病害以往发生严重的地块，仅依靠生物防治效果可能不理想，因此需要生物防治技术与化学防治技术相结合。例如，嘧霉胺、乙霉威、异菌脲可湿性粉剂可在 $1\sim20~\mu g/mL$ 以内、代森锰锌可湿性粉剂可在 $50\sim100~\mu g/mL$ 以内与拮抗木霉混合使用或交替使用，同时又能保持化学农药对病菌一定的抑制作用，对番茄灰霉病防效超过单一木霉菌剂使用。灰葡萄孢在受抑制的状态下进一步被拮抗木霉抑制。哈茨木霉与 50% 多菌灵按 $6\colon4$ 混合拌水稻种子（0.3%）可诱导水稻过氧化物酶、多酚氧化酶和苯丙氨酸解氨酶的活性提高，对水稻立枯病防效达到 82%，比哈茨木霉和多菌灵单独使用防效分别提高了 26.9%、9.9%。水稻株高、鲜重、根长均超过化学农药单独使用。木霉菌剂与腐霉利混配也有类似效果。尽管有报道称木霉菌剂与这些化学农药在一定浓度范围内有协同增效，但多数研究认为木霉对多菌灵和甲基硫菌灵还是比较敏感的，不建议混用（高增贵等，2008）。

不同木霉菌株对化学农药耐受性不同，可通过筛选高耐受性的菌株或确定最佳混配浓度后，再进行复配。王勇等（2002）从对灰葡萄孢具有强拮抗活性的木霉菌剂中，进行耐腐霉利药剂菌株的筛选，获得高耐药性菌株 3 株、中等耐药性菌株 28 株，其中筛选获得的高耐药性菌株能耐受 500 mg/L 的腐霉利。该研究还发现，木霉菌剂与腐霉利协同作用对灰葡萄孢的抑菌率高达 85%，明显高于单独使用腐霉利和木霉菌剂的效果，同时应用菌+药、药、菌处理防治黄瓜灰霉病，防治效果分别为 67.6%、62.5% 和 51.5%，较单独利用木霉菌剂防治降低了病害的发病率。值得指出：化学杀菌剂与木霉菌剂混合或协同使用的前提是化学杀菌剂使用量不能对木霉菌剂产生明显的抑制作用，所以两者混合或协同使用前，化学杀菌剂需减量或施用后间隔一段时间再施用木霉菌剂。研究表明：很多化学农药在施用后 $7\sim10~d$ 大部分已降解，因此对后续应用的木霉菌剂是安全的。施用适当减量的化学农药可在一定程度上抑制或钝化病菌，而木霉菌剂则在此基础上进一步抑制病原菌侵染，可实现化学防治与生物防治相互协调，相当于病害的生态化防控。

7. 木霉菌剂与化学肥料混合使用 木霉具有提高作物营养利用效率的作用，一般木霉菌剂可提高作物营养利用效率 15%～30%。因此，如果合理施用木霉菌剂，可在保证作物产量或提高产量的前提下，减少化肥的施用量。例如：玉米播种时施用木霉颗粒剂（每 667 m² 用量 $2\sim3~kg$）作基肥，减少全量复合化肥 30% 的用量，仍能达到或超过全量化肥的增产水平。木霉菌剂也可与化肥通过"水肥一体化"的方式进行滴灌。值得注意的是：如果木霉菌剂与化肥混合使用，建议木霉菌剂与磷肥、钙肥、钾肥或复合化肥混合使用，不适合与尿素、硫酸锌、硫酸镁混合使用，尤其不宜与尿素混用，因为这些化肥对木霉的生长和定殖有明显的抑制作用，当然这种抑制作用还取决于化肥使用的浓度。有些化肥还有利于木霉的定殖，如硫酸钾、二钼酸铵、硫酸钙、磷酸二氢钾等有利于木霉根际定殖。

8. 木霉菌剂与生物炭混合使用 生物炭（biochar）是有机材料（木材、作物秸秆、有机废弃物等）在高温低氧条件下裂解形成的，具有较大的表面积、较多孔隙和复杂的孔隙结构、较高的 pH 和较大电荷密度与较多表面负电荷等特点，是一种富碳固态物。生物炭常用来土壤修复和促进植物生长（Erika et al.，2020）。生物炭具有芳香族的多 C 结构，难于被微生物降解，可以在土壤中存在很长一段时间，增加土壤碳库储量，抑制温室气体 CH_4 和 N_2O 的排放，被认为是解决温室效应的有效措施之一。研究表明生物炭与木霉菌剂有协同增效作用。例如：5％生物炭与 0.5％木霉菌剂配施能明显促进黄瓜幼苗的生长，与对照比根系活力可提高 7.41 倍、叶绿素含量提高 55.27％，而且叶片超氧化物歧化酶（SOD）、过氧化物酶（POD）和过氧化氢酶（CAT）活性明显提高，降低了丙二醛（MDA）含量（曾晓玉，2020）。生物炭还能减缓甜瓜植株自毒物质对木霉生长与产孢的抑制作用（刘限等，2018）

三、木霉菌剂应用新技术示范与推广

上海交通大学、山东省科学院、华东理工大学等单位与企业多年合作攻关，在木霉菌剂应用新技术和新模式方面取得了明显进展，建立了适用不同作物生育期的 21 种菌剂组合或与其他植保产品复合使用技术，形成 3 种系统应用技术模式：①木霉菌剂处理种子-木霉菌剂包衣化肥或木霉菌剂＋减量化肥混施土壤-大喇叭口期喷施木霉菌剂的玉米全程防病技术模式，近两年示范面积 25 万 hm^2，对玉米茎腐病、穗镰病、纹枯病和大斑病平均防效达 70％以上；土壤有效磷、有效钾增加 20％～40％，速效钾增加 11％～15％，化肥减量 30％～50％，比全量化肥增产 9％以上。②木霉菌剂处理土壤-芽孢杆菌处理苗床-定植期穴施或定植后冲施木霉菌剂-植物源农药喷施叶片的蔬菜、草莓、甜菜等全程防病技术模式，近年示范新木霉菌剂产品和应用技术面积广泛，对枯萎病、白粉病、霜霉病、灰霉病、根肿病平均防效达 88％。③木霉菌剂处理土壤-木霉菌剂喷施叶片-木霉菌剂涂液水果套袋-几丁质寡糖喷施叶片的葡萄全程防病技术模式，已经推广较大面积，对葡萄灰霉病等病害平均防治效果达 80％以上。木霉菌剂在作物育苗、移栽、生长期和收获期的应用技术及在治理设施蔬菜连坐障碍的应用技术方面，提高蔬菜幼苗成活率 13％，缓苗期缩短 2～4 d，对枯萎病、灰霉病、菌核病、白粉病、霜霉病等病害的防效达到 70％～80％，生长期延长 1 个月以上，提高果实重量 15％以上，果实糖度、维生素含量、固形物含量等得到显著提高。到目前为止，木霉菌剂及配套技术在 16 个省 40 个县（市、区）的粮食、蔬菜、果树、棉花、豆类、花生、甜菜产区示范推广面积广泛，对 20 多种作物病害防效达 60％～96％，增产 9％～20％。化学农药和化肥分别减量 30％以上。

四、木霉菌剂应用中存在的问题与发展方向

（一）存在的问题

1. 产品质量与标识规范 木霉菌剂防病效果慢、货架期短、防效和活性易受田间环境和其他农化物质影响等是大家公认的木霉产品的不足。但人们很少注意到木霉菌剂商业化产品一般没有标出菌株编号，而易使管理人员和用户误认为所有木霉菌剂功能相同，只需要简单比较孢子含量和价格即可，实际上，不同菌株在植物病害生物防治效果上有很大差异，但农民作为购买者并不清楚这些差异，这就导致市场恶性竞争，农业生产受损；甚至一些企业在取得农药登记证后，随意更换菌株，给微生物农药登记、管理和使用造成潜在的风险（张宏军等，2022）。此外，目前的木霉菌肥产品中，不仅含有木霉菌株和代谢物，还添加了多种营养和微量元素或促生类物质，但一些产品在商标中缺少精确的定量标识，因此，当农户将其与自有的肥料和微量元素肥混用时易引发营养元素超标的问题，导致肥害。

2. 田间应用技术 一般企业为推广和宣传公司的菌剂产品，农户也想在大量应用前了解菌剂产品在田间的实际表现，均试图在田间示范菌剂产品的应用效果。然而由于企业推广人员和农户的相关专业素质参差不齐，对菌剂产品在田间如何进行科学示范并不清楚，存在较大的盲目性，示范田块和处理安排不合理，缺少可信度。由于所获田间示范结果粗放，使公司产品应用报告内容空洞，多数为广告式定性描述和表面宣传，缺少量化或比较的田间应用数据，这样的报告对产品及应用技术的改进无参考价值。

（1）普遍存在的问题。①拟推广的新菌剂产品和农户自有的农药、肥料产品（对照）没有在同一个大棚比较，而是设在不同大棚进行比较，这样容易因大棚之间环境和管理措施的差异而对产品本身的真实表现造成误判。如果农户无法将拟推广的新菌剂产品与农户自有的对照产品安排在同一大棚或田块比较，则需要增加大棚数量，即将拟推广的新菌剂产品安排在 3 个以上大棚内处理，农户自有的对照产品安排在环境和管理条件尽量相近的另外 3 个大棚内处理，如果在大多数大棚内拟推广菌剂产品与对照产品表现的差异趋势一致，则结果是可靠的。②木霉菌剂使用技术不科学。木霉菌剂处理蔬菜苗床土壤的用量、方法及处理后的田间管理均是影响菌剂使用安全性和应用效果的因素。常规木霉菌剂产品在蔬菜苗床上应用，如果每平方米用量超过 50 g，对某些蔬菜种类容易抑制出苗或出现死苗现象，一般用量在每平方米 10～50 g 范围内比较安全，而且菌剂一定要撒施或混拌均匀，防止菌剂撒施不匀导致苗床土中菌剂局部超量。可将 50 kg 细土与 400～500 g 菌剂混合均匀，制成菌土后使用。木霉菌剂拌种处理，建议木霉菌剂：种子＝1：（400～800）（w/w）。③企业推广人员对农户自有的常规农化物质（农药、肥料、生长调节剂等）的性质、用量和用法不清楚，造成拟推广的菌剂产品与农户自有的农化产品田间表现比较时，很难判断产品间的真实情况。④拟推广菌剂产品与农户自有农化产品盲目混用。很多情况下，农户要求拟推广的菌剂产品与农户自有的农药、有机肥、化肥和微量元素肥料混用，诸如"水、肥一体化"使用、"套餐"式施用等，但由于推广人员不清楚农户自有农化物质的性质、用量及其对菌剂活性的影响，田间又往往缺少单一菌剂、单一农化物质或农户习惯用法的对照设置，因此，一旦出现药害或肥害，也无法判断在混用的诸多成分中哪种是引起肥害或药害的直接原因。同时，仅根据混用或配合使用后的作物田间表现，也无法判断推广的菌剂产品与混用的农户自有产品间是否产生了协同增效作用。⑤推广人员缺少规范进行田间调查的方法与常识，不清楚田间调查点的数量、分布和防病及作物生长调查指标及方法，例如株高、叶片面积与数量、开花数量和果实大小等田间调查缺少规范方法。调查的植株生育期、取样不一致，田间调查植株和器官无定点示踪标记等均会造成调查结果出现严重误差甚至无效。

（2）具体处理方法。先将半量的种子和菌剂混匀，然后再加入剩余的种子及菌剂搅拌混匀即可，拌种时可以加入适量的水，以便于搅拌混匀。木霉菌剂蘸根，建议菌剂兑水稀释 20～80 倍后进行蘸根（或球茎）。苗床淋喷，建议每平方米淋喷菌剂 2～4 g。木霉菌剂与盆栽及苗床土混合，每立方米使用木霉菌剂 100～220 g，根据用水量先配置成母液，然后与土壤搅拌均匀使用。木霉菌剂灌根，建议兑水稀释 1 500～3 000 倍，每株浇灌 200 mL，根据植株的大小可以适当调节用量。上述建议的木霉菌剂使用剂量不能绝对化，因为不同木霉菌剂产品有效成分和质量、农作物品种对木霉菌剂敏感性均不同，最好先做预备试验。除了注意菌剂用量外，菌剂施用的部位也很重要，木霉菌剂建议施在种子下面的基质或土壤，而不是覆在种子表面。另外，木霉菌剂处理后灌水量要适中不宜过大。如果苗床浇水量过大，并在高温、弱光照的条件下，蔬菜幼苗易徒长，可能会诱发木霉菌剂对幼苗不利的影响。

（二）应用技术发展方向

木霉菌剂应用技术未来将向更加精准、更加便捷、更加可控的方向发展。

1. 适用作物和环境的预测 木霉菌剂应在环境条件相对稳定的设施农业或田间管理条件好的经济价值高的特色作物上推广应用，这样不仅能让木霉菌剂更好地发挥其产品优势，还能确保生产出更优质的农产品，提高农产品的附加值，促进农民增收。但不同果蔬作物对木霉菌剂敏感性不同，因此要通过盆栽试验预测哪些作物适于常规剂量下的木霉菌剂处理，防止出现抑制出苗等现象。建立不同设施环境因子与木霉生长和繁殖动态变化相关模式，实现基于环境因子指标变化确定木霉菌剂应用技术的新模式；建立木霉菌剂应用后的木霉消长动态监测技术，形成木霉在植物根际、叶际和植物组织持效定殖的田间调控技术。

2. 土壤营养和微生态状况预测 为了提高木霉菌剂应用效果，需要在使用菌剂前分析土壤的营养状况和微生物区系，包括微生物网络节点和病原菌种群的情况，建立土壤营养、微生态预测模式和菌剂应用阈值系统，以提高木霉菌剂应用的目的性和精准性。

3. 科学混用和协同使用 深度开发可与不同农化物质安全混用或协同使用的木霉菌剂，建立混用风险预警技术；研究"药、水、肥"一体化应用模式下化学农药和化肥对木霉生长繁殖及代谢的影响，揭示"药、水、肥"环境下木霉发挥作用的协同机制，使木霉菌剂能科学地与其他农业生产技术有机结合。

4. 加强技术培训 加强农民技术骨干和企业推广人员的联培、联训，开发相关菌剂产品应用技术科普宣传平台和智能化新手段。

第三节　木霉菌剂在土壤生物修复中的应用技术

农田土壤健康是作物可持续安全生产的重要基础，然而由于我国农田耕地面积的限制，连作重茬种植是不可避免的。为了确保粮食和果蔬产量供给安全，也需要施用化学农药和化肥等农化物质。然而，长期使用或一个生长季多次施用农化物质将导致土壤质量下降，发生农化物质对土壤的污染、微生态和理化结构破坏以及病虫积累。研究表明，木霉具有降解或固化农化物质的功能或具有提高作物营养利用效率的作用，因此木霉菌剂可在农田土壤修复中发挥重要作用。

一、农田土壤化学农药残留的降解作用

木霉可降解土壤中杀虫剂、除草剂等化学农药，如毒死蜱（禁止在蔬菜上使用）、多菌灵、敌敌畏、吡虫啉、高效氯氰菊酯、氯嘧磺隆、莠去津、烟嘧磺隆、丁草胺等残留农药。付文祥等（2006）证明木霉菌株 F10 可以高效降解有机磷农药敌敌畏。Tang 等（2009）用基因整合技术以限制性内切酶为介导构建了 16 个木霉 REMI 突变株，并发现

降解敌敌畏能力提高 30% 以上的转化子有 8 个，而最高的转化子菌株降解率达到 96%。由于深绿木霉突变株 AMT‑28 可在 7 d 内完全降解敌敌畏，其具有用于土壤修复的开发价值。上海交通大学通过农杆菌介导转化技术同样获得了 2 株降解敌敌畏能力提高了 10% 以上的木霉突变株，并通过 HPLC 检测 pH 与敌敌畏残留量的关系推测木霉是通过生物矿化作用在多种酶的参与下对敌敌畏进行了降解。利用 GC‑MS 鉴定了深绿木霉 T23 降解根际土壤中敌敌畏产物主要有二氯乙酸、磷酸二甲酯和磷酸三甲酯。当敌敌畏的诱导浓度达到 500 $\mu g/mL$ 时，木霉胞内酶、胞外酶对敌敌畏的降解量分别达到 120.75 $\mu g/mL$ 和 31.86 $\mu g/mL$，且胞内酶活性始终高于胞外酶活性。其中有机磷水解酶基因（类对氧磷酶基因）和细胞色素 P‑450 发挥了重要作用（Sun et al.，2019）。

通过诱变选育技术，获得了对多菌灵（2 000 mg/L）耐受的木霉变异菌株 T32，该菌株在实验室培养条件下对多菌灵、腐霉利、异菌脲、甲基硫菌灵和三唑酮这 5 种常用化学农药的降解率分别达到 91.4%、92.1%、55.3%、40.1% 和 86.5%。该菌株制剂处理含多菌灵的原土壤、自然风干土壤和高温烘干土壤 10 d，对多菌灵的降解率分别达到 78.6%、75.3% 和 70.5%（田连生等，2006）。

贾丙志（2010）发现在实验室培养条件下脐孢木霉（*T. brevicompactum*）对高效氯氰菊酯、毒死蜱和吡虫啉降解分别为 90.43%、86.71%、78.81%。脐孢木霉制剂喷施温室油菜，分别在第 1 天、第 5 天、第 11 天、第 14 天、第 17 天进行取样，检测油菜中的农药残留，毒死蜱残留量分别比对照降低了 17.14%、36.12%、58.58%、60.07%、72.58%，17 d 后在油菜上的最终残留量为 6.8 mg/kg；高效氯氰菊酯残留量分别比对照降低了 11.98%、16.84%、33.61%、35.07%、45.54%，17 d 后在油菜上的最终残留量为 0.269 mg/kg。尽管目前发现很多木霉降解农化物质的现象，但对木霉降解农药的作用机理研究较少，降解中间产物与最终产物代谢途径和潜在毒性也需要监控。

二、土壤盐离子和重金属的去除作用

（一）木霉对重金属离子和盐离子的吸附作用

木霉通过胞内吸附、细胞表面吸附和代谢等多种途径去除污染环境中的重金属，已发现木霉菌丝细胞壁外围形成的胞外多聚物对重金属和盐离子（钠离子等）有吸附作用。Rahman 等（2016）发现干燥的木霉菌丝在一定 pH 条件下对溶液中重金属离子可有效吸附。上海交通大学研究人员发现了里氏木霉去除环境中铜离子的途径：腺嘌呤脱氨酶基因（*Tad1*）催化木霉胞内腺嘌呤代谢途径中的次黄嘌呤及黄嘌呤合成，而这两种物质与胞内铜离子结合，导致细胞铜离子浓度低于正常水平。胞内自由铜离子浓度的微小改变激活了细胞内稳态调控网络，引起细胞泵入铜离子，进而减少环境中铜离子的积累。

上海交通大学研究表明，棘孢木霉 T264 的施用可显著降低土壤含盐水平，其中酸性、碱性和中性施肥背景次生盐渍化土壤的含盐量分别降低 36.67%、39.93%、4.52%。此外，T264 的施用对土壤过氧化氢酶和脲酶活性也有显著影响。同时，还会显著降低土壤中一些土传病害病原菌如镰孢属（*Fusarium*）的相对丰度。温室大棚试验也表明 T264 处理后 20 d，嘉定、浦东、奉贤 3 个样点土壤含盐量分别降低 28.94%、40.56%、34.74%。在崇明设施大棚盐渍化土壤用哈茨木霉 T2303 处理，盐渍化程度下降了 30%～40%。

（二）木霉对盐渍化土壤结构的改良作用

木霉菌剂除具有直接吸附盐离子的作用，还能改良盐渍化土壤的理化和微生态结构。陈建爱等（2018）在山东省垦利区滨海中度盐渍土台田上进行了木霉菌剂修复盐渍化治理技术研究。结果表明，滨海中度盐渍土台田木霉处理与对照处理相比，土壤紧实度提高了177.04%，土壤水稳性团聚体数量（≥0.25 mm）提高了265.78%，土壤含水率提高了320.83%，土壤碱解氮、有效磷、速效钾和有机质含量分别提高了96.14%、42.17%、105.65%和63.79%；土壤稀释法培养微生物，细菌、放线菌、真菌、固氮菌数量比对照分别提高了170.95%、82.68%、152.17%和471.93%。

（三）木霉-修复性植物联合吸附重金属作用

木霉可促进修复性植物对土壤中多种重金属的吸附作用，形成木霉-修复性植物的重金属吸附复合体。在Babu等（2014）的研究中通过利用1株绿色木霉PDR-28促进植物对土壤中重金属进行吸附。在Fiorentino等（2010）的研究中通过对意大利南部的镉（Cd）污染土壤中的芦苇接种哈茨木霉，可有效提高植株对重金属的富集能力。甘蓝型油菜在我国南方地区广泛种植，研究表明甘蓝型油菜也具有修复Cd污染土壤的能力。然而无论是单一的木霉，还是单一的油菜本身在吸收重金属的能力方面均有一定的局限性。上海交通大学研究表明：吸附土壤重金属Cd的甘蓝型油菜品种和木霉突变株组成高效修复重金属污染土壤的木霉-油菜共生体，对土壤Cd吸除效率达到60%以上，建立了一种棘孢木霉-紫花苜蓿联合修复重金属污染土壤的方法。以上海金山区桑园村焊剂厂原址土地为修复对象，建立了苜蓿-木霉-有机肥生物修复系统去除重金属的技术框架，土壤重金属下降率58%～60%，苜蓿体内重金属吸附增长率51%～59%。

2017年上海大井生物工程有限公司在上海科用有机化工厂原址土壤种植石竹和苜蓿，结合施用木霉菌剂，对土壤铜、铬、锌的去除率均达到18%以上，最高达到42.4%。土壤中的邻苯二甲酸（2-乙基）已基酯及苯胺也大幅下降。上海青四电镀有限公司原址土壤种植紫茉莉，并施用木霉菌剂，土壤重金属总体下降41.5%，其中铅、铬、铜、锌、镍分别下降34.1%、33.0%、77.7%、42.5%、11.5%。

综上所述，木霉菌剂不仅具有生物防治植物病害的作用，同时还具有修复土壤的功能，说明在农林土壤改良和土壤健康保育中木霉菌剂具有广泛的用途。不仅如此，木霉菌剂在农田水域污染治理中也能发挥作用。今后的木霉菌剂在菌株组合上将更多考虑兼具防病、促进植物生长和修复农田土等多种功能的菌株有机组合，构建多功能协同作用的复合体，拓展其应用价值。

◆ 本章小结

国际木霉生物农药有400余种，我国木霉生物农药有22种、木霉菌肥有104种及数百种含木霉成分的复合菌肥。木霉菌剂主要用于不同植物的病害防治、土壤修复、促进植物生长、提高作物产量和品质。木霉菌剂可单独施用或与其他菌剂或低毒的农化物质复合施用，复合施用可拓宽靶标谱并发挥协同增效作用。木霉菌剂在粮食、豆类、棉花等作物上进行种子处理，有防治土传病害、诱导全株抗性的作用；木霉菌剂在蔬菜和果树上以土壤处理、灌根、滴灌等为主，防治土传病害效果比较突出。在修复土壤方面，木霉菌剂主要用于连作障碍治理、解除土壤盐渍化、降解土壤中的秸秆残体。不同作物对木霉菌剂敏感性不同，要建立木霉菌剂适用的作物范围和安全使用的剂量范围，加强木霉菌剂与其他农化物质科学混用及相关应用技术研究。

◆ 思考题

1. 如何科学选择合适的木霉菌剂应用形式？

2. 如何证明木霉菌剂与有机肥混合使用是协同增效的？

3. 为什么木霉菌剂有时需要与其他生物源农药混合使用？

4. 木霉菌剂与叶面肥混用时需要注意什么？

5. 如果化学农药和化肥对木霉生长和繁殖有明显抑制作用，应如何协同使用？

6. 简述木霉菌剂在修复盐渍化土壤过程中的作用机理。

7. 应用木霉菌剂修复重金属污染土壤时，有时发现作物体内重金属含量反而增加的现象，这种情况下木霉菌剂如何处理更科学？

8. 在木霉菌剂处理的盐渍化土壤上种植蔬菜，如果蔬菜长势得到恢复，可能的机理是什么？

第七章 木霉菌剂应用基本原则与技术

木霉菌剂的应用效果不仅取决于木霉菌剂本身的质量，还与应用技术关系密切。木霉菌剂不同应用技术均需要符合协同增效和安全有效的原则。具体而言，木霉菌剂应用技术的选择和实施需要根据应用目的、作物对象、防控对象、协同的农业栽培技术类别和环境条件等综合考虑，形成完整的应用技术体系才能充分发挥木霉菌剂的作用效果。

第一节 木霉菌剂在农业生产中应用操作规则

木霉菌剂在农业生产中的应用方式是多样的，但应用的基本原则要考虑应用的目的、作物类别和胁迫因子与发生特点。

一、木霉菌剂应用技术选择原则

无论是木霉生物农药，还是木霉生物菌肥，应用技术均涉及种子处理、灌根、蘸根、穴施、沟施、撒施、喷施等方法。应用技术需要根据以下几点进行选择：应用目的、作物类别、胁迫因子与发生特点。

木霉菌剂应用目的包括促进作物生长、提高作物品质、防治土传病害、治理连作障碍或修复土壤等。不同的应用目的，其技术选择也不同。如果以促进作物生长和提高作物品质为目的，则要选择发挥促生作用的最佳生育期进行菌剂施用；如果以防治病害为目的，则需要考虑在靶标病害发生前1～2周内施于发病部位，如灌根、沟施、叶面喷雾等；某些植株高大的作物较难在成株期对地上部喷施菌剂防治叶斑病（例如玉米等），可在播期处理土壤和种子，通过木霉诱导抗性作用防治生育后期发生的叶斑病、茎腐病和穗腐病。如果以治理大棚连作障碍或修复土壤等为目的，可采用土壤播种前撒施菌剂的方式。当然上述应用技术的选择也不能绝对化，可以根据生产实际情况灵活调整。根据作物类别选择不同应用技术，例如大田作物、棉花等大宗作物因种植面积大、机械化操作程度高，生育期长，适合于选择种子处理、无人机喷施或高架喷药机施用。在种子处理时要注意木霉菌剂或木霉代谢物制剂对种子萌发和出苗的影响，木霉和其代谢物有时会对玉米、番茄等作物种子萌发产生一定的抑制作用，需要选择安全使用剂量和时期。对于敏感作物，最好不要用于种子处理，建议在作物生育中后期灌根或喷雾，使用剂量也可适当减少。蔬菜和果树等作物适合灌根、蘸根、穴施、沟施、撒施。蔬菜育苗床土处理一般采用撒施方式。育苗后移栽主要通过灌根、蘸根、穴施的方法应用木霉菌剂。而对于果树，主要围绕树冠进行沟施。作物病害发生规律不同，应用技术也不同。针对土传病害，一般采用种子处理、灌根、蘸根、穴施、沟施、撒施，而对气传、叶部或果实病害，则采用喷雾方法。作物生长过程中可能会遇到早春低温、后期高温干旱等非生物胁迫以及侵染性病害等生物胁迫，胁迫因子不同选择的应用技术不同。预防大棚蔬菜栽培早春低温危害，可选择喷施木霉菌肥或木霉代谢物水剂的方式；预防高温、干旱危害，可选用菌剂灌根（滴灌）与叶面喷施相结合的方式；预防苗期根腐病、猝倒病等，可选用菌剂种子处理、灌根、蘸根等方式；预防生育后期发生的枯萎病、根肿病、青枯病等，可选用菌剂撒施、沟施和灌根多次使用的方式；预防叶斑病，可选用在作物发病前对作物地上部喷施菌剂；如果连作多年的大棚土壤中的病原菌和自毒物质较多，可在整地时用木霉菌剂撒施土壤，或在土壤化学消毒后间隔一段时间再撒施菌剂的方式处理。

二、木霉菌剂应用技术操作要点

木霉菌剂应用技术操作要点是指不同应用技术的关键操作环节和注意事项。

（一）种子处理

玉米、水稻、小麦等粮食作物种子可采用木霉菌肥或木霉生物农药处理。种子处理前需要注意种子是否已包衣化学种衣剂，已包衣有化学种衣剂的种子原则上不建议再包衣木霉菌剂，但如果需要进行二次包衣，最好应用木霉干粉种衣剂，粉剂可最大程度减少化学种衣剂对木霉种衣剂活性的影响。木霉菌剂处理种子有时会出现作物幼苗出土和生长受抑制的现象，如果生长抑制不严重，在生育中后期可以自然恢复，如果苗期生长抑制明显，则需要补施植物生长调节剂（如芸薹素内酯等）或有机肥刺激植物恢复生长。用木霉干粉进行种子包衣，要求混拌量适中、均匀。

（二）滴灌、灌根、蘸根处理

木霉菌剂滴灌处理时，菌剂可溶性很重要，菌剂中的硅藻土等载体过多可能在水中出现沉淀而堵塞滴灌孔。如果出现这种情况，需要适当减少使用剂量，或增加用水量或延长滴灌时间，或滴灌后用清水冲洗滴灌系统。蘸根处理则需要将根系在配制好的菌剂中浸蘸，蘸根过程中不断搅拌菌剂。如果没有滴灌系统，则需要将菌剂用清水稀释后灌入。如果施用木霉代谢液（水剂）滴灌、灌根、蘸根则不需要额外的辅助措施。菌剂滴灌处理可与常规的灌水或施肥一并进行，即水-化肥-菌肥一体化施用。

（三）撒施、穴施、沟施处理

木霉菌剂每 667 m^2 用量一般在 3～10 kg，将菌剂穴施或沟施均匀有一定难度，最好施用前将木霉菌剂（粉剂）与细土混合后施用。如果与有机肥混合施用，则需要先用少部分有机肥与木霉菌剂混合，然后再用搅拌机械将这部分有机肥-木霉的混剂与其余有机肥混拌均匀。

三、木霉菌剂应用技术操作实例

木霉菌剂的应用方法与其他生物菌剂的应用方法类似，而且不同应用方法也可根据实际情况相互结合，以在黄瓜和番茄上应用为例。

1. 粉剂拌种 粉剂拌种剂∶种子=1∶(100~200)，拌种→播种→覆土→压实→全田灌水。

2. 颗粒剂或粉剂撒施 土壤平整→土壤表面浇水→颗粒剂或粉剂与细土混合→颗粒剂或粉剂与细土混合物均匀撒施在土壤表面（每平方米 10~50 g，一般不要超过 50 g）→撒施干土→覆膜（2 周）。

3. 颗粒剂穴施 估算每 667 m² 定植穴位数量，计算每穴加入量→穴施颗粒剂→与周边土混均→移入苗→覆土→全田灌水。

4. 颗粒剂沟施 挖沟→确定每平方米施用颗粒剂用量→施入颗粒剂→覆土→全田灌水。

5. 粉剂或水剂处理土壤与灌根 土壤处理（每 667 m² 准备 500~1 000 g 粉剂或 1 L 水剂，用前稀释 100~200 倍稀释液）→移栽后或定植后灌根（每 667 m² 500~1 000 g 粉剂兑水 60 kg）→生育中后期随灌溉水或液态肥灌根。

第二节 木霉菌剂与化肥和农药混合施用技术要求

为了提高木霉菌剂的应用效果，将木霉菌剂与化肥和农药混合施用是农业生产中普遍的应用方法。如何避免木霉菌剂与农化物质混用的盲目性，真正发挥木霉菌剂在混用中的作用是木霉菌剂科学使用的关键技术之一，因此混用前要明确木霉菌剂与农化物质间的亲和性和可匹配性以及协同增效的技术途径。

一、木霉菌剂与化肥混施技术

(一) 混施技术要点

木霉颗粒剂可以与氮肥、磷肥、钾肥、微肥及复合肥混合施用。混施注意事项如下。

(1) 化肥与木霉菌剂需具有促生和防病的协同增效作用。

(2) 化肥用量不能对木霉菌株活性有明显的抑制作用。

(3) 木霉菌剂不易与常规每 667 m² 用量的尿素化肥混合使用。

(4) 混用时环境湿度不能过高，木霉菌剂含水量不能超过 8%。

一般每 667 m² 由木霉菌剂 1~2 kg（颗粒剂）与 40 kg 化肥混合，混拌均匀非常重要。而且要防止受潮，木霉菌剂受潮后很难与化肥混合均匀。

还有一种木霉与化肥协同使用的方法，就是将木霉菌粉包衣在化肥表面，但要注意某些化肥成分可能会对木霉繁殖和生长产生影响，需要先将兼有保护木霉作用的防结块剂（如某些矿物油）喷在化肥上，再包衣木霉粉层，形成益菌化肥颗粒。

(二) 混施效应

木霉菌剂与化肥混用比例优化后可产生协同增效作用。主要原因是木霉能刺激植物能量代谢相关基因上调表达，使植物提高了对氮、磷、钾的吸收和转化效率，另外，木霉可产生有机酸提高土壤中营养元素的可溶解性，从而产生协同增效作用。由于尿素对木霉生长和繁殖有较明显的抑制作用，因此木霉菌剂最好与非尿素类化肥混用，建议与复合化肥、磷肥、钾肥和钙肥混用。混用时，化肥可适当减量，降低化肥对木霉生长的抑制作用，并能满足绿色农业对化肥减量化的需求。研究表明，木霉促进植物提高对化肥的吸收效率达 20% 以上。因此混施时，化肥可以减量 20%～30%。研究表明，在玉米田木霉菌剂与常规量 70%～80% 的化肥混施增产效果明显达到或超过全量化肥的水平。

（三）混施的肥害问题

在生产中有时将木霉菌肥与微量元素等肥料混用，个别农户反映混用引起了叶片或果实肥害症状，这可能是木霉菌肥产品中含有微量元素和其他肥料成分，导致其与农户自有的叶面肥混用时产生了肥害。例如，在葡萄生产中常施用硼肥时，因一些商业化的木霉菌剂中也含有相当剂量的微量元素，如果农户已在葡萄上施用硼肥的情况下，又施用含微量元素肥料的木霉菌剂，就会造成了微量元素过量，引起肥害。因此，在推广应用木霉菌剂时，一定要注意农户已施用的肥料情况。

二、木霉菌剂与化学农药混施技术

木霉原则上不能与一定生产使用浓度范围的化学杀菌剂混合施用，如多菌灵、咯菌腈、戊唑醇、苯醚甲环唑等，它们对木霉生长和定殖能力的抑制性较强。但如果杀菌剂选择合适或降低浓度，木霉菌剂仍可与减量的化学杀菌剂混合施用或协同使用，以提高其防治病害和促进作物生长的效果。

（一）木霉菌剂与化学杀菌剂混合施用

木霉菌株对不同化学杀菌剂的耐受性不同。有些化学杀菌剂对木霉生长影响不大，并且还可能有协同增效作用。例如，防治黄瓜枯萎病的噁霉灵在正常使用浓度范围内有利于木霉在土壤中繁殖和定殖，混施效果好。木霉与阿维菌素、井冈霉素等生物源农药混合或复合使用比较安全。木霉对代森锰锌、嘧霉胺、噁霉灵、啶酰菌胺和啶菌噁唑等耐受性相对较好。木霉菌剂可与一些低毒化学杀菌剂混配处理玉米种子，例如噁霉灵、啶菌噁唑等。而有些杀菌剂对木霉生长、繁殖和定殖影响较大，或加重木霉对种子萌发和出苗的抑制作用。例如：25% 的戊唑醇乳油与木霉可湿性粉剂 1∶10 比例混合，50% 咯菌腈可湿性粉剂与拮抗木霉可湿性粉剂 1∶1000 混合对于玉米出苗抑制明显。30% 苯醚甲环唑·丙环唑乳油与木霉混施会抑制出苗。对于木霉影响未知的农药，建议在混用前进行预备试验，确保化学杀菌剂不影响木霉生长和繁殖，混用也不干扰作物的正常生长。为了防止化学农药抑制木霉，可采取"快混、快用、现混、现用"的方法。

（二）木霉菌剂与化学杀虫剂混合施用

对于根用或土壤处理的木霉颗粒剂，有些化学杀虫剂是可与其混合使用的，例如毒死蜱、氯氰菊酯、除虫菊素、氰虫酰胺、灭蝇胺等在一定浓度范围内与木霉菌剂混用。但 2.2% 阿维·吡虫啉乳油与木霉菌剂混合对玉米种子出苗具有极明显的抑制作用。1.8% 阿维菌素乳油与木霉菌粉 1∶100、1∶25 混配对玉米出苗率的抑制作用比较明显，而 1∶500 和 1∶25 对于株高具有明显促进作用。化学杀虫剂与木霉菌剂混合处理种子是否产生抑制出苗现象，取决于两者混配比例，不能绝对化。

（三）木霉菌剂与除草剂混用

不同除草剂对木霉影响不同，例如苯磺·甲磺隆对哈茨木霉的菌丝生长和孢子萌发均有强烈的抑制作用，精喹禾灵田间施用剂量下对木霉抑制率为 78.03%，产孢抑制率为

93.41%；苯磺隆、乙羧氟草醚田间施用剂量下对木霉抑制率分别为 4.93%、27.32%，对木霉产孢抑制率分别为 18.68%、41.20%。氟乐灵对木霉也有较强的抑制作用。在木霉菌剂与除草剂同田混用时，可考虑木霉菌剂与适量的苯磺隆、莠去津、丁草胺、烟嘧磺隆混用。当然最安全的方法还是通过预备试验确定除草剂对木霉生长的影响，再确定混用的方案。

（四）木霉菌剂与化学农药混合施用需满足的条件

对于连作多年的大棚，因历年发病重，土壤病原菌积累多，需要将木霉菌剂与化学农药混合施用，以提高应用的效果，但需要满足 3 个条件：①化学农药不能明显抑制木霉菌剂菌株生长和繁殖。②木霉菌剂不能明显降解化学农药。③化学农药与木霉菌剂有明显的协同增效作用。如果选用的化学农药对木霉生长和繁殖有明显的影响，一般不能同时混施，但可间隔一定时间交替使用，例如，施用化学农药后间隔 7~10 d，再施用木霉菌剂，因为多数化学农药在 1 周后的残留毒性对木霉生长的影响已很小。或在空间上协同使用，例如，灌根采用木霉菌剂，喷施植株地上部采用化学农药。

（五）木霉菌剂与化学农药混用中的药害问题

为了提高应用效果，一些商业化木霉菌剂产品的实际成分，可能不仅含有木霉及其代谢物成分，还含有少量化肥、腐殖酸、无机盐、微量元素、植物生长调节剂等。农户将木霉菌剂产品与化学农药混用时要注意木霉菌剂各种成分与化学农药的相互作用，有时木霉菌剂产品中的某些成分改变了叶片渗透性，导致化学农药进入植物组织的量增加，继而产生药害；或木霉菌剂产品的某些成分与化学农药发生反应产生了分层和沉淀等植物毒性物质，造成药害。因此，木霉菌剂与化学农药混用时，复配的化学农药种类不宜过多，化学农药最好适当减量。

第三节　木霉菌剂与有机肥混合施用技术要求

木霉菌剂与有机肥混合施用的目的是利用有机肥为木霉在土壤中定殖提供营养，发挥木霉菌剂与有机肥协同增效作用。但在两者混施中加入木霉菌剂的最佳剂量及其在有机肥中的生存和繁殖状况、两者协同增效机制目前尚缺少足够的研究。

一、木霉菌剂与有机肥混施原则

有机肥营养丰富、肥效长，但养分不足，因此需要辅以微生物加速其成分的转化，以提高养分释放效率。因此有机肥与木霉菌剂如果混用科学，可产生协同增效作用。一般情况下木霉菌剂可与有机肥混合施用，但要注意以下混用原则。

（1）明确有机肥的成分及对木霉生长和繁殖的影响，至少无抑制作用。

（2）有机肥对木霉功能因子活性有增效作用，至少无抑制作用。

（3）木霉可促进有机肥成分转化，提高作物吸收利用水平。

有机肥有 4 大类：粪尿肥、堆沤肥、绿肥和杂肥。其成分差异较大，因而对木霉生长和繁殖产生不同的影响，例如，某些秸秆肥的木质素含量多，难被木霉充分降解，也很难为木霉生长提供营养，但秸秆的纤维素成分易被木霉降解和利用。一方面，某些有机肥是经污水、污泥、畜禽粪便制备的，有机肥中可能含有较多的抗生素和重金属等抑制木霉生长的物质，其中抗生素可能对木霉有较强抑制作用。另一方面，不同厂家的有机肥成分和质量差异较大，木霉与有机肥相互关系比较复杂，两者混用可能会产生不同的应用效果。总之，木霉与有机肥混用前需要明确有机肥成分和理化性质、双方的互作效应。最好通过预备试验，明确两者混用的协同增效潜力。在混合施用过程中要监测木霉在有机肥及应用环境中的生长和繁殖动态。

二、木霉菌剂与有机肥混用技术

（一）简单混合应用

简单混合指在施用有机肥前与木霉菌剂混用，或在有机肥制备过程中将木霉菌剂作为一种微生物成分混入有机肥。但目前一些企业或农户混用存在盲目性，如用 2 kg 木霉与 1 t 有机肥混合施用，实际上这样低的木霉菌剂用量很难与有机肥混拌均匀，混合后的木霉-有机肥产品也很难证明有协同增效作用。木霉菌剂与有机肥的混合比例需要进行预备试验才能确定。因为有机肥种类和性质差异很大，与木霉之间的互作关系也必然明显不同。需要开展预备混用试验：一是在拟推广区域选择主栽作物进行单独施用和不同配比混合施用的田间试验，筛选出在促进作物生长和提高抗逆性方面的最佳混配比例。二是要检测木霉与有机肥混合后木霉的繁殖和生长情况，防止有机肥中超标的重金属或抗生素对木霉生长产生影响。有些有机肥本身已含有木霉，因此要注意区分混入的木霉与有机肥中固有的木霉种类（采用分子手段才能鉴定区别）。

（二）包衣木霉菌粉的有机肥颗粒

益菌化有机肥颗粒有利于木霉先行定殖在根际土壤，更易产生其与有机肥的协同效应。有些企业在有机肥制备工艺中的最后一步就是将木霉菌粉包在有机肥颗粒表面，形成益菌化有机肥。益菌化有机肥产品对含水量有严格的要求（控制在 10% 以下），否则易在颗粒肥保存过程中发生霉变；有机肥颗粒表面的木霉菌膜包衣的坚固性和货架期也非常重要。

（三）农场自制木霉-有机肥

将一定剂量的商业化木霉菌剂与农场生产的废弃物（畜禽粪便、动物骨粉、食用菌培养废料、作物残体等）在田间或简易设施内进行混合沤制（相当于利用畜禽粪便等作为木霉发酵原料），也可制备成育苗基质或营养土。混合沤制条件和时间因废弃物种类和设施条件而异。制备好木霉-有机肥直接用在自家农场或果园土壤中，这种方式制备菌肥成本低，但质量相对粗放，标准不易控制，不易商业化应用。国外循环农业和家庭农场中常用这种技术。例如，意大利的农场将木霉-畜禽骨粉-食用菌培养废料混合制备成育苗基质；印度农场将木霉菌剂与农业废弃物混合沤制菌肥，用于自家农场。

（四）水肥一体化施用

将木霉菌剂混入灌溉水和有机肥液，一并灌入土壤。例如，木霉菌剂混入腐殖酸肥，并随滴灌系统施入土壤。要根据作物不同生育期进行施用，定植后、开花前灌施效果比较好。一般每 667 m² 每次随水肥滴灌 300～1 000 mL 木霉菌剂（每毫升 1×10^7 个活孢子）。水肥一体化施用需要注意木霉菌剂是否发生沉淀，过多的沉淀会堵塞喷头，因此要尽量选择水溶性好的木霉菌剂。

第四节　木霉菌剂与其他生物菌肥和生物
农药混合施用技术要求

木霉菌剂与其他生物菌肥、生物农药混合施用可实现功能互补并拓宽防病谱，但在混用前需要明确木霉菌剂与其他生物源农药和菌肥之间的相互关系。其中选择最佳的混用方式可提高混用组分间的亲和性和协同增效作用。

一、木霉菌剂与芽孢杆菌、假单胞菌制剂混用技术

单一木霉菌剂可与各种活体生防细菌或细菌类肥料混用，可产生协同增效的作用，主要是由于木霉菌剂在防治细菌病害方面有局限性，而生防细菌或细菌肥料有这方面的优势，两者混用可功能互补。例如，木霉菌剂与枯草芽孢杆菌、解淀粉芽孢杆菌、蜡质芽孢杆菌、假单胞菌等微生物农药或生物菌肥以一定比例混合包衣种子对玉米出苗和土传病害协同增效作用明显。木霉菌剂与拮抗细菌生物农药或农用抗生素混用前，一方面要考虑它们在功能和环境适应性方面是否有互补性，另一方面要注意拮抗细菌产生的抗生素代谢物对木霉生长和根际定殖是否有抑制作用，混用前要明确两者亲和性互作的程度，如果出现细菌对木霉的拮抗作用，则可在混用时提高木霉菌剂的用量或减少拮抗细菌用量，这样可缓解混用不合适的影响。

二、木霉菌剂与昆虫病原真菌和杀线虫真菌制剂混用技术

木霉菌剂在防治植物病害方面有很突出的作用，但对于地下害虫（地老虎、蛴螬、金针虫等）的防治明显不如昆虫病原真菌，如绿僵菌和白僵菌等。木霉菌剂单独处理的玉米螟幼虫校正死亡率在40%左右，而白僵菌剂处理的玉米螟幼虫校正死亡率在80%左右，两者混用不仅解决了病虫兼治的难题，同时也能提高害虫的防效。一般而言，绿僵菌和白僵菌在土壤中的生长速度远不如木霉快，因此在土壤内混用时可能会出现因木霉生长过快而抑制了昆虫病原真菌生长或繁殖的现象，进而影响了昆虫病原真菌杀虫功能的发挥。将木霉与昆虫病原真菌直接混用时，可适当增加混用中昆虫病原真菌菌剂的用量（1~2倍），或先施用昆虫病原真菌制剂，3~4 d后再施用木霉菌剂，这样可实现两类微生物在土壤中的种群平衡。木霉菌剂与昆虫病原真菌菌剂混用的协同增效作用非常重要。例如，棘孢木霉与球孢白僵菌1∶1混合处理玉米种子或土壤明显提高了对玉米螟的防效，并能兼治土传病害，比单一施用白僵菌、木霉分别提高防效20%、80%以上，协同增效作用明显。昆虫病原真菌本身也能产生拮抗作用，即产生对作物病害防治的协同增效作用。防治植物线虫病的淡紫拟青霉（*Paecilomyces lilacinus*）、厚垣孢普克尼亚菌（*Pochonia chlamydosporia*）、不规则节丛孢（*Arthrobotrys irregularis*）等与木霉菌剂混用，能兼治土传真菌病害。例如，木霉与淡紫拟青霉按10∶1混合可防治番茄根结线虫、镰孢菌枯萎病。

三、木霉菌剂与生物化学农药混用技术

生物化学农药中的抗生素、氨基寡糖素、几丁聚糖、免疫激活蛋白、植物生长调节剂

等经常与活体生物农药混用。尽管大多数生物化学农药对木霉生长和繁殖无明显不良影响，但也需要明确最佳混合比例。10％井冈霉素·蜡质芽孢杆菌悬浮剂与拮抗木霉2：10混合对玉米出苗有不良影响；木霉可湿性粉剂与阿维菌素1：100、1：25混配对出苗率有抑制作用，其中1：100混合比例抑制出苗最明显，而1：500和1：25比例混合对于玉米株高具有明显促进作用。木霉与植物源农药苦参碱混用也可对玉米幼苗生长产生抑制作用（苦参碱：木霉＝1：100）。而木霉菌剂与稀释300倍的申嗪霉素混用促生作用明显。木霉与井冈霉素混用对木霉生长非常安全。上海交通大学研究发现：井冈霉素（有效霉素）对棘孢木霉菌丝体生长、菌丝细胞超微结构、产孢量以及重寄作用及其相关酶系的活性均无明显影响，而且井冈霉素与棘孢木霉或其分泌的几丁质酶或纤维素酶组合使用，可明显提高对玉米纹枯病菌的抑制效应。田间示范试验表明：将木霉菌剂与氨基寡糖素和植物免疫激活蛋白混用制剂稀释400～1 000倍浸种或灌根2～3次，在防治黄瓜和番茄病毒病、白粉病和霜霉病方面均有协同增效的作用。

◆ 本章小结

　　木霉菌剂应用技术的选择取决于应用目的、作物类别、胁迫因子种类和发生特点。木霉菌剂应用技术主要包括种子处理、蘸根、灌根、滴灌和叶面喷雾，不同应用技术组合使用效果更佳，但需要监测多种措施一体化应用中木霉的活性及协同增效作用。木霉菌剂与化肥、化学农药、有机肥、生物农药或生物刺激素等混合施用，要注意混合的成分间相融性、安全性及协同增效作用，要明确混合的最佳配比及混合时序性。木霉菌剂与化肥、化学农药混用时，化学农药和化肥要适当减量，一方面可减少农化物质对木霉活性的干扰，另一方面实现化学农药和化肥减量化，减少了农化物质对环境和农产品的污染。

◆ 思考题

　　1. 请设计以防治设施蔬菜土传病害为目的，木霉菌剂与其他农化物质协同使用的方案。

　　2. 请设计全生育期防控多重病害的木霉菌剂应用方案。

　　3. 土壤中木霉生长速度往往超过昆虫病原真菌而抑制后者的种群密度，如果要同时兼治土传病虫害，怎么配制或应用这两类菌剂？

　　4. 为什么木霉菌剂与其他生防真菌制剂混用的意义可能不如其与生防细菌制剂混用？

　　5. 木霉菌剂与其他生防真菌制剂混用或与生防细菌制剂混用时，二者注意事项有哪些不同？

　　6. 木霉菌剂与化学农药混用效果不理想的可能原因有哪些？

　　7. 如何预防和减轻木霉菌剂与农化物质混用时产生的药害或肥害？

第八章 木霉菌剂在蔬菜生产中的应用技术

国内外蔬菜生产过程中对于化学农药和化肥的控制比较严格，因为化学农药和化肥的残留直接影响蔬菜的食用安全。我国设施蔬菜生产面积不断扩大，已达 400 万 hm^2，由于连作生产普遍存在，土壤连作障碍发生较严重，因此如何控制蔬菜因连作障碍引起的各类生物胁迫和非生物胁迫是实现蔬菜可持续安全生产的重要任务。木霉菌剂及其他活体生物农药和生物菌肥在蔬菜土传病害绿色防控、土壤次生盐渍化治理及农药和化肥减量方面发挥了重要作用（宋瑞清等，2004）。

第一节 瓜 类

瓜类蔬菜主要包括黄瓜、甜瓜、南瓜、西瓜、西葫芦、冬瓜、丝瓜、苦瓜等，富含大量维生素，具有较高的经济价值和营养价值。我国瓜类蔬菜种植总面积为 211.287 万 hm^2，产量为 8 292.53 万 t。瓜类蔬菜生产类型有露地栽培和设施栽培两大类，近年来我国设施栽培的瓜类蔬菜面积较大，一方面，由于设施栽培环境中土壤和空气湿度较高，易发生各种病害，高温又很易诱发蚜虫、温室白粉虱等虫害；另一方面，设施栽培中的土壤连作障碍和盐渍化胁迫相当普遍，严重影响了果蔬可持续生产。近年果蔬绿色和有机生产面积不断扩大，对化肥和化学农药使用的限制越加严格，对解除土壤盐渍化胁迫日益迫切，在这种情况下，如何有效防治设施栽培作物病虫害变得极具挑战性。木霉菌剂及其与其他生物农药或和生物肥料的配合使用，能较好解决上述难题，取得良好的经济和生态效益。

一、黄 瓜

1. 目的 防治猝倒病或根腐病、白粉病、霜霉病、枯萎病，促进黄瓜生长、减轻大棚连作障碍和盐渍化程度。

2. 菌剂 木霉可湿性粉剂（$2×10^8$ cfu/g）、木霉颗粒剂（$1×10^8$ cfu/g）、木霉代谢物水剂。

3. 处理方法

（1）苗床土壤处理。把床土平整均匀、木霉可湿性粉剂撒在苗床土上，对苗床土壤喷施充足水分，每平方米撒施 5～10 g 菌剂。黄瓜种子撒在苗床上，再在上面盖厚 3～4 cm

的土层。齐苗后，白天苗床或棚温保持 25～30 ℃，夜间保持 10～15 ℃。

（2）高温闷棚后处理。经 70～80 ℃闷棚 15～20 d 后，打开棚膜，待土壤温度降低到 25 ℃以下，每 667 m² 撒施 5 kg 木霉颗粒剂；或喷施木霉可湿性粉剂 400～500 倍稀释液，每 667 m² 用 30 kg 菌液。

（3）穴盘育苗处理。黄瓜种子浸泡在木霉可湿性粉剂稀释液（400 倍液）1 h，或在盛有育苗基质的穴盘上喷施木霉可湿性粉剂稀释液（400～500 倍液），充分渗透后播种；将木霉可湿性粉剂与育苗穴盘基质（栽培土）按 1：400 比例混合均匀，喷水，待表面晾干后播种。

（4）移栽或定植期处理。穴施木霉颗粒（每穴施 2～5 g），或条施木霉颗粒剂（每 667 m² 用量 5 kg），或黄瓜苗根浸蘸 50～100 倍木霉可湿性粉剂稀释液。

（5）成株期处理。在叶片白粉病和霜霉病发生前期，喷施木霉可湿性粉剂（每 667 m² 用量 200～300 g），稀释 400 倍液，分 2～3 次喷施，每次间隔 4--5 d；木霉可湿性粉剂稀释 200 倍随肥滴灌，每 667 m² 用量 500 g 菌剂。在坐果期，用木霉可湿性粉剂稀释 600 倍液灌根，使水量充分渗入根系；或用木霉代谢物水剂（每 667 m² 用量 1 L）200～500 倍稀释液灌根。

4. 田间配套措施与管理　在根腐病和枯萎病发生严重的地块，建议在黄瓜定植前使用木霉颗粒剂处理土壤，每 667 m² 木霉颗粒剂 5～10 kg 处理，或滴灌木霉可湿性粉剂 300～400 倍液。

如果苗床土已用木霉菌剂处理，原则上不能再施用任何化学杀菌剂或土壤化学消毒剂消毒；如果先用土壤化学熏蒸剂或化学消毒剂处理，则需间隔 10～15 d 后再施用木霉菌剂。

叶面喷施木霉菌剂处理后，不能马上施用化学杀菌剂，需要间隔 7～10 d；如果叶片发病已明显，建议先施用化学杀菌剂，间隔 7～10 d 后再施用木霉菌剂。滴灌处理时要注意菌剂沉淀物可能会堵塞喷头，建议采用具搅拌装置的滴灌设备（张政兵等，2007）。

为了保护土壤健康，建议木霉颗粒剂与有机肥复合使用，每 667 m² 用木霉菌剂 10 kg 与有机肥 25 kg 混合施用效果好。木霉菌剂可与芽孢杆菌菌剂混用处理土壤，以减少土传病原真菌和细菌数量。当塑料膜及秧苗叶片上有水珠凝结时，要及时通风。最好选用无滴膜盖棚，增加光照度和光合作用，提高幼苗抗病能力（康萍芝等，2020）。

尽管每个栽培环节均可施用木霉菌剂，但在实际生产中可先选择整地和定植期应用木霉菌剂，其他技术环节根据病害发生程度确定。

5. 防病、促生效果　在历年严重发病田，木霉菌剂处理后 20 d 田间发生黄瓜叶片黄化的百分率不超过 10%，处理 30 d 后黄瓜株全株枯萎或倒伏的百分率不超过 10%，说明菌剂施用和配套管理措施综合效果良好。木霉菌剂处理后 20～30 d，出苗率、株高、叶片浓绿情况、根系发达程度、开花率明显超过未处理的大棚，出苗率超过未处理大棚的 10%～15%，株高增加 10～20 cm，根系鲜重增加 5% 以上，开花率提高 1 倍以上。

二、甜　瓜

1. 目的　防治甜瓜根腐病、白粉病、蔓枯病、枯萎病等。促进甜瓜生长，减轻大棚连作障碍和盐渍化程度。

2. 菌剂 木霉可湿性粉剂（2×10^8 cfu/g）、木霉颗粒剂（1×10^8 cfu/g）、木霉代谢物水剂、芽孢杆菌可湿性粉剂（1×10^{10} cfu/g）。

3. 处理方法

(1) 种子处理。选种后，将种子置于 55 ℃的温水中浸种 20 min，然后在 30 ℃温水中浸种 4 h。种子略晾干后，再用木霉菌粉拌种。木霉可湿性粉剂：种子＝1：60（w/w）拌种。为了提高包衣效果，可选择 0.5%～1% 羧甲基纤维素配成水溶液先处理种子，然后再包衣菌剂。包衣菌剂后的种子自然晾干后播种。

(2) 苗床土壤处理。把床土平整均匀、木霉可湿性粉剂撒在苗床土上，苗床土壤喷施充足水分，每平方米撒施 5～10 g 菌剂，甜瓜种子撒在苗床上，再在上面盖厚 3～4 cm 的浮土，齐苗后白天苗床或棚温保持 25～30 ℃，夜间保持 10～15 ℃。或将木霉可湿性粉剂和芽孢杆菌可湿性粉剂 1：8 混合，并以 1：50（w/w）的比例（菌剂：细土）拌土，施在苗床表面，每平方米撒施 40 g。

(3) 高温闷棚后处理。经 70～80 ℃闷棚 15～20 d 后，打开棚膜，土壤降低到 25 ℃以下，每 667 m^2 撒施 5 kg 木霉颗粒剂或喷施木霉可湿性粉剂稀释 400 倍液，每 667 m^2 用 30 kg 菌液。

(4) 穴盘育苗处理。甜瓜种子浸泡木霉可湿性粉剂稀释液（400 倍液）1 h，或在盛有育苗基质的穴盘上喷施木霉可湿性粉剂稀释液（400 倍液），充分渗透后播种；将木霉可湿性粉剂与育苗穴盘基质（栽培土）按 1：20（w/w）比例混合均匀，喷水、基质表面干后播种。

(5) 定植期处理。定植前土壤旋耕时每 667 m^2 施腐熟羊粪或鸡粪 1 000 kg 和木霉颗粒剂 5 kg。穴施（每穴施 2～5 g）或条施木霉颗粒剂（每 667 m^2 用量 5 kg），或甜瓜苗根浸蘸 50～100 倍木霉可湿性粉剂稀释液。如果木霉颗粒剂与细土混合后施用，每穴施 2～5 g，沟施 300 g/m^2。施用菌剂后立即覆土。缓苗后为促进幼果发育可结合浇水每 667 m^2 追施硫酸钾 7 kg、磷酸氢二铵 15 kg、木霉可湿性粉剂 500～1 000 g。

(6) 成株期处理。果实膨大期，可结合浇水每 667 m^2 追施硫酸钾 10 kg、磷酸氢二铵 25 kg、500～1 000 g 木霉可湿性粉剂，或用木霉代谢物水剂稀释 200～500 倍液灌根。在叶片白粉病或霜霉病发生前期，喷施木霉可湿性粉剂（每 667 m^2 用量 200～300 g），稀释 400 倍液，分 2～3 次喷施，每次间隔 4～5 d。木霉可湿性粉剂稀释 200 倍随肥滴灌，每 667 m^2 施 500～1 000 g 菌剂。在坐果期，木霉可湿性粉剂稀释 400～600 倍液灌根，使菌液充分渗透到根系，或木霉代谢物水剂（每 667 m^2 用量 1 L）200～500 倍稀释液灌根。

4. 田间配套措施与管理 为了提高对根部病害和枯萎病的防治效果，建议在甜瓜定植前使用木霉颗粒剂进行土壤处理，滴灌木霉可湿性粉剂。

苗床土用木霉颗粒剂处理前后，勿施用任何化学杀菌剂；若苗床土壤事先经过化学熏蒸剂或消毒剂处理，则要间隔 7～10 d 后再施用木霉颗粒剂。

叶面喷施木霉可湿性粉剂处理后，不能马上施用化学杀菌剂；如果叶片病害明显，建议先施用化学杀菌剂，间隔 7 d 后再施用木霉可湿性粉剂。滴灌时，应注意预防粉剂沉淀物堵塞喷头，建议使用具备搅拌装置的设备。

为了保育土壤健康，建议木霉颗粒剂与有机肥配合施用，建议用量：每 667 m² 木霉颗粒剂 10 kg 与有机肥 25 kg 配合施用效果较好。

当塑料膜及秧苗叶片上有水珠凝结时，要及时通风。最好选用无滴膜盖棚，增加光照度和光合作用，提高幼苗抗病能力。

尽管每个栽培环节均可施用木霉菌剂，但在实际生产中建议在整地和定植期分别应用木霉颗粒剂和木霉可湿性粉剂，效果更理想。其他技术环节根据病害发生程度确定（陈明月等，2021）。

5. 防病、促生效果 在历年严重发病田，木霉可湿性粉剂灌施后 20 d 田间发生甜瓜叶片黄化的百分率不超过 10%，处理后 30 d 甜瓜株全株枯萎或倒伏的百分率不超过 10%，说明木霉菌剂施用和配套管理措施综合效果良好。木霉可湿性粉剂处理后 20～30 d，出苗率、株高、叶片浓绿情况、根系发达程度、开花率明显超过未处理的大棚，出苗率超过未处理大棚的 10%～15%，株高增加 10～20 cm，根系鲜重增加 5% 以上，开花率提高 1 倍以上，说明木霉菌剂促进作物生长效果良好。

三、南　瓜

1. 目的 防治南瓜白粉病、疫病等病害。促进南瓜生长、减轻大棚连作障碍和盐渍化程度。

2. 菌剂 木霉可湿性粉剂（$2×10^8$ cfu/g）、木霉颗粒剂（$1×10^8$ cfu/g）、木霉代谢物水剂。

3. 处理方法

（1）苗床土壤处理。把床土平整均匀、木霉可湿性粉剂撒在苗床土上，苗床土壤喷施充足水分，每平方米撒施 5～10 g 菌剂，与表土混合耙匀，南瓜种子撒在苗床上，再在上面盖厚 3～4 cm 的浮土，齐苗后白天苗床或棚温保持 25～30 ℃，夜间保持 10～15 ℃。

（2）高温闷棚后处理。经 70～80 ℃闷棚 15～20 d 后，打开棚膜，土壤降低到 25 ℃以下，每 667 m² 撒施 5 kg 木霉颗粒剂或喷施木霉可湿性粉剂 300 倍稀释液，每 667 m² 用 30 kg 菌液。

（3）穴盘育苗处理。南瓜种子浸泡木霉可湿性粉剂稀释液（300 倍液）1 h，或在盛有育苗基质的穴盘上喷施木霉可湿性粉剂稀释液（300 倍液），充分渗透后播种；将木霉可湿性粉剂与育苗穴盘基质（栽培土）按 1∶20 比例混合均匀，喷水、基质表面干后播种。

（4）移栽或定植期处理。穴施（每穴施 3～5 g），或南瓜苗根浸蘸 50～100 倍木霉可湿性粉剂稀释液。

（5）成株期处理。在叶片白粉病或霜霉病发生前期，喷施木霉可湿性粉剂（每 667 m² 用量 200～300 g），稀释 300 倍液，分 2～3 次喷施，每次间隔 4～5 d。木霉可湿性粉剂稀释 200～300 倍随肥滴灌，每 667 m² 用 1 kg 菌剂。在坐果期，用木霉可湿性粉剂稀释 600 倍液灌根，使菌液充分渗透到根系，或用木霉代谢物水剂 200～500 倍液灌根。如果田间已发现中心疫病病株，必须抓准时机，立即喷洒或浇灌 50% 甲霜铜可湿性粉剂 800 倍液，或 70% 乙膦·锰锌可湿性粉剂 500 倍液 1 次，间隔 7～10 d 再施用木霉可湿性粉剂 300 倍液 1～2 次。

4. 田间配套措施与管理 蹲苗后进入枝叶及果实旺盛生长期或进入高温雨季，气温高于 32 ℃，尤其要注意暴雨后及时排除积水，雨季应控制浇水、严防田间湿度过高或湿气滞留。

针对根部病害和枯萎病，建议使用木霉颗粒剂，土壤处理、喷施、滴灌建议使用粉剂。木霉可湿性粉剂可单独稀释使用，或用麸皮或米糠稀释 100 倍处理土壤。木霉可湿性粉剂稀释 600 倍液可灌根，使菌液充分渗透到根系。

苗床土用木霉菌剂处理前后，勿施用任何化学杀菌剂；若苗床土事先用化学熏蒸剂或消毒剂处理，则需间隔 10～15 d 再施用木霉菌剂。

叶面喷施木霉菌剂处理后，不可施用化学杀菌剂；如果叶片病害明显，建议先施用化学杀菌剂，间隔 7～10 d 后再施用木霉菌剂。

在枯萎病发生严重的地块，建议在整地时先用土壤消毒剂处理，间隔 10～15 d 后每 667 m² 再用木霉颗粒剂 5～10 kg 处理。

加大通风量，适当降低棚内温度、湿度，抑制病害的传播蔓延。

温室休闲季节深翻棚土、晒垄，降低土壤中有害菌数量，可结合增施有机肥、秸秆反应堆等农事操作进行，以有效地抑制多种土传病害的发生，并且还能活化土壤、增加土壤中有益微生物数量、改善果实品质、提高产量。

5. 防病、促生效果 木霉菌剂处理后，南瓜病害得到有效控制。木霉菌剂处理 20～30 d，出苗率、株高、叶片浓绿程度、根系发达程度、开花率明显超过未处理的大棚。

四、西 瓜

1. 目的 防治西瓜枯萎病等病害。促进西瓜生长、减轻大棚连作障碍和盐渍化程度。

2. 菌剂 木霉可湿性粉剂（$2×10^8$ cfu/g）、木霉颗粒剂（$1×10^8$ cfu/g）、木霉代谢物水剂。

3. 处理方法

（1）整地处理。每 667 m² 施腐熟鸡粪 500～1 000 kg、复合肥 50 kg、木霉颗粒剂 5～10 kg。将其中一半撒施，另一半穴施。

（2）苗床土壤处理。床土平整均匀、木霉可湿性粉剂撒在苗床土上，苗床土壤喷施充足水分，每平方米撒施 5～10 g 菌剂，西瓜种子撒在苗床上，再在上面盖厚 3～4 cm 的浮土。齐苗后，白天苗床或棚温保持 25～30 ℃，夜间保持 10～15 ℃。

（3）高温闷棚后处理。经 70～80 ℃闷棚 15～20 d 后，打开棚膜，土壤温度降低到 25 ℃以下，每 667 m² 撒施 5 kg 木霉颗粒剂或喷施木霉可湿性粉剂 400 倍稀释液，每 667 m² 用 30 kg 菌液。

（4）浸种催芽。用 55 ℃温水浸种，并不断搅拌降至室温，浸泡 6 h 后充分清洗，取出沥干，浸泡木霉可湿性粉剂稀释液（300 倍液）1 h，晾干，28～30 ℃及恒湿条件下催芽，芽催至胚根伸出 0.5～1 cm 时播种。

（5）穴盘育苗处理。在盛有育苗基质的穴盘上喷施木霉可湿性粉剂稀释液（400 倍液），充分渗透后播种；将木霉可湿性粉剂与育苗穴盘基质（栽培土）按 1∶400 比例混合均匀，喷水、基质表面晾干后播种。播种后再撒上一层含有木霉可湿性粉剂的基质覆盖。

（6）移栽或定植期处理。穴施或浸根施用木霉菌剂，穴施（每穴施 3～5 g），或西瓜苗根浸蘸木霉可湿性粉剂 400 倍稀释液。

（7）成株期处理。在枯萎病发生前期，喷施木霉可湿性粉剂（每 667 m² 用量 200～300 g），稀释 400 倍液，分 2～3 次喷施，每次间隔 4～5 d。木霉可湿性粉剂稀释 200 倍随肥滴灌，每 667 m² 用 500 g 菌剂。在坐果期，用木霉可湿性粉剂稀释 600 倍液灌根，使水量充分渗透到根系；或用木霉代谢水剂（每 667 m² 用量 1 L）200～500 倍稀释液灌根。

4. 田间配套措施与管理　往年发生枯萎病和蔓枯病等严重的地块，可以协同使用土壤消毒剂和木霉菌剂处理土壤，但要注意土壤消毒剂对木霉菌剂活性的影响，间隔期要在 10 d 以上。

为了保护土壤健康，建议木霉颗粒剂与有机肥复合使用，每 667 m² 用木霉颗粒剂 5 kg 与有机肥 25 kg 混合施用效果好。木霉菌剂可与芽孢杆菌制剂混合处理土壤，减少土传病菌数量。

苗床土用木霉菌剂处理前，不要施用任何化学杀菌剂；如果苗床土用木霉菌剂处理后，施用过土壤熏蒸剂或消毒剂，需间隔 10～15 d 后再施用木霉菌剂。

当塑料膜及秧苗叶片上有水珠凝结时，要及时通风。最好选用无滴膜盖棚，增加光照度和光合作用，提高幼苗抗病能力（王小安，2006）。

5. 防病、促生效果　木霉菌剂对枯萎病防效可达到 60%～85%。木霉菌剂处理后 20～30 d，出苗率、株高、叶片浓绿情况、根系发达程度、开花率明显超过未处理的大棚，出苗率超过未处理大棚的 10%～15%，株高增加 10～20 cm，根系鲜重增加 5%以上，开花率提高 1 倍以上。西瓜中心甜度提高 10%左右，产量提高 10%以上。

五、丝　瓜

1. 目的　防治丝瓜蔓枯病、枯萎病、白粉病、霜霉病、疫病、绵腐病、果腐病等病害。促进丝瓜生长、减轻大棚连作障碍和盐渍化程度。

2. 菌剂　木霉可湿性粉剂（$2×10^8$ cfu/g）、木霉颗粒剂（$1×10^8$ cfu/g）、木霉代谢物水剂。

3. 处理方法

（1）苗床土壤处理。床土平整均匀、木霉可湿性粉剂撒在苗床土上，苗床土壤喷施充足水分，每平方米撒施 5～10 g 菌剂，丝瓜种子撒在苗床上，再在上面盖厚 3～4 cm 的浮土，齐苗后白天苗床或棚温保持 25～30 ℃，夜间保持 10～15 ℃。

（2）高温闷棚后处理。经 70～80 ℃闷棚 15～20 d 后，打开棚膜，土壤温度降低到 25 ℃以下，每 667 m² 撒施 5 kg 木霉颗粒剂或喷施木霉可湿性粉剂稀释 400 倍液，每 667 m² 用 30 kg 菌液。

（3）种子处理。播种前，用未污染的温开水轻轻搓揉清洗种子，剔除霉烂种子。将种子放入 50～55 ℃温水中浸泡 10～15 min，待水温降至 30 ℃时继续浸泡 6～8 h。浸种到位能明显感觉种皮变软，破壳处有气泡冒出。浸种后，用清水将种子冲洗干净，用木霉可湿性粉剂稀释液（400 倍液）蘸 1 h，然后在 30 ℃下催芽 36 h，大约出芽 20％时就可播种。

（4）穴盘育苗处理。在盛有育苗基质的穴盘上喷施木霉可湿性粉剂稀释液（400 倍液），充分渗透后播种；将木霉可湿性粉剂与育苗穴盘基质（栽培土）按 1∶400 比例混合均匀，喷水、基质表面干后播种。播种后再撒上 1 层含有木霉菌剂的基质覆盖。

（5）移栽或定植期处理。移栽前 1 周，在大棚两侧各做宽 1.2 m 的栽培厢，每 667 m² 施充分腐熟的农家肥 5 000 kg、三元复合肥 30 kg、2～5 kg 木霉颗粒剂，施后深翻 25～30 cm，使肥料与土充分混匀后耙平。也可穴施（每穴施 2～5 g），或丝瓜苗根浸蘸木霉可湿性粉剂 400 倍稀释液。如果要防治根结线虫，可在木霉可湿性粉剂中混合淡紫拟青霉菌剂（混配比例为木霉 200 g、淡紫拟青霉 12 g）稀释 400 倍液蘸根。

（6）成株期处理。在叶片白粉病和霜霉病等叶斑病发生前期，喷施木霉可湿性粉剂（每 667 m² 用量 200～300 g），稀释 400 倍液，分 2～3 次喷施，每次间隔 4～5 d。木霉可湿性粉剂稀释 200～500 倍随肥滴灌，每 667 m² 用 500 g 菌剂。在坐果期用木霉可湿性粉剂稀释 600 倍液灌根，使菌液充分渗透到根系，或用木霉代谢物水剂 200～500 倍稀释液灌根（每 667 m² 用量 2.5 kg）或发病前叶面喷施木霉代谢物水剂（如碧苗或沃泰宝）500 倍稀释液 1～2 次，间隔 7 d 喷 1 次，对白粉病和霜霉病有很好的防效。

4. 田间配套措施与管理　往年发生枯萎病和蔓枯病等严重的地块，可以协同使用土壤消毒剂与木霉菌剂处理土壤，但要注意土壤消毒剂对木霉菌剂活性的影响，间隔期要在 10 d 以上。

苗床土用木霉菌剂处理前后，不要施用任何化学杀菌剂；如果苗床土用木霉菌剂处理后，施用过土壤熏蒸剂或消毒剂，需间隔 10～15 d 后再施用木霉菌剂。

定植时采用高畦栽培，铺地膜，开沟排水，搭架要高些，避免瓜条与地面接触，棚室栽培的要注意通风降湿。当塑料膜及幼苗叶片上有水珠凝结时，要及时通风。最好选用无滴膜盖棚，增加光照度和光合作用，提高幼苗抗病能力。

叶面喷施木霉菌剂处理后，不能马上施用化学杀菌剂，需要间隔 7～10 d 再施化学杀菌剂。如果叶片发病已明显，建议先施用化学杀菌剂，间隔 7～10 d 后再施用木霉菌剂。

木霉菌剂与有机肥复合使用，每 667 m² 木霉菌剂 10 kg 与有机肥 25 kg 混合施用有利于保育土壤健康；木霉菌剂、芽孢杆菌菌剂和淡紫拟青霉菌剂三者混用（比例为 1∶1∶1），可兼治土传病原真菌、细菌和线虫引起的病害。

5. 防病、促生效果　在历年严重发病田，木霉菌剂处理后 20 d，田间发生丝瓜叶片黄化的百分率不超过 10％，处理后 30 d，丝瓜株全株枯萎或倒伏百分率不超过 10％，说明菌剂施用和配套管理措施综合效果良好。木霉菌剂处理后 20～30 d，出苗率、株高、叶片浓绿情况、根系发达程度、开花率明显超过未处理的大棚，出苗率超过未处理大棚的 10％～15％，株高增加 10～20 cm，根系鲜重增加 5％以上，开花率提高 1 倍以上。叶面喷施木霉代谢物水剂（碧苗或沃泰宝）对白粉病等真菌病害防效明显。

六、苦　瓜

1. 目的　防治苦瓜猝倒病、白粉病、霜霉病、枯萎病等病害。促进苦瓜生长、减轻大棚连作障碍和盐渍化程度。

2. 菌剂 木霉可湿性粉剂（$2×10^8$ cfu/g）、木霉颗粒剂（$1×10^8$ cfu/g）。

3. 处理方法

（1）整地处理。畦土平整均匀、在畦中间开 1 条施肥沟，每 667 m^2 撒施磷酸二氢钙 50 kg、45%三元复合肥 28～30 kg、木霉颗粒剂 2 kg。除施用化肥不变外，也可将木霉可湿性粉剂撒在畦床表面，土壤喷施充足水分，每平方米撒施 10～20 g 菌剂。

（2）高温闷棚后处理。经 70～80 ℃闷棚 15～20 d 后，打开棚膜，土壤降低到 25 ℃以下，每 667 m^2 撒施 5 kg 木霉颗粒剂或喷施木霉可湿性粉剂稀释 400 倍液，每 667 m^2 施用 30 kg 菌液。

（3）种子处理。将种子放入 50～55 ℃温水中浸泡 10～15 min，待水温降至 30 ℃时继续浸泡 6～8 h。浸种到位能明显感觉种皮变软，破壳处有气泡冒出。浸种后，用清水将种子冲洗干净，用木霉可湿性粉剂稀释液（400 倍液）蘸 1 h，然后在 30 ℃下催芽 36 h，大约出芽 20%时就可播种。

（4）营养土配制。营养土选用 2 年未种过苦瓜或瓜类作物的，最好是未种过苦瓜的大田肥土为好。用腐熟的农家肥 4 份加 6 份未种过苦瓜或瓜类作物的大田肥土混合过筛，再加入硫酸钾 1 kg/m^3、复合肥 1 kg/m^3、多菌灵 0.5 kg/m^3，充分均匀混合后用塑料薄膜盖闷 15 d 左右。将木霉菌粉 1 kg 与营养土混合，装入营养钵内。在播种前 1 d，先给营养钵浇透水，使营养钵充分湿润。

（5）穴盘（营养钵）与苗床育苗处理。在盛有育苗基质的穴盘上喷施木霉可湿性粉剂稀释液（400 倍液），充分渗透后播种；将木霉可湿性粉剂与育苗穴盘基质（栽培土）按 1∶400 比例混合均匀，喷水、基质表面干后播种。播种后再撒上 1 层含有木霉菌剂的基质覆盖。穴孔内基质相对含水量一般为 60%～100%，不宜低于 60%，更不要等到秧苗萎蔫再浇水。阴天和傍晚不宜浇水。秧苗生长初期，基质不宜过湿，秧苗子叶展平前尽量少浇水。

如果是用温室的土做育苗土最好选用没有种过瓜类的田土，加入草炭∶干粪便∶木霉菌粉（1∶1∶0.5）混合肥，然后加磷酸氢二铵 1 kg/m^3 过筛掺匀组合成营养土。在播种的前一天把这些营养土装在育苗畦上，再浇透水。第二天再用水把营养土喷洒 1 遍，撒一薄层已过筛的细土进行播种。苦瓜种子撒在苗床上，再在上面盖厚 3～4 cm 的浮土，齐苗后白天苗床或棚温保持 25～30 ℃，夜间保持 10～15 ℃。出苗后施腐熟的农家肥，加适量尿素和氯化钾，可用木霉可湿性粉剂 400 倍液喷施叶面，防治猝倒病（吴永宏，2021）。

（6）移栽或定植期处理。当苗长到 4 叶 1 心时可进行移栽。穴施木霉颗粒剂（每穴施 2～5 g），或苦瓜苗根浸蘸 400 倍木霉可湿性粉剂稀释液。苦瓜定植后 3～5 d 和移植后 10 d，可结合实际追施回青肥和壮蔓肥，喷施木霉代谢物水剂（稀释 200～500 倍）。

（7）成株期处理。在各类叶斑病和枯萎病发生前期，喷施木霉可湿性粉剂（每 667 m^2 用量 200～300 g），稀释 400 倍液，分 2～3 次喷施，每次间隔 4～5 d。木霉可湿性粉剂稀释 200 倍随肥滴灌，每 667 m^2 施用 500 g 菌剂。在坐果期木霉可湿性粉剂稀释 600 倍液灌根，使菌液充分渗透到根系。

4. 田间配套措施与管理 苗床土用木霉菌剂处理前，不要施用任何化学杀菌剂；如果先施用过土壤熏蒸剂或消毒剂，需间隔 10～15 d 后再施用木霉菌剂。

叶面喷施木霉菌剂后，不能马上施用化学杀菌剂，需间隔 7～10 d；如果叶片发病已明显，建议先施用化学杀菌剂，间隔 7 d 后再施用木霉菌剂。

为了保育土壤健康，建议木霉菌剂与有机肥复合使用，每 667 m² 用木霉菌剂 10 kg 与有机肥 25 kg 混合施用效果好。木霉菌剂可与芽孢杆菌菌剂混用处理土壤，降低土传病原真菌和细菌数量。

5. 防病、促生效果　在历年严重发病田，木霉菌剂处理后 30 d 苦瓜株全株枯萎或倒伏百分率不超过 10%，说明菌剂施用和配套管理措施综合效果良好。木霉菌剂处理 20～30 d，出苗率、株高、叶片浓绿情况、根系发达程度、开花率明显超过未处理的大棚，株高、茎粗、叶面积、鲜重均提高了 9%～21%。

第二节　豆　类

豆类蔬菜主要包括各种豆科蔬菜，如菜豆、豇豆、蚕豆、豌豆、扁豆、四棱豆等，这类蔬菜对品质要求较高，因此可通过施用木霉菌剂提高豆类蔬菜品质和产量，并能兼治病虫害。

一、菜　豆

1. 目的　防治菜豆立枯病、猝倒病、枯萎病、白粉病、锈病、细菌性疫病、灰霉病、炭疽病等病害；促进菜豆出苗和生长、改善豆荚质量和产量；减轻大棚连作障碍和盐渍化程度、提高肥效；增强菜豆抗病性抗逆性。

2. 菌剂　木霉可湿性粉剂（$2×10^8$ cfu/g）、木霉颗粒剂（$1×10^8$ cfu/g）、木霉代谢物水剂、络氨铜水剂、新植霉素、木霉-芽孢杆菌混剂。

3. 处理方法

（1）整地处理。每 667 m² 施 2 kg 木霉可湿性粉剂，兑水 100 kg，混匀喷洒在土壤表面。对于常年发病较重的土壤在播种前，选用棉隆、石灰氮（氰氨化钙）、含氯消毒剂等消毒土壤，间隔 10～15 d 再施用木霉颗粒剂与基肥协同使用。木霉菌剂可与农家肥协同施用，每 667 m² 沟施基肥商品有机肥 300～600 kg，或腐熟优质农家肥 2 000～3 000 kg、黄腐酸钾 20 kg、木霉颗粒剂 5 kg。

（2）种子和苗床处理。用种子质量 5 倍的 70 ℃ 热水烫种 1～2 min，沥干，再浸泡木霉可湿性粉剂稀释液（400 倍）6 h，晾干后播种；或用木霉-芽孢杆菌拌种肥包衣种子（肥：种＝1：100），木霉可湿性粉剂可与固氮菌（肥力高）混合（1：1）拌种（菌：种＝1：100）。木霉可湿性粉剂 5 kg 与 30～50 kg 细土混合，在育苗床表面撒施，每平方米 60～90 g，浇水，播种，覆土；或按每平方米 10 g 粉剂直接撒施在育苗床土表面，耙匀，浇水，播种，覆土。

（3）移栽或定植期处理。定植前每 667 m² 用 5 kg 木霉颗粒剂或木霉可湿性粉剂，混合细土（30～50 kg）或与有机基肥混合均匀后沟施，沟施后立即覆土；或将苗根浸蘸木霉可湿性粉剂 400 倍稀释液后移栽或定植。如果土壤盐渍化严重，定植后 1～2 周每

667 m² 可随水肥（如腐殖酸等）滴灌 200～300 g 木霉-枯草芽孢杆菌-贝莱斯芽孢杆菌三元菌剂。

（4）成株期处理。在白粉病等病害发生前喷施木霉可湿性粉剂 400 倍液，每间隔 7～10 d 喷 1 次，喷 2～3 次；在开花结果期，即豆荚长 5 cm 左右时开始追肥浇水。结合浇水，每 667 m² 用高钾型速溶冲施肥 5～10 kg 与木霉菌粉 1～2 kg 混合施用，根据情况可连续施用 2 次，间隔 7～10 d。采收开始后追施 3 次冲施肥，每次冲施肥与 500 g 木霉可湿性粉剂混合冲施；或木霉代谢物水剂（每 667 m² 用量 1 L），200～500 倍稀释液灌根。如果发生细菌性疫病，在发病初期喷施 14% 络氨铜水剂 300 倍液，或新植霉素 4 000 倍液，1～2 次，隔 7～10 d 后再喷施木霉-芽孢杆菌混剂 1～2 次（瞿云明等，2021）。

4. 田间配套措施与管理　在菜豆土传病害常年发生严重的地块，建议先进行土壤消毒剂处理，间隔 10～15 d 后再施用木霉颗粒剂，每 667 m² 施用木霉颗粒剂 5～10 kg。

用木霉菌剂处理前后，不要施用任何化学杀菌剂；如先施用土壤化学熏蒸剂或消毒剂处理，则要间隔 10～15 d 后再施用木霉菌剂。

施用木霉菌剂处理后，不能马上施用化学杀菌剂，需间隔 7～10 d；如果菜豆已发病需先施用化学杀菌剂，间隔 7～10 d 后再施用木霉菌剂。

如果需要配合高温闷棚杀灭病菌害虫，则需要高温闷棚处理后土壤温度降至常温（25 ℃左右）后施用木霉菌剂（栗淑芳等，2021）。

为了提高土壤健康水平，建议木霉菌剂与有机肥复合使用，每 667 m² 用木霉菌剂 10 kg 与有机肥 25 kg 混合施用效果好。木霉菌剂可与芽孢杆菌菌剂混用处理土壤，减少土传病原真菌和细菌数量。

抽蔓后要及时插架或拉绳引蔓；架材轮换使用或经过消毒后使用；发现病叶，立即摘除；勤中耕、除草、杀虫，雨后及时排水，保护地要注意通风降温、降湿。

5. 防病、促生效果　木霉菌剂处理后，病害得到有效控制。菜豆出苗率、株高、叶面浓绿程度、根系根瘤数、根系发达程度、豆荚产量和质量都明显超过未处理的土块，立枯病、白粉病、锈病等病害发生明显减少，肥料利用率提高，需肥量降低，说明菌剂施用和配套管理措施综合效果良好。

二、豇　豆

1. 目的　防治豇豆根腐病、白粉病、锈病、炭疽病等病害。促进豇豆出苗和生长，改善豆荚质量和产量；减轻土壤连作障碍和盐渍化程度、提高肥效；增强豇豆抗病性、抗逆性。

2. 菌剂　木霉可湿性粉剂（$2×10^8$ cfu/g）、木霉颗粒剂（$1×10^8$ cfu/g）、木霉-芽孢杆菌可湿性粉剂（$1×10^8$ cfu/g：$5×10^8$ cfu/g）、木霉代谢物水剂。

3. 处理方法

（1）整地处理。在前茬作物收获后施入基肥，每 667 m² 施优质腐熟有机肥 2 000～3 000 kg，磷酸二氢钙 20～30 kg、硫酸钾 15～20 kg、木霉颗粒剂 5 kg。及时深翻土地，深度 25～30 cm。深翻后耙平耙细。

（2）种子处理。播种前宜用木霉-芽孢杆菌处理种子（菌剂与种子比为 1：200）。也可将种子浸泡于木霉可湿性粉剂稀释液（400 倍稀释）6 h、晾干后播种。

（3）苗期处理。木霉-芽孢杆菌可湿性粉剂 200 g（稀释 400～500 倍），于播前厢面喷施、出苗后即喷、每隔 2 周连续 4 次喷。直播后或定苗后直到坐荚前，如遇底墒严重缺乏，无法保障幼苗正常生长时，可在苗期通过滴灌管适量补水 1 次，每 667 m² 随水施入 500 g 木霉可湿性粉剂。

（4）荚期处理。施用适量木霉可湿性粉剂和减量的氮肥可以协同促进植株早发秧，生长健壮，木霉可湿性粉剂可随水肥施入，每 667 m² 用量 500 g。第 1 花序坐荚，以后几节的花序显现时，进行第 1 次浇水、施肥，之后每隔 7 d 补充水肥 1 次。结荚初期，每 667 m² 追施氮肥（N）3 kg、钾肥（K_2O）1 kg、木霉可湿性粉剂 500 g。木霉代谢物水剂 200～300 倍液灌根可促进豇豆固氮、生长和防病。

（5）成株期处理。在白粉病发生初期喷施木霉-芽孢杆菌可湿性粉剂，每 667 m² 用量 200 g，稀释 400～500 倍液，每间隔 7 d 喷 1 次，喷 2～3 次；同时可结合水肥每 667 m² 灌入木霉可湿性粉剂 200 g。叶面可喷木霉代谢物水剂（稀释 1 000 倍）促进叶片长势、增强植株对白粉病的抗性。防治根腐病可以通过木霉可湿性粉剂 83.4 g（稀释 1 000 倍）与枯草芽孢杆菌 41.7 g（稀释 1 000 倍）混合施用（向娟等，2020），木霉可湿性粉剂也可与化学农药协同防治病害（张瑜琨等，2015；魏林等，2004）。

4. 田间配套措施与管理　选用排水良好的向阳地块育苗。苗床土用无病新土，育苗前土充分晾晒。防止苗床或育苗盘出现高温高湿情况，同时防止低温和冷风侵袭。

如果豇豆根腐病发生严重，可以采用 70%甲基硫菌灵可湿性粉剂或 50%多菌灵可湿性粉剂处理土壤，然后在幼苗期对准豆苗基部淋喷或灌根木霉可湿性粉剂或木霉物代谢水剂，隔 7～10 d 1 次，共防治 2～3 次。

用木霉可湿性粉剂处理前后，不要马上施用任何化学杀菌剂，需要间隔 7～10 d；如先用土壤熏蒸剂或消毒剂处理土壤，需间隔 10～15 d 后再施用木霉可湿性粉剂。如果确已发病明显，可先施用化学杀菌剂，间隔 7～10 d 后再施用木霉可湿性粉剂。

如果需要配合高温闷棚杀灭病菌害虫，则需要高温闷棚处理后土壤温度降至常温（25 ℃左右）后再施用木霉可湿性粉剂或木霉颗粒剂。

对于发病严重土壤，建议木霉颗粒剂与有机肥复合使用，每 667 m² 用木霉颗粒剂 10 kg 与有机肥 25 kg 混合施用，或木霉颗粒剂与芽孢杆菌制剂混合处理土壤，可提高土壤健康水平。

阴雨季节搞好菜田清沟排水，防止低洼地积水；合理密植，保证通风良好，及时搭支架，清除田间病残体，避免前期过施氮肥。

5. 防病、促生效果观察　木霉菌剂处理后，病害得到有效控制。豇豆出苗率、株高、叶面浓绿程度、根系根瘤数、根系发达程度、豆荚产量和质量明显超过未处理的地块，根腐病、叶斑病等病害发生明显减少，肥料利用率提高，需肥量降低，说明菌剂施用和配套管理措施综合效果良好。

三、蚕　豆

1. 目的　防治蚕豆茎基腐病、锈病、赤斑病、根腐病、炭腐病等病害。促进蚕豆出苗、提高产量；减轻大棚连作障碍和盐渍化程度、提高肥效；增强蚕豆抗病性、抗逆性。

2. 菌剂 木霉可湿性粉剂（2×10^8 cfu/g）、木霉颗粒剂（1×10^8 cfu/g）、芽孢杆菌可湿性粉剂（1×10^{10} cfu/g）、木霉-芽孢杆菌可湿性粉剂（1×10^8 cfu/g：5×10^8 cfu/g）、木霉代谢物水剂。

3. 处理方法

（1）整地处理。一般每 667 m² 施基肥 18 kg、过硫酸钙肥 21 kg、氯化钾或硫酸钾 10 kg、木霉颗粒剂 5 kg，拌腐殖土或菜园土 1 200～1 300 kg 穴施或盖种，也可每 667 m² 用三元复合肥 35 kg、木霉颗粒剂 5 kg 和腐熟农家肥三者混合后穴施。

（2）种子处理。蚕豆播前需要晒种 1～2 d，然后用 0.1% 钼酸铵液浸种 24～36 h，沥干，再浸泡木霉可湿性粉剂稀释液（400 倍稀释）6 h，晾干后播种或用木霉-芽孢杆菌可湿性粉剂拌种（菌剂与种子重量比 1：100）。

（3）苗期处理。3～4 叶定苗后，可以结合追施腐熟人粪尿或尿素（每 667 m² 用量 600 kg 或尿素 2 kg），每 667 m² 混施木霉可湿性粉剂 500 g，施 1～2 次。

（4）成株期处理。花前追施三元复合肥（15：15：15）每 667 m² 施用 7.5 kg，1 次；始花期继续每 667 m² 追三元复合肥（15：15：15）15 kg，1 次；花荚期可在叶面喷施 0.1% 硼砂和 0.2% 磷酸二氢钾。木霉代谢物水剂每 667 m² 施用 1 L、木霉可湿性粉剂 1 kg，加水稀释 300～500 倍灌根或随滴灌灌入，每株 100～200 mL。

4. 田间配套措施与管理 蚕豆田应用做到三沟（围沟、厢沟、腰沟）配套、明水能排、暗水自滤，雨住沟干、田内无积水。增施磷钾肥和硼肥，松土促根，及时打掉主茎、无效杈枝和顶心（李育军等，2021）。

防治根病建议使用木霉颗粒剂，土壤处理、喷施或滴灌建议使用木霉可湿性粉剂。木霉可湿性粉剂可单独稀释使用，或用麸皮或米糠稀释 100 倍处理土壤。

用木霉颗粒剂处理前，不要施用任何化学杀菌剂；如先用土壤熏蒸剂或消毒剂处理土壤，需间隔 10～15 d 后再施用木霉颗粒剂。

施用木霉颗粒剂处理后，不能马上施用化学杀菌剂，需间隔 7～10 d；如果田间发病已很明显，则需先施用化学杀菌剂进行控制，间隔 7～10 d 后再施用木霉颗粒剂。

如果需要配合高温闷棚杀灭病菌和害虫，则需要高温闷棚处理后土壤温度降至常温（25 ℃左右）后再施用木霉菌剂。

对于发病严重土壤，建议木霉颗粒剂与有机肥复合使用，每 667 m² 用木霉颗粒剂 10 kg 与有机肥 25 kg 混合施用，或木霉可湿性粉剂可与芽孢杆菌可湿性粉剂混用处理土壤。

5. 防病、促生效果 木霉菌剂处理后，病害得到有效控制。蚕豆活苗率、叶面浓绿程度、根系发达程度、豆荚质量明显超过未处理的地块；根腐病、叶斑病等发病植株明显减少，说明菌剂施用和配套管理措施综合效果良好。

四、豌　豆

1. 目的 防治豌豆根腐病、茎基腐病、白粉病、锈病等。促进豌豆出苗和豆苗生长、提高产量；减轻大棚连作障碍和盐渍化程度、提高肥效；增强豌豆抗病性和抗逆性。

2. 菌剂 木霉可湿性粉剂（2×10^8 cfu/g）、木霉颗粒剂（1×10^8 cfu/g）、芽孢杆菌可湿性粉剂（1×10^{10} cfu/g）、木霉-芽孢杆菌可湿性粉剂（1×10^8 cfu/g∶5×10^8 cfu/g）、木霉代谢物水剂。

3. 处理方法

（1）整地处理。每 667 m² 用复合肥（15∶15∶15）18 kg、木霉颗粒剂 5 kg 和有机肥 1 000 kg，将肥料均匀撒施在垄中间做底肥。如果土壤中病原菌积累较多，可每 667 m² 用 0.5%阿维菌素＋精甲·噁霉灵颗粒剂 1 kg 与木霉颗粒剂 5 kg 拌匀条施在垄中间，预防根腐病、茎基腐病等根茎部病害和地下害虫。

（2）种子与育苗处理。将豌豆浸泡在水中 1 d 以上，剔除掉不好的种子，豌豆种子浸泡木霉可湿性粉剂稀释液（400 倍）6 h，晾干后播种；或木霉可湿性粉剂 2 kg 与 30～50 kg 细土混合，在育苗床表面撒施，每平方米 60～90 g，浇水，播种，覆土；或按每平方米 10 g 木霉可湿性粉剂直接撒施在育苗床土表面，耙匀，浇水，播种，覆土。

（3）移栽或定植期处理。定植前，每 667 m² 施用 5 kg 木霉颗粒剂或木霉可湿性粉剂和 30～50 kg 细土混拌或与有机基肥混合均匀后沟施，沟施后立即覆土；豌豆长至 8～10 cm 高时，结合浇水，每 667 m² 施尿素 3.5～6 kg、木霉可湿性粉剂 500～1 000 g。

（4）成株期处理。现蕾至初花期，每 667 m² 用复合肥（15∶15∶15）7 kg＋硼肥 0.5 kg＋木霉可湿性粉剂 500～1 000 g 兑水浇施。第 1 次采收鲜荚后，每 667 m² 兑水浇施尿素 3.5 kg、木霉可湿性粉剂 500～1 000 g。第 2 次采收鲜荚后，视肥力情况每 667 m² 兑水浇施尿素 3.5～6 kg。在白粉病等叶斑病发生前期，喷施木霉-芽孢杆菌可湿性粉剂 500 g，稀释400～500 倍液。

4. 田间配套措施与管理

用木霉菌剂处理前，不要施用任何化学杀菌剂；如先用土壤熏蒸剂或消毒剂处理土壤，需间隔 7～10 d 后再施用木霉菌剂。

施用木霉菌剂处理后，不能施用化学杀菌剂；如果确已发病明显需施用化学杀菌剂，请间隔 7 d 后再施用木霉菌剂。

如果需要配合高温闷棚杀灭病菌和害虫，则需要高温闷棚处理后土壤温度降至常温（25 ℃左右）后施用木霉菌剂（牛文武等，2021）。

为了提高土壤健康水平，建议木霉菌剂与有机肥复合使用，每 667 m² 混合施用木霉菌剂 10 kg 与有机肥 25 kg 效果好；木霉菌剂可与芽孢杆菌制剂混用处理土壤，减少土传病菌数量。

合理密植、清沟排渍、增强通风透光，及时清除杂草和病残体（唐勇斌等，2021）。

5. 防病、促生效果 木霉菌剂处理后，病害得到有效控制，豌豆活苗率、叶片数、叶面浓绿程度、根系发达程度、株高、豆荚产量质量等明显超过未处理的地块；肥料利用率提高，需肥量降低；根腐病、枯萎病等发病植株明显减少，说明菌剂施用和配套管理措施综合效果良好。

第三节 茄 果 类

茄果类蔬菜包括番茄、茄子、辣椒、秋葵等。由于茄果类蔬菜是日常生活中的大宗产品，常规化学防治应用比较普遍，易引起化学农药污染，因此茄果类蔬菜病害的生物防治对提高茄果类蔬菜绿色生产水平具有重要意义。

一、番　茄

1. 目的　防治番茄猝倒病、根腐病、灰霉病、霜霉病、枯萎病、青枯病、根结线虫、病毒病。促进番茄生长、减轻大棚连作障碍和盐渍化程度。

2. 菌剂　木霉可湿性粉剂（2×10^8 cfu/g）、木霉颗粒剂（1×10^8 cfu/g）、木霉代谢物水剂、芽孢杆菌可湿性粉剂（1×10^{10} cfu/g）、0.01%芸薹素内酯溶液。

3. 处理方法

（1）整地处理。土地平整均匀、木霉颗粒剂撒在土壤表面，喷施充足水分，每平方米撒施 10～20 g 菌剂，番茄种子撒在苗床上，再在上面盖厚 3～4 cm 的土层。

（2）高温闷棚后处理。一般选在 8—9 月进行。经 70～80 ℃闷棚 7 d 以上，打开棚膜，土壤温度降低到 25 ℃以下，每 667 m² 撒施 5 kg 木霉颗粒剂或喷施木霉可湿性粉剂 200 倍稀释液，每 667 m² 施用 30 kg 菌液。

（3）种子处理。用清水将种子冲洗干净，用木霉可湿性粉剂稀释液（400 倍）浸 1 h，将完成浸种的种子在 28 ℃下催芽；在种子出芽率达到 50%以上时便可以进行播种。为使种子带菌量较高可先用比常规减量的高锰酸钾或福尔马林（200 倍或 1 000 倍稀释液）浸种 1 h 左右，然后用清水冲洗干净，晾干，再用木霉可湿性粉剂稀释液（400 倍）蘸 1 h，在减少化学农药用量前提下，确保木霉可湿性粉剂与化学消毒剂的协同增效促生和防病作用。深绿木霉发酵代谢物稀释 50 倍与 0.1%芸薹素内酯 5 000 倍稀释液复配后浸种可促进番茄生长（张婧迪等，2017）。

（4）穴盘和苗床育苗处理。番茄种子浸泡木霉可湿性粉剂稀释液（200 倍）1 h，或在盛有育苗基质的穴盘上喷施木霉可湿性粉剂稀释液（200 倍），充分渗透后播种；将木霉可湿性粉剂与育苗穴盘基质（栽培土）按 1∶20 混合，并均匀喷水，育苗基质表面晾干后播种。齐苗后温度保持在 25～30 ℃，夜间保持在 15 ℃以上，湿度保持在 40%以上。为避免温度过高或湿度较大，可以采取揭开大棚侧窗或其他方式进行通风换气。苗床育苗在幼苗 4 叶 1 心时，可以在土壤中添加混合有木霉可湿性粉剂的营养液或者复合肥，营养液或复合肥中含木霉可湿性粉剂 15%～20%（w/w），促进幼苗增长；当幼苗 7 叶时，可以进行移栽。

（5）移栽和定植期处理。通常情况下，在幼苗 2～3 片真叶时可以进行分苗，分苗时要在苗床顶端开沟，保证沟浅且垂直，用小盆浇水，水渗后，采用分次覆土法，所有的覆土按 100∶2 加入木霉可湿性粉剂，每次厚度约 1 cm。穴施（每穴 5 g）或番茄苗根浸蘸木霉可湿性粉剂 200 倍稀释液；缓苗后，可喷施木霉代谢物水剂 300～500 倍稀释液，也可与助壮素等保护剂混用。

（6）成株期处理。在枯萎病、灰霉病、霜霉病发生前期，喷施木霉可湿性粉剂（每 667 m² 施用 200～300 g），稀释 200 倍，分 2～3 次喷施，每次间隔 4～5 d。木霉可湿性粉剂稀释 200 倍随肥滴灌，每 667 m² 施用 500 g 菌剂。在坐果期，木霉可湿性粉剂稀释 300 倍液灌根，使菌液充分渗透到根系。哈茨木霉和啶酰菌胺、氟啶胺、嘧菌酯、啶菌噁唑、咯菌腈可协同防治番茄灰霉病（牛芳胜等，2013）。针对病毒病，将75％木霉代谢物水剂与3％壳寡糖混合，稀释150倍液，木霉代谢物水剂200倍液配制6％寡糖·链蛋白混剂，发病前喷施在叶面上或灌根。

4. 田间配套措施与管理 采用新土育苗，苗床要整平、松细。应选择地势较高，地下水位低，排水良好，土质肥沃的地块做苗床。注意播种密度不可过大，及时放风排湿，维护棚膜的透光性。苗床内温度应控制在20～30 ℃，地温保持在16 ℃以上，注意提高地温，降低土壤湿度。出苗后尽量不浇水，必须浇水时一定选择晴天，切忌大水漫灌。严冬阴雪天要提温降湿，发病初期可将病苗拔除，中午揭开覆盖物立即将干草木灰与细土混合撒入。当塑料膜及幼苗叶片上有水珠凝结时，要及时通风。最好选用无滴膜盖棚，增加光照度和光合作用，提高幼苗抗病能力（路立峰，2021；祝安芹，2020）。

苗床土用木霉菌剂处理前，不要施用任何化学杀菌剂；如果苗床土先用土壤熏蒸剂或消毒剂处理，需间隔10～15 d后再施用木霉菌剂。

叶面喷施木霉菌剂处理后，不能马上施用化学杀菌剂；如果叶片发病已明显，建议先施用化学杀菌剂，间隔7 d后再施用木霉菌剂。

对青枯病和枯萎病发生严重的土壤，建议木霉可湿性粉剂300～400倍液与大蒜油1 000～1 500倍液混合灌根，或木霉可湿性粉剂与芽孢杆菌可湿性粉剂稀释液混合灌根。

5. 防病、促生效果 在历年严重发病田，木霉菌剂对灰霉病菌抑菌效果较好，超过其他化学杀菌剂，处理后30 d番茄株全株枯萎或倒伏百分率不超过10％，说明菌剂施用和配套管理措施综合效果良好，使用两种微生物菌剂复合（木霉-芽孢杆菌）对番茄根结线虫的预防和防治效果达到40％～70％，根际土壤根结线虫减退率达到50％～60％、番茄根中根结线虫减退率达到60％～76％，显著高于单一菌株对根结线虫的预防和防治效果。木霉菌剂处理后20～30 d，出苗率、株高、叶片浓绿程度、根系发达程度、开花率明显超过未处理的大棚，出苗率超过未处理大棚10％～15％，株高增加10～20 cm，根系鲜重增加5％以上，开花率提高1倍以上。

二、茄 子

1. 目的 防治茄子猝倒病、叶霉病、绵疫病、软腐病、黄萎病、灰霉病等。促进茄子生长、减轻大棚连作障碍和盐渍化程度。

2. 菌剂 木霉可湿性粉剂（$2×10^8$ cfu/g）、木霉颗粒剂（$1×10^8$ cfu/g）、芽孢杆菌可湿性粉剂（$1×10^{10}$ cfu/g）。

3. 处理方法

（1）整地处理。土地平整均匀、木霉可湿性粉剂撒在土壤表面，土壤喷施充足水分，每平方米撒施10～20 g木霉菌粉，茄子种子撒在土壤表面，覆盖厚3～4 cm的土层。木霉可湿性粉剂可与腐熟农家肥结合施用处理土壤，每667 m^2 施农家肥1 t和木霉颗粒剂2～5 kg（胡晓林，2021）。

（2）高温闷棚后处理。经70～80 ℃闷棚15～20 d后，打开棚膜，土壤温度降低到25 ℃以下，每667 m^2 撒施5 kg木霉颗粒剂或喷施木霉可湿性粉剂400倍液，每667 m^2 施用30 kg菌液。

（3）种子处理。播种前 50 ℃左右温水烫种，要不断地搅拌，使全部种子受热均匀，待水温降至 25～30 ℃时浸种 10 h 左右，捞出洗净、沥干，用木霉可湿性粉剂稀释液（400 倍）浸 1 h，沥干，在 25～30 ℃温度条件下催芽 5～7 d，当种子露白后播种。

（4）穴盘育苗处理。茄子种子浸泡木霉可湿性粉剂稀释液（400 倍）1 h，或在盛有育苗基质的穴盘上喷施木霉可湿性粉剂稀释液（400 倍），充分渗透后播种；将木霉可湿性粉剂与育苗穴盘基质（栽培土）按 1∶20 比例混合，并均匀喷水，育苗基质表面晾干后播种。播种后覆盖 1 cm 厚的细土（如果要加强防病效果，细土内可拌 15％木霉菌粉），浇透水后放在 25 ℃左右的环境中，在育苗盘上覆盖 1 层薄膜，保温保湿，齐苗后白天棚温保持 25～30 ℃，夜间保持 10～15 ℃。

（5）移栽或定植期处理。定植前需要提前 2 d 给苗浇足水，定植时穴施（每穴用 25 g）或条施木霉颗粒剂（每 667 m² 施用 5 kg），或茄子苗根浸蘸木霉可湿性粉剂 200 倍稀释液。为促进缓苗，定植后 10～15 d 灌 1～2 次缓苗水。

（6）成株期处理。在叶斑病、黄萎病和灰霉病发生前期，喷施木霉可湿性粉剂（每 667 m² 用量 200～300 g）200 倍稀释液，分 2～3 次喷施，每次间隔 4～5 d。木霉可湿性粉剂 200 倍稀释液随肥滴灌，每 667 m² 施用 500 g 菌剂。在坐果期，木霉可湿性粉剂稀释 300 倍液灌根，使菌液充分渗透到根系。木霉可湿性粉剂可与有机钛、硼、钙等叶面肥混合施用。

4. 田间配套措施与管理 防治黄萎病建议使用木霉颗粒剂，土壤处理、喷施或滴灌建议使用粉剂。木霉可湿性粉剂可单独稀释使用，或用麸皮或米糠稀释 100 倍处理土壤。

苗床土用木霉菌剂处理前，不要施用任何化学杀菌剂；如果苗床土用木霉剂处理前施用过土壤熏蒸剂或消毒剂，需间隔 10～15 d 后再施用木霉菌剂。

叶面喷施木霉菌剂处理后，不能施用化学杀菌剂；如果叶片发病已明显，建议先施用化学杀菌剂，间隔 7 d 后再施用木霉菌剂。

黄萎病严重的地块，建议木霉可湿性粉剂 300～400 倍液与大蒜油 1 000～1 500 倍液混合灌根，或木霉可湿性粉剂与芽孢杆菌可湿性粉剂稀释液混合灌根。

5. 防病、促生效果 在历年严重发病田，木霉菌剂对灰霉病和黄萎病防效较好，超过其他化学杀菌剂，防效可达到 70％～75％；木霉-芽孢杆菌混剂灌根能兼治茄二十八星瓢虫。木霉菌剂处理后 20～30 d，出苗率、株高、叶片浓绿程度、根系发达程度、开花率明显超过未处理的大棚，抗病虫害能力显著增加，出苗率超过未处理大棚的 10％～15％，株高增加 10～20 cm，根系鲜重增加 5％以上，开花率提高 1 倍以上，产量增加 40％～50％。

三、辣　椒

1. 目的 防治辣椒立枯病、疫病、灰霉病、病毒病。促进辣椒生长、减轻大棚连作障碍和盐渍化程度。

2. 菌剂 木霉可湿性粉剂（2×10^8 cfu/g）、木霉颗粒剂（1×10^8 cfu/g）、木霉代谢物水剂、芽孢杆菌可湿性粉剂（1×10^{10} cfu/g）。

3. 处理方法

(1) 整地处理。深翻土壤控制在 25 cm 左右，施用适量的三元复合肥，施用充分腐熟优质的农家肥，每 1 t 农家肥，配合 2～5 kg 木霉颗粒剂，先后施用或混施均可，但要均匀深施。苗床播种前用木霉可湿性粉剂撒在土壤表面，土壤喷施充足水分，每平方米撒施 10～20 g 木霉菌粉。

(2) 高温闷棚后处理。经 70～80 ℃ 闷棚 15～20 d 后，打开棚膜，土壤温度降低到 25 ℃以下，每 667 m² 撒施 5 kg 木霉颗粒剂或喷施木霉可湿性粉剂 400 倍液，每 667 m² 施用 30 kg 菌液。

(3) 种子处理。先将辣椒种子放在 55 ℃ 的水中浸泡几分钟，然后再在水中加一些水，使水温降到 30 ℃左右，然后浸泡 8 h 左右，再将种子放在配好的木霉 400 倍稀释液中 1 h，沥干。如果种子带菌率较高，可先用消毒液（0.5% 的高锰酸钾和 10% 的磷酸三钠溶液）浸泡 20 min 后，用清水冲洗干净，再浸蘸木霉稀释液（400 倍）1 h，然后沥干水、播种。

(4) 播种处理。把催好芽的种子与其质量 5～6 倍的湿沙搅拌均匀，撒播在苗床上，覆土 0.5～1 cm 厚，盖上地膜。出苗前不需通风，尽量提高温度，夜间保温，白天温度为 25～30 ℃，夜间温度为 15～20 ℃。出齐苗后揭掉地膜。

(5) 移栽或定植期处理。分苗后可进行 2 次根外追肥，喷洒木霉代谢物水剂 300～500 倍稀释液。定植时可穴施（每穴施 3～5 g）或条施木霉颗粒剂（每 667 m² 用量 5 kg），或辣椒苗根浸蘸 200 倍木霉可湿性粉剂稀释液，或每 667 m² 用 15～20 kg 氮磷钾三元复合肥与 2～5 kg 木霉颗粒剂混合沟施。在立枯病和疫霉病发生前期，喷施木霉可湿性粉剂（每 667 m² 用量 200～300 g），稀释 200 倍液，分 2～3 次喷施，每次间隔 4～5 d。

(6) 成株期处理。进入盛果期可结合磷酸二氢钾营养液，喷施木霉代谢物水剂 1 000 倍液。也可随肥滴灌木霉可湿性粉剂 500 倍液，每 667 m² 施用 500 g 菌剂。在坐果期，木霉可湿性粉剂稀释 600 倍液灌根，使菌液充分渗透到根系。防治炭疽病可在发病前期喷施木霉可湿性粉剂（2×10⁸ cfu/g）300～500 倍液，2～3 次。防治病毒病，将 75% 木霉代谢物水剂与 3% 壳寡糖复合配制，稀释 150 倍液。木霉代谢物水剂 200 倍液配制 6% 寡糖·链蛋白混剂，发病前喷施在叶面上或灌根。根部滴灌木霉代谢物水剂 2.5 kg，叶面喷施木霉代谢物水剂，辣椒长势健壮，根系发达，花芽分化好，无死株，提质增产，防病抗病。

4. 田间配套措施与管理 不与茄科作物或其他寄主作物轮作、邻茬或套种，与非寄主作物如玉米、小麦实行 3 年以上轮作，能减少病毒数量和传染性。选地势高、能灌能排的田块种植辣椒；培育健壮、适龄秧苗，合理密植；加强水肥管理，以有机肥为主，增施磷钾肥，控制氮肥用量，同时避免土壤过于干旱，促进植株健康生长，从而提高其抗病能力。做好田园清洁，铲除田间周边病毒及介体昆虫寄生杂草；发现病株及时拔除，并采取田外掩埋处理；生产季结束后及时清除田间残留的病残体，减少病毒初侵染源，加强防治传毒昆虫（季美玉，2021；杨永忠等，2021）。

苗床土用木霉菌剂处理前，不要马上施用任何化学杀菌剂，需间隔 7～10 d；如果苗床土施用过土壤熏蒸剂或消毒剂，需间隔 10～15 d 后再施用木霉菌剂。

叶面喷施木霉菌剂处理后，不能施用化学杀菌剂；如果叶片发病已明显，建议先施用化学杀菌剂，间隔 7 d 后再施用木霉菌剂。

建议木霉菌剂与有机肥复合使用，每 667 m² 用木霉颗粒剂 10 kg 与有机肥 25 kg 混合施用，以保育土壤健康。木霉可湿性粉剂与芽孢杆菌可湿性粉剂混用防治土传病害效果优于单用。

5. 防病、促生效果 木霉菌剂处理后 20～30 d，出苗率、株高、叶片浓绿程度、根系发达程度、开花率明显超过未处理的大棚，抗病虫害能力显著提高，出苗率超过未处理大棚，株高增加 60% 左右，根系鲜重增加 5% 以上，开花率提高 20% 以上，产量增加。在历年严重发病田，木霉菌剂对立枯病和疫病防效较好，防效可达到 60%～85%。

第四节 绿叶菜类

绿叶菜是一类主要以鲜嫩绿叶、叶柄和嫩茎为产品的速生蔬菜。由于生长期短，采收灵活，栽培十分广泛，其品种繁多，我国栽培的绿叶菜有 10 多个科、20 多个种。绿叶菜包括菠菜、莴苣（结球莴苣、散叶莴苣、茎用莴苣）、韭菜、香椿、芹菜、蕹菜（空心菜）、芫荽（香菜）、油菜、茴香、落葵（木耳菜）、苋菜、茼蒿、荠菜、紫背天葵等。很多种类均能发生土传病害，因此应用木霉菌剂不仅能提高产量，还能兼治病害。

一、菠 菜

1. 目的 防治菠菜猝倒病、枯萎病、病毒病（芜菁花叶病毒 TuMV、黄瓜花叶病毒 CMV、甜菜花叶病毒 BMV）、霜霉病、白斑病等。促进菠菜生长。

2. 菌剂 木霉颗粒剂（$1×10^8$ cfu/g）、木霉可湿性粉剂（$2×10^8$ cfu/g）、木霉代谢物水剂。

3. 处理方法

（1）整地处理。整地时每 667 m² 施腐熟有机肥 4 000 kg、磷酸二氢钙 28～30 kg、木霉颗粒剂 5 kg，整平整细，冬、春宜做高畦，夏、秋宜做平畦。

（2）播期处理。木霉可湿性粉剂 2 kg 与 30～50 kg 细土混合，在育苗床表面撒施，每平方米 60～90 g，浇水，播种，覆土；或按每平方米 10 g 粉剂直接撒施在育苗床土表面，耙匀，浇水，播种，覆土。一般采用撒播。夏、秋播种于播前 1 周将种子用水浸泡 12 h 后，放在井水中或 4 ℃左右冰箱或冷藏柜中处理 24 h，用木霉可湿性粉剂 400 倍稀释液浸种 1 h，再在 20～25 ℃的条件下催芽，经 3～5 d 出芽后播种。

（3）苗期和成株期防控。夏菠菜出苗 2～3 片真叶后，追施两次尿素，每 667 m² 每次施 2～7 kg，同时每 667 m² 追施木霉可湿性粉剂 500 g，稀释 300～400 倍。秋菠菜出真叶后浇泼 1 次清粪水，随粪水每 667 m² 加入木霉可湿性粉剂 500 g。叶片可喷施木霉代谢物水剂 300～500 倍液，2～3 次喷施，每次间隔 7～8 d。冬菠菜播后土壤保持湿润，可酌情追施木霉可湿性粉剂。

针对病毒病，将 75% 木霉代谢物水剂与 3% 壳寡糖复合配制，稀释 150 倍液，用木霉代谢物水剂 200 倍液 0.5% 的 6% 寡糖·链蛋白配制混剂，发病前喷施在叶面上或灌根。

4. 田间配套措施与管理 选择通风良好、远离萝卜、黄瓜的地块种植菠菜；遇到春旱和秋旱，应多浇水，可减轻发病；雨后及时排水；增施有机肥和磷钾肥。在冬季和早春应将田间、地边及垄沟的杂草清除干净，并彻底清除病株，并将其带到田外深埋或烧毁。采用物理方法防治蚜虫（王润海，2021）。

叶面喷施木霉可湿性粉剂处理后，需间隔 7 d 再施用化学杀菌剂；如果叶片发病已明显，可先施用化学杀菌剂，间隔 7 d 后再施木霉可湿性粉剂。

5. 防病、促生效果 木霉发酵液在原液稀释 10 倍、50 倍和 100 倍时明显提高了菠菜的鲜重；并显著提高了菠菜的叶绿素含量和硝酸还原酶的活性。施用木霉孢子粉的土壤样品能明显降低病原菌的多样性和丰富度，病原菌含量下降，病原菌菌群结构也发生明显变化。

二、莴 苣

1. 目的 防治莴笋霜霉病、菌核病、灰霉病、茎腐病、细菌性软腐病及萎凋病的危害。促进莴苣生长、提高品质。

2. 菌剂 木霉可湿性粉剂（2×10^8 cfu/g）、木霉颗粒剂（1×10^8 cfu/g）、木霉-芽孢杆菌可湿性粉剂（1×10^8 cfu/g：5×10^8 cfu/g）、芽孢杆菌可湿性粉剂（1×10^{10} cfu/g）、木霉代谢物水剂。

3. 处理方法

（1）苗床准备。将土地深翻 25 cm，精耕细耙。100 kg 优质腐熟农家肥、0.25 kg 的钙镁磷肥、100 g 木霉颗粒剂与 100 kg 细土拌匀，均匀撒施于整好的 10 m² 畦面。

（2）种子处理。莴苣种子用清水洗净，用纱布包好放入凉水中浸泡 5～6 h，浸泡过程中换水 1 次，将浸泡好的种子用清水冲洗干净并沥干水分，置于冰箱冷藏层催芽，冰箱冷藏层温度控制在 10 ℃，催芽期间每 24 h 时用清水冲洗 1 次，3 d 左右种子露白，取出种子在木霉可湿性粉剂（2×10^8 cfu/g）400 倍稀释液中浸蘸 1 h，沥干，在阴凉处放置 2～3 h 后准备播种。配合种子预处理，土壤混合施用堆肥和木霉可湿性粉剂等，可提高防病促生效果。

（3）播期处理。苗床浇透水，把催好芽的种子均匀播于苗床上，再覆盖 1 层含 1.0%（w/w）木霉的菌土，用喷雾器喷 1 次清水，使种子与土壤充分接触，避免以后幼苗根系外露，利于扎根生长。

（4）苗床期管理。莴苣属浅根系作物，幼苗吸水吸肥能力弱，要保持苗床土壤湿润，避免过干过湿。秧苗长到 2 叶 1 心时（间苗后），将木霉代谢物水剂 1 000 倍液与 0.2%磷酸二氢钾溶液或氨基酸叶面肥 600 倍液混合后进行根外追肥。

（5）定植期处理。定植前 10 d 左右选择晴好天气翻耕土地晒土，深度以 25 cm 左右为宜，每 667 m² 施入充分腐熟的优质农家肥 5 000 kg、三元复合肥 38 kg、钙镁磷肥或磷酸二氢钙 40 kg、木霉颗粒剂 2～5 kg，撒后耙平土地，充分细碎泥土，使土肥混合均匀。当幼苗长到 4～5 片真叶，播种后 25～30 d 开始定植，最迟不宜超过 30 d，选择阴天或晴天下午起苗。起苗前 3 天喷施 0.2%的磷酸二氢钾溶液或 600 倍液的氨基酸叶面肥和稀释 300～500 倍液的木霉代谢物水剂。移植后 11 d，施用稀释 300～500 倍的木霉代谢物水剂。

（6）成株期处理。在叶片生长期，即播种后 42～55 d，淋 1 次 0.3％磷酸二氢钾加 0.3％尿素溶液和 1 次木霉代谢物水剂 300～500 倍稀释液。播种后 55～70 d 是肉质茎膨大初期，每隔 5 d 淋 1 次 0.5％三元复合肥液，并喷施木霉代谢物水剂 300～500 倍液加 0.3％的磷酸二氢钾液。在霜霉病和灰霉病等发生前期叶片喷施木霉可湿性粉剂稀释 500 倍液，分 2～3 次喷施，每次间隔 7～8 d。如果霜霉病和灰霉病发展较快，可先喷施氟噻唑吡乙酮 3 000 倍液加烯酰吗啉 800 倍液，或双炔酰菌胺 1 500 倍液加烯酰吗啉 800 倍液；或用 10％氰霜唑 1 875 倍液，或 10％氟噻唑吡乙酮 3 000 倍液，或 50％烯酰吗啉水分散粒剂 1 500 倍液＋687.5 g/L 氟菌·霜霉威 600 倍液进行防治，喷 1～2 次，间隔 7 d，再喷施木霉可湿性粉剂。针对细菌性软腐病可在发病前喷施木霉可湿性粉剂与芽孢杆菌可湿性粉剂混剂，或木霉-芽孢杆菌可湿性粉剂 400～500 倍液，2～3 次，间隔 7 d。如果细菌软腐病发生较重，木霉-芽孢杆菌可湿性粉剂与可与铜制剂交替使用。

4. 田间配套措施与管理　与禾本科作物或葱蒜类轮作 1～2 年或与非菊科、茄科蔬菜实行 2～3 年轮作；高畦双行种植，合理密植，合理施肥，忌偏施氮肥，增施磷钾肥，提高植株抗病力；及时排除田间积水，大棚通风降湿；及时摘除病叶、黄叶和老叶，以利于田间通风透光；收获后及时清除病残体，并带至田外销毁，防止病株混入肥料堆，随肥料再次入田；翻耕菜地，加速病残体腐烂分解，有利于防治茎腐病和菌核病等病害。叶面喷施木霉菌剂处理后，原则上不能马上施用化学杀菌剂，需要间隔 7～10 d（宾波等，2021）。

5. 防病、促生效果　木霉颗粒剂和可湿性粉剂处理土壤可以控制菌核病、茎腐病。第 1 次喷施木霉可湿性粉剂 500 倍液，第 2 次使用 10％氰霜唑悬浮剂 2 000 倍液对莴笋霜霉病的防治效果较好，可达到与喷施 2 次化学农药相当的防控水平。木霉菌剂在莴苣霜霉病发病早期可作为化学农药替代剂使用。

三、芹　　菜

1. 目的　防治芹菜根腐病、菌核病、斑枯病、早疫病、软腐病、病毒病。促进芹菜生长、减轻大棚连作障碍和盐渍化程度。

2. 菌剂　木霉可湿性粉剂（2×10^8 cfu/g）、木霉颗粒剂（1×10^8 cfu/g）、木霉代谢物水剂、木霉-芽孢杆菌可湿性粉剂（1×10^8 cfu/g：5×10^8 cfu/g）。

3. 处理方法

（1）整地与苗床处理。整地需施用钾复合肥 20～30 kg，均匀撒施后深翻 25 cm，推平耙细。选地势高、干燥、能灌能排的地块育苗。每 667 m² 施腐熟有机肥 4～6 m³，磷、钾复合肥 14～20 kg，木霉颗粒剂 2～5 kg，施肥后深翻地，整平、耙细，做成畦，可防治根腐病和菌核病。

（2）种子和苗期处理。用冷水浸泡种子 12～20 h，然后在 10～20 ℃的条件下催芽 3～4 d，待大部分种子发芽后播种。可用木霉可湿性粉剂（2×10^8 cfu/g）浸种 1 h，沥干后播种。在苗期 3～4 叶期每 667 m² 施尿素 4～6 kg。

（3）定植与缓苗期。定植后应小水勤浇，保持土壤湿润，降低土温，促进缓苗。当植株心叶开始生长时，叶面浇施木霉代谢物水剂 800～1 000 倍稀释液，以促进根和叶的生长。灌施木霉可湿性粉剂 300～500 倍液可防治根腐病和菌核病。

（4）成株期处理。叶丛旺盛生长期是增产的关键时期，要保障充足的肥水供应。蹲苗结束后结合浇水每 667 m² 追施氮肥 7～14 kg，以后每隔 10 d 左右每 667 m² 再追施木霉可湿性粉剂 500 g、腐熟人粪尿 700～1 000 kg 和氯化钾 7 kg，交替追施 3～4 次。在斑枯病等叶斑病发病前及发病初期，可喷施木霉可湿性粉剂（每 667 m² 施用 200 g）100～400 倍液，2～3 次，间隔 7 d，如果病害发生发展速度较快，要先喷施 50％异菌脲可湿性粉剂 500 倍液，或 10％苯醚甲环唑水分散粒剂 1 000 倍液，或 25％嘧菌酯悬浮剂 2 500 倍液，或 65％代森锰锌可湿性粉剂 500 倍液、50％多菌灵可湿性粉剂 500 倍液，喷 1～2 次，间隔 7～10 d 后再喷木霉可湿性粉剂。其他的杀菌剂需减量 30％以上再混用，最好是间隔 7 d 交替施用。为了防治芹菜软腐病每 667 m² 可提前喷施木霉-芽孢杆菌可湿性粉剂 200 g，100～400 倍液。将 75％木霉代谢物水剂与 3％壳寡糖复合配制，稀释 150 倍，木霉代谢物水剂 200 倍液配制 6％寡糖·链蛋白混剂，在病毒发病前灌根或喷施在叶面上防治病毒病（刘化龙等，2018）。

4. 田间配套措施与管理

（1）科学施肥。施足腐熟有机底肥，注意增施硼肥，追肥要控制氮肥的用量，增施磷钾肥，并叶面喷施硼肥。加强田间管理，培育壮苗壮株，增强植株的抗病性。

（2）田间栽培管理。高畦种植，合理密植，开好排水沟，保护地栽培推广应用无滴膜，控制棚内温湿度，及时放风排湿；尤其要防止夜间棚内湿度迅速升高。注意合理控制浇水和施肥量，增施磷钾肥，提高植株抗病能力，浇水时间放在上午，并及时开棚，以降低棚内湿度。采用覆盖地膜，阻挡病菌子囊盘出土。

（3）清洁田园。发现病株及时拔除，带出地外集中烧毁或深埋。收获后及时清除病残体，深翻土壤，使菌核埋于 3 cm 的土壤下，加速病残体腐烂分解，防止菌核萌发出土。

5. 防病、促生效果　木霉菌剂处理后，病害可得到有效控制。木霉菌剂对芹菜生长有明显的促进作用，最高促生率可达 25％～28％，且木霉菌剂处理过的芹菜叶柄颜色较深，叶片宽大肥厚、茎秆脆嫩、品质好。观察发现，试验田内芹菜病毒病发生严重，但是施用木霉的处理长势较旺，植株粗壮，病株率明显低于清水对照。研究发现同时接种枯草芽孢杆菌和木霉能促进芹菜的生长，比单独接种的效果更好，同时还能促进芹菜过氧化氢酶和过氧化物酶活性；苹果酸、甘露醇和蔗糖的含量在不同处理间呈现规律性的差异。

第五节　葱 蒜 类

百合科葱属中以鳞茎或叶片为食用产品，具有香辛味的一类蔬菜，例如韭菜、大蒜、洋葱、大葱等。由于近年葱地多肥、多水、连作等现象频发，引起病害日趋严重，出现叶片干枯死亡、植株枯萎、烂根等症状，减产 30％～50％。木霉菌剂在防治韭菜灰霉病、韭菜枯萎病、大蒜菌核病等方面已有较多应用，是葱蒜类蔬菜绿色生产的重要技术。

一、韭　菜

1. 目的　防治韭菜灰霉病、疫病、白绢病、韭蛆等。促进韭菜生长。

2. 菌剂 木霉可湿性粉剂（2×10^8 cfu/g）、木霉颗粒剂（1×10^8 cfu/g）、球孢白僵菌（2×10^9 cfu/g）、木霉代谢物水剂。

3. 处理方法

（1）种子处理。播前用 40 ℃温水浸种 5～10 min，水温降到 30 ℃时，浸泡 24 h，将种子洗净捞出，再在木霉菌粉 400 倍稀释液浸种 1 h，沥干，放在 15～20 ℃环境中催芽。

（2）苗床处理。播前苗床每 667 m^2 施农家肥 500～1 000 kg、木霉颗粒剂 2～5 kg，浅耕 20 cm 深，耙平整细后，做畦，开沟播种。

（3）整地施肥。结合土壤翻耕施入农家肥和木霉菌剂，每 667 m^2 施农家肥 2 000 kg、速效氮肥 35 kg、饼肥 100 kg，木霉颗粒剂 2～5 kg，耙碎，整平。

（4）定植处理。当韭菜苗高 18～20 cm 时，将韭菜苗挖出，剪去上面过长叶丛，定植后覆土厚 3～4 cm，然后浇定植水，隔 4～5 d，浇 1 次缓苗水和 1 次木霉代谢物水剂（碧苗）稀释液（800～1 000 倍），每 667 m^2 用 1 kg。

（5）扣膜（棚）。韭菜外叶完全枯萎，除净干枯的叶片后中耕晒土，每 667 m^2 施尿素14～18 kg 或腐熟人粪尿 1 500 kg，浇灌木霉可湿性粉剂（每 667 m^2 施用 500～1 000 g）200～400 倍稀释液。地面稍干后选无风晴天扣棚覆膜。

（6）水肥管理。每刀韭菜收获前 4～5 d 浇 1 次增产水，韭菜收割后到第 2 刀长到 6～8 cm，这段时期不宜浇水。为了增加 2～3 刀韭菜的产量，一般在头刀韭收割后，在下茬作物定植行间，每 667 m^2 施入农家肥或木霉颗粒剂 2～5 kg。

（7）成株期处理。在叶片灰霉病和疫病发生前期，喷施木霉可湿性粉剂（每 667 m^2施用 200～300 g），稀释 500～1 000 倍，分 2～3 次喷施，每次间隔 4～5 d。如果灰霉病发展较快，发病初期可用 50%腐霉利可湿性粉剂 1 000 倍液或 50%异菌脲可湿性粉剂 1 000倍液喷施叶面防治，间隔 7～10 d 后，再喷 1～2 次稀释 200～400 倍的木霉可湿性粉剂（每 667 m^2 施用 200 g），隔 7 d 喷 1 次。如果韭菜疫病发生较快，可选用 25%甲霜灵可湿性粉剂 600～800 倍液、64%噁霉灵＋代森锰锌可湿性粉剂 500 倍液、0.1%～0.2%硫酸铜溶液灌浇植株根茎部，7～10 d 再灌木霉可湿性粉剂（每 667 m^2 施用 1～2 kg）500 倍液。韭蛆可用 50%辛硫磷乳油 1 000 倍液或 90%敌百虫晶体 1 500 倍液与稀释 200～400倍液的球孢白僵菌和木霉混剂（5：1，每 667 m^2 施用 200 g）混合灌施（顾光伟等，2021）。

4. 田间配套措施与管理 育苗地应选择 3 年内未种过葱蒜类蔬菜的地块，平整土地。大雨后畦内不积水，消灭涝洼坑。如采取栽苗时选壮苗，剔除病苗，注意养根，勿过多收获，收割后追肥，入夏后采取控制灌水等栽培措施，可使植株生长健壮。入夏降雨前应摘去下层黄叶，将绿叶向上拢起，以免韭叶接触地面，这样植株之间可以通风，防止病害发生（陈传荣等，2017；徐斌，2021）。

苗床土用木霉菌剂处理前，不要施用任何化学杀菌剂；如果苗床土施用过土壤熏蒸剂或消毒剂，需间隔 10～15 d 后再施用木霉菌剂。

叶面喷施木霉可湿性粉剂处理后，不能马上施用化学杀菌剂；如果叶片发病已明显，建议先施用化学杀菌剂，间隔 7 d 后再施用木霉可湿性粉剂。

5. 防病、促生效果 利用木霉可湿性粉剂可使韭菜灰霉病发病延迟 3～5 d，防效达

70%～80%，经济损失低于3%。木霉可湿性粉剂对韭菜白绢病的防治效果达60%～96%。

二、大　蒜

1. 目的　防治大蒜紫斑病、白粉病、霜霉病、叶枯病、锈病、花叶病、红根腐病、细菌性软腐病等。促进大蒜生长。

2. 菌剂　木霉可湿性粉剂（$2×10^8$ cfu/g）、木霉颗粒剂（$1×10^8$ cfu/g）、木霉代谢物水剂、木霉-芽孢杆菌可湿性粉剂（$1×10^8$ cfu/g：$5×10^8$ cfu/g）。

3. 处理方法

（1）整地处理。大拱棚内前茬作物收获后及时清理前茬作物的枯枝败叶，深翻土壤，晾垄晒垄。结合深翻，每667 m² 施用充分腐熟的农家肥3 000～3 500 kg、12%磷酸二氢钙35 kg；大蒜栽插前3天适墒耙耢，耙耢前每667 m² 施用三元复合肥（20：8：10）30～35 kg、木霉颗粒剂5～10 kg，也可按每667 m² 施2～5 kg的用量将木霉颗粒菌剂拌入基肥后进行翻耕整地、靶平。

（2）浸蒜种处理。尽可能采用脱毒蒜、抗病蒜、无病虫健壮蒜种，播前精选蒜种，并用木霉可湿性粉剂300～400倍液均匀喷洒蒜种。

（3）生长期处理。施木质素菌肥100～150倍液与0.3%磷酸二氢钾溶液等控制大蒜苗期徒长；蒜苗长到20 cm左右时，结合浇水，每667 m² 追施三元复合肥（15：15：15）6～10 kg、木霉可湿性粉剂（每667 m² 施用200 g）100倍稀释液；叶片或叶片基部呈淡红色或暗红色，喷雾300～500倍木霉代谢物水剂与0.3%磷酸二氢钾混合液；在叶片白粉病和霜霉病发生前期，喷施木霉可湿性粉剂（每667 m² 施用200 g），分2～3次施用，每次间隔4～5 d。第1次返青水开始随水冲施，共冲施3次，按每667 m² 每次施500 g木霉可湿性粉剂的用量进行，或每667 m² 灌施木霉代谢物水剂1 L，200～500倍稀释液，灌施2次。针对细菌性软腐病，可用木霉-芽孢杆菌可湿性粉剂500倍液细致喷洒植株和土壤，每5～7 d喷1次，连续喷洒2～3次。

4. 田间配套措施与管理　用提纯复壮的抗病性强的品种，降低发病率。在播种时清除伤瓣、烂瓣、无芽瓣、小瓣，培育壮苗，提高抗病能力。根据大蒜需肥规律，合理施用肥料，稳施氮肥，增施磷钾肥，多施充分腐熟的有机肥等，有利于培育壮苗，提高抗病能力。做到适期播种，地膜大蒜以气温降低到20 ℃左右时播种为宜，早播气温高易发病。进入多雨时段要及时排涝，干旱时段用水抗旱。

5. 防病、促生效果　木霉菌剂处理后大蒜根腐病的发病株数均较对照有大幅度的降低，根腐病的发病率降低幅度为70%～100%，平均降幅达85%以上。且木霉可湿性粉剂的使用，可增加大蒜产量，每平方米蒜头数量增加。

第六节　根 菜 类

根菜类是以肥大的肉质直根为食用产品的一类蔬菜。根菜类蔬菜包括萝卜、胡萝卜、根用芥菜、芜菁、芜菁甘蓝、根芹菜、美洲防风、牛蒡、婆罗门参、根甜菜等。根菜类具有非常独特的佐餐价值和药用价值，是国内饮食必备的蔬菜种类。近年来，根菜类蔬菜病毒病、黑斑病、黑腐病、白粉病、霜霉病和根腐病等主要病害频发，使得此类蔬菜的产量和品质明显下滑，已经严重影响根菜类蔬菜的经济效益，因此，利用木霉菌剂对根菜类蔬菜病害进行生物防治对这类蔬菜的绿色生产具有重要意义。

一、萝　卜

1. 目的　防治萝卜黑斑病、黑腐病或根腐病、霜霉病、褐腐病、病毒病（芜菁花叶病毒 TuMV、黄瓜花叶病毒 CMV、烟草花叶病毒 TMV）。促进萝卜生长。

2. 菌剂　木霉可湿性粉剂（$2×10^8$ cfu/g）、木霉颗粒剂（$1×10^8$ cfu/g）、木霉-芽孢杆菌可湿性粉剂（$1×10^8$ cfu/g：$5×10^8$ cfu/g）、木霉代谢物水剂。

3. 处理方法

（1）整地处理。在播种前深耕细耙，保证根层超过 25 cm。随耕翻施肥，每 667 m² 施细碎腐熟有机肥 5 t、15％硫酸钾型三元复合肥 40 kg、木霉颗粒剂 2～5 kg。耙平耕地后做畦。该处理可防治褐腐病。

（2）种子处理。播种前搓去刺毛，浸泡在 35 ℃左右的温水中，时间控制在 4 h，捞出后将其放在湿布包内，环境温度约为 23 ℃，以此催动种子萌芽。要定期翻动，保证种子湿润，均匀控制温湿度，种子露白超过 85％后浸蘸木霉可湿性粉剂 100～200 倍稀释液 6 h，沥干后播种。

（3）穴盘育苗处理。在育苗基质的穴盘上喷施木霉可湿性粉剂稀释液（100 倍），充分渗透后播种，防治褐腐病。

（4）成株期处理。移栽时不要伤到根系，移栽后灌施木霉-芽孢杆菌可湿性粉剂 500 倍液防治黑腐病，喷施木霉代谢物水剂＋6％寡糖·链蛋白（稀释 1 000 倍）防治病毒病。在膨大肉质根前期，随浇水每 667 m² 施加液体有机肥 5 kg、木霉可湿性粉剂 500 g，可同时施用或交替施用。在膨大肉质根阶段，以滴灌方式浇水将木霉可湿性粉剂（每 667 m² 用量 1 kg）和复合肥（K、P、N 比例为 24：16：16，每 667 m² 用量 3 kg）一并灌根。利用木霉可湿性粉剂（每 667 m² 用量 200 g）100 倍液在白粉病、霜霉病发生前期喷施 2～3 次。

4. 田间配套措施与管理　种植萝卜的地块，应该避免与十字花科蔬菜进行连作；萝卜的播种期不能过早，在霜霉病高发区以及特别干旱年份，播期应该适当延后 1～2 d；萝卜蹲苗时间不能过长，并合理灌水施肥；及时清洁田园（张媛媛等，2021）。

叶面喷施木霉菌剂处理后，不能马上施用化学杀菌剂，需间隔 7～10 d；如果叶片发病已明显，建议先施用化学杀菌剂，间隔 7～10 d 后再施用木霉菌剂。或将木霉菌剂与减量 20％～30％的化学杀菌剂混合喷施，现混现用。

5. 防病、促生效果　木霉可湿性粉剂防治黑斑病效果可达到 60％以上，木霉-芽孢杆菌混剂处理后，对黑腐病和褐腐病的防效可达到 50％以上。木霉代谢物水剂与 6％寡糖·链蛋白混剂可有效控制病毒病的发生。木霉菌剂处理能够提高盐胁迫条件下萝卜种子的萌发率，促进幼苗的生长并增强叶片光合作用；同时减弱盐胁迫对叶片细胞膜的损害程度，增强幼苗的抗氧化酶活性及对盐胁迫的耐受性。

二、胡萝卜

1. 目的 防治胡萝卜立枯病、腐霉病、黑腐病、菌核病、软腐病、霜霉病、晚疫病和根结线虫病，以及病毒病等。促进胡萝卜生长。

2. 菌剂 木霉可湿性粉剂（2×10^8 cfu/g）、木霉颗粒剂（1×10^8 cfu/g）、木霉代谢水剂、木霉-芽孢杆菌种衣剂（1×10^8 cfu/g：5×10^8 cfu/g）。

3. 处理方法

（1）整地处理。耕地土壤的养分含量、土壤含沙量、pH 及土层深度等条件对胡萝卜生长非常重要。每 667 m² 施腐熟的优质农家肥 3 000～4 000 kg、草木灰 1 000 kg、复合肥 25 kg、硫酸钾 20 kg 和木霉颗粒剂 3～5 kg，均匀撒于地表后犁地、旋耕，旋耕后及时耙地起垄，垄宽 70～80 cm、垄高 20 cm、垄距 20～30 cm。一般在施用木霉颗粒剂的情况下可适当减少化肥的使用量。

（2）种子处理。按种子重量 1%的剂量进行木霉可湿性粉剂＋Agrotrich 产品包衣种子。按种子重量 0.3%的 50%福美双可湿性粉剂或 75%百菌清可湿性粉剂处理种子后，把种子倒入 40 ℃水中浸泡 2～3 h，晾干后，包衣 20%淀粉悬浮剂，然后包衣木霉可湿性粉剂或木霉-芽孢杆菌复合种衣剂，即进行种子二次包衣，放在发芽箱里，箱内温度约 25 ℃，催芽 4 d 左右，种子露白后播种（杨慧娟，2022）。木霉代谢水剂也可与适当减量的化学种衣剂或化学农药混合后处理种子。

（3）病虫害防治。针对腐霉病和立枯病，在发病初期可喷施木霉可湿性粉剂 300～400 倍液，或木霉代谢物水剂（每 667 m² 用量 1 L）＋减量的精甲霜灵。针对黑腐病和菌核病，在发病初期可喷施木霉可湿性粉剂 300～400 倍液，如果病害发生已较重可先喷施 75%百菌清可湿性粉剂 600 倍液，或 50%异菌脲可湿性粉剂 1 500 倍液，或 58%甲霜灵•锰锌可湿性粉剂 500 倍液，或每 667 m² 施用 20%噻唑锌悬浮剂 100～150 mL，或每 667 m² 施用 40%喹啉铜悬浮剂 50～70 mL 进行叶面喷施，间隔 7～10 d，再每 667 m² 喷施木霉可湿性粉剂 200～300 g，用量 300～400 倍液，1～2 次。针对根结线虫病，土壤日晒技术与灌施或撒施木霉菌剂相结合不仅能提高防效，还能提高土壤持效抗线虫水平。针对病毒病，可将木霉可湿性粉与植物免疫激活剂（6%寡糖•链蛋白）协同使用进行防治。木霉可湿性粉剂与绿僵菌油悬浮剂或白僵菌可湿性粉剂不同比例混合能协同防治地下害虫和土传病害。

4. 田间配套措施与管理 木霉菌剂处理土壤要尽量将其耙入土壤，以免紫外线过强钝化菌剂活性。施用木霉菌剂土壤需保持一段时间的湿润状态，促进木霉在土壤内和根际的定殖。对于土传病害发生严重的地块，建议先进行土壤日晒或化学消毒剂处理，间隔 10～15 d 再进行木霉菌剂处理。针对细菌性软腐病，可采用木霉可湿性粉剂与芽孢杆菌可湿性粉剂混合处理土壤或浸根进行防治。木霉菌剂与白僵菌或绿僵菌菌剂混用时可适当增加白僵菌或绿僵菌菌剂的比例，兼治土传病害和地下害虫。

5. 防病、促生效果 木霉菌剂防治立枯病、腐霉病、根结线虫病的效果可达 50%以上，木霉菌剂与减量的化学菌剂混合或交替使用，其防效可达 60%以上，增产作用显著。木霉菌剂与土壤日晒相结合处理土壤是防治土传病害较为理想的绿色防控方法。

第七节 薯芋类

薯芋类蔬菜是以肥大的地下块茎或地下块根为食用产品的一类蔬菜，例如马铃薯、山药、木薯和甘薯等。已有研究表明：木霉生物菌肥或生物农药对马铃薯晚疫病、马铃薯黄萎病、山药炭疽病、山药枯萎病、木薯炭疽病等有较好防效，已成为绿色防控的重要技术。

一、马铃薯

1. 目的　防治马铃薯晚疫病、早疫病、黑胫病、枯萎病、病毒病、黄萎病、黑痣病。促进马铃薯生长。

2. 菌剂　木霉可湿性粉剂（$2×10^8$ cfu/g）、木霉颗粒剂（$1×10^8$ cfu/g）、木霉代谢物水剂。

3. 处理方法

（1）整地处理。通常情况下选择有机肥、硫酸钾复合肥和木霉颗粒剂，在每 667 m² 加入 5 kg 木霉颗粒剂的前提下，硫酸钾复合肥可比常规减量 20%～30%。保证三种肥料与土壤均匀混合。或将木霉可湿性粉剂 300～1 000 倍液混于腐熟有机肥干料中，制成菌肥，种薯播在混有木霉颗粒剂的基肥上，每穴施 50 g 菌肥，盖土 10 cm。这一处理可防治马铃薯黑痣病、枯萎病、黄萎病等土传病害。

（2）种薯处理。挑选的种薯要在入窖前进行充分晾晒，再使用 75% 的百菌清或 25% 的甲霜灵进行喷洒，杀死依附在种薯表面的晚疫病真菌。应在种薯带 2～3 个芽眼时用木霉可湿性粉剂 100 倍稀释液喷施。

（3）苗期与成株期处理。当苗高度达到 15 cm 左右时，每隔 10 d 左右浇 1 次水，其中喷施木霉代谢物水剂（30～50 g）500～1 000 倍液，1～2 次。当植株出现花蕾时施加肥料，选择磷酸二氢钾和木霉可湿性粉剂 1 kg，稀释 300～1 000 倍的孢子液进行根部施用。如果晚疫病发生较快，可以选择霜脲锰锌、甲霜灵锰锌进行治疗，间隔 7～10 d 后再叶面喷施 1～2 次木霉可湿性粉剂（每 667 m² 用量 200 g）100～400 倍液。将 75% 木霉代谢物水剂与 3% 壳寡糖混合，稀释 150 倍，或木霉代谢物水剂 200 倍液配制 6% 寡糖·链蛋白混剂，在发病前灌根或喷施在叶面上防治病毒病。

4. 田间配套措施与管理　在重病区应与茄科以外的作物实行轮作。马铃薯播种时要严格剔除病薯，防止带病种薯传病。马铃薯种植田应选择地势较高的沙质土壤，底肥应以农家肥为主，化肥施用应减少氮肥的施用量，田间种植密度不宜过大，以利于通风透光（丁静等，2021；李月秋等，2021）。

适时晚播和浅播，土温达 7～8 ℃时适宜大面积播种，促进早出苗、快出苗，减少黑痣病菌侵染。

5. 防病、促生效果　播种时每 667 m² 沟施木霉颗粒剂 5 kg、木霉可湿性粉剂 1 kg，对照区中心病株出现后每 667 m² 喷施 200 g 木霉可湿性粉剂 2 次，能够明显延迟马铃薯晚疫病中心病株的出现时间，对马铃薯晚疫病的相对防效可达 60% 以上，每 667 m² 产量可达 3 t 以上，较对照增产 0.6 t 以上，增产率 20％以上。以稀释 300 倍液木霉可湿性粉剂处理种苗，并在苗后用 300 倍菌剂灌根来防治马铃薯黑痣病效果较为理想；木霉可湿性粉剂与小麦秸秆协同处理可使马铃薯出苗率达 100％，马铃薯黑痣病防治效果达 70％以上，挽回产量损失 30％以上。木霉菌剂与球毛壳菌、棘孢木霉、产紫青霉菌剂组合可提高对马铃薯黑痣病的防效。木霉菌剂与小麦秸秆处理可增大马铃薯株高、茎粗和分枝数，马铃薯根际土壤细菌、放线菌和木霉数量较对照提高 60％以上（窦耀华等，2021）。

二、山 药

1. 目的 防治山药根茎腐病、炭疽病、褐斑病、白锈病、灰斑病等病害。促进山药生长。

2. 菌剂 木霉可湿性粉剂（2×10^8 cfu/g）、木霉颗粒剂（1×10^8 cfu/g）。

3. 处理方法

（1）整地处理。种植前一定要施足够量的底肥，以有机肥为主，氮、磷、钾基本均衡，底肥应占总肥量的 70％左右，在播种前每 667 m² 用木霉颗粒剂 10 kg 处理土壤。如果土传病菌积累过多，可每 667 m² 先用 40％的五氯硝基苯粉剂 1.5～2.5 kg 进行土壤消毒处理，约 1 周后，再每 667 m² 用木霉颗粒剂 5 kg 处理土壤。

（2）定植期处理。山药定植在土温 10 ℃左右的 5 cm 耕层内。定植时要先开沟，沟宽以 10 cm 为宜，随浇水每 667 m² 施木霉可湿性粉剂 200～500 g，浇透水后可将山药纵向放入沟中，先用含木霉可湿性粉剂的湿土（菌∶土比 1∶50）将山药覆盖，之后再用干土覆盖 1 层，待水分将干土浸湿后再用干土将种植沟覆平。

（3）成株期处理。山药根腐病发病初期可通过每 667 m² 施用木霉可湿性粉剂 200～500 g，稀释 200～400 倍灌根，也可先灌施 50％福美双粉剂 500～600 倍液或干悬浮剂 1 000 倍液或 53.8％氢氧化铜可湿性粉剂 2 000 倍液，7 d 后再灌木霉可湿性粉剂 300 倍液，连续 2～3 次。在山药炭疽病发生初期，通过喷施木霉可湿性粉剂（每 667 m² 施用 200～500 g）200～400 倍稀释液，每隔 10 d 喷 1 次，连续喷 2 次。若山药已经出现病害，可采取 70％代森锰锌 500 倍液等，每隔 7 d 喷洒 1 次，与木霉可湿性粉剂交替喷施。山药炭疽病和褐斑病发病初期可喷施木霉可湿性剂（每 667 m² 施用 200 g）200～400 倍液。为了提高防效，木霉可湿性粉剂可与 70％代森锰锌可湿性粉剂 600～800 倍液、32.5％嘧菌酯悬浮剂 1 000 倍液、25％咪鲜胺乳油 1 200 倍液交替使用。山药茎腐病发生初期，每 667 m² 可喷施木霉可湿性剂 200 g，稀释 200～400 倍液。木霉可湿性粉剂也可与 70％甲基硫菌灵可湿性粉剂或 40％菌核净可湿性粉剂 500～800 倍液交替施用，间隔 7～10 d 喷洒茎叶，结合 50％多菌灵可湿性粉剂 400～500 倍液灌根。

4. 田间配套措施与管理 选择肥沃疏松的沙壤土、地势高的地块或高畦深沟种植；重病地应与非寄主作物进行 2 年以上轮作；进行秋季整地，深翻改土；施足腐熟粪肥，增施磷、钾肥，合理灌水。浇水的原则是"不旱不浇"，浇时用清洁水源，一定要浇透，田内不能有积水，雨季应及时排水，以免造成根部腐烂。在山药收获时，遗留在地面上的病残体、杂草、腐烂茎要集中烧毁或者带到田外深埋，以减少越冬病原菌。对田面进行清洁，田间杂草人工铲除（高扬，2020）。

5. 防病与促生效果 木霉菌剂处理后，山药土传病害得到有效控制，炭疽病、褐斑病、灰斑病等明显减轻。

三、木　薯

1. 目的 防治木薯根腐病、炭疽病和褐斑病等病害。提高木薯的光合速率，促进生长，增加株高、茎粗、块根产量，提高淀粉、蛋白质、可溶性糖等的含量，有效提高植株的抗病性。

2. 菌剂 木霉生物有机肥（每克有效活菌数≥0.2×10^{8}个，有机质≥40%）、木霉可湿性粉剂（2×10^8 cfu/g）、木霉菌粉（2×10^9 cfu/g）、叶部型木霉可湿性粉剂（1×10^9 cfu/g）、根部型木霉菌剂（1×10^9 cfu/g）。

3. 处理方法

（1）整地处理。木薯是深根作物，要求有较深厚而疏松的耕作层，所以不论新荒地、熟地，整地都要求达到深、松。一般深耕25~30 cm即可，能深些更好。木薯虽然耐贫瘠环境，但增施肥料，尤其是增施有机肥料，增产效果很显著。在缺钾地区，同时增施钾肥，增产效果更好。木薯对氮、磷、钾三要素的需要比例，大致是5:1:9（陈会鲜等，2019）。

（2）定植处理。木薯的种植方式主要为平放、斜插。种植时用利刀砍断种茎，插条长度以15~20 cm为宜，平放或斜插于穴中，浅盖土。密度视土壤肥力而定，一般每667 m²定植800~1 000株为宜。种植规格一般为1 m×0.8 m和0.8 m×0.8 m。定植后浇透定根水，定根水可加入木霉菌粉，每株10~30 g。

（3）施肥管理。施肥原则是施足基肥，合理追肥，以木霉生物有机肥为主，配施化肥。第一次施肥为基肥，每667 m²施用木霉生物有机肥400~500 kg，三元复合肥20 kg。第二次施肥为壮苗肥，在种植后30~40 d内施用，每667 m²施尿素10 kg，氯化钾5 kg，结合喷施叶部型木霉可湿性粉剂300~400倍液，可提高光合速率，促进木薯苗快速生长。第三次施肥为结薯肥，于种植后60~90 d施用，每667 m²施尿素5 kg，氯化钾10 kg，促进木薯块根形成。第四次施肥为壮薯肥，种植后90~120 d施用，每667 m²施尿素和氯化钾各5~7.5 kg，促进块根膨大和淀粉积累。也可将第三次和第四次施肥结合起来，仅施肥1次。

（4）病害防治。针对木薯炭疽病、褐斑病等叶斑病，注意高温高湿天气引起的病害流行，在风雨前后潮湿天气可直接喷施叶部型木霉可湿性粉剂，每667 m²用200 g，或45%咪鲜胺1 000~1 200倍液，1~2次。如果病害较严重，还可施用25%丙环唑乳油3 000倍液喷雾防控1~2次，然后喷施叶部型木霉可湿性粉剂300~400倍液，1~2次（张静雅等，2022）。针对根腐病，在施用基肥时施用木霉生物有机肥，苗期淋灌或滴灌根部型木霉可湿性粉剂（300倍稀释）2~3次，能够有效抑制土壤中的有害病菌，减轻土传病害，起到很好的综合防病抗病效果（时涛等，2019）。

4. 田间配套措施与管理

（1）栽培管理。整地之前需要先选1块适合种植木薯的地块，要求地势比较高、土壤疏松、透气性好、排水浇水都方便的沙土壤。然后开始进行深耕操作，深度 35 cm 左右，建议在冬季的时候就做整地的工作，提前翻土可以让土壤多晒太阳，消除土壤中的病虫害，提高土壤的透气性，为翌年种植木薯提供良好的条件。进行深耕操作的土壤经过了冬季的暴晒之后，在种植木薯前的 1 周，还需要再进行 1 次整地工作，此次整地可以配合腐熟后的农家肥或木霉生物有机肥一起操作，肥量注意要均匀，然后整理成垄畦地块，沟深约 30 cm、行宽约 35 cm、垄面宽约 70 cm。

（2）田间管理。木薯种植之后大约 10 d 就能出苗了，整个苗期不需要追肥，如果天气特别干燥，建议每隔 10 d 左右浇 1 次水。当木薯苗高度达到 40 cm 的时候，根据植株生长情况做修整枝条的操作，每株植株留下 1～2 条强壮的侧枝，除去弱枝、病枝和虫害枝。木薯抗病虫害能力比较强，一般情况下水肥的管理合适，很少出现病虫害，常见虫害有木薯红螨。干旱气候该虫害加重，可用杀螨剂喷杀防治。此外还需要注意防治鼠害。

（3）间作套种。木薯株行距大，前期生长慢，可用于间种、套种，如与花生、大豆、西瓜等作物间种、套种，不但能增产增收，而且能减少杂草，培肥地力，对木薯生长有利。

5. 防病、促生效果 木霉菌剂施用后，可有效防治木薯病害，并可提高食用木薯的光合作用，促进其生长，提高块根产量，有效改善块根的品质和土壤透气性，减少土传病害。土壤供氮和供磷能力增强，土壤酸碱性得到改善，有利于土壤中养分的释放，达到减肥增效的效果。

◆ 本章小结

本章介绍木霉菌剂在五大类 23 种蔬菜中的应用技术。在蔬菜整地、种子处理、水肥管理、定植后灌根及生育期病害防治等环节均可施用木霉生物农药或菌肥。栽培全程应用木霉菌剂可最大程度发挥其对病害的防治作用。整地中采用木霉菌剂处理土壤是防病的重要基础，而生育期随水肥分期灌施及叶面预防性喷施是重要保障，木霉菌剂在作物全生育期使用有利于提高防病效果。木霉菌剂与高温闷棚后处理、化肥和化学农药协调使用可提高蔬菜绿色综合防控的水平。木霉菌剂在防治蔬菜枯萎病、黄萎病、根腐病、疫病、灰霉病等方面具有明显优势。木霉菌剂可与芽孢杆菌菌剂等生物源农药、化学农药或化肥协同使用。

◆ 思考题

1. 在防治蔬菜土传病害时，为什么要强调从整地或育苗时就开始用木霉菌剂处理土壤？

2. 木霉菌剂仅用于防治蔬菜土传病害，与同时用于防治蔬菜土传病害和叶斑病的技术方案有何区别？

3. 设计防治番茄多重病虫害的木霉菌剂与其他防控技术协同使用的方案。

4. 应用"水肥一体化"模式施用木霉菌剂防治蔬菜病虫害需要注意哪些因素？

5. 为什么需要在土壤消毒后或高温闷棚后，用木霉菌剂处理土壤？

6. 为什么木霉菌剂可与化学农药交替施用，但往往需要间隔7～10 d？

7. 木霉菌剂与化学农药同时混合使用需要注意什么？

8. 木霉菌剂往往不宜与尿素混合使用，两者如何协同使用？

9. 如何鉴别木霉菌剂在田间使用前的质量是合格的？

10. 为什么木霉菌剂与减量的化肥协同使用仍能增产？

第九章　木霉菌剂在果树生产中的应用技术

果树生长过程中很多土传病害和地上部病害是可以通过木霉菌剂或其复合菌剂防治的，尤其在防治果树根病（根腐病、白绢病）方面木霉菌剂发挥了很好的作用，例如，木霉菌剂（上海大井生物工程有限公司 2021 年田间试验）灌根两次成功防治了梨树根部坏死病。此外，木霉菌剂可防治葡萄灰霉病、苹果黑星病、桃细菌性穿孔病，并能促进油桃生长。木霉菌剂或其代谢液水剂可防治柑橘、苹果和梨等果树的采后病害，对果实绿霉病、青霉病、褐腐病防效较好。木霉菌剂对老果园土壤修复和恢复树势具有很好的作用。木霉菌剂在果树上的应用技术与其在蔬菜上的应用技术有些不同，果树中的木本植物很多为多年生、植株高大、根系木质化程度高、果实和叶表蜡质层较厚，木霉发挥作用需要的时间往往更长，剂量和应用次数也要高于蔬菜等作物，而且需要与其他农业防控技术相结合才能更好地起到防病促生效果。

第一节　仁　果　类

仁果类果树的果实食用部分为肉质花托发育而成，具数粒小型种子，包括苹果、梨、山楂、枇杷等。其中苹果和梨发生的病害种类较多。我国已经描述的苹果病害的病原种类较多，其中病原真菌 149 种，病原卵菌 6 种，病原菌物占苹果病原物种类的 90.6%。我国梨树病害已知的有 80 余种，其中发病较为普遍的有黑星病、轮纹病、干腐病和锈病等，随着日本、韩国梨种类的引进，病害的防控难度也在增大，若防治不当，将会对树体发育和产量造成严重影响。在国际上很早就有利用包括木霉菌剂等生物农药和生物肥料防治苹果和梨病害的实践。研究表明：木霉菌剂对苹果和梨黑星病、苹果腐烂病、苹果炭疽病、苹果和梨轮纹病的抑制效果好（Cabrefiga et al.，2023）。高有机质含量土壤和中性土壤有利于木霉在苹果园中定殖（戴蓬博等，2021）。

一、苹　　果

1. 目的　防治苹果黑星病、腐烂病、轮纹病、炭疽病以及早期落叶病、根腐病。提高苹果树苗的成活率、新梢生长率，促进产量增加，有效提高植株的抗病性。

2. 菌剂　木霉可湿性粉剂（$2×10^8$ cfu/g）、木霉颗粒剂（$1×10^8$ cfu/g）、木霉代谢物水剂。

3. 处理方法

（1）土壤处理。通常可将苹果树种植的株距与行距分别控制在 3 m 和 2 m 左右。挖好栽植坑（0.6 m×0.6 m）后，回填表土。回填土中混入 2 kg 有机肥和 60～100 g 木霉颗粒剂，亦可混入腐熟农家肥（张莉莉等，2021）。

（2）定植处理。移栽后进行浇水覆膜。每株苹果苗木浇水 1 桶，水中可以含有一定量的木霉菌剂，即将木霉可湿性粉剂稀释 1 000～1 500 倍，或稀释 300～500 倍的木霉代谢物水剂。浇水后立即覆盖地膜。

（3）水肥管理。在我国北方基肥一般在 9 月施用，每 667 m² 施腐熟农家肥 4 000～5 000 kg、磷酸二氢钙 150 kg、木霉颗粒剂 5 kg。追肥采取土壤追肥和叶面喷施两种方式，前者通常为每年 3 次，第一次是在苹果植株萌芽前后向土壤中施用以氮肥为主的化肥；第二次是在苹果植株花芽分化到果实膨大期这一阶段，向土壤中施用磷肥、钾肥以及少量氮肥的混合肥；第三次是在苹果植株果实生长后期，向土壤中施用钾肥。每 667 m² 追施纯氮 1 kg、纯磷 0.5 kg 以及纯钾 1 kg。追施肥料时，如果配合施用木霉可湿性粉剂，每 667 m² 每次施用 1.0 kg，稀释 400～800 倍，上述的 N、P、K 肥常规用量可减少 20%～30%。为了提高木霉菌剂施用效率，可通过果园滴灌系统将其与水肥一并滴入根际土壤。叶面追肥，如在萌芽前可追施 2%～3% 尿素、3%～4% 硫酸锌和木霉代谢物水剂（沃泰宝）800～1 000 倍液的混合液，果实膨大后期和着色前期可追施 0.5% 磷酸二氢钾、0.3% 尿素和木霉代谢物水剂（沃泰宝）800～1 000 倍液的混合液。

（4）病害防治。在苹果轮纹病和黑星病等叶斑病发生前期喷施木霉可湿性粉剂（每 667 m² 施用 300～500 g）1 000～1 200 倍液，2～3 次。在发芽前将苹果枝干上的轮纹病斑完全刮除后，涂抹木霉可湿性粉剂 50～100 倍液，如果要提高防效可在枝干上涂抹 50% 多菌灵可湿性粉剂 50～100 倍液，7 d 后，再喷木霉可湿性粉剂（每 667 m² 施用 300～500 g）1 000～1 200 倍液；在套袋前需要喷施 1 次 50% 多菌灵可湿性粉剂 600 倍液和 1 次木霉可湿性粉剂 400～500 倍液；而套袋后则需要喷施 1∶2∶200 的波尔多液 2～3 次和 1～2 次木霉代谢物水剂 800～1 000 倍液；在采果后至越冬前，需要喷施 50% 多菌灵可湿性粉剂 100 倍液。

4. 田间配套措施与管理　合理选择适宜木霉菌剂的施用技术。木霉菌剂的使用浓度、次数和方法并不是固定不变的，种植者可根据实际情况进行调整，可尝试与其他施肥措施结合使用。

合理进行果园管理。苹果生长在土壤中，不仅需要适宜的温度、光照、空气、水分，还需要维持其生长所需的营养成分，若养分不足，将会导致树苗发育不良，因此深翻土壤、增施有机肥和绿肥可减轻根腐病（张德义，1979）；果树落叶后及时刮皮，清除果园内的枯枝落叶；在土地封冻前需要进行深翻，将残留的枯枝落叶深埋，在土壤内施有机肥料，为翌年果树的生长做好准备工作，提高果树抗虫害的能力；定期对果树进行修剪，适当修剪树冠保障良好通风和透光，减少果树的负荷，增强长势（李少旋等，2021）。

5. 防病、促生效果　木霉分生孢子可湿性粉剂可以将由链格孢菌引起的苹果发病程度由 3 级降低为 1 级。木霉可湿性粉剂可抑制链格孢菌从叶片气孔侵入。木霉对苹果霉心病砖红镰孢和苹果链格孢有很强的抑制作用，抑制率在 80％以上，对粉红单端孢的抑制在 70％以上。木霉菌剂应用后，苹果生长和着色得到改善（王世明，2021）。

二、梨

1. 目的　防治梨轮纹病、黑星病、锈病、黑斑病、青霉病等。提高梨树苗的成活率、新梢生长率，促进产量增加，有效提高植株的抗病性。

2. 菌剂　木霉可湿性粉剂（2×10^8 cfu/g）、木霉颗粒剂（1×10^8 cfu/g）、木霉代谢物水剂。

3. 处理方法

（1）土壤处理。为了达到优质丰产目的，可以采用密植方式与矮化梨苗，株行距可控制在（2～3）m×（3～4）m。根据实际株行距要求进行拉线、定穴。在坑穴中可适当放入秸秆、枝条和木霉颗粒剂等作为绿肥，且将表土与肥料搅拌均匀，填入坑。可以沿着种植的树穴外沿进行一定程度的深翻，采用环状沟施肥法，但要注意不能伤到树木的根部。在树木成龄之后、在果实采收结束之后、树木根系生长之前均及时进行深翻，同时进行施肥，增加土壤养分，肥料以速效氮肥为主。成年梨树全园施肥，结合中耕将肥料翻入土中，或者放射状沟施肥。一般成年梨园年产量在 2 500 kg 的，每 667 m² 施有机肥（栏肥、厩肥、人粪尿等）2 500～3 000 kg、木霉颗粒剂 5 kg。木霉颗粒剂可在有机肥施用的同时施入或直接混拌施入。

（2）水肥管理。适当控制氮磷肥用量，增加钾肥，协调氮、磷、钾肥的比例，重视基肥的施用，增加追肥用量。氮肥分基肥、开花前追肥和果实膨大期追肥，各期施肥量分别按 40％、20％、40％的比例施用；磷肥应作为基肥一次性施入；钾肥最好分 2 次施用，其中基肥占 60％、膨果肥占 40％。若基肥有机肥施用量大，可酌情减少后期化肥用量。每次施氮肥可在正常用量的基础上减量 20％～30％，再补施木霉可湿性粉剂。木霉可湿性粉剂可与氮肥或三元复合肥混合施用。果实膨大期随灌水每 667 m² 加入木霉可湿性粉剂 1 kg，叶面喷施木霉代谢物水剂 800～1 000 倍液，喷 2～3 次。

（3）病害防治。针对梨树轮纹病，铲除初侵染源，喷施木霉可湿性粉剂。从梨树萌芽之初开始，刮除树干上的病斑，刮除后及时涂抹木霉可湿性粉剂 50～100 倍液，或涂抹乙蒜素 50 倍液或轮纹铲除剂 40 倍液后，间隔 7～10 d，再涂抹木霉可湿性粉剂 1～2 次。重病园可以在梨树休眠初期和萌芽前喷施石硫合剂或五氯酚钠 200 倍液，间隔 7～10 d 后，再涂抹木霉可湿性粉剂。从 4 月下旬至 8 月，每隔 10～15 d 喷施 1 次木霉可湿性粉剂 1 000～1 200 倍液。根据病害发生情况，木霉可湿性粉剂可与 50％多菌灵可湿性粉剂或 50％甲基硫菌灵悬浮剂 800～1 000 倍液，或 80％代森锰锌可湿性粉剂 600 倍液交替使用（李萌，2021；杨晓芳等，2019）。

针对梨树黑星病，从病芽梢形成开始，每隔 10～15 d 喷施 1 次木霉可湿性粉剂 1 000～1 200 倍液 1 次。如果病害发生已较明显，可先喷 12.5％烯唑醇可湿性粉剂 2 000～3 000 倍液，间隔 7～10 d 后，再喷 1 次木霉可湿性粉剂 200～400 倍液（源朝政等，2018）。

针对梨锈病，在梨树展叶期和落花后各喷施 1 次杀菌剂，以防止担孢子的侵染。药剂有 65％代森锌可湿性粉剂 1 500 倍液、15％三唑酮可湿性粉剂 1 000 倍液等。针对梨黑斑病，在芽前喷施 1～2 次木霉可湿性粉剂，或混喷石硫合剂与 0.3％五氯酚钠，间隔 15～20 d 再喷施 1 次木霉可湿性粉剂 1 000～1 200 倍液。木霉可湿性粉剂可与 65％代森锌可湿性粉剂等交替使用。针对梨青霉病，可向果面喷施木霉可湿性粉剂 200～300 倍液。

4. 防病、促生效果　木霉可抑制梨黑星病菌过氧化氢酶、过氧化物酶和超氧化物歧化酶的活性，丙二醛含量和超氧阴离子产生速率上升，还原型谷胱甘肽和抗坏血酸含量降低，说明梨黑星病菌被木霉菌剂处理后，其活性氧清除系统等受到破坏、膜脂过氧化作用加强，最终导致病菌死亡。

木霉菌剂可显著抑制青霉病的发病率升高和病斑直径扩大，提高鸭梨果实中几丁质酶（chitinase，CHI）和 β-1,3 葡聚糖酶（β-1,3-glucanase，GLU）的活性，诱导鸭梨果实中过氧化氢酶（catalase，CAT）、多酚氧化酶（polyphenoloxidase，PPO）和过氧化物酶（peroxidase，POD）等抗病相关酶活性的提高。木霉通过诱导提高抗病性相关酶的活性，从而减轻梨果实采后青霉病的发生。

第二节　浆　果　类

浆果类果树种类很多，果实富含浆汁，种子形小数多，散布于果肉中，如葡萄、草莓、猕猴桃、树莓、醋栗、越橘、桑葚、无花果、石榴、阳桃、人心果、番木瓜、蓝莓、西番莲等，其中葡萄和草莓病害生物防治研究和应用较多，如利用木霉菌剂防治葡萄灰霉病、草莓灰霉病和草莓白粉病，均具有较好的效果。利用木霉颗粒剂处理土壤对枸杞生长和产量也有明显的促进作用。据报道：木霉菌剂对香蕉枯萎病的防治效果达到 84.75％，并可提高香蕉的株高、茎围和产量。

一、葡　萄

1. 目的　防治葡萄霜霉病、白粉病、灰霉病、黑痘病以及枝干病害等。促进产量增加、提升葡萄果实品质，有效提高植株的抗病性。

2. 菌剂　木霉可湿性粉剂（2×10^8 cfu/g）、木霉颗粒剂（1×10^8 cfu/g）、木霉代谢物水剂。

3. 处理方法

（1）土壤处理与栽种。栽植沟宽以 30～80 cm 为宜。一种方法是栽植时沟底铺 1 层秸秆，同时撒 1 层木霉菌土（菌土比 1：50），促进秸秆降解，每 667 m^2 施 3 000 kg 畜禽有机肥和 100 kg 磷肥，1 层肥 1 层土，上层 20 cm 用原表土。另一种方法是先将木霉颗粒剂与表土混匀，填入定植沟，每株施木霉颗粒剂 50～100 g 或每 667 m^2 施用 5 kg，然后施入农家肥（厩肥、饼肥）、化肥（硫酸铵、磷酸二氢钙）等，也可混合施用。

（2）水肥管理。秋季每 667 m^2 施底肥羊粪 3 000 kg，于 9 月底至落叶前 15 天施用。随后适时施用各种水溶性促根肥（萌芽前）、催条壮枝肥（5～6 叶期）、催花保果肥（开花前 7～10 d）、保果肥、膨果肥、转色肥等。两次施肥间隔 7～10 d，可随水滴灌，一般每次每 667 m² 用量为 1~5 kg。不同类型水溶肥可与木霉可湿性粉剂混合施用 2~3 次，每生长季每株施 10~20 g 木霉可湿性粉剂。另外，追施可在开花前将木霉颗粒剂与减量 30％的尿素混合基施，每株施木霉颗粒剂 30 g、尿素 70 g；膨果期每株用 500 g 木霉颗粒剂与 15 g 尿素混合基施；成熟期每 667 m² 将 5 kg 木霉颗粒剂与 15 kg 硫酸钾和 15 kg 磷酸二氢钙混施。追施后覆土浇水。除了土壤施用木霉菌剂之外，也可采用叶面喷施。在开花前 7~10 d，谢花后、果实膨大期、着色期，可施用 2 次微量元素、2 次木霉可湿性粉剂。微量元素为硼砂和硫酸镁、硫酸锰。木霉可湿性粉剂，每 667 m² 施用 200 g，稀释 400 倍，间隔 7 d 喷 1 次。

（3）病害防治。对于霜霉病防治，可在发病前喷施木霉可湿性粉剂（每 667 m² 施用 300~500 g）200~300 倍稀释液，喷 2~3 次，间隔 7 d 喷 1 次。如果病害已明显或发展较快，可先喷施 69％烯酰锰锌可湿性粉剂 800 倍液＋80％烯酰霜脲氰水分散粒剂 5 000 倍液，或 80％烯酰吗啉水分散粒剂 6 000 倍液＋25％吡唑醚菌酯乳油 2 000 倍液中的任意 1 种，1~2 次，间隔 10~15 d 后，再喷施木霉可湿性粉剂（每 667 m² 施用 200~300 g）200~400 倍液，1~2 次。对于灰霉病防治，可以在开花和坐果期发病前喷施木霉可湿性粉剂（每 667 m² 施用 300~500 g）200~300 倍稀释液，施用间隔要达 7 d。在初花期、初果期和转色期复合施用木霉可湿性粉剂（2×10⁸ cfu/g）500 倍液和 0.5％几丁聚糖水剂 300 倍液。如果病害已明显或发展较快，可先喷施 50％嘧菌环胺水分散粒剂 2 000 倍液，或 50％啶酰菌胺水分散粒剂 1 200 倍液，或 40％嘧霉胺悬浮剂 1 000 倍液中的任意 1 种，1~2 次，间隔 7 d 后再喷施木霉可湿性粉剂（每 667 m² 施用 200~300 g）200~400 倍液，1~2 次。对于白粉病防治，可在发病前喷施木霉可湿性粉剂（每 667 m² 施用 300~500 g）100~200 倍稀释液 2~3 次，间隔 7 d 喷 1 次。如果病害已明显或发展较快，可先喷施 42.8％氟菌·肟菌酯悬浮剂 3 000 倍液，或 36％硝苯菌酯乳油 1 500 倍液，或 25％醚菌酯悬浮剂 2 000 倍液药剂中的任意 1 种，间隔 10~15 d 后，再喷施木霉可湿性粉剂（每 667 m² 施用 200~300 g）200~400 倍液，1~2 次。对于根结线虫病防治，如用木霉可湿性粉剂与淡紫拟青霉可湿性粉剂的混剂（1∶1）800 倍液灌根防治，每株 300 mL，有协同防控作用。木霉可湿性粉剂也可与较常规减量 30％的农药混合灌根，如 5％阿维·吡虫啉乳油 700~1 000 倍液，或 1.8％阿维菌素乳油 1 000~1 500 倍液，每株灌根 800~1 000 mL（毛佳等，2021）。

4. 田间配套措施与管理

（1）病害监测。为了提高木霉生物防治效果，需要建立田间监测葡萄病害早期发生的预警技术，确保木霉能及时占领植物位点，发挥木霉的预防作用。

（2）加强化学杀菌剂的科学使用。为了提高葡萄病虫害绿色防控或生物防控的水平，在使用木霉菌剂的前后，尽量不要施用化学杀菌剂，如必需施用化学杀菌剂控制病情快速发展，也要与木霉菌剂在施用时间上有足够的间隔或化学杀菌剂适当减量使用。

（3）加强田间管理。土壤健康是葡萄树进行养分吸收，茂盛生长的基础。葡萄田间管理的主要任务就是控制果园土壤盐渍化，保证土壤充足的养分，适当进行松土，及时除草（郎君等，2021）。

5. 防病、促生效果 木霉可湿性粉剂每 667 m² 施用 1 kg，防效可达 70％以上。木霉菌剂＋几丁聚糖在喷施 3 次后对各栽培模式的葡萄灰霉病的防效均达 80％以上。其中，对双膜、单膜覆盖栽培模式的灰霉病的总体防效高于施用嘧霉胺。木霉菌剂可明显改善葡萄的品质，使其维生素 C 和可溶性糖含量明显提高，单株产量提高 2 kg 以上，每 667 m² 增产 18％以上。木霉颗粒剂每 667 m² 用量 5 kg，可降低果园盐渍化程度 30％以上。

二、草 莓

1. 目的 防治草莓黑根腐病、红心中柱根腐病、灰霉病、炭疽病、白粉病、空心病，以及苗枯萎病等病害。降低草莓的死苗率，促进产量增加，提升草莓果实品质，有效提高植株的抗病性。

2. 菌剂 木霉颗粒剂（$1×10^8$ cfu/g）、木霉可湿性粉剂（$2×10^8$ cfu/g）、芽孢杆菌可湿性粉剂（$2×10^9$ cfu/g）、三元微生物菌剂（木霉-枯草芽孢杆菌-贝莱斯芽孢杆菌）（$1×10^8$ cfu/g：$5×10^8$ cfu/g：$1×10^9$ cfu/g）。

3. 处理方法

（1）苗圃土壤处理。选择灌溉排水顺畅的田地作为苗圃地，提前施入适量有机肥作为基肥，每 667 m² 施用木霉颗粒剂 5～10 kg；或在掀膜后，土壤表面撒施木霉颗粒剂，每平方米 10 g，耙入 5 cm 耕层。盖膜 2 周，可杀死土传病菌；如果地下害虫发生严重，可以低剂量杀虫剂或与球孢白僵菌剂 1∶1 混施，防治蛴螬、蝼蛄、地老虎、金针虫；如果土壤需要高温杀菌，则需要高温闷棚处理后土壤温度降至常温后施用。

（2）整地处理。选择经过培肥的土壤，土壤保水性好，通透性强，土壤 pH 呈中性或稍偏酸性。一般施有机肥 45～75 t/hm²＋氯化钾 750 kg/hm²＋磷酸二氢钙 750 kg/hm²＋木霉颗粒剂 75～150 kg/hm²，拌匀后撒施于土壤中，再耕翻 30～40 cm，促进土壤熟化。大棚土壤可提前进行太阳能和高温消毒，经 70～80 ℃闷棚 15～20 d 后，打开棚膜，土壤温度降低到 25 ℃以下，每 667 m² 撒施 5～10 kg 木霉颗粒剂或灌施三元微生物菌剂（$5×10^8$ cfu/g），每 667 m² 施用 300～500 g，400 倍液（黄欢迎等，2021）。

（3）定植处理。起苗前 1 周喷施木霉可湿性粉剂（$2×10^8$ cfu/g）400 倍液＋0.5％氨基寡糖素水剂 600 倍混合液或＋$1×10^{11}$ cfu/g 枯草芽孢杆菌 1 000 倍混合液，防病 2 次。草莓定植前 3～5 d，喷施木霉代谢物水剂（沃泰宝）300～500 倍液＋氨基酸等叶面肥。草莓苗根系可用多黏类芽孢杆菌（$5×10^8$ cfu/g）250 倍液＋木霉菌剂（$2×10^8$ cfu/g）250 倍液混合后蘸根。将秧苗根系蘸 10～20 min 后取出放在荫凉处。

草莓定植后，每 667 m² 可选用三元微生物菌剂 200～300 g 灌根，每株灌菌液 100～200 mL，15 d 左右灌 1 次，连续灌根 2～3 次。菌剂可随腐殖酸液体肥随水灌入。如果病害发生较明显或扩展速度快，可先喷施 25％吡唑醚菌酯 2 000 倍液，50％咯菌腈 5 000 倍液，或 25％嘧菌酯 1 500 倍液，或 50％腐霉利可湿性粉剂 1 500 倍液，或 50％异菌脲可湿性粉剂 1 500 倍液，或 40％嘧霉胺可湿性粉剂 1 500 倍液，或 43％戊唑醇悬浮剂 2 000 倍液，或 50％啶酰菌胺水分散粒剂 1 500 倍液，或 50％嘧菌环胺水分散粒剂 1 000 倍液。5～7 d 喷施 1 次，喷施 1～2 次后，再喷施生防菌剂。

（4）定植后病害防治。

配方 1：木霉可湿性粉剂（$2×10^8$ cfu/g）400 倍液＋24％井冈霉素 1 500 倍液加 8％

嘧啶核苷类抗菌素 600 倍液。

配方 2：木霉可湿性粉剂（$2×10^8$～$3×10^8$ cfu/g）400 倍液或 $2×10^8$ cfu/g 木霉菌剂 250 倍液＋$1×10^{11}$ cfu/g 枯草芽孢杆菌可湿性粉剂 400 倍液。

配方 3：2％氨基寡糖素水剂 750 倍液＋木霉可湿性粉剂（$2×10^8$ cfu/g）400 倍液。

移栽后至采收前，田间刚出现炭疽病或灰霉病或白粉病病株，喷施配方 1 或配方 3；每个配方喷 1～2 次；间隔 7～15 d 喷 1 次。生防菌剂或菌肥应先分别用少量水配成母液，再在水中混合配成菌液，随配随用。微生物菌剂应在晴天下午 5 时或阴天使用。

4. 田间配套措施与管理 改变传统平畦种植习惯，采用深沟高垄栽培技术，垄面覆盖黑色地膜，膜下铺设滴灌管，既可以减少灌溉用水量，又可以降低空气相对湿度，提高地温，创造不利于灰霉病发生的环境。地膜覆盖同时可以阻止植株与地面接触，阻隔了土壤中的病菌向植株传播，能够有效降低叶片及果实的发病率。

严格控制棚内的温度、湿度，草莓进入花期以后，白天棚内温度应控制在 25 ℃以上、夜间 12 ℃以上，在此温度范围内可适当延长通风时间，控制棚内空气相对湿度为 60％～70％。

发病初期及时清除病花、病果、病叶，拔除重病植株，防止病原菌进一步扩散到其他部位；拉秧后及时清除落叶、病僵果，降低田间土壤带菌量，减轻翌年发病率；加强光温、肥水调节，增施腐熟有机肥，合理调节磷、钾肥比例；有条件的地块实行轮作倒茬，适宜与草莓轮作倒茬的有葱、韭菜、蒜、十字花科蔬菜、菊科蔬菜等。

5. 防病、促生效果 木霉菌剂辅以叶面肥可有效控制草莓灰霉病和炭疽病，而且经菌剂处理的草莓风味明显得到改善，增产效果明显。

由连作障碍引起的枯萎病、烂果病（腐霉菌烂果）和叶斑病（褐斑病等）可以通过施用木霉颗粒剂得到控制。每 667 m² 施用 10 kg 木霉颗粒剂可取得较好的防效，对草莓株高也有明显的促进作用。对发生连作障碍的草莓大棚土壤，应用木霉颗粒剂处理，可使盐渍化程度降低 31.3％～57.9％。有研究表明，应用木霉菌剂后，果实维生素 C 含量提高了 19.32％，总糖含量提高了 4.5％。与对照相比，土壤速效钾含量增加 14％，速效氮含量增加 23.3％，有效磷含量增加 63.6％，总氮、磷、钾含量分别增加 35.8％、38.6％、5.79％。

三、猕 猴 桃

1. 目的 防治猕猴桃细菌性溃疡病、炭疽病、褐斑病、灰霉病等。提高猕猴桃产量和品质。

2. 菌剂 木霉颗粒剂（$1×10^8$ cfu/g）、木霉可湿性粉剂（$2×10^8$ cfu/g）、芽孢杆菌可湿性粉剂（$2×10^9$ cfu/g）、木霉油悬浮剂（$2×10^8$ cfu/g）。

3. 处理方法

（1）整地与施肥。整地做畦，施足底肥，清除杂物，将苗床稍加镇压，浇透水，把沙藏的种子带沙播下，施足有机肥和氮磷钾复合肥，肥料可与木霉颗粒剂（每 667 m² 施用 2～5 kg）混施。

（2）病害防治。针对猕猴桃细菌性溃疡病，可采用木霉油悬浮剂 125 倍液喷雾、涂

十、灌根等方式。①喷雾施药。均匀喷雾在叶片正反面及枝十上，间隔 7 d 施药 1 次，共施药 3 次，每株用药量为 500 mL。②病斑涂抹施药。先将病斑刮除干净，用无菌棉球蘸取稀释液对发病部位进行涂抹，以蘸取无菌水涂抹作对照。每处理涂抹 50 个病斑，间隔 7 d 施药 1 次，共施药 3 次。③灌根施药。首先灌清水测算出每株猕猴桃用水量，以保证植物根系土壤湿润为准，每株用药量为 1 L，间隔 7 d 施药 1 次，共施药 3 次。针对猕猴桃炭疽病、褐斑病和灰霉病，在高温雨季前采用喷施木霉可湿性粉剂 500～600 倍液进行 1～2 次预防。如果已经发病，可先喷嘧霉胺等药物，间隔 7～10 d 再喷施木霉可湿性粉剂 1～2 次。木霉可湿性粉剂与芽孢杆菌可湿性粉剂混喷可取得较好的效果。或于靓果安＋沃丰素＋大蒜油＋有机硅喷施 1～2 次后，间隔 2～3 d，再喷木霉可湿性粉剂。

4. 田间管理配套措施

（1）降低田间湿度。注意雨后排水，防止积水。

（2）清除病残体。及时摘心绑蔓，合理修剪，使果园通风透光，合理采果后清扫果园，剪除病虫枝、枯枝并集中烧毁，减少病虫侵染源。

5. 防病和促生效果 木霉油悬浮剂防治猕猴桃细菌性溃疡病效果一般好于木霉可湿性粉剂，油悬浮剂能使木霉更好地附着在猕猴桃植株上，不易被雨水冲刷，有助于木霉在猕猴桃地上部分发挥药效。

四、香　蕉

1. 目的　防治香蕉枯萎病、炭疽病、灰纹病等。提高香蕉幼苗的株高、茎粗、新叶数，促进产量增加，提升香蕉果实品质。

2. 菌剂　木霉生物有机肥（每克有效活菌数 ≥ 2×10^7 个，有机质 ≥ 40%）、木霉可湿性粉剂（2×10^8 cfu/g）、根部型木霉菌剂（1×10^9 cfu/g）、叶部型木霉可湿性粉剂（1×10^9 cfu/g）、木霉-枯草芽孢杆菌生物有机肥。

3. 处理方法

（1）整地处理。香蕉园应建立在空气流通，地势开阔，霜冻不严重的地块。避免选用冷空气不易排除的低洼地。选择土层深厚，富含有机质，有灌溉水源，地势较高无积水，受台风影响较小的地方。开园先行深耕，使土壤充分风化，将洼地平整，以防积水。将园分成若干区，开大小水沟及排灌总沟。香蕉应连片种植，不要与老蕉园混种，以避免蚜虫及其他病害。如果周边有旧蕉园可用吡虫啉等杀虫剂配合代森锰锌、百菌清进行喷洒，10 d 喷 1 次，连喷 3 次，再定植。香蕉种植前一定要疏松土壤、施足基肥，可选用木霉或枯草芽孢杆菌生物有机肥。例如，移植前 15 天施入基肥和每 667 m^2 施 5 kg 木霉颗粒剂，使肥料与土壤充分混合，提高耕作层的土壤肥沃度，然后进行等高撩壕（植沟）或在原水平梯田上等高挖穴，植沟深度达到 83.33～100.00 cm，植穴 1 m×1 m，最后整成面宽 2.00～2.67 m 的梯级，修好渠道（朱志炎等，2021）。

（2）定植处理。栽种香蕉苗时，按照 3 m×3 m 的间距进行栽植，后期管理时植株可能过密，要经常砍去过密的蕉木。香蕉苗移栽前，采用根部型木霉可湿性粉剂按 1:300 比例稀释淋灌或者浸根处理，定植后浇透定根水，定根 7～15 d 后可通过淋灌或滴灌根部型木霉可湿性粉剂（300 倍稀释）1 次，后期每隔 1～2 月滴灌 1 次。

（3）施肥管理。香蕉施肥应坚持勤施薄施、重点时期重施的原则。肥料中氮、磷、钾三要素配比不同会影响香蕉对氮、磷、钾的吸收与其生长发育，良好的氮、磷、钾三要素配比范围应是 1：（0.2～0.5）：（1.1～2.0）。香蕉对养分的需求一般随着叶期增大而增加。香蕉 18～40 叶期生长发育的好坏，对香蕉的产量与质量起决定性作用，所以这一时期是香蕉的重要施肥期。这个时期又可分为营养生长中后期与花芽分化期两个重施期，应把大部分肥料集中在这两个时期施用。①营养生长中后期（18～29 叶期），即春植蕉植后 3～5 个月，夏秋植蕉植后与宿根蕉出芽定笋后 5～9 个月。从叶形看，这个时期叶由刚抽中叶（此时刚抽出的新叶多呈弯曲状像虎尾）至大叶 1～2 片状态。这个时期正处于营养生长盛期，对养分要求高，反应最敏感，蕉株生长发育好坏由肥料供应丰缺决定，如果这时施重肥，蕉株获得充足养分，能促进蕉株生长，提高同化作用，积累大量有机物，为下阶段花芽分化打好物质基础。②花芽分化期（30～40 叶期），即春植蕉植后 5～7 个月，夏秋植蕉植后与宿根蕉出芽定笋后 9～11 个月。从叶形看，这个时期叶由抽大叶 1～2 片至短圆的葵扇叶状态，叶距从最疏开始转密，抽叶速度转慢；从茎干看，假茎发育至最粗，球茎（蕉头）开始上露地面，呈坛形；从吸芽看，已进入吸芽盛发期。这个时期正处于生殖生长的花芽分化过程，需要大量养分供幼穗生长发育，才能形成穗大果长的果穗。根据国外研究，当营养生长后期进入花芽分化时，叶片的氮素含量骤然下降，因为这时急需大量的氮素供应花芽分化使用，当根系从土壤吸收的氮不能满足需要时，氮素不得不从叶、茎等组织器官转移过来。这时施重肥，可促进叶片最大限度地进行同化作用，制造更多的有机物质供幼穗形成与生长发育。香蕉较适宜的施肥次数为全年 12～15 次，其中重肥 5 次，薄肥 7～10 次。天旱时可将根部型木霉菌剂通过灌溉的方式施用于香蕉根际，雨季过后或比较湿润的情况下，可将木霉可湿性粉剂配施速效化肥撒施于畦面上。春肥和过寒肥可采用沟施和穴施的方式在离蕉株 30～100 cm 处施用木霉-枯草芽孢杆菌生物有机肥，并表面覆土，天旱时需淋湿水分。该方法可有效防止肥料损失。除了根际施肥，还可以采用根外追肥的方式施肥。根据土壤营养元素含量、植株缺素状况及香蕉不同生育期，选择磷酸二氢钾及叶部型木霉可湿性粉剂稀释 300 倍液喷雾。

（4）病害防治。香蕉枯萎病是由镰孢菌引起的毁灭性病害，病株起初无明显症状，接近抽蕾期时，下部叶片边缘叶鞘发黄，逐渐向一叶的中肋扩展，并迅速凋萎下垂，也有的叶片全叶发黄萎凋，最终叶片转褐干枯，植株渐渐死亡。该病以预防为主，应选择无病组培养幼苗，严格禁止从疫病区购买苗木。可用根部型木霉菌剂或枯草芽孢杆菌对种植前的蕉苗润湿根，或在种植后至抽蕾期进行浇根，能够有效提高蕉株对香蕉枯萎病的抗性。发病后可用木霉可湿性粉剂 SC102 和噁霉灵混合处理；及时移走病株、焚化，对蕉园内进行土壤消毒，并采取必要的隔离措施；病害严重的香蕉种植园（发生率超过 20%）可以考虑进行全园销毁，发过病的蕉园原则上 5 年内不能种植香蕉和易感染香蕉枯萎病的农作物，应种水稻、甘蔗或花生等。预防香蕉叶斑病，可采用 300 倍的叶部型木霉可湿性粉剂或 75% 的百菌清可湿性粉剂 800 倍液或 80% 的代森锰锌可湿性粉剂 800 倍液，40% 氟硅唑乳油 6 000～8 000 倍液在抽蕾后和开苞前，喷洒在花蕾和附近的叶子上。对于香蕉炭疽病，除了上述药剂外，还可采用 2% 嘧啶核苷类抗菌素水剂 200 倍液在抽穗期时喷在花穗和小果上进行防治。对于束顶病，采用 70% 吡虫啉水分散粒剂 1 500 倍液，每隔两周喷 1

次，连喷2次，可与木霉-绿僵菌可湿性混剂交替使用，防止蚜虫传播病毒。对于叶斑病，发病初期，可喷施木霉可湿性粉剂（每667 m² 施用 0.5～2 kg）200～400 倍液，也可先喷施1～2次 1%波尔多液或50%甲基硫菌灵悬浮剂 1 000 倍液，间隔7 d后再喷木霉可湿性粉剂。对于黑星病发生初期，喷施木霉可湿性粉剂（每667 m² 施用 0.5～2 kg）200～400 倍液，如黑星病已发生明显，需先喷40%苯醚甲环唑悬浮剂 1 000 倍液或40%氟硅唑乳油 1 500 倍液，间隔7 d，再喷1～2次木霉可湿性粉剂。对于线虫危害，需要在整地环节利用淡紫拟青霉和木霉混剂处理土壤（李华平等，2019）。

4. 田间配套措施与管理

（1）排水沟的挖设。香蕉对水的要求很高，因此在种植前需要在低洼地带挖好排水沟，完善单元区域内外的排水系统。如果是地下水位较高的地块，还必须隔行即在宽行中挖深沟，来降低地下水位。完善的排水系统可以避免大雨冲苗及水土流失（张春喜，2021）。

（2）香蕉园的除草。香蕉是浅根作物，除草时应用手拔，忌踩在畦面或锄伤根群。当无人工除草时，可喷洒除草剂。

（3）定植。适宜的定植时期是香蕉生产能否取得成功的重要环节，具体的定植时间应根据蕉园的地理位置、栽培目的和市场需求而定。但最好能避开台风季节。在海南，台风主要集中在7—8月，6月、9月也有但不常见。因此，最好选在4—6月定植，翌年的2—5月收获比较好。定植前1天先在单元区域内浇1次水，使土壤湿润。定植时，在回好土的穴面上，用锄头挖上一锄，深约20 cm，右手拿蕉苗营养土，左手轻捏育苗营养杯（袋）底部，将营养杯（袋）取出（注意不要弄散营养土），将营养土置入刚挖好的穴中，回细土，双手压紧便可。定植深度不宜过深，以超过营养土2～3 cm为宜。定植时间最好选在阴天或晴天的下午进行，定植完一行浇足一行定根水，保证蕉苗的成活率。对个别出现萎蔫的植株可用带叶树枝插在苗周围遮阳，提高其成活率。

（4）水肥管理。

① 苗期。香蕉苗期尤其是组织培养苗，苗期既需要肥又怕重肥。定植后3个月内以"勤施薄施"为原则。植后10 d新叶开展时开始施肥，用0.1%～0.2%的三元复合肥水或300倍液的根部型木霉菌剂，每隔5 d施1次。对于长势稍弱的苗要勤施肥水，可额外施用0.3%的硝酸钙或高美施、氨基酸液肥等，隔天1次。

② 中期。生长至18～30叶时，需肥量增加。但1次施肥太多也会伤根，应每隔10 d施肥1次。每株每次可用木霉可湿性粉剂10～50 g兑水灌溉（或多元复合肥0.3～0.6 kg）、可添加氯化钾0.1～0.2 kg、尿素50～100 g。若发现香蕉长势欠旺，可喷施叶部型木霉可湿性粉剂或其他含有机质的叶面肥。

③ 孕蕾期。生长至31～44叶，每隔20～25 d，每株每次施尿素0.1 kg、氯化钾0.2 kg、木霉生物有机肥0.3～0.5 kg（或多元复合肥0.5 kg），雨后、灌水后撒施，并保持土壤湿润。

④ 抽蕾后。抽蕾后每株每次可施三元复合肥0.1～0.2 kg、木霉生物有机肥0.2～0.3 kg、钾肥0.1 kg，雨后或灌水后撒施。套袋前用迦姆丰收（或生多素等有机叶面肥）1 000倍液喷施2～3次，间隔5 d喷1次，既可使果实饱满、果皮光亮，又可提高植株抗

寒抗病能力（杜婵娟等，2020）。

（5）实行轮作。减少病虫基数如广东省中山市部分围田区采用香蕉与甘蔗轮作的方法，每栽种 2～3 茬香蕉，改种 1 茬甘蔗，有助于克服土传枯萎病的影响。在旱地，香蕉与甘蔗轮作还可减少根结线虫病的危害。

5. 防病、促生效果 木霉菌剂能够减少土壤尖镰孢数量，降低香蕉枯萎病、炭疽病和灰纹病等病害发病率，促进香蕉植株生长，提高香蕉产量和品质，改良土壤环境。例如，木霉菌肥对香蕉枯萎病的防治效果可达到 80％以上，香蕉的株高、茎围、鲜重及干重能提高 20％～50％。

五、火 龙 果

1. 目的 防治火龙果溃疡病、软腐病、炭疽病、疮痂病（茎斑病）、煤烟病、根结线虫病等。促进火龙果根系生长，增加产量、提升果实品质，有效提高植株的抗病性。

2. 菌剂 木霉生物有机肥（每克有效活菌数≥$2×10^7$ 个，有机质≥40％）、木霉可湿性粉剂（$2×10^8$ cfu/g）、木霉菌粉（$2×10^9$ cfu/g）、叶部型木霉可湿性粉剂（$1×10^9$ cfu/g）、根部型木霉可湿性粉剂（$1×10^9$ cfu/g）。

3. 处理方法

（1）定植处理。定植前在每 667 m^2 施 1 200～1 500 kg 木霉生物有机肥、150 kg 磷肥作为基肥。定植时将幼苗侧面凹陷的一面靠近竹竿，用布条或绳索固定在竹竿上，覆土将根系全面覆盖即可，深度为 2 cm 左右。幼苗定植之后半个月，用木霉菌粉（$2×10^9$ cfu/g）按 1∶300 倍液灌根 1 次，然后每隔 2～3 个月灌根 1 次根部型木霉可湿性粉剂。

（2）病害管理。对于溃疡病，要种植健康的果苗，并将这些果苗种植在新的地块，种植前进行消毒。及时剪除带有大量病斑的肉质茎，使用扣剪把存在少量病斑的肉质茎的病斑扣除。确保施肥科学合理，及时滴灌，且不能偏施氮肥，需适当提高磷肥和钾肥的比例，提升果苗植株抗病性。在发病前喷施叶部型木霉可湿性粉剂 1～2 次，发病后喷施45％咪鲜胺乳油 1 500～2 000 倍液或 30％吡唑醚菌酯悬浮剂 2 000～3 000 倍液或 25％戊唑醇水乳剂 1 500～2 000 倍液等防治。对于根结线虫病防治，定植前采用木霉生物有机肥和 10％噻唑膦颗粒剂搅拌到土壤中，种植后灌根 1 次根部型木霉可湿性粉剂，然后每隔1～2 个月灌根 1 次根部型木霉可湿性粉剂。针对软腐病，用氯硝基苯消毒液对种植土壤进行消毒，重视种植区域的通风透光条件，保持种植果园湿度适中，在火龙果的生长期间，视情况不定期灌根根部型木霉可湿性粉剂（黄飞等，2021；林正发等，2021）。

4. 田间配套措施与管理 加强种苗管理，选择无病苗木，开展无病脱毒苗圃建设，培育优质种苗。科学修剪，剪除病残枝及茂密枝，调节通风透光，增施有机活化营养，增强植株免疫力。在种植时选择未出根的肉质苗，保证不带根结，及时清除病残体，剪除大量根结的火龙果植株根，把病根带出园区完全烧毁，使种苗能长出新根。在病区使用过的农具应及时消毒，包括锄头、桶、铲等，避免根结线虫病扩散传播。注意检查果园排水措施（杨振媚等，2021）。

5. 防病、促生效果 木霉制剂处理后的火龙果，其根系发达程度明显超过未处理的植株，木霉制剂可有效提高植株的抗病性，防治溃疡病、软腐病和根结线虫病等。

六、百香果

1. 目的　防治百香果茎基腐病、苗期猝倒病、疫病、炭疽病等病害。促进百香果根系生长、调节土壤微生物菌群，分解土壤中的有害物质，减少烂根、烂茎和死苗现象的发生；提高百香果品质，增加维生素、矿质元素、糖类物质、风味氨基酸含量。

2. 菌剂　木霉生物有机肥（每克有效活菌数≥2×10⁷个，有机质≥40％）、木霉可湿性粉剂（2×10⁸ cfu/g）、木霉菌粉（2×10⁹ cfu/g）、叶部型木霉可湿性粉剂（2×10⁸ cfu/g）、根部型木霉菌剂（1×10⁹ cfu/g）。

3. 处理方法

（1）种子处理。从长势健壮、抗逆性强的百香果植株上挑选果实饱满、大小一致的优良果实，取出种子洗净晒干，储存于阴凉通风处等待播种。百香果适宜的播种期在开春后至 5 月前，播种前用木霉菌粉 300～400 倍液浸种 24～48 h，起到消毒、提高出芽率的作用。

（2）定植处理。挖定植穴时，原表土与原心土分别进行堆放，待定植穴挖设好后进行 30～60 d 的晒穴，然后将定植穴原表土与原心土混合回填，以保证充足的养分。

（3）施肥管理。百香果由于长势旺盛、生长量大，当年种植当年可结果，所以对肥料的需求是比较大的。特别是目前百香果病毒病、茎基腐病等压力上升，不少果园已改为一年一种，如果肥料跟不上，则无法保证其产量。百香果对氮、钾元素需求量大，对磷、钙、镁元素需求量次之，此外还需硼、锌、铁、锰、钼等微量元素。其施肥可分为以下 4 个阶段（饶建新等，2013；张丽敏等，2021）。

① 基肥。株施木霉生物有机肥 1～2 kg，纯硫酸钾（17：17：17）复合肥 0.5～1.0 kg，可满足百香果整个生育期对肥料的基本需求，调节根系土壤，改善土壤理化性质。

② 提苗肥。出新叶 12～15 d 后，每株追施 1 次高塔硝硫基（21：7：12）复合肥 0.15～0.2 kg，或冲施根部型木霉可湿性粉剂，促进根系与地上部分的生长。

③ 促花保果肥。开花前半个月施花前肥，每 667 m² 施用海藻多糖（17：17：17）智能肥 25～30 kg，促进花芽分化；花蕾期叶面喷施氨基酸微量元素叶面肥和叶部型木霉可湿性粉剂 300 倍液，促花壮花、提高坐果率且防治叶部病害；谢花后视情况增施高氮高钾肥。

④ 壮果肥。果期以高钾型肥料为主，辅施木霉菌剂，同时叶面喷施磷酸二氢钾和氨基酸微量元素叶面肥。

（4）病害防治。针对百香果茎基腐病，在抽梢时在根部施入根部型木霉可湿性粉剂（2×10⁹ cfu/g）2～3 次，采用叶部型木霉可湿性粉剂喷施 1～2 次，或用麸皮或米糠稀释 10 倍处理土壤或木霉与生防芽孢杆菌制剂混用（木霉：芽孢杆菌＝5：4），增加土壤中的有益菌，抑制有害菌，减少土传病害的发生。

4. 田间配套措施与管理　选择抗病性强的幼苗种植，在雨季及病害高发期前做好预防工作，用靓果安＋大蒜油＋沃丰素喷雾，发现病害后及时清理病叶病株，防止病害继续蔓延。

5. 防病、促生效果　木霉菌剂应用后病害得到有效控制，百香果株高得到明显提高，根系生长发达，减轻百香果枯萎病和炭疽病等发生，与高氮磷钾肥料配施，可明显提高百香果品质和产量。

第三节 柑 橘 类

柑橘类包括宽皮柑橘、柚、柠檬、甜橙等，在柑橘生长过程中可发生多种病害，例如柑橘黄龙病、溃疡病、根腐病、疫病、灰霉病、树脂病等。在柑橘采后及贮藏期可发生青霉病和绿霉病。木霉菌剂在防治柑橘根腐病、灰霉病及采后和贮藏期病害中发挥了很好的作用。

一、柑 橘

1. 目的 防治柑橘溃疡病、白粉病、黄龙病、青霉病、黑腐病等病害。提高柑橘苗的成活率、新梢生长率、促进产量增加、提升柑橘果实品质，有效提高植株的抗病性。

2. 菌剂 木霉颗粒剂（1×10^8 cfu/g）、木霉可湿性粉剂（2×10^8 cfu/g）、木霉代谢物水剂、枯草芽孢杆菌可湿性粉剂。

3. 处理方法

（1）整地处理。一般选择地下水位深度 0.7 m 以上、灌溉的水田或坡地；土壤最好呈微酸性，pH 为 5.0～7.0。栽植柑苗之后，每立方米分层压堆肥 50～100 kg，石灰 1～2 kg，上层每穴施饼肥 2～3 kg、磷肥 1～2 kg，木霉颗粒剂 5～10 kg 并与土壤拌匀后回填。

（2）定植处理。株行距 2.5 m×3.5 m，每 667 m² 约植 60 株。选生长健壮，根系发达，茎粗 0.8 cm 以上苗木剪去受伤的根系和过长主根，放入定植穴中。定植后浇透定根水，定根水可加入木霉可湿性粉剂，每株 20～30 g。

（3）施肥管理。施肥坚持以有机肥为主，化学肥和木霉菌肥为辅，三者配合使用。定植后 10～15 d 追肥 1 次，在 4—5 月和 8—9 月生长旺季要勤施肥，1 周 1 次，氮、磷、钾肥比例大致为 1∶0.5∶0.8。幼树以施氮肥为主，进入花期合理施用叶面肥，每 667 m² 结合喷施木霉可湿性粉剂 200～300 g，兑水 400 倍液，施 1～2 次；木霉代谢物水剂 800～1 000 倍液，1～2 次。结果前 1 年适量增加磷肥及钾肥用量。在柑橘果实成熟后，采摘前 1 周或采摘后 2～3 d 应追施采果肥。在土壤每 667 m² 施用木霉可湿性粉剂 1～2 kg 稀释灌根（每株 20～30 g）的情况下，氮肥可适量减少 20%～30%。用 0.3% 尿素、0.2% 磷酸二氢钾、0.2% 硼砂和木霉可湿性粉剂的混合水溶液作叶面肥，于花前、花后及幼果期喷施。

（4）病害防治。针对细菌性溃疡病，在嫩芽嫩叶时或风雨前后喷施枯草芽孢杆菌可湿性粉剂（2×10^{10} cfu/g），每 667 m² 施用 200～300 g，400～500 倍液，喷 1～2 次；中生菌素 300～400 倍液，喷 1～2 次；如果病害上升较快，可先使用噻菌铜、氢氧化铜等药剂进行 1～2 次防控，然后喷施木霉可湿性粉剂和枯草芽孢杆菌粉剂混剂，300～400 倍液，喷 1～2 次。如果要兼顾溃疡病防治和促生作用，可将铜制剂与木霉代谢物水剂混用，即以稀释 300～400 倍的水剂配制铜制剂的田间用量。针对黄龙病，喷施木霉可湿性粉剂和球孢白僵菌可湿性粉剂（1∶1），每 667 m² 施 300～400 g，400～500 倍液，喷 2～3 次，结合释放搭载白僵菌的捕食螨防治木虱，可减轻黄龙病发生。针对柑橘白粉病，可在发病前喷施木霉可湿性粉剂 300～400 倍液，喷 1～2 次；针对柑橘青霉病和柑橘黑腐病，可在采后果实上喷施木霉代谢物水剂 300～400 倍液，喷 1～2 次，或用 70% 甲基硫菌灵可湿性粉剂 1 000 倍液混合浸果 1～2 min，再喷施木霉代谢物水剂，可兼顾防病和保鲜（蒋建清，2021；文成敬等，1995）。

4. 田间配套措施与管理

（1）栽培管理。为减少翌年病虫发生的概率，种植人员要做好冬季深翻和清园工作，如对土壤进行翻整，杀死土壤中的虫卵，集中对园区落叶、落枝进行清理销毁，用晶体石硫合剂等消毒药剂进行消毒等；并且对其进行科学的修剪工作（成兰芬等，2021；郭旭俊，2021；黄思源等，2021）。

（2）套袋管理。为保障柑橘果实健康，防病虫啃食，种植人员可以对柑橘果实进行套袋管理，但要注意两个方面，一是在套袋前要对果实进行消毒杀菌，二是套袋口要朝上，以防果实掉落。

（3）减少菌源。冬季结合修剪清园，剪除病枯枝叶，使树冠通风透光。其他季节剪除病枝、病叶、徒长枝等，扫除落叶、落果和病枯枝，集中烧毁，并全园喷 1 波美度的石硫合剂或 50% 硫悬浮剂 200～400 倍液，连续两次，间隔 7～10 d，以减少菌源。

（4）夏秋梢的防治。夏梢上的柑橘白粉病多发生在 6～7 月，对初结果的幼树，应通过 8 月夏季修剪抹去夏梢，集中烧毁的方法来防治。秋梢上的柑橘白粉病多发生在 9 月，对初结果的幼树，应在秋梢抽发 15～20 cm 长、新叶未展开时用药剂防治，因为健壮的秋梢是翌年的主要结果母枝。对成年结果树，无论夏梢还是秋梢上发生的白粉病均采取"剪去被害部分为主，药剂防治为辅"的方法来防治。

5. 防病、促生效果 木霉菌剂施用后，病害得到有效预防或控制，如能促生根、抗重茬病，预防根结线虫危害。木霉菌剂能改变土壤理化性质，特别是提高了磷、钾和其他矿物质利用水平，不间断地补充了大、中、微量元素，改善作物品质，增加作物有效物质含量。使用木霉菌剂 7 个月后，根系发达，毛细根多，吸收好，不脱肥，植株上老叶不会产生缺素黄化现象；未处理的叶片发黄、病害较多。同时柑橘采收后可延长保鲜期 50～60 d。

二、柚

1. 目的 防治柚疮痂病、炭疽病、溃疡病。提高柚苗的成活率、新梢生长率、促进产量增加、提升柚果实品质，有效提高植株的抗病性。

2. 菌剂 木霉颗粒剂（1×10^8 cfu/g）、木霉可湿性粉剂（2×10^8 cfu/g）、枯草芽孢杆菌可湿性粉剂（2×10^9 cfu/g）。

3. 处理方法

（1）整地处理。土壤进行深翻，挖掘条沟加入有机肥、化肥和木霉肥的混合肥（与柑橘园类似），其中木霉颗粒剂每 667 m² 施用 5 kg。

（2）水肥管理。保证肥料的供给能满足柚的生长，而且施肥的次数不能过多，每年 4 次左右。在花前、花后及幼果期喷施 0.3% 尿素、0.2% 磷酸二氢钾、0.2% 硼砂和木霉可湿性粉剂的混剂作叶面肥（李春平等，2019）。

（3）病虫害防治。推广加强树体管理，增施有机肥，培养健壮树体。针对疮痂病、炭疽病，一般要喷 2～3 次木霉菌剂，第一次在春芽萌动至芽长 1～2 mm 时，第二次是在落花 2/3 时，以保护幼果。每 667 m² 每次喷木霉可湿性粉剂 400 倍液 200～300 g，如果病害发生较快，可先喷施 75％百菌清可湿性粉剂 500～800 倍液，或 50％甲基硫菌灵悬浮剂 500～600 倍液，或 70％甲基硫菌灵可湿性粉剂 1 000～1 200 倍液，或 50％多菌灵可湿性粉剂 600～800 倍液，或 0.5％波尔多液，喷施 1～2 次，间隔 7 d 后再喷施 2～3 次木霉可湿性粉剂。针对柚溃疡病，在发病前喷施枯草芽孢杆菌可湿性粉剂与木霉可湿性粉剂混剂，每 667 m² 施用 400～500 倍液 200～300 g，喷施 1～2 次；中生菌素 300～400 倍液，喷施 1～2 次；如果病害发展较快，可先使用噻菌铜、氢氧化铜等药剂进行防控。

4. 田间配套措施与管理

（1）冬季清园。结合春梢前的修剪，剪去病梢病叶，一并加以烧毁，以消灭越冬病菌，同时应剪去虫枝、弱枝、阴枝，使树冠通风透光良好，降低湿度，喷洒 1 次 0.5 波美度石硫合剂（陈大宁等，2017）。

（2）接穗、苗木消毒。疮痂病是由苗木、接穗传入的。因此，对来自有病苗圃接穗及外来接穗、苗木要经过严格检查，可用 50％苯菌灵可湿性粉剂 800 倍液或 50％多菌灵可湿性粉剂 800～1 000 倍液，浸 30 min，消毒效果良好。

5. 防病、促生效果　由于病菌只侵染幼嫩组织，喷施菌剂目的是保护新梢及幼果不受危害，如能及时喷施木霉可湿性粉剂 2～3 次，并结合清园、消毒处理和化学防治，对柚疮痂病、柚炭疽病防效可达到 70％以上。木霉菌剂可提高柚开花率，提高其品质和产量。

第四节　核 果 类

核果类植物常见的有桃、杏、李及樱桃等。我国桃病害有 50 余种，譬如褐腐病、疮痂病、流胶病、干腐病、穿孔病等危害较普遍。李病害有 40 多种，杏病害有 30 多种。上述病害对其观赏性和经济价值有很大影响。桃和樱桃病害已有采用木霉菌剂进行防治的报道。

一、桃

1. 目的　防治桃树穿孔病、疮痂病、褐腐病、白粉病、缩叶病、流胶病等病害。提高桃树苗的成活率、新梢生长率，促进产量增加，提升桃果实品质。

2. 菌剂　木霉颗粒剂（1×10^8 cfu/g）、木霉可湿性粉剂（2×10^8 cfu/g）、木霉代谢物水剂。

3. 处理方法

（1）整地处理。土壤进行深翻，挖掘条沟加入有机肥、化肥和木霉肥的混合肥。木霉颗粒剂每 667 m² 施用 5 kg，与 30％常用量的氮、磷、钾复合肥混合施用。

（2）水肥管理。采用放射状施肥方法，即距树干 0.5 m 处围树干挖宽 40～50 cm、深 15 cm 沟，施木霉颗粒剂，每株树 100 g，可明显提高桃树苗的成活率，新梢明显增长。

在开花前每 667 m² 施用 5 kg 木霉颗粒剂，促进开花。在落叶前后，配合秋翻，将肥料一同施入。采用条沟、放射沟施肥，深度 40 cm 为宜。每年于生长期进行追肥，一般 2～3 次，以速效肥为主，采取穴施、环状沟施方法。肥料中可混合木霉颗粒剂，一并施入，每 667 m² 施用 5 kg，或每株树 100 g，施肥之后需浇水。采用叶面喷施的方法进行追肥，叶面肥可与木霉可湿性粉剂（每 667 m² 施用 200～300 g）或木霉代谢物水剂 500～1 000 倍液混喷。

（3）病害防治。针对桃树细菌性穿孔病，5—8 月喷木霉可湿性粉剂 400 倍液＋2％春雷霉素可湿性粉剂 1 000 倍液。

针对桃疮痂病、桃褐腐病，5 月上旬（花瓣脱落 80％）喷施木霉可湿性粉剂和绿僵菌或白僵菌可湿性粉剂（1∶2），每 667 m² 每次施用 100～200 g，400 倍液；可与减量化学农药交替使用，如与 22.4％螺虫乙酯悬浮剂 3 000～4 000 倍液＋45％咪鲜胺水乳剂 3 000 倍液＋3％中生菌素可湿性粉剂 1 000 倍液交替使用，间隔 7～10 d，可兼治梨小食心虫、桃蚜等。5 月中旬（脱萼期）、6 月 10 日前后，喷施木霉可湿性粉剂和绿僵菌（或白僵菌）可湿性粉剂（1∶2）400 倍液，1～2 次，可与减量化学农药交替使用，如 3.2％阿维菌素微孔剂 6 000～8 000 倍液＋20％啶虫脒可湿性粉剂 1 500 倍液＋45％咪鲜胺水乳剂 3 000 倍液等（陈湖等，2018；张慧等，2019；李蓬勃，2020）。

4. 田间配套措施与管理 加强田间管理，合理修剪，使桃园通风透光、结合修剪，剪除病枝、清除落叶并集中烧毁等可减轻病害的发生（刘洪勇等，2021）。

害虫防治，注意防治桃蛀螟、桃小食心虫、桃蚜，其化学杀虫剂用药时间与叶面肥施用时间至少间隔 7 d 以上。

5. 防病、促生效果 施用木霉菌剂后病害得到控制。桃产量明显增加，桃品质提升，桃早收 7～15 d，果实无明显病斑。木霉菌剂可提高桃苗成活率，达到 80％以上，新梢长达 17～18 cm。

二、樱 桃

1. 目的 防治樱桃细菌性穿孔病、根癌病、褐斑病、褐腐病、流胶病等病害。提高樱桃树苗的成活率、新梢生长率，促进产量增加，提升樱桃品质。

2. 菌剂 木霉颗粒剂（1×10⁸ cfu/g）、木霉可湿性粉剂（2×10⁸ cfu/g）、木霉代谢物水剂、木霉-芽孢杆菌可湿性粉剂（1×10⁸ cfu/g∶5×10⁸ cfu/g）。

3. 处理方法

（1）整地处理。土壤进行深翻，基肥主要是秋冬季施入，增强樱桃树的抗霜冻能力，对前期生长、开花、坐果都有利，基肥选腐熟的人粪尿、动物粪便，可与木霉颗粒剂或可湿性粉剂混施，每 667 m² 施用 5 kg。

（2）苗木种植。春季和秋季都可栽种樱桃树，秋季栽种樱桃树其根系愈合得更快，第二年新根也可更好地萌发，成活率更高。先根据樱桃苗木的大小来挖穴，然后每个穴内放入农家肥和木霉颗粒剂，将苗木栽种入土，保证栽正，不倒伏即可，栽种必须及时浇灌定根水，定根水中可加入木霉可湿性粉剂或木霉代谢物水剂，这样成活率更高。

（3）水肥管理。采用放射状施肥方法，即距树干 0.5 米处围树干挖宽 40～50 cm、深

15 cm 沟，施木霉颗粒剂，每株 100 g，可明显提高樱桃苗的成活率，新梢明显增长。在开花前每 667 m² 施用 5 kg 木霉颗粒剂，促进开花。在落叶前后，配合秋翻，将肥料一同施入。采用条沟、放射沟施肥，深度 40 cm 为宜。每年于生长期进行追肥，一般 2～3 次，以速效肥为主，采取穴施、环状沟施方法。肥料中可混合木霉颗粒剂一并施入，每 667 m² 施用 5 kg 或每株树 100 g。施肥之后，需浇水。为了提高坐果率，最好在花期施加叶面肥。采果之后还要施足肥料，促进营养积累和花芽分化。采用叶面喷施的方法进行追肥，叶面肥可与木霉可湿性粉剂（每 667 m² 施用 200～300 g）或木霉代谢物水剂 800～1 000 倍液混喷。

（4）病害防治。针对樱桃细菌性穿孔病，5—8 月喷木霉-芽孢杆菌可湿性粉剂 500～600 倍液。针对樱桃褐斑病，在谢花后至采果前喷 1～2 次木霉可湿性粉剂 500～600 倍液，如病害已显现，木霉可湿性粉剂与 75％百菌清可湿性粉剂 500～800 倍液、70％甲基硫菌灵可湿性粉剂 800 倍液、10％多抗霉素可湿性粉剂 1 000～1 500 倍液等交替使用，间隔 7～10 d 喷 1 次。在樱桃根癌病发病初期喷木霉-芽孢杆菌可湿性粉剂 500～800 倍液，每隔 5～7 d 喷药 1 次，连续 3～4 次。重点喷洒病株基部及近地表处。针对樱桃褐腐病，5 月上旬（花瓣脱落 80％）喷施木霉可湿性粉剂。

4. 田间配套措施与管理　加强田间管理，使樱桃园通风透光，结合修剪，剪除病枝、清除落叶并集中烧毁等可减轻病害的发生。

害虫防治。木霉可湿性粉剂可与白僵菌剂 1∶1 混合施用，防治果蝇、樱桃梨小食心虫、樱桃小叶蝉、二斑叶螨，虫害较明显时可交替使用化学杀虫剂，用药时间与菌剂施用时间至少间隔 7～10 d。

5. 防病、促生效果　施用木霉可湿性粉剂后，病害得到控制。樱桃产量明显增加，品质提升，果实无明显病斑。木霉可湿性粉剂灌根可提高樱桃苗成活率（达到 70％以上）。

◆ **本章小结**

本章介绍木霉菌剂在四大类 12 种果树上的应用技术。木霉菌剂已成为果园土壤微生态修复及防治土传病害的重要措施。在不同生育期，发病前喷施木霉菌剂或木霉代谢物水剂是提高防病效果和提升果实产量及品质的重要技术。木霉菌剂在防治果树根腐病、枯萎病和灰霉病方面有明显的优势。木霉菌剂与生物源农药、生物刺激素、低毒化学农药等绿色农化物质交替使用是果树全程病虫害绿色防控和提质增产的重要措施。

◆ **思考题**

1. 木霉菌剂在防治果树与蔬菜土传病害时，应用技术有哪些区别？

2. 防治果树病害对木霉菌剂剂型有哪些特殊要求？

3. 防治果树病害更强调木霉菌剂与其他防控技术的有机组合，请以梨树病害防治为例，设计木霉菌剂和其他防控技术协同使用的方案。

4. 果实套袋技术如何与木霉菌剂应用技术有机结合？

5. 为什么果树往往比蔬菜需要更多次施用木霉菌剂？如何更有效发挥木霉菌剂在催花、保果、膨果、转色中的作用？

6. 木霉菌剂防治树干类病害时，在应用技术上需要哪些改进？

7. 为什么在果实采收前喷施木霉菌剂可减轻果实采后病害发生？

8. 请设计基于木霉菌剂与其他栽培技术相结合的老果园改造技术方案。

第十章 木霉菌剂在禾谷类、纤维、油料作物生产中的应用技术

木霉菌剂在禾谷类作物（如水稻、小麦、玉米等）、纤维作物、油料作物（大豆、花生等）中应用普遍。对于禾谷类作物病害，主要防治水稻纹枯病、小麦纹枯病、小麦茎基腐病、玉米根腐病、玉米纹枯病、玉米茎腐病和玉米穗腐病等；对于纤维作物病害，主要防治棉花枯萎病和棉花黄萎病、黄麻立枯病、黄麻枯萎病和黄麻茎枯病等；对于油料作物病害，主要防治大豆根腐病和根结线虫病、花生根腐病、向日葵和油菜菌核病等。针对叶斑病，主要防治稻瘟病、小麦白粉病和锈病、玉米大斑病、小斑病和灰斑病等；针对穗病害，主要防治小麦赤霉病和玉米穗腐病等。

第一节 禾谷类作物

禾谷类作物主要包括水稻、小麦和玉米等。这类作物的土传病害，如玉米和小麦根腐病、玉米茎腐病、小麦茎基腐病，以及玉米、水稻和小麦纹枯病发生非常普遍，成为安全生产的主要威胁。目前木霉菌剂、木霉-芽孢杆菌混剂或共培养菌剂已应用于拌种、处理土壤防治上述土传病害，并能减轻地上部叶斑病、穗腐病及害虫的危害。在生育前期、中期施用木霉菌剂或与芽孢杆菌菌剂混用能有效控制禾谷类作物后期发生的叶斑病和穗部病害，如稻瘟病、小麦赤霉病、玉米大斑病和小斑病等（徐瑶等，2021；马佳等，2014）。

一、水 稻

1. 目的 防治水稻纹枯病、恶苗病、稻瘟病、稻曲病、立枯病等。促进种子出苗、增加秧苗根系及地上部生物量，增强根系活力，增强与抗病性有关的酶活性。木霉能与水稻根系形成共生体，促进水稻对土壤中氮、磷、钾等营养元素的吸收和利用。

2. 菌剂 木霉可湿性粉剂（2×10^8 cfu/g）、木霉种衣剂或悬浮种衣剂（1×10^7 cfu/mL）、木霉颗粒剂（1×10^8 cfu/g）、木霉-芽孢杆菌种衣剂（1×10^8 cfu/g：5×10^8 cfu/g）、芽孢杆菌可湿性粉剂（1×10^9 cfu/mL）、木霉代谢物水剂、木霉-芽孢杆菌代谢物水剂。

3. 处理方法

（1）生物种衣处理种子。木霉-芽孢杆菌种衣剂按菌剂与种子重量比1：100拌种或用木霉可湿性粉剂加水稀释400倍，按菌剂与种子重量比1：50的比例拌种，或浸种48 h，

阴干播种；也可用稀释 100 倍的木霉悬浮种衣剂，按拌种菌剂与种子 1∶50 的比例，拌匀后播种。

（2）化学种衣剂和生物种衣剂复合处理种子。70％咯菌腈悬浮剂常规用量（3 mL/kg）浸种，晾干稻种 2～3 h，在 35 ℃左右的温水中浸泡 4 h，再用 25 ℃左右的温水浸泡 7～8 h，使稻种充分吸收水分，将种子捞出沥干水分，再用木霉-芽孢杆菌代谢物水剂浸种 7～8 h或包衣木霉-芽孢杆菌复合种衣剂，催芽至露白、播种。如果水稻恶苗病常年发生严重，则需要用 35％噁霉灵胶悬剂与木霉代谢物水剂 1∶1 混合，200～250 倍液浸种，温度16～18 ℃，浸种 3～5 d，早晚各搅拌 1 次，浸种后带药直播或催芽。

（3）土壤处理。木霉颗粒剂可撒施、沟施或穴施。撒施可按每平方米 10 g 颗粒剂直接撒施在土壤表面，耙匀，浇水，播种，覆土，也可将木霉颗粒剂 5 kg 与 30～50 kg 细土混合后撒施于土壤，每平方米施 60～90 g，浇水，播种，覆土。穴施或沟施，可每穴15～20 g。沟施可以将木霉颗粒剂 1.5～2 kg 混合有机肥 15～20 kg，施入沟内，然后覆土。或用木霉可湿性粉剂 400 倍液浇灌土壤，每 667 m² 施用 30 kg 菌液。

（4）叶面处理。在稻瘟病、恶苗病、纹枯病发生前期进行防治。水稻纹枯病和稻瘟病一般在分蘖末期至抽穗期，以及孕穗至始穗期防治。针对稻瘟病，采用无人机或高架施药机械每 667 m² 喷施木霉可湿性粉剂 300 g，兑水 45 kg 喷雾，间隔 7～10 d 喷第二次，如果稻瘟病上升明显，可先喷施 75％三环唑可湿性粉剂，间隔 7 d 后再喷施木霉可湿性粉剂；针对纹枯病可每 667 m² 采用 5％井冈霉素水剂 125 mL 与木霉可湿性粉剂 200～300 g混合喷雾 1～2 次，如果纹枯病发生较快可先喷施 75％戊唑·嘧菌酯可湿性粉剂，间隔7～10 d 再喷施木霉可湿性粉剂。以江浙地区为例，早稻在 6 月上旬喷施 2 次木霉可湿性粉剂，每次间隔 7～10 d；中晚稻在 7 月上旬喷施 2 次菌剂，每次间隔 7～10 d。在分蘖期、穗轴分化期至颖花分化期和灌浆期分别喷 1 次木霉代谢物水剂（碧苗）30～50 g，300～500 倍液或木霉-芽孢杆菌代谢物水剂 400～500 倍液均能取得较好的防病效果。木霉代谢物水剂可与微量元素混施。由于稻飞虱可能与病害同时发生，25％吡蚜酮可湿性粉剂＋200 g 木霉可湿性粉剂混合喷施。如果稻二化螟和稻纵卷叶螟与病害同时发生，可选用16 000 IU/mL 苏云金芽孢杆菌可湿性粉剂与木霉可湿性粉剂混合喷施，也可每 667 m² 选用 200 g/L 氯虫苯甲酰胺悬浮剂 10 g＋75％肟菌戊唑醇水分散粒剂 15 g＋50％吡蚜酮可湿性粉剂 15 g＋木霉可湿性粉剂 200 g，混合喷施；也可选用每 667 m² 施用 16％甲维·茚虫威悬浮剂＋2％春雷霉素水剂＋6％井冈·嘧苷素水剂＋木霉可湿性粉剂。当化学农药与木霉可湿性粉剂混合施用时，适时减少 20％～30％化学杀菌剂用量，如果是交替使用可减少 1～2 次化学农药施用次数（方明春等，2021；章广庆等，2021）。木霉代谢物水剂可与微量元素或叶面肥混合喷施。

4. 田间配套措施与管理　注意水稻病虫害生物防治一定要提前做好病虫害预测预报，要注意在当地防治水稻不同生育期病虫害的最佳时期，如在上海地区水稻分蘖末期施用木霉可湿性粉剂防治水稻纹枯病的适期为 7 月底至 8 月初；在水稻穗期，如以稻曲病为主要防治对象的应掌握在破口前 5～7 d 施用木霉可湿性粉剂，以稻瘟病为主要防治对象的应掌握在破口初期施用木霉可湿性粉剂。根据生育进程调查，大部分迟熟品种在 8 月底至 9月初进入破口期，建议第一次施用木霉可湿性粉剂时间在 8 月底至 9 月初；第二次施用木霉可湿性粉剂在第一次防治后 7～10 d（归连发等，2020；芦芳等，2018）。

　　土壤用木霉菌剂处理后，原则上不能施用任何化学杀菌剂。如果苗床土施用过熏蒸剂或消毒剂，需间隔至少 1 周后再施用木霉菌剂。如果叶片发病已明显，建议先施用化学杀菌剂，间隔 1 周后再施用木霉菌剂。或将木霉可湿性粉剂、木霉代谢物水剂与减量20%～30%的化学杀菌剂混合喷施。现混现用。

　　木霉可湿性粉剂与芽孢杆菌可湿性粉剂混用可以提高对水稻苗床多种土传病害的防效。

　　5. 防病、促生效果　在水稻纹枯病和恶苗病中等发生的田中，木霉菌剂处理的田间发病率和病情指数明显降低，防效达到 50%～60%；如果在重发生田，与减量的化学种衣剂结合使用，也能实现有效防控。如果木霉菌剂、木霉-芽孢杆菌菌剂与减量化的化学种衣剂、叶面用化学杀菌剂协同使用，稻瘟病防效可达到 70%以上。木霉菌剂、木霉-芽孢杆菌菌剂处理可提高出苗率、株高、根系发达程度，出苗率提高 10%～15%，株高增加 10～20 cm，根系鲜重增加 5%以上。

二、小　　麦

　　1. 目的　防治小麦纹枯病、赤霉病、根腐病、茎基腐病、白粉病等。提高小麦的株高、根长、单株分蘖率等生长指标，促进小麦植株的生长发育。

　　2. 菌剂　木霉可湿性粉剂（$2×10^8$ cfu/g）、木霉种衣剂或悬浮种衣剂（$2×10^7$ cfu/mL）、木霉颗粒剂（$1×10^8$ cfu/g）、木霉-芽孢杆菌种衣剂（$1×10^8$ cfu/g∶$1×10^9$ cfu/g）、木霉代谢物水剂。

　　3. 处理方法

　　（1）种子处理。木霉-芽孢杆菌种衣剂按菌剂与种子重量比 1∶（100～200）拌种处理，或用木霉种衣剂与种子按 1∶（500～1 000）的比例拌种，或浸种 48 h，阴干播种，也可用稀释 100 倍液的木霉悬浮种衣剂，按拌种菌剂与种子 1∶100 的比例，拌匀后播种。如果小麦病虫害历年发生较重，播种前可选用拌种剂"腾收"（0.6%烯肟菌胺＋1.8%苯醚甲环唑＋42.6%噻虫嗪）或"酷拉斯"（2.2%苯醚甲环唑＋2.2%咯菌腈＋22.6%噻虫嗪）进行拌种，"酷拉斯"30 mL 与 10 kg 种子拌种，"腾收"50 g 包衣、20 kg 种子拌种。种子拌种后阴干，再用木霉-芽孢杆菌种衣剂拌种，或木霉种衣剂进行二次包衣。如果采用微生物菌剂二次包衣，化学农药建议减量 20%～30%（扈进冬等，2021；李婷婷等，2020）。

　　（2）土壤处理。根据土壤和作物需肥情况，以及土壤检测数据定制小麦专用底肥。土壤肥力较高的地块建议用含量 16 - 20 - 6 的小麦专用配方肥 30 kg＋木霉颗粒剂 1～2 kg；土壤肥力一般的地块建议用含量 20 - 22 - 8 的小麦专用配方肥 30 kg＋木霉颗粒剂 2～3 kg。肥料随整地旋耕时施入土壤，中耕 25～30 cm 深，深耕后旋耙两遍，免耕麦田要旋耕两遍，旋耕深度为 15 cm 左右，旋耕后要耙实（宋中央等，2019）。

　　（3）追肥。对于长势较弱的苗或地力差、早播徒长脱肥的苗应早施、重施返青肥，可在地表开始化冻时抢墒施肥；对于生长较旺的麦苗则不施返青肥，推迟到起身时追肥。施用返青肥的同时叶面喷施稀释 300～500 倍的木霉代谢物水剂 30～50 g 或 100 g 木霉可湿性粉剂 300～400 倍稀释液。在小麦的拔节期可喷施木霉代谢物水剂 30～50 g，300～500 倍稀释液。

（4）叶面处理。结合"一喷三防"适期在小麦扬花期至灌浆期，时间为 4 月下旬至 5 月下旬。采用无人机或高架施药机械每 667 m² 喷施木霉可湿性粉剂或木霉-芽孢杆菌可湿性粉剂 300 g，兑水 45 kg，喷施 2～3 次，每次喷施间隔 7～10 d。如果病害发展较快，可先用"扬彩"＋"阿立卡"（丙环唑 11.7％、嘧菌酯 7％＋22％高氯·噻虫嗪）＋磷酸二氢钾，间隔 7 d，再喷 1～2 次木霉可湿性粉剂（薛祝广等，2019；张业辉等，2021）。

4. 田间配套措施与管理 土壤用木霉菌剂处理前后，不要施用任何化学杀菌剂；如果苗床土用木霉菌剂处理前，施用过土壤熏蒸剂或消毒剂，需间隔 1 周后再施用木霉菌剂。木霉颗粒剂处理土壤与木霉-芽孢杆菌种衣剂拌种可协同提高防效。

木霉颗粒剂与有机肥复合使用往往会提高防效。针对禾谷镰孢引起的小麦茎根腐病和赤霉病，叶面喷施木霉菌剂处理后，不能马上施用化学杀菌剂，需间隔 7 d 以上；如果叶片发病已明显，可先施用化学杀菌剂，间隔 1 周后再施用木霉菌剂。使用可湿性粉剂滴灌处理时，要注意检测木霉菌剂可溶性，如果菌剂不能全部水溶，菌剂使用前需滤除杂质或沉淀物。木霉可湿性粉剂与枯草芽孢杆菌可湿性粉剂联合使用可以显著提高对多种土传病害的防效。

5. 防病、促生效果 木霉菌剂处理后的小麦茎基腐病、小麦纹枯病、小麦赤霉病和小麦白粉病田间发病率明显降低，防效 60％以上，可达到化学药剂的防治水平。山东省科学院试验表明：木霉拌种可以促进小麦种子提前萌发，拌种小麦一般较不拌种小麦提前 1～2 d 出苗，并且出苗率增加 2.2％～2.6％，冬前分蘖数明显增加。对小麦纹枯病和茎基腐病防效达到 50％～70％，增产 4％～6％，明显超过对照（化学药剂 6％戊唑醇）的处理。木霉菌剂处理可明显提高小麦出苗率，超过未处理小麦 10％～15％，株高增加 10～20 cm，根系鲜重增加 5％以上，单株分蘖数提高 10％～20％。木霉-芽孢杆菌共培养菌剂处理小麦种子诱导小麦防御基因表达明显（Karuppiah，2019）。

三、玉　米

1. 目的 防治由禾谷镰孢和拟轮枝镰孢引起的玉米根腐病、茎腐病，以及由丝核菌引起的纹枯病等土传病害。通过种子处理产生的诱导抗性效应，防治由青霉菌、曲霉菌和镰孢菌引起的穗腐病，兼治玉米大斑病、小斑病和玉米弯孢叶斑病等叶部病害，减轻玉米螟、棉铃虫危害。木霉菌剂或与芽孢杆菌复合处理土壤或种子可防控土传病害、改善土壤质量，促进玉米生长，提高玉米产量（Ilham et al.，2019）。木霉菌剂通过与绿僵菌和白僵菌复合使用防治地老虎、蛴螬等地下害虫的危害。

2. 菌剂 木霉可湿性粉剂（$2×10^8$ cfu/g）、木霉种衣剂或悬浮种衣剂（$2×10^7$ cfu/mL）、木霉颗粒剂（$1×10^8$ cfu/g）、木霉-芽孢杆菌种衣剂（$1×10^8$ cfu/mL：$5×10^8$ cfu/mL）、木霉-井冈霉素颗粒剂（$1×10^8$ cfu/g）、球孢白僵菌可湿性粉剂（$4×10^{10}$ cfu/g）、金龟子绿僵菌油悬剂（$1×10^{10}$ cfu/g）。

3. 处理方法

（1）种子处理。木霉干粉型种衣剂稀释 400 倍液，搅成糊状，菌剂与种子重量按 1：

100 的比例拌种，充分拌匀后，阴干播种；木霉悬浮种衣剂稀释 100 倍液，按菌剂与种子 1∶100 的比例，拌种、播种。木霉-芽孢杆菌干粉型种衣剂也可按上述拌种剂量包衣种子，也可在已包衣化学种衣剂的种子上进行二次包衣。

（2）播期穴施处理。在播种前将木霉颗粒剂与化肥混合，沟施。每 667 m² 施用 30 kg 化肥＋2 kg 木霉颗粒剂或木霉-井冈霉素颗粒剂（夏海等，2018）。经化学种衣剂包衣的种子可播种于木霉颗粒剂处理的土壤。将木霉可湿性粉剂与白僵菌可湿性粉剂或绿僵菌可湿性粉剂混合处理土壤，兼治地下害虫。与木霉菌剂混用时，可适当增加白僵菌或绿僵菌的比例，使木霉与白僵菌或绿僵菌在土壤中达到种群平衡。

（3）喇叭口期处理。为了防治生育后期病害，在玉米的大喇叭口期采用无人机或高架施药机械喷施木霉可湿性粉剂，每 667 m² 施用 100 g，喷施 2 次，每次喷施间隔 7～10 d，可防治抽雄期后发生的叶斑病。如果后期叶斑病发生较重，可选喷施化学杀菌剂，7 d 后再喷施木霉可湿性粉剂 1 次。例如芸薹素内酯与苯甲·丙环唑共同作用可有效防控玉米小斑病（倪璇等，2017）。如果要实现螟虫和叶斑病兼治，可将木霉可湿性粉剂与白僵菌可湿性粉剂（或绿僵菌可湿性粉剂）混合施用。

（4）吐丝期处理。由于穗虫和穗腐病经常同时发生，在吐丝期可将木霉可湿性粉剂与绿僵菌可湿性粉剂混合，稀释成 300～400 倍液喷施。

4. 田间配套措施与管理　第一次用木霉种衣剂拌种，要检测一下木霉种衣剂对种植品种出苗的影响，可提前通过盆栽试验确定。木霉或木霉-芽孢杆菌种衣剂进行二次包衣时，建议提前检测包衣的化学种衣剂对第二次包衣的木霉或芽孢杆菌活性的影响，即种子二次包衣后放在容器中保湿 3～4 d，观察种子表面是否有绿色菌丝层生长。木霉菌粉可包衣化肥后施用，需要矿物油作黏结剂。

叶面喷施木霉菌剂处理后，不能施用化学杀菌剂；如果叶片发病已明显，建议先施用化学杀菌剂，间隔 1 周后再施用木霉菌剂。使用木霉可湿性粉剂无人机喷施菌剂时，尽量采用全溶性高含量的菌剂，防止菌剂沉淀物堵塞喷头。

5. 防病、促生效果　木霉颗粒剂对玉米纹枯病防效达到 60％～84％，木霉-芽孢杆菌种衣剂对纹枯病防效达 36％～65％，对茎腐病防效达 74％～85％，对穗腐病防效达 28％～68％，此外，可降低毒素 30％～89％，兼治玉米地上部病虫害。木霉-芽孢杆菌种衣剂对已包衣化学种衣剂种子进行二次包衣，可显著提高防效，对茎腐病防效达到 70％ 以上，对地老虎防效达 45％ 以上，增产 19％～25％。玉米吐丝期采用无人机喷施绿僵菌＋芽孢杆菌悬浮剂的绿色防控模式，可有效防治茎腐病、穗腐病、穗虫和草地贪夜蛾。示范结果表明：木霉颗粒剂或木霉-芽孢杆菌生物种衣剂处理可使出苗率、株高、根系发达程度显著超过未处理的对照组，出苗率超过对照组 10％～15％，株高增加 10～20 cm，根系鲜重增加 5％ 以上。

第二节　纤维作物

棉花、苎麻、黄麻、青麻、红麻、亚麻和罗布麻等棉麻作物是纤维类产品生产的主要原料。棉花枯萎病和黄萎病是影响我国棉花安全生产的主要病害，近年来利用木霉菌剂防治已有成功案例，如纤维作物的立枯病、茎枯病、枯萎病、根腐线虫病、炭疽病、麻类褐斑病、角斑病、斑点病、茎斑病、灰霉病等。其中木霉菌剂防治麻茎枯病、立枯病、枯萎病、灰霉病等病害具有明显优势，对其他病害也有一定的兼治作用。

一、棉 花

1. 目的　防治棉花黄萎病和枯萎病。促进棉花生长，提高棉花抗病性、抗逆性，提高棉花产量和品质。

2. 菌剂　木霉可湿性粉剂（2×10^8 cfu/g）、木霉颗粒剂（1×10^8 cfu/g）、木霉-芽孢杆菌种衣剂（1×10^8 cfu/g：5×10^8 cfu/g）、木霉代谢物水剂、球孢白僵菌可湿性粉剂（4×10^4 cfu/g）。

3. 处理方法

（1）整地处理。做到地面平坦，上虚下实，无坷垃，无根茬，无残膜。施足基肥，养分含量50%以上的复合肥每667 m^2 用量40~50 kg，养分含量40%~50%的复合肥每667 m^2 用量50~60 kg，养分含量40%以下的复合肥每667 m^2 用量60~75 kg；纯植物源大豆有机肥（60%~70%）每667 m^2 用量400~500 kg；硫酸锌、硼肥（硼砂）每667 m^2 用量各1~2 kg；木霉颗粒剂每667 m^2 用量2~5 kg。有机肥、锌硼肥和木霉颗粒剂（菌肥）均匀撒施地面后翻耕或深旋耕，然后播种。根据土壤肥力，在施用木霉肥的前提下，可适量减少复合肥的施用量（15%~20%）。

（2）种子处理。种子处理前需脱绒处理，要精选晒种。精选主要是剔除病籽、瘪籽、破籽、小籽。晒种可加速种子后熟，晴天晒种2~3 d。不可在水泥地上曝晒，以防伤及种子的生理活性。可选用木霉-芽孢杆菌种衣剂（0.5×10^9 cfu/g~1.0×10^9 cfu/g）包衣种子，种肥与种子比例为1：200。木霉可湿性粉剂也可按此比例包衣种子。必要时可在化学种衣剂包好的种子上进行木霉-芽孢杆菌种衣剂二次包衣。也可进行生物种衣剂浸种处理：将种子在清水中浸泡12 h，再用含有0.5%羧甲基纤维素钠盐（CMC）的木霉-芽孢杆菌种衣剂400倍稀释液浸泡3 h，晾干后播种。

（3）水肥管理。土壤条件不佳及没有施入基肥的棉田，结合苗情生长情况合理应用速效氮肥和木霉可湿性粉剂，例如，每667 m^2 施用尿素3~5 kg，木霉可湿性粉剂100~200 g。如果是基肥施入不充足、长势不良的棉田，可以增加蕾肥，选择每667 m^2 增施尿素8~15 kg和木霉可湿性粉剂200~300 g，并联合应用一些钾肥，合理喷施硼肥。采用加压滴灌模式，于滴水结束前约2 h内进行，将木霉可湿性粉剂加入滴灌系统的配药箱中，随水滴入完成施用。在棉花生长中期，即6月底至8月初，可喷施木霉代谢物水剂300~500倍液。生长后期，当棉田干旱、早衰时，可喷施一些木霉代谢物水剂，防止早衰（刘丹等，2021；孙艳等，2018）。

（4）病害防治。针对早期发生的立枯病，可选择喷施木霉可湿性粉剂喷洒防治。在棉花发病前期开始随水滴施木霉可湿性粉剂，滴施时间及频次为出苗水滴施50%，一水、二水分别滴施25%。整个生育期滴施3次，每667 m^2 每次用1 000 g木霉可湿性粉剂。或选用木霉菌剂与解淀粉芽孢杆菌菌剂、贝莱斯芽孢杆菌菌剂、枯草芽孢杆菌菌剂、伯克霍尔德氏菌菌剂等其中1~2种菌剂混合后滴灌，每株灌入量约10 mL，可取得协同增效作用（Zabihullah et al.，2021）。

针对黄萎病、枯萎病，可以用木霉可湿性粉剂灌根，每 667 m² 施用 1.0 kg，分两次施用。如果是田间病菌积累比较多，可先用 1 000 倍液多菌灵和 70%甲基硫菌灵可湿性粉剂 1 500 倍液进行灌根，7 d 后再灌施木霉可湿性粉剂 400~500 倍液，1~2 次。对于地下害虫可灌施木霉可湿性粉剂与白僵菌可湿性粉剂（1:1）400 倍混合液。

4. 田间配套措施与管理 灌溉排水、中耕培土蕾期阶段灌水，科学控制灌水量，确保土层 10~30 cm 保持 60%持水量。遇到降水量较大的天气时，应当做好棉田排水工作，避免影响棉花根系的健康生长（俞兴芳等，2021）。

苗期阶段结合天气状况进行 2~3 次中耕工作，深度保持在 3~5 cm，之后中耕深度达到 9 cm 左右，干旱天气条件下除草的深度应稍浅一些。

5. 防病、促生效果 木霉菌剂滴施后对棉花黄萎病起到了不同程度的抑制作用，明显降低了黄萎病发病指数，防病效果平均为 36.0%~72.0%。生物药剂对棉花生长均具有一定的促进作用，显著提高了棉花吐絮率，籽棉产量均有不同程度的提高。

二、麻 类

1. 目的 防治麻类茎枯病、立枯病、枯萎病、炭疽病、灰霉病。提高麻类品质。

2. 菌剂 木霉可湿性粉剂（$2×10^8$ cfu/g）、木霉颗粒剂（$1×10^8$ cfu/g）、木霉-芽孢杆菌种衣剂（$1×10^8$ cfu/g：$5×10^8$ cfu/g）。

3. 处理方法

（1）整地处理。原垄耙茬、疏松表土层，减少 10 cm 以下耕层水分的大量散失；合理施用有机肥的同时适当施用化肥，轻碱土类型以 1:3:1 的氮磷钾比例施用，黑土类型以 2:1:1 的氮磷钾比例施用。有条件的地方增施锌肥、铜肥等微肥。施用氮磷钾复合肥时，可混施木霉颗粒剂，每 667 m² 施用 5~10 kg，有利于防治土传病害。

（2）种子处理。为防治麻类苗期病害，播前需进行种子处理。播前晒种 4~5 d。采用木霉可湿性粉剂或木霉-芽孢杆菌种衣剂拌种，用于包衣的菌剂与种子重量比为 1:（100~200）（w/w）。

（3）病害防治。针对茎枯病，在苗期和成株期分别喷施木霉可湿性粉剂 1~2 次（苗期）或 2~3 次（成株期），500~600 倍液，地面及茎部喷施相结合。如果麻类作物已发病可先喷施 50%多菌灵或 50%敌菌丹可湿性粉剂 600~800 倍液，或 70%五氯硝基苯粉剂 800 倍液，间隔 10 d 左右再喷施木霉可湿性粉剂 1~2 次。针对麻类炭疽病和灰霉病，自抽蕾开花期起，每隔 10~15 d 喷施木霉可湿性粉剂 600~800 倍液喷雾，发病前或初期使用效果更佳。连续 3~4 次，可有效降低炭疽病危害。果实采收后每 667 m² 将 2~5 kg 木霉颗粒剂或可湿性粉剂加入 1 t 有机肥中施用，可延长青果期，减少贮运期烂果。

4. 田间管理与配套措施

（1）合理轮作。重病田和常发病地区最好进行水旱轮作。

（2）加强排灌管理。雨后及时清沟排渍降湿，干旱季节及时灌水抗旱，以保持根系活力。

（3）清除病残体。麻类作物收获后，应及时清除麻园中的残枝落叶，集中烧毁。

5. 防病、促生效果 木霉菌剂施用后对麻类作物土传病害防治可产生明显效果。

第三节 油料作物

油料作物病害种类较多，目前我国报道的有油菜病害 11 种、大豆病害 30 种、花生病害 31 种、向日葵病害 1 种、芝麻病害 13 种。其中主要有油菜菌核病、油菜病毒病、油菜霜霉病，大豆孢囊线虫病、大豆花叶病、大豆疫霜根腐病、大豆灰斑病，花生青枯病、花生黑斑病、花生褐斑病、花生根结线虫病，向日葵菌核病，芝麻茎点枯病，等等。上述病害中很多可通过木霉菌剂进行防治，尤其对土传真菌病害防效比较突出。

一、大 豆

1. 目的 防治大豆立枯病、根腐病、胞囊线虫病、菌核病、灰斑病等病害。促进豆类生长、提高产量和品质（陈井生等，2018；高雪冬等，2021）。

2. 菌剂 木霉可湿性粉剂（2×10^8 cfu/g）、木霉颗粒剂（1×10^8 cfu/g）、木霉-芽孢杆菌种衣剂（1×10^8 cfu/g：5×10^8 cfu/g）、木霉种衣剂（2×10^7 cfu/g）、木霉代谢物水剂、根瘤菌剂（2×10^8 cfu/g）、苏云金杆菌悬浮种衣剂（400 IU/mg）。

3. 处理方法

（1）整地处理。通过翻耕方式将上茬作物的枯枝烂叶、杂草等埋入土壤，经过腐化后提升土壤的养分。为了加速秸秆等残体降解，可随秸秆还田作业施入高产纤维素酶的木霉可湿性粉剂 300～400 倍液，每 667 m^2 施用 1～2 kg。基肥（包括厩肥、堆肥、土杂肥等），一般每 667 m^2 施 1～3 t 有机肥，每 667 m^2 施用的有机肥可与尿素 5～10 kg、磷酸二氢钙 20 kg 和木霉颗粒剂 3～5 kg 混用。

（2）种子处理。用根瘤菌粉剂 20～30 g＋木霉种衣剂 30～40 g＋清水 250 g 拌 5 kg 种子，在盆中把种子与菌粉充分拌匀，晾干后播种，可兼顾促生和防病作用。单独防治大豆常见病害，可使用木霉种衣剂或木霉-芽孢杆菌种衣剂按照种子量的 4％进行拌种；为了提高防效也可先用福美双或者克菌丹等按照种子量的 4％进行拌种或用辛硫磷乳剂稀释液浸泡 4 h 后阴干，再用木霉种衣剂拌种，相当于二次包衣。

（3）田间管理。以含氮元素的肥料为主，幼苗期是追肥的关键时机。每 667 m^2 追尿素 3～4 kg 或碳酸氢氨 10～15 kg、磷酸二氢钙 20 kg、钾肥 10 kg、木霉颗粒剂 2 kg。氮肥可在苗期和初花期各追一半，磷、钾肥宜早追，追施方法以开沟条施为好。开花结荚期是大豆需肥最多的时期，应在开花前 5～7 d 施用 1 次速效性肥料，每 667 m^2 可追施尿素 2～5 kg、钾肥 7～8 kg、木霉颗粒剂 1～2 kg。在开花期和结荚期喷施叶面肥，每 667 m^2 可用磷酸氢二铵 1 kg 或尿素 0.5～1 kg 或磷酸二氢钙 1.5～2 kg，或磷酸二氢钾 0.2～0.3 kg，木霉可湿性粉剂 200 g，兑水 50～60 kg，或木霉代谢物水剂 30～50 g，稀释 200～500 倍，可有效提高大豆产量。

（4）病害防治。针对大豆根腐病和立枯病，每 667 m^2 采用木霉颗粒剂 25 kg 进行土壤处理，木霉＋芽孢杆菌（5×10^8 cfu/g）种衣剂拌种，菌剂与种子重量比 1：50。此外，还可用芽孢杆菌可湿性粉剂 400 倍液与 2％宁南霉素（菌克毒克）水剂 300 倍液或 40％三乙膦酸铝可湿性粉剂 300 倍液在根部喷洒，每 10 d 喷 1 次，2～3 次。针对大豆灰斑病，可采用多菌灵等药剂与木霉可湿性粉剂交替施用，2～3 次，每次间隔 7～10 d。当处于大豆灰斑病大流行年时，在发病初期叶部喷药 1 次多菌灵胶悬剂 5 000 倍液。在花荚期再次喷药，可使用 70%甲基硫菌灵可湿性粉剂 1 000 倍液、多菌灵胶悬剂 5 000 倍液、75%百菌清可湿性粉剂 700～800 倍液。病害得到一定控制后，再喷施木霉可湿性粉剂 300 倍液 1～2 次。

针对大豆胞囊线虫病，采用苏云金杆菌悬浮种衣剂处理种子（菌剂与种子重量比为 1 ∶ 60）与木霉颗粒剂土壤处理相结合，可提高对大豆胞囊线虫病害的防治效果。对胞囊线虫严重发生的地块，可采用涕灭威等种子包衣，再采用木霉菌粉二次包衣（曹广禄，2021）。

4. 田间配套措施与管理 选择未受到感染的田块，选用无病大豆种子和合理的消毒药剂，在播种前进行种子消毒。

采用大豆和禾本科作物轮作种植，可有效减少大豆根腐病和灰斑病的发生，避免重茬。在条件允许的情况下，轮作应保持 2 年以上。当轮作存在困难时，可在秋后进行豆田翻耕，将后期发病程度控制在预期范围内。

结合品种特性，进行合理的种植密度规划，强化田间管理，落实杂草清理工作。

5. 防病、促生效果 木霉菌剂悬浮液处理土壤对大豆根腐病的防效可达 50%，可使植株生长健壮，具有明显的促生作用。

木霉发酵液处理土壤可降低大豆疫病的发生。不同接种量对大豆疫病的防治效果有明显影响，每株用发酵液 15 mL 处理时防效最高，达 70.0%左右。

哈茨木霉（*Trichoderma harzianum*）、枯草芽孢杆菌（*Bacillus subtilis*）、巨大芽孢杆菌（*Bacillus megaterium*）、恶臭假单胞菌（*Pseudomonas putida*）、荧光假单胞菌（*Pseudomonas fluorescens*）、黏质沙雷氏菌（*Serratia marcescens*）和粪肠球菌（*Streptococcus faecalis*）组成的大豆复合种衣剂对大豆发芽有促进作用，并能提高对根腐病的防效。复合生防菌剂可以有效改善大豆根际微生态环境，降低根际有害菌数量，增加有益菌所占比例。通过对根际土壤中木霉孢子的检测可以发现，该复合生防菌剂中的木霉孢子在大豆根际的定殖能力较施用单一菌剂的木霉孢子定殖能力强。

二、花　　生

1. 目的 防治花生菌核病、白绢病、叶斑病、根结线虫病、锈病、茎腐病、青枯病等及预防黄曲霉素污染。促进花生生长，提高花生植株抗病性。

2. 菌剂 木霉可湿性粉剂（2×10^8 cfu/g）、木霉颗粒剂（1×10^8 cfu/g）、木霉-芽孢杆菌种衣剂（1×10^8 cfu/g ∶ 5×10^8 cfu/g）、木霉代谢物水剂。

3. 处理方法

（1）土壤处理。施肥应以基肥为主，每 667 m² 施农家肥 2 t，可与 2～5 kg 木霉颗粒剂混合施用；化肥应以磷肥为主，每 667 m² 施磷酸氢二铵 10～20 kg。瘠薄地种花生，每 667 m² 增施尿素 6～10 kg，木霉颗粒剂每 667 m² 用量提高到 5 kg。

（2）种子处理。晒种后进行种子拌种处理。木霉可湿性粉剂按 1%比例拌种，防治真菌病害；木霉-芽孢杆菌种衣剂（5×10^8 cfu/g）按菌剂与种子重量比 1 ∶ 100 拌种，防治真菌和细菌病害。用多菌灵按种子量的 0.3%～0.5% 与种子充分拌匀、干燥后，再包衣木霉-芽孢杆菌种衣剂，这样操作对病害防治可协同增效。木霉可湿性粉剂与钙镁磷肥混合（1∶10）拌种，每 667 m² 施用 10～15 kg，可实现促生并提高花生抗性。

（3）施肥管理。生长后期可喷施木霉代谢物水剂 300～500 倍液，每 667 m² 用 30～50 g，以防早衰。花生可在收获前 1 个月左右，根据植株的长势喷施 1～2 次尿素液＋磷酸二氢钾＋木霉代谢物水剂＋光合营养膜肥。

（4）病害防治。选择毒性低的产品如绿亨 2 号 700～800 倍液、绿亨 6 号 1 000～1 500 倍液、丙环唑 1 500～2 000 倍液等药剂，防治 2～3 次，可与木霉可湿性粉剂 300～400 倍液交替使用，间隔 7～10 d 对叶斑病等多种病害有较好防效。针对花生菌核病，将木霉可湿性粉剂配制成 5% 水剂，喷施花生根围土壤，每株花生喷洒 100 mL，隔 5 d 喷洒 1 次。

4. 田间管理配套措施　花生生长过程中要注意控制秧苗生长过快，可以采用适量的化学措施控旺。在生长过旺的田块可以采取 2 次控旺，花生谢花结荚初期，秧苗高 30 cm 左右时期控制徒长，一般推荐使用 5% 烯效唑可湿性粉剂 30～40 g，兑水 40～50 kg 进行喷雾，这个时候可以结合花生病虫害一起进行喷施，防病虫控旺相结合。

注意死苗要清除，有感染病虫害的及时拔除扔掉。在花生作物的根外施一定量的有机肥，防止早衰，可促进荚果的发育（王晓，2021）。

5. 防病、促生效果　木霉菌剂对花生土传病害防治效果可达 60%～70%，叶斑病防效可达 50% 以上。木霉菌剂能有效降低花生收获前黄曲霉毒素污染，降低率可达 90% 以上，同时能较大程度地抑制土壤中黄曲霉菌的生长。施用菌剂处理均能有效提高花生的光合能力，以复合菌剂处理最为显著；复合菌剂的加入能显著提高花生叶片可溶性蛋白含量和抗氧化酶活性，降低丙二醛含量，有效维持膜结构的稳定性，显著提高花生生物量和荚果产量。

三、向 日 葵

1. 目的　防治向日葵的土传真菌病害，提高产量。主要防治向日葵菌核病、黄萎病等病害。促进向日葵生长。

2. 菌剂　木霉可湿性粉剂（2×10^8 cfu/g）、木霉颗粒剂（1×10^8 cfu/g）、木霉-芽孢杆菌种衣剂（1×10^8 cfu/g∶5×10^8 cfu/g）、绿僵菌可湿性粉剂（2×10^8 cfu/g）、木霉代谢物水剂。

3. 处理方法

（1）整地处理。结合整地每 667 m² 施腐熟有机肥 2.2～2.5 t，或商品有机肥 400 kg，也可施用化肥，每 667 m² 施磷酸氢二铵 10～12 kg、硫酸钾 10～12 kg。木霉颗粒剂与上述肥料混合施用，每 667 m² 施用 2～5 kg。

（2）种子处理。针对蛴螬、金针虫等地下害虫，每千克种子拌 240 g 木霉＋绿僵菌混合菌剂（1∶2）。针对向日葵土传病害，可用 1.0 kg 木霉-芽孢杆菌种衣剂（5×10^8 cfu/g）拌 100 kg 种子。为了提高对地下害虫的防效，100 kg 种子可先用 0.3～0.5 千克 70% 噻虫嗪悬浮剂，兑水 1.0～1.5 kg 拌种，晾干后，再包衣木霉-芽孢杆菌种衣剂；为了提高对向日葵菌核病的防效，可先用占种子量 0.4% 的 50% 腐霉利可湿性粉剂拌种，晾干后再用包衣木霉-芽孢杆菌种衣剂。

（3）肥水管理。一般出苗后灌水 1 次即可。7 月下旬灌两次水，木霉菌粉可随水灌入，每 667 m² 灌 300～400 g。在蕾薹期追肥 1 次。一般每 667 m² 施用磷酸二氢钾 100 g、28％液态氮肥 400 mL，兑水 30 kg，喷施，每 667 m² 增施流体硼 60 g。现蕾期结合中耕每 667 m² 施硫酸钾 15 kg。上述所追肥料中均可加入木霉可湿性粉剂，每 667 m² 施用 200～300 g。

（4）病害防治。在现蕾期易发生菌核病，造成根腐或立枯型死亡。一旦发现个别病株，应及时喷施木霉可湿性粉剂 300～400 倍液，1～2 次，如病害发生较快可每 667 m² 先喷 70％甲基硫菌灵可湿性粉剂 30 g，兑水 30 kg 喷雾防治 1 次，然后再喷 1 次木霉可湿性粉剂。

4. 田间配套措施与管理　木霉菌剂与化学农药交替使用，需间隔 7 d 以上。与化肥混用，可适当减少化肥使用量 20％～30％。向日葵对化学除草剂较敏感，不建议采用药剂除草。

5. 防病、促生效果　木霉菌剂可降低向日葵菌核病的病株率和病情指数，防效 70％以上；木霉菌剂能有效抑制向日葵黄萎病，相对防效达到了 30％以上，并表现出明显的保产作用，具有较高的推广价值。施用木霉菌剂能够防治向日葵列当的危害，向日葵的株高、地上鲜干重、地下鲜干重和花盘直径相比对照都有显著增高。

四、油　菜

1. 目的　防治油菜菌核病、根肿病、白粉病、白锈病、霜霉病。

2. 菌剂　木霉可湿性粉剂（2×10^8 cfu/g）、木霉颗粒剂（1×10^8 cfu/g）、木霉-芽孢杆菌可湿性粉剂（1×10^8 cfu/g：5×10^8 cfu/g）。

3. 处理方法

（1）整地处理。选择土层较厚，肥沃疏松的土壤为宜。在前作收获后要及早进行耕作，耕后耙细。

（2）施底肥。油菜需肥较多，尤其需磷肥。底肥以优质腐熟粗肥为宜，如达到每 667 m² 产 150 kg 的水平，则每 667 m² 施粗肥 2 500 kg 和 10 kg 木霉颗粒剂，同时可混入 20～50 kg 的磷酸钙和 20～50 kg 碳酸氢铵。

（3）选种以及种子包衣。需要选择优质的油菜品种，先晒种随后再浸种，晾干后采用木霉可湿性粉剂包衣，对根肿病有一定的控制作用。

（4）病害防治。针对菌核病发生初期，采用盾壳霉或木霉菌剂或木霉-芽孢杆菌可湿性粉剂 500～600 倍稀释液喷施油菜茎基部。如果在重病田，可在始花期先施用咪鲜胺、菌核净和多菌灵等乳剂或水剂重点保护油菜茎基部 1～2 次，然后再喷施木霉可湿性粉剂 500～600 倍液 1～2 次，与施用化学杀菌剂的间隔 7～10 d；或在盛花期先喷施化学杀菌剂，阻断花瓣接触侵染，然后再喷施木霉可湿性粉剂，间隔 7～10 d。生物农药与化学农药交替或轮换用药也可避免病菌产生抗药性。

针对白粉病、白锈病和霜霉病等，在发病初期喷施木霉-芽孢杆菌可湿性粉剂 500～600 倍液；已经发病后，选用木霉-芽孢杆菌可湿性粉剂 500～600 倍液与甲霜灵·锰锌

1 000 倍液、灭菌丹 300～500 倍液、代森锌 500～600 倍液、福美双 300～500 倍液、波尔多液 1：1：200、12.5％烯唑醇可湿性粉剂 3 000 倍液、66.8％丙森·缬霉威可湿性粉剂 500～600 倍液交替施用，间隔 7～10 d 施 1 次。

4. 田间管理与配套措施

（1）田间管理措施。

① 2 片真叶展开时进行间苗，4 叶 1 心时进行定苗，定苗后需要在生长期间浇水 3～4 次。

② 结合追肥做好中耕、松土、培土工作，保证根部通气，以增厚根际土层，吸热增温，增强菜苗防冻能力。

③ 开沟排水，做到雨住沟干，不留渍水，降低田间湿度，抑制菌核萌发。容易积水的田地应该要多开一些水沟加大出水量，让积水直接流出，同时还要清理好田地里的外沟，确保排水通畅。提高土壤里的温度促进油菜的生长发育。抽薹后，多次摘除老病叶并将其带出田外深埋或烧毁，以减少田间菌源，可减少后期"龙头"的发生（杨玉萍等，2021）。

（2）配套措施。条件适宜地区建议进行水旱轮作，可有效减少田间菌核数量。

5. 防病、促生效果 施用木霉菌剂，结合播种深翻，减少田间菌核数量。防控效果可达到 50％～60％，如果实施 40％以上面积的统防统治，防治效果达到 70％以上，重发区防治效果达到 50％以上，危害损失率控制在 10％以下。

◆ **本章小结**

本章介绍了木霉菌剂在禾谷类作物、纤维作物、油料作物生产上的应用技术。禾谷类作物上强调应用木霉种衣剂或木霉-芽孢杆菌种衣剂防治土传病害的方法；对叶斑病防控适合采用无人机或高架喷雾木霉菌剂或木霉代谢物水剂；纤维作物和油料作物上强调了木霉菌剂处理种子和土壤对土传病害的防治；油料作物还突出了木霉菌剂与根瘤菌剂及木霉菌剂与防线虫专用菌剂的协同使用。

◆ **思考题**

1. 木霉菌剂对已包衣化学种衣剂的水稻、小麦和玉米种子进行二次包衣，应用时应注意什么技术环节？

2. 木霉菌剂处理玉米种子时最容易出现的问题有哪些？如何解决？

3. 无人机施用木霉菌剂防治禾谷类作物病害过程中易发生哪些问题？如何解决？

4. 木霉颗粒剂与化肥混用为什么可协同增效，并可适量减少化肥使用？

5. 影响木霉菌剂防治棉花土传病害的主要因素有哪些？

6. 影响木霉菌剂与根瘤菌剂协同使用的主要因素有哪些？

7. 请描述盾壳霉菌剂与木霉菌剂混用防治油菜菌核病的技术途径。

第十一章 木霉菌剂在药用植物、糖料作物生产中的应用技术

第一节 药用植物

我国药用植物资源非常丰富，近年来随着经济的发展，药用植物除用于人类的防病、治病外，在开发营养保健品方面也发挥了重要作用。药用植物病害常使药用植物产量降低，品质变劣，有效成分减少。药用植物病害 500 余种，常发生的有 300 多种，其中重要的病害如人参黑斑病、三七根腐病、当归麻口病、红花锈病、枸杞炭疽病等，已严重威胁药材生产。因此，利用木霉菌剂促进药用植物生长、防治病害发生具有重要意义。

一、枸　杞

1. 目的　防治枸杞根腐病、炭疽病、流胶病、白粉病。提高枸杞发芽率，改善果实颜色与光泽，使植株健壮、果形光亮，增产提质。

2. 菌剂　木霉可湿性粉剂（2×10^8 cfu/g）、木霉颗粒剂（1×10^8 cfu/g）、木霉代谢物水剂。

3. 处理方法

（1）苗圃整地。深翻以 15～18 cm 为宜，之后灌冻水 1 次。第 2 年春季温度逐渐升高、上冻的土壤逐渐化冻，可在整地的基础上每 667 m² 施入碳酸氢铵 50 kg、磷酸氢二铵 50 kg、木霉颗粒剂 2～3 kg，充分旋耕后将土壤耙细，做畦，每畦的面积控制在 60～100 m²。也可每 667 m² 在畦表面撒施木霉颗粒剂 2～3 kg。

（2）种子处理。播种前，每 667 m² 用细沙土 80 kg 与木霉可湿性粉剂与绿僵菌可湿性粉剂 1∶2 混合，每 667 m² 施用 300～400 g，搅拌均匀。播种时，加入相当于种子量 6 至 7 倍的细河沙，进行拌种。枸杞种粒细小，用细河沙拌种，可以使播种更加均匀。撒播种子时一手端盆、一手撒种，尽量做到细致均匀。

（3）育苗。扦插用的插条用木霉代谢物水剂处理。将木霉代谢物水剂稀释 300 倍，将穗插入木霉代谢物水剂中，浸泡深度 3～4 cm，浸泡时间为 24 h。

（4）苗圃水肥管理。当枸杞苗新梢的高度超过 10 cm 时即可灌水 1 次，进入 6 月、7 月、8 月后，可分别在下旬时再灌水 1 次。6 月灌水的同时每 667 m² 施入尿素 10 kg、磷酸氢二铵 10 kg、木霉可湿性粉剂 200～300 g 等作为追肥，7 月灌水的时候每 667 m² 施入

尿素 15 kg、磷酸氢二铵 10 kg、木霉可湿性粉剂 200～300 g。

（5）建园与整地。在建园的头年秋季，先对园地土壤进行平整，确保高低差在 5 cm 以内，之后再进行深翻，控制深度在 20～25 cm，施足混拌木霉颗粒剂 3～5 kg 的基肥，浇透水 1 次。

（6）建园后管理。结合园内的产量目标确定施肥量，一般生产优质干果的量为 100 kg 时，需要氮、磷、钾纯量的施入值分别为 30～35 kg、8.5～10 kg、5～6.5 kg，木霉可湿性粉剂 2～3 kg。枸杞生长期间，每年施肥次数控制在全年施肥 5 次左右。施肥的方式多样，包括放射状沟施、穴施、环状沟施等，一般撒在植株周围 23～25 cm 处。施肥的时间一般在 4 月上中旬、6 月上中旬（此次施肥量占全年总量的 35%）、7 月上旬（此次施肥量占全年总量的 15%）、8 月上旬、9 月上中旬（此次施肥量占全年总量的 5%）。

（7）病害防治。针对枸杞主要病害如根腐病、流胶病等，在早春和晚秋用 30 倍石硫合剂清园，7～10 d 后每 667 m² 再施用木霉颗粒剂 2～3 kg。针对白粉病和炭疽病，发病前期可喷施木霉可湿性粉剂 300～500 倍液，2～3 次，或与化学杀菌剂交替使用，间隔 7～10 d。如白粉病已较明显，可先喷施 36% 甲基硫菌灵悬浮剂 500 倍液或 50% 苯菌灵可湿性粉剂 1 500 倍液、60% 多菌灵盐酸盐水溶性粉剂 10 000 倍液、20% 三唑酮乳油 1 500～2 000 倍液、30% 碱式硫酸铜（绿得保）悬浮剂 400 倍液，1～2 次，间隔 7 d 后再喷木霉可湿性粉剂 300～500 倍稀释液，1～2 次。

4. 田间配套措施与管理　栽植前要做好整地工作，使地面平整不积水。雨天要及时排水，严防积水。合理密植，增大园内株间空隙，改善通风透光条件，降低园内湿度。结合合理排灌、科学施肥，保持土壤良好的通风透光性能和肥力水平。建议木霉菌剂与有机肥复合使用，每 667 m² 用木霉菌剂 10 kg 与有机肥 25 kg 混合施用防效好。

每年春季在树体萌动前，统一清除销毁园内、沟渠、田埂、林带间的病虫枝、野生杂草、枯枝落叶等，消灭初侵染源。春季 5 月中旬以前不铲园，以营造有利于拮抗根腐病菌的有益微生物繁衍的环境；夏季结合整形修剪以及铲园，去除徒长枝和根蘖苗，防止病菌的滋生和扩散。在挖园除草和剪除根部徒长枝时，避免碰伤根部。对园内行间和植株根围土壤进行翻晒，减少耕作层病虫来源。早期发现少数病株时应及时挖除（韩俊，2021；王永黎，2020）。

如果根腐病发生严重，建议将木霉颗粒剂与土壤消毒剂协同使用，但要有一定间隔期。

叶面喷施木霉菌剂处理后，不能马上施用化学杀菌剂，需间隔 7～10 d。木霉菌剂与芽孢杆菌菌剂混用比单用效果好。

5. 防病、促生效果　木霉菌剂防治白粉病、流胶病和根腐病效果明显，防效可达到 60% 以上。木霉颗粒剂、木霉可湿性粉剂与木霉代谢物水剂通过与有机肥掺混、冲施和喷施使枸杞园区土壤盐渍化电导率降低 20% 以上，枸杞植株生长冠幅（左右伸展）增加 7%～8%，株高增加 7%～8%，茎粗增加 30%～32%，平均叶面积增加 12%～13%，叶厚增加 30%～32%，百粒鲜果重增加 9%～11%，果长增加 10%～12%，果条发枝长度增加 34%～36%，果条总果数增加 52%～54%，增产 15% 以上。

二、三 七

1. 目的 防治三七根腐病、立枯病、猝倒病、灰霉病、黑斑病、炭疽病、根结线虫病、病毒病等。促进三七生长、提高产量，提高三七皂苷类物质含量。

2. 菌剂 木霉可湿性粉剂（2×10^8 cfu/g）、木霉颗粒剂（1×10^8 cfu/g）、木霉代谢物水剂。

3. 处理方法

（1）整地处理。在三七种植前两个月，开始整地，每 667 m² 施加 300 kg 玉米秸秆和 200 kg 辣椒秸秆的粉碎混合物；整地后，每 667 m² 施加粒径为 2～3 mm 的 100 kg 氰胺化钙颗粒剂，撒施时每 667 m² 拌 50 kg 细土分 3 次撒入，每 667 m² 施用木霉颗粒剂 5 kg，用旋耕机耕翻 3 次；苗床喷施木霉和和淡紫拟青霉混剂，可防线虫。

（2）理墒做畦。在畦面加上滴灌带，滴灌 4 h 以上，用无色塑料膜盖在畦面上，四周压紧。

（3）移栽三七籽条。天气较好时，30 d 后揭膜晾晒，再过 15 d 后，通过设备检测无有毒物质后，准备移栽三七籽条；移栽时，在籽条周围施入 5 kg 木霉颗粒剂、缓释性磷钾肥和中微量元素肥。定植三七籽条以后，在畦面上覆草，按照每 667 m² 施加 500 g 木霉可湿性粉剂随定植水浇入。移栽后，适时补充微生物菌肥，在第一年之内不施加化学肥料。

（4）病害防治。针对炭疽病、黑斑病、圆斑病、灰霉病，药剂防治可采用木霉可湿性粉剂 500 倍喷雾防治，每隔 7 d 喷施 1 次，连续喷 2～3 次。病毒病发生前，可喷施木霉代谢物水剂 200 倍液＋6％寡糖·链蛋白，或 75％木霉代谢物水剂和 3％壳寡糖混液剂 150 倍液。防根结线虫病，采用木霉可湿性粉剂与淡紫拟青霉可湿性粉剂混剂。每 1 kg 木霉可湿性粉剂兑水 100 L，加入 250～500 g 红糖，适温下扩繁，最佳水温 25～30 ℃，扩繁 24 h。同样方法扩繁淡紫拟青霉。两种菌 1∶1 混合，稀释 300～500 倍液灌根或喷雾。

4. 田间配套措施与管理 保护地前茬收获后及时清除病残体，集中烧毁，深翻 50 cm，起高垄 30 cm，沟内淹水，覆盖地膜，密闭棚、室 15～20 d，经夏季高温和水淹，提高防病虫能力，以利于出苗和苗生长健壮。出苗后及时调节天棚高度或宽度，保持田园30％～35％适光度为宜，避免苗床湿度过大，及时增施磷钾肥钙肥、拔除中心病株（陶瑞红，2019；汪佳维等，2021）。

对土传病害历年发生严重的地块，可将木霉颗粒剂与土壤消毒剂或熏蒸剂协同处理土壤，例如，先施用土壤消毒剂或熏蒸剂处理苗床土壤，间隔 10～15 d 再施用木霉颗粒剂处理苗床土壤。

叶面喷施木霉可湿性粉剂处理后，不能马上施用化学杀菌剂，需间隔 7～10 d；如果叶片发病已明显，建议先施用化学杀菌剂，间隔 7 d 后再施用木霉菌剂。

为了提高土壤健康水平，建议木霉菌剂与有机肥复合使用，每 667 m² 木霉菌剂 10 kg 与有机肥 25 kg 混合施用效果好。处理土壤时也可将木霉菌剂和芽孢杆菌菌剂混用，以减少土传病原真菌和细菌的数量。

木霉菌剂可与适当浓度的吡蚜酮、甲氨基阿维菌素苯甲酸盐混用。

5. 防病、促生效果 在连作地及历年严重发病田，木霉菌剂处理后灰霉病防效达

70％以上，治疗效果达 40％以上；木霉菌剂处理后存苗率提高 30％～50％，木霉菌剂处理 10 个月后，株高、茎粗、叶柄长、叶片长、叶片宽明显超过未处理的大棚，株高增加 30％以上，茎粗增加 10％以上，叶柄长增加 15％以上，叶片长增加 15％以上，叶片宽增加 10％以上，产量提高 20 以上。三七中三七皂苷 R1、人参皂苷 Rg130、Rb110 含量提高。

三、黄　芪

黄芪为豆科植物蒙古黄芪或膜荚黄芪的干燥根。蒙古黄芪味甘、性微温，含皂苷、蔗糖、多糖、多种氨基酸、叶酸及硒、锌、铜等多种微量元素，现代研究表明黄芪具有增强机体免疫功能，保肝、利尿、抗衰老、抗应激、降压和较广泛的抗菌作用。

1. 目的　防治黄芪根腐病和白粉病。提高黄芪种子发芽率，加快打破黄芪种子硬实休眠；提高黄芪产量及其有效成分，如黄芪甲苷、黄芪皂苷Ⅰ、黄芪皂苷Ⅱ、毛蕊异黄酮含量。

2. 菌剂　木霉可湿性粉剂（$2×10^8$ cfu/g）、木霉颗粒剂（$1×10^8$ cfu/g）。

3. 处理方法

（1）浸种催芽处理。黄芪种子用稀释 100 倍的木霉可湿性粉剂浸种，30 ℃，96 h，有助于打破黄芪种子硬实休眠，发芽率达 90％以上。

（2）苗床土壤处理。选择土层深厚、土壤肥沃、排水灌溉过程便捷、疏松的土地，要求土层＞40 cm。可使用撒播、条播形式育苗。条播前每 667 m² 撒施木霉可湿性粉剂或颗粒剂 3～5 kg。条播时维持行距 15～20 cm，每 667 m² 种子用量 1.5～2 kg；撒播时将种子撒在地表后覆盖土或细河沙 2 cm，每 667 m² 种子用量 6～8 kg。

（3）移栽处理。宜采用斜栽法，沟深 30～35 cm，按照株距 10～15 cm 将黄芪苗摆进沟前坡，根系自然平展，黄芪芽头和地面相距 2～3 cm，当一行摆完后，依照行距 25 cm 再进行开沟，并覆盖前沟。按照上述方法进行栽种，整体栽完后快速对种植地进行耙平、镇压处理，每 667 m² 撒施木霉颗粒剂 3～5 kg，每 667 m² 栽培 2 万～2.5 万株。

（4）成株期处理。在黄芪白粉病、根腐病发生前期，喷施木霉可湿性粉剂（每 667 m² 用量 1～2 kg）稀释 200 倍液，分 2～3 次喷施，每次间隔 7 d。木霉可湿性粉剂稀释 200 倍随肥滴灌，每 667 m² 施用 1 kg 菌剂。

4. 田间配套措施与管理　选择地势高、土质好、排水畅通的地块，避免重茬，与玉米、马铃薯和蔬菜等作物轮作。选择黄芪无缺、无病种子，以便提高出苗率。在黄芪干旱的时候要及时灌溉，在雨水较多时，也要及时排水防涝。需及时补充土壤肥力，提高光合作用，促进黄芪茎叶生长。

历年根腐病发生严重的地块，需要加强木霉菌剂与土壤消毒剂的协同使用。木霉可湿性粉剂与芽孢杆菌可湿性粉剂复合使用处理土壤可同时减少土传病原细菌和真菌种群数量。

苗床土用木霉菌剂处理后，不要马上施用任何化学杀菌剂，需要间隔 7～10 d；如果苗床土先施用土壤熏蒸剂或消毒剂，需间隔 10～15 d 后再施用木霉菌剂。为了提高土壤健康水平，建议木霉菌剂与有机肥复合使用，每 667 m² 施用木霉菌剂 10 kg 与有机肥

25 kg 混合施用效果好。

叶面喷施木霉菌剂处理后，不能施用化学杀菌剂；如果叶片发病已明显，建议先施用化学杀菌剂，间隔 7 d 后再施用木霉菌剂。木霉菌剂也可与减量 20%～30%的某些化学农药混用。

5. 防病、促生效果 木霉菌剂对根腐病防效可达 50%以上，黄芪干重提高 15%以上，黄芪甲苷、黄芪皂苷Ⅰ、黄芪皂苷Ⅱ、毛蕊异黄酮含量提高 20%以上。

四、西 洋 参

西洋参（*Panax quinquefolius* L.）是五加科人参属植物，多年生草本，药食同源性食物，属名贵的高级保健品，临床研究表明，西洋参具有提高免疫力、保护心脑血管系统、调节中枢神经功能和抗肿瘤、降血压等多方面的药理活性。

1. 目的 防治西洋参黑斑病、立枯病、猝倒病、疫病、锈腐病、菌核病、根腐病、炭疽病、根结线虫病、灰霉病、白粉病等。促进西洋参生长。

2. 菌剂 木霉可湿性粉剂（2×10^8 cfu/g）、木霉颗粒剂（1×10^8 cfu/g）、木霉代谢物水剂。

3. 处理方法

（1）整地处理。种植西洋参应选择有机质丰富、土质疏松、排灌良好的地块，土壤酸碱度以中性和微酸性为宜。地块选好后先整平耙细，一般每 667 m² 施腐熟有机肥 1 500～2 000 kg、磷酸二氢钙 30～50 kg 或磷酸氢二铵 20～30 kg 作基肥。播种前 20 d，每 667 m² 用木霉颗粒剂 3～5 kg 撒施到土壤中；或在整地时施入 6 000 kg 腐熟的猪粪及牛马粪等粉碎的优质有机肥、50 kg 腐熟饼肥、100 kg 三元复合肥和 5 kg 木霉颗粒剂，均匀拌到 20～30 cm 耕层中，然后用小型旋耕犁耕翻。地整好后做畦，畦宽 120～150 cm，畦长可视具体情况而定，畦高 25～30 cm，畦与畦间距 80 cm，呈南北走向。深秋整平高畦。如果是重病土，每平方米用 10～15 g 木霉可湿性粉剂兑细土撒在畦表。

（2）拌种处理。在 8 月参果发红时收入鲜果，立即把果肉搓掉洗净，用木霉可湿性粉剂 200～300 g 稀释 5～10 倍、拌 10 kg 西洋参种子，或先用 2 000 倍稀释液的 50%多菌灵浸种 10～20 min，再用 50 mg/L 赤霉素浸泡 24 h，捞出再用木霉代谢物水剂 200～500 倍稀释液浸泡 24 h，捞出晾干，并用清水冲洗 1 次，拌沙后放入盆箱内至 11 月，温度控制在 25 ℃，湿度以含水 10%～12%为宜。

（3）播种处理。将处理好的裂口种子按株行距 3 cm×15 cm 进行穴播，每穴 1 粒，穴施木霉颗粒剂 2～5 g，播后覆盖地膜，保持土壤水分，防止蒸发。每 667 m² 播种量 6.5 kg。也可采取撒播的方式播种，出苗后进行移栽。

（4）移栽处理。用木霉可湿性粉剂稀释 50 倍蘸根 10 min。或用 50%多菌灵可湿性粉剂 2 000 倍液浸苗 10 min，再用木霉代谢物水剂 200～500 倍液浸苗 20 min。

（5）追肥处理。每年 4—5 月，结合浇水对西洋参进行追肥，一般每 667 m² 施磷酸氢二铵 20～30 kg，也可喷施磷酸二氢钾水溶液。6—8 月为西洋参生长旺盛时期，需多施水肥，一般共追肥 3 次，每 667 m² 用大量元素水溶肥 0.5 kg 随微喷机施入畦中。此外，可用 2%磷酸二氢钙溶液、0.3%磷酸二氢钾溶液、0.3%尿素液肥于上午 10 时前或下午 3

时后交替喷施，每月 1 次。每年 11—12 月地上茎叶枯萎时，在植株间开浅沟重施冬肥，每 667 m² 用腐熟厩肥 1 500 kg、复合肥 50 kg 均匀地撒入沟内，然后用细土覆盖。每次追肥每 667 m² 可再配合使用木霉代谢物水剂 1 L，稀释 500 倍液。

（6）成株期处理。在斑点病、炭疽病发生前期，每 667 m² 喷施木霉可湿性粉剂（1～2 kg），稀释 200 倍液，分 2～3 次喷施，每次间隔 7 d。在立枯病、疫病、根腐病、锈病发生前期，木霉可湿性粉剂稀释 200 倍随肥滴灌，每 667 m² 施用 1 kg 菌剂。重病田在展叶后，每半个月喷 1 次 1∶1∶400 的波尔多液、20％三唑酮 500～1 000 倍液和木霉可湿性粉剂 400～500 倍液，每 7～10 d 交替喷 1 次。

4. 田间配套措施与管理 及时疏松土壤，注意各个生长时期的水肥匹配供应，并喷施新高脂膜可湿性粉剂，保墒、保肥效、防水分耗散，确保植株有良好的生长环境。结合生产季节和天气变化，及时喷施木霉菌剂。在越冬前，要对土壤做灭杀病虫处理，并喷施新高脂膜，防寒保温、防病虫迁徙。在早春和晚秋清理西洋参的田园，将枯萎的植株连同杂草、覆盖物等集中于园外烧毁，消灭虫源。及时中耕除草，降低虫口密度。

防治立枯病、猝倒病、疫病、锈腐病、菌核病、根腐病应以木霉颗粒剂处理土壤作为主要防控措施。在土传病害发生严重的地块可以先施用化学消毒剂处理土壤，间隔一段时间后再施用木霉菌剂处理，这样处理有利于土壤恢复微生态系统多样性。

苗床土用木霉菌剂处理后，不要马上施用任何化学杀菌剂，需要间隔 10～15 d；如果苗床土先施用过土壤熏蒸剂或消毒剂，需间隔 10～15 d 后再施用木霉菌剂。

为了提高土壤健康水平，建议木霉颗粒剂与有机肥复合使用，每 667 m² 木霉颗粒剂 10 kg 与有机肥 25 kg 混合施用效果好。木霉菌剂可与芽孢杆菌菌剂混用，也可与生防放线菌制剂混用，实现对多种土传病害的控制。

对地下害虫、蚜虫、尺蠖、黏虫等防治可用 50％辛硫磷、90％敌百虫等毒饵或喷药防治。但施用化学杀虫剂 7～10 d 后，可适当补施木霉菌剂。

叶面喷施木霉菌剂处理后，不能马上施用化学杀菌剂，需间隔 7～10 d；如果叶片发病已明显，建议先施用化学杀菌剂，间隔 7 d 后再施用木霉菌剂。

5. 防病、促生效果 木霉菌剂处理后，第 1 年拌种处理对西洋参立枯病、猝倒病、锈腐病和菌核病的防治效果达 60％以上、单株参增重率 25％以上；第 2 年蘸根处理对西洋参立枯病的防治效果达 70％以上、单株参增重率 50％以上。翌年西洋参出苗率超过 80％，说明菌剂施用和配套管理措施综合效果良好。

五、丹 参

丹参为我国常用传统中药，栽培历史悠久，来源于唇形科植物丹参（*Salvia miltior-rhiza*）的干燥根及根茎，为活血化瘀的中药。临床研究证明丹参具有扩张冠状动脉、改善心肌缺血状况、安神静心、降低血压等作用，现多用于冠心病、神经衰弱、高血压等常见病治疗。由于需求量较大，在四川、山东、陕西、河南等省份均有大面积种植。

1. 目的 防治丹参叶枯病、根腐病、白绢病、根结线虫病。提高丹参出苗率；提高丹参产量及其有效成分如丹酚酸 B、丹参酮 I、丹参酮 II A、隐丹参酮含量。

2. 菌剂 木霉可湿性粉剂（$2×10^8$ cfu/g）、木霉颗粒剂（$1×10^8$ cfu/g）、木霉代谢

物水剂。

3. 处理方法

（1）分根种植处理。种用丹参留在地里，栽种时随栽随挖。选择直径为 0.3 cm、根身粗壮、色泽鲜红的丹参侧根作为种子，于 2—3 月栽种，或在 10 月收获时选种栽植，行距为 45 cm，株距为 30 cm，穴深为 4 cm。施加有机肥作为基肥，每 667 m² 施用 1 500～2 000 kg，木霉颗粒剂 10 kg。栽种时根条长度为 4～6 cm，做好防冻措施，盖上稻草保暖。

（2）扦插繁殖处理。在江浙地区 4—5 月种植，取丹参上方的茎叶，剪成 5～10 cm 的小段，将下部枝叶全部剪除，上部枝叶剪除 1/2，随剪随插。按照 20 cm 行距、10 cm 株距进行插种，插条埋在土壤下 6 cm。扦插后需要立即浇水，并依据天气情况，及时遮阳。待植株生长到 3 cm 高后，移植到田间种植。移植前可用木霉可湿性粉剂稀释 50 倍液蘸根 10 min。

（3）种子繁殖处理。北方地区一般 3 月进行条播育苗，在种子上方覆盖 0.3 cm 厚的土，播种后浇水，加盖塑料薄膜，保证土壤湿润，一般 15 d 内会出苗。江浙地区 6 月种子成熟，采收后立即播种，覆土，浇水后盖草，保持土壤湿度，10 月种植到大田内。播种前 20 d，每 667 m² 用木霉颗粒剂 3～5 kg 撒施到土壤中，然后用小型旋耕犁耕翻。

（4）直播繁育处理。华北地区 4 月播种，选择穴播或条播的方式。若穴播每穴种子控制在 5～10 粒；每 667 m² 条播 0.5 kg 种子，沟深 1 cm，种子上方覆土厚度 0.6～1.0 cm。穴施木霉颗粒剂 2～5 g。

（5）追肥处理。丹参种植一年至少需要施肥 3 次：定植后施加肥料，加速植株生长，从源头提升产量；丹参苗生长到 20 cm 后，也就是每年的 4—5 月，施加肥料可为花期提供养分；丹参开花期间还需要施加肥料，也就是夏季（7 月）追肥为后期结果提供养分。丹参施肥最好选择有机肥或农家肥，在促进生长的同时，还可提升丹参的药性。一般不建议使用化肥，化肥会影响丹参质量，进而影响其使用效果，有机肥与木霉颗粒剂复合使用作追肥，每 667 m² 施用木霉颗粒剂 5 kg、有机肥 2 kg。按上述时间节点最少追肥 3 次，同时每 667 m² 可以结合使用木霉代谢物水剂 1 kg，稀释 500 倍使用。

（6）成株期处理。叶斑病发生前期，每 667 m² 喷施木霉可湿性粉剂 500 g，200～300 倍稀释液，分 2～3 次喷施，每次间隔 7 d。同时也可每 667 m² 随肥滴灌木霉可湿性粉剂 1 kg，兼治根腐病。

4. 田间配套措施与管理

选择地势高，排水好的地块种植，或高畦深沟栽培，防止积水，避免大水漫灌。实行水、旱轮作或与禾本科作物（或葱、蒜类作物）三年轮作，基本上可以控制线虫病的发生。在丹参采收结束后，彻底清除和销毁病株残体以及田间杂草，以此有效地降低土壤中的虫源基数，减轻危害。播前深耕、深翻土壤 20 cm 以上；在上茬收获后，下茬播种前，翻晒土壤，待作物收获后土表覆盖地膜，暴晒 7 d 左右，施用木霉菌剂和芽孢杆菌混剂。增施有机肥（包括厩肥、圈肥、坑肥、绿肥等）和磷钾肥作基肥。木霉菌剂可与有机肥及微量元素复配作基肥，三者混合比例为 1∶9.5∶0.5，微量元素中主要为硫酸铁、硫酸铜、硫酸锌、硫酸锰、硼砂。封行前及时中耕除草，疏松土壤，并结合松土每平方米撒施 10～15 g 木霉可湿性粉剂。遇到连阴雨和土壤湿度较大时，及时中耕。田间发现病株，及时拔除，并挖除病株周围的土壤或加入木霉菌剂。

防治根腐病和白绢病等土传病害建议优先使用木霉颗粒剂处理土壤，或与土壤消毒剂协同使用，但要间隔一段时间。如果要防治根结线虫，木霉菌剂可与淡紫拟青霉菌剂混合使用。

苗床土用木霉颗粒剂处理后，不要马上施用任何化学杀菌剂，需间隔 10～15 d；如果苗床土用过土壤熏蒸剂或消毒剂，需间隔 10～15 d 后再施用木霉菌剂。

为了提高土壤健康水平，建议木霉菌剂与有机肥复合使用，每 667 m² 用木霉菌剂 10 kg 与有机肥 25 kg 混合施用效果好。生防木霉菌剂可与生防芽孢杆菌制剂混用处理，也可与丛枝菌根真菌制剂混用处理土壤。

叶面喷施木霉菌剂处理后，不能马上施用化学杀菌剂，需间隔 7～10 d；如果叶片发病已明显，建议先施用化学杀菌剂，间隔 7 d 后再施用木霉菌剂。

5. 防病、促生效果　木霉菌剂处理后，丹参出苗率达 80% 以上，在两年重茬地根腐病防效 60% 以上，根结线虫病防效 70%～80%，丹参酮 ⅡA 等物质含量提高，增产 20% 以上。说明菌剂施用和配套管理措施综合效果良好。

六、川 红 花

川红花是一种药、油、染料、饲料兼用的多用途经济作物，属活血化瘀中药，有活血通经、散瘀止痛之功效。现代研究表明，川红花对防治冠心病、心肌梗死和脑血栓等心脑血管疾病有较好疗效，花中可提取具有营养保健、染色作用的多功能天然色素。

1. 目的　防治川红花根腐病、枯萎病和炭疽病。提高川红花出苗率、鲜重、果球重、每果球种子重、单株果球数、百粒重、每果球种子数，防治枯萎病。

2. 菌剂　木霉可湿性粉剂（2×10^8 cfu/g）、木霉颗粒剂（1×10^8 cfu/g）、木霉代谢物水剂。

3. 处理方法

（1）整地处理。整地时每 667 m² 施堆肥 250 kg、磷酸二氢钙 15 kg 和 5 kg 木霉颗粒剂。

（2）种子繁殖处理。川红花适宜冬播，在每年 10 月中下旬即可播种，行距 33 cm、株距 16～26 cm，播深 3～7 cm，播后覆土压实，每 667 m² 用种子 1.5～3 kg。播种前 20 d，每 667 m² 用木霉颗粒剂 3～5 kg 撒施到土壤中，然后用小型旋耕犁耕翻。

（3）追肥处理。定苗前后第一次追肥，轻施提苗，孕蕾期第二次追肥，每 667 m² 施混合硫酸铵 5 kg。硫酸铵与木霉颗粒剂复合使用追肥，每 667 m² 施用木霉颗粒剂 3～5 kg。按上述时间节点最少追肥 3 次，同时可以结合每 667 m² 施用木霉代谢物水剂 1 kg，500 倍稀释使用。

（4）成株期处理。在枯萎病和炭疽病发生前期，木霉可湿性粉剂稀释 200 倍随肥滴灌，每 667 m² 1 kg 菌剂；或喷施木霉可湿性粉剂（每 667 m² 施用 500 g），稀释 200 倍液，分 2～3 次喷施，每次间隔 7 d。

4. 田间配套措施与管理　川红花适应性强，喜温暖干燥、阳光充足气候，耐旱、耐寒、忌高温、高湿，排水良好的沙质土壤为宜，不宜在低洼积水的黏土上种植。

防治根腐病、枯萎病等土传病害建议以木霉颗粒剂处理土壤为主，喷施或滴灌建议使用粉剂。为了保育土壤健康，建议木霉菌剂与有机肥复合使用，每 667 m^2 施木霉菌剂 10 kg 与有机肥 25 kg 混合施用，或木霉菌剂可与有机肥 1∶9 比例混合。有机肥中各元素含量及比例如下：N 188.0～196.8 kg/hm^2，P_2O_5 69.3 ～75.5 kg/hm^2，K_2O 131.8～154.4 kg/hm^2，N∶P_2O_5∶K_2O＝1.00∶0.37∶0.74。木霉菌剂可与芽孢杆菌菌剂混用处理土壤，可减少土传病菌数量。

苗床土用木霉颗粒剂处理前后，不要马上施用任何化学杀菌剂，需间隔 10～15 d；如果苗床土先施用过土壤熏蒸剂或消毒剂，需间隔 10～15 d 后再施用木霉菌剂。

叶面喷施木霉可湿性粉剂后，不能立即施用化学杀菌剂，需要间隔 7～10 d；如果叶片发病已明显，建议先施用化学杀菌剂，间隔 7 d 后再施用木霉菌剂。

5. 防病、促生效果　木霉菌剂处理后，川红花出苗率达 70%以上，根腐病和枯萎病防效 50%以上，鲜重提高 20%以上。说明菌剂施用和配套管理措施综合效果良好。

七、槟　榔

1. 目的　防治槟榔叶斑病、炭疽病、细菌性鞘腐病、细菌性条斑病、黄化病等。提高槟榔苗的成活率、促进产量增加、提升果实品质，有效提高植株的抗病性。

2. 菌剂　木霉生物有机肥（每克有效活菌数≥2×10^7 个、有机质≥40%）、木霉菌粉（2×10^9 cfu/g）、叶部型木霉可湿性粉剂（2×10^8 cfu/g）、根部型木霉可湿性粉剂（1×10^9 cfu/g）、木霉-芽孢杆菌可湿性粉剂（1×10^8 cfu/g∶5×10^8 cfu/g）。

3. 处理方法

（1）种子处理。由于槟榔种子有后熟期，采收后应将槟榔种子摊晒 5～7 d 至果皮略干，使其完全成熟后再进行催芽。将晒好的槟榔种子装入编织袋中，放在阴凉处，每天早上或晚上浇水 1 次，连续 15～20 d，待果皮松软，用清水冲洗干净后接着催芽。

（2）催芽处理。选择荫蔽地，做宽 130 cm、高 10 cm 的苗床，床底铺 1 层河沙。将清洗好的槟榔果实果蒂向上，按 3 cm 行距排好，表面盖 5 cm 的土层，再盖上稻草等保湿物，每天浇水 1 次。25～30 d 后槟榔种子开始萌芽，此时剥开果蒂，发现白色生长点即可育苗。

（3）育苗处理。按照木霉菌粉与基质（表土∶火烧土∶土杂肥＝6∶2∶2）按照 1∶（400～500）的质量比例混合均匀，之后装入高 20 cm、宽 15 cm 的营养袋中（至 3/5 处），然后放进萌芽的槟榔种子，芽点向上，再用营养土将营养袋装满，后在营养袋顶端盖草，用水淋至全湿为止，待出苗后用木霉菌粉 300 倍液灌根 1～2 次。

（4）选苗。经过 1～2 年的培养，选有 5～6 片浓绿叶片、高 60～100 cm 的健壮苗定植。

（5）定植处理。种植前开挖种植穴，山地沿等高线环山行内边挖 80 cm×80 cm×45 cm 穴；平地开挖穴的规格是上口 60 cm、下口 50 cm、深 40 cm；低湿地开挖穴应在畦上，不宜太深，12 cm 即可。开挖穴时应注意把表土和心土分开堆放；回土时先回表土，剩余的土再用磷酸二氢钙或木霉生物有机肥混均匀后回入穴中。营养袋育苗移栽前应将营养袋除去，种苗后用木霉菌粉（2×10^9 cfu/g）300～400 倍液灌根 1 次，并盖根圈草。

（6）施肥处理。幼龄槟榔树为营养生长阶段，其生长主要是保障根、茎、叶的营养生长，需要氮素较多，施肥应以氮肥为主。一般每年施 3 次，每次每株施木霉生物有机肥 5~10 kg、磷肥 0.2~0.3 kg，施肥前先在槟榔树冠两边开深 30 cm 沟，然后深施，回土。随着植株的成长，年施肥总量逐年增长，每株施氮磷钾复合肥 0.5~0.6 kg，果实收获前 1 年应加大氯化钾的用量，每株每次施 0.2 kg。成龄槟榔树的营养生长和生殖生长同时进行，对钾素的需求较多，故成龄树应以增施钾肥、磷肥为主，施氮肥为辅，一般每年施 3 次。第 1 次为花前肥，在 2 月开花前施入，每株施木霉生物有机肥 10~12 kg、氯化钾 0.15 kg；第 2 次为青果肥，此期叶片生长旺盛，果实迅速膨大，需要较多氮素，每株施木霉生物有机肥 10~12 kg、尿素 0.2 kg、氯化钾 0.2 kg，或施氮磷钾复合肥 0.3 kg；第 3 次为冬肥，以施钾肥为主，在 11 月每株施木霉生物有机肥 10~12 kg、磷肥 0.5~1.0 kg、氯化钾 0.2 kg。

（7）病害防治。针对槟榔叶斑病、炭疽病、黄化病等，在嫩芽嫩叶时在根部用木霉菌粉或根部型可湿性粉剂 300~400 倍液灌根 2~3 次，采用叶部型木霉可湿性粉剂喷施 1~2 次。针对槟榔细菌性鞘腐病、槟榔细菌性条斑病，可喷施木霉-芽孢杆菌可湿性粉剂（1×10^8 cfu/g：5×10^8 cfu/g）500 倍液，2~3 次，间隔 5~7 d。

4. 田间配套措施与管理 开垦建园时彻底清除或毒杀林地中的感病树桩、树根，槟榔园周围的野生寄主也要清除；加强管理，消灭荒芜，增施肥料，增强槟榔对病害的抗性；定期检查病情，发现病株，及时处理；对死株或无救病株要连根挖除（孟秀利等，2021；王汀忠等，2007）。

5. 防病、促生效果 根部施入根部型木霉可湿性粉剂（1×10^9 cfu/g）和叶部喷施叶部型木霉可湿性粉剂 1~2 次后，对槟榔叶斑病、炭疽病、疫病、黄化病等有较好的预防作用。木霉制剂处理后 15~30 d，出苗率、株高、叶片浓绿程度、根系发达程度明显超过未处理的槟榔苗。

第二节 糖料作物

我国重要的糖料作物是甜菜和甘蔗。甜菜发生较为普遍或危害较严重的病害有甜菜褐斑病、甜菜根腐病、甜菜丛根病等。甘蔗发生较为普遍或危害较严重的病害有甘蔗凤梨病、甘蔗黄斑病、甘蔗红（赤）腐病、甘蔗黑腐病、甘蔗花叶病等。木霉菌剂对甜菜病害的防治应用较为普遍。

一、甜 菜

1. 目的 防治甜菜丛根病、根腐病、褐斑病、白粉病。促进甜菜生长、提高糖度。

2. 菌剂 木霉可湿性粉剂（2×10^8 cfu/g）、木霉颗粒剂（1×10^8 cfu/g）、木霉-芽孢杆菌复合种衣剂（1×10^8 cfu/g：5×10^8 cfu/g）、木霉代谢物水剂。

3. 处理方法

（1）整地处理。重施基肥，一般每 667 m² 施尿素 10 kg、磷酸氢二铵 10 kg、硫酸钾 10 kg、木霉颗粒剂 2 kg。基肥在翻地前均匀撒施，然后深翻地，再耙地使地面平整。可以在翻地的同时加施腐熟有机肥，每 667 m² 施腐熟有机肥 4~5 t。

（2）种子处理。先用清水堆闷，例如，取种子和水各 100 kg，将 100 kg 甜菜种子堆放在水泥地面上（已平铺塑料布或木板等防渗材料），均匀喷洒 50 kg 水，让种子吸收水分，然后将种子堆放起来闷种，在堆闷 8～10 h 的过程中，将堆闷的种子翻动两次（间隔 4～6 h）每次翻动时再喷洒约 20 kg 水，边洒水边翻动而后再堆起来闷种，让种子外壳吸水软化，然后按 1∶200 的拌种量，将木霉-芽孢杆菌复合种肥干粉包衣种子，晾干。

（3）水肥管理。结合滴水施肥苗期，先每 667 m² 喷施微量元素叶面肥四硼酸钠 5 g＋木霉代谢物水剂 125 mL，兑水 50 kg，2 d 后以滴灌方式每 667 m² 追施尿素 6 kg、磷酸二氢铵 2 kg、硫酸钾 2 kg、木霉可湿性粉剂 1 kg。叶丛生长期，先叶面喷微量元素叶面肥四硼酸钠 5 g＋木霉代谢物水剂 100 mL，兑水 50 kg，2 d 后以滴灌方式每 667 m² 追施磷酸二氢铵 2 kg、硫酸钾 2 kg；在块根增长期，每 667 m² 追施磷酸二氢铵 2 kg、硫酸钾 3 kg。在糖分积累期，每 667 m² 叶面喷施磷酸二氢钾 2 kg 和木霉代谢物水剂 400 倍稀释液。以上为北疆糖区施肥时间和用量，南疆地区则把施肥时间向前推 20 d，用量相同（刘长兵等，2021）。

（4）病害防治。甜菜立枯病一般在苗期发生，可通过整地时加入木霉颗粒剂或种肥拌种得到有效防控。针对白粉病，在发病初期可喷施木霉可湿性粉剂 400～500 倍液 1～2 次；或每 667 m² 先喷施 12.5％烯唑醇可湿性粉剂 10 mL，兑水 20 kg 叶面喷施 1 次，间隔 7～10 d，再喷施木霉可湿性粉剂 400～500 倍液 1 次。针对褐斑病，每 667 m² 喷施木霉可湿性粉剂 400～500 倍液 1～2 次，或先喷施 10％苯醚甲环唑可湿性粉剂 20 g，兑水 30 kg 喷施 1 次，间隔 10 d，每 667 m² 再喷施木霉可湿性粉剂 400～500 倍液 1 次。

4. 田间配套措施与管理　在新疆北疆地区，由于蒸发量相对较小，建议采用 1 膜 1 带铺管方式，但是对于低产田盐渍化较重的土地，建议选用 1 行 1 带铺管方式。在新疆南疆地区，田间气温高，昼夜温差小，蒸发量相对较大，建议采用 1 行 1 带铺管方式。全生育期滴水 9～10 次，每 667 m² 共滴水 390 t（北疆）或 450 t（南疆）。滴灌时将全溶性木霉可湿性粉剂稀释液滴入土壤，有助于降低土壤盐渍化。

5. 防病、促生效果　示范结果表明，通过木霉菌剂稀释液滴灌、颗粒剂处理土壤（每 667 m² 施用 1～2 kg），甜菜根腐病防效达 75％、褐斑病防效达 68％、番茄早疫病防效达 46％，甜菜白粉病和甜叶菊病毒病明显减轻。甜菜增产 19.7％～32.6％，糖度增加 2.75％～3.47％（糖锤度[①]）。

二、甘　蔗

1. 目的　防治甘蔗根腐病、凤梨病、黑穗病、赤腐病、黄斑病。促进甘蔗生长和糖度提高。

2. 菌剂　木霉可湿性粉剂（2×10⁸ cfu/g）、木霉颗粒剂（1×10⁸ cfu/g）、木霉水分散粒剂（1×10⁸ cfu/g）、木霉-芽孢杆菌可湿性粉剂（1×10⁸ cfu/g∶5×10⁸ cfu/g）、木霉代谢物水剂。

---

① 糖锤度是指甜菜汁液中所含的可溶性固形物的百分率。

3. 处理方法

(1) 整地处理。施足基肥，每 667 m² 用农家肥 1～2 t，混 100 kg 磷酸二氢钙、15 kg 尿素、15 kg 氯化钾、5～10 kg 木霉颗粒剂，堆沤 7～15 d 后施入植蔗沟。

(2) 浸种催芽。种植甘蔗时，要将长势良好的种苗放在清水或石灰水中浸泡，消灭表面的病菌，然后用木霉代谢物水剂 300～500 倍液浸种或木霉-芽孢杆菌可湿性粉剂 500～600 倍液浸种 10～15 min。

(3) 移栽定植。将甘蔗种苗以 1.2 m 的行距栽种在土壤中，浇灌 1 次透水，随水加入木霉可湿性粉剂，每 667 m² 施用 2～5 kg。

(4) 病害防治。整地过程中加入木霉颗粒剂或木霉可湿性粉剂，基本可以控制根腐病和凤梨病的发生。木霉-芽孢杆菌可湿性粉剂灌根或在凤梨病和赤腐病发生前期喷施木霉-芽孢杆菌可湿性粉剂 500～600 倍液。如果凤梨病已有明显发生，可先喷施 25% 咪鲜胺乳油＋70% 甲基硫菌灵可湿性粉剂 1 000 倍混合液，或 40% 多·硫悬浮剂 400 倍液进行喷洒，间隔 7 d 再喷 1～2 次木霉可湿性粉剂 500～600 倍液。

4. 田间管理和配套措施

(1) 土壤处理。甘蔗伸长期时，每 667 m² 土地施加 75 kg 石灰，调节土壤的酸碱度。

(2) 后期管理。每隔 2 个月为甘蔗除草 1 次，并将环境温度保持在 20～25 ℃。

(3) 伤口消毒处理。砍伐后的根块需要用木霉可湿性粉剂和减量 30% 的多菌灵联合消毒处理。

5. 防病、促生效果 木霉菌剂防治根腐病、凤梨病、黑穗病、赤腐病有明显效果，防效可达 60% 以上，并能促进甘蔗发芽，发芽率提高 6% 以上。

◆ **本章小结** ────────────────────────────

本章介绍了木霉菌剂在多种药用植物和糖料作物生产上的应用技术。对于药用植物，主要通过苗圃土壤处理或移栽后蘸根、浇灌处理中应用木霉菌剂防治根腐病，植株地上部预防性喷施木霉菌剂或木霉代谢物水剂防治各类叶斑病，提高药材品质。对于糖料作物，强调木霉菌剂在防治土传病害的同时，也对糖分积累有促进作用。

◆ **思考题** ────────────────────────────

1. 木霉菌剂防治药用植物土传病害有哪些技术特点和配套措施？

2. 木霉菌剂通过灌根防治甜菜土传病害的同时还有哪些优势？

3. 制定利用木霉颗粒剂、可湿性粉剂与代谢物水剂系统防治枸杞多重病害、修复土壤的方案。

4. 如何根据药用植物的栽培技术，制定木霉菌剂高效应用技术？

第十二章 木霉菌剂在花卉植物生产中的应用技术

我国花卉资源丰富，花卉种类繁多，全国花卉生产面积达 43 万 hm^2，花卉产业已成为我国重要的农业产业之一。然而受气候和设施条件及栽培技术的影响，病虫害一直是花卉安全生产的主要挑战，且多数花卉不论是种、苗、球茎或瓶苗，大多由国外进口，使得病虫害情况更加复杂。目前花卉病害有 2 589 种，分别寄生在 658 种花卉上；害虫种类约有 1 845 种，分别寄生在 312 种花卉上。其中有近 400 种病虫发生危害普遍且较严重。目前多数花卉企业在花卉病虫害防治方面仍主要采用化学防治，过度施用化学农药可带来食用花卉、种植环境和人居环境的不同程度污染。因此，对花卉病虫害进行生物防治，减少化肥和化学农药的使用量也具有重要意义。

第一节 土传病害

花卉土传病害是一类毁灭性病害，主要危害花卉的根部和茎基部，花卉生长前期一旦发生此类病害，幼苗的根或者茎基部会腐烂，幼苗会很快死亡，严重影响花卉的生长和发育；花卉生长后期发生此类病害，能导致植株大量死亡，严重影响经济效益。土传病害发生后，很难防治，病菌藏在土壤中越冬，翌年继续侵害植物，如此循环，病害越来越严重。花卉土传病害是世界范围内危害花卉最严重的一类病害，被侵染的花卉有成百上千种。因此，解决好花卉土传病害的防治问题显得越来越重要，对其安全生产具有重要意义。

盆栽花卉土传病原菌能产生大量的菌体，只要条件对病菌生长有利，而寄主又是感病的，病菌就能大量繁殖，侵染植株。如果寄主养分被消耗完，或者土壤温度、湿度等对病菌不利时，病菌又可以进入休眠期，等到条件适宜时，再度繁殖（王炳太，2017）。

木霉菌剂和芽孢杆菌已用于防治各种花卉土传病害，主要包括立枯病、猝倒病、茎基腐病、叶斑病、灰霉病等。例如，土传病害有菊花立枯病和猝倒病、唐菖蒲镰孢菌茎基腐病、郁金香茎腐病、鸢尾茎腐病、百合根腐病等。如果施用得当，不仅可防治花卉病害，对花卉品质提升和土壤环境修复也有很好的促进作用。

一、目 的

防治土传病害，如花卉真菌性的根腐病、枯萎病、黄萎病、疫病、立枯病，以及细菌性的青枯病、软腐病等病害。促进花卉根系生长，改进花色。

二、菌 剂

木霉可湿性粉剂（2×10^8 cfu/g）、木霉颗粒剂（1×10^8 cfu/g）、芽孢杆菌可湿性粉剂（1×10^9 cfu/g）、木霉-芽孢杆菌可湿性粉剂（1×10^8 cfu/g：5×10^8 cfu/g）。

三、处理方法

1. 苗圃处理 建立无病花卉种苗基地是防治花卉种苗土传病害的有效措施。①配制加入木霉可湿性粉剂或木霉-芽孢杆菌混剂的营养土。一般木霉菌剂或木霉-芽孢杆菌可湿性粉剂与营养基质混合的比例为1：500，或0.80～1.0 kg/m³。若用菌土处理苗床，可按1：10比例与营养基质混合均匀，然后撒在苗床表面，每千克菌土处理15 m² 苗床。②苗床铺制结构合理。在苗床铺制中要实行"膜上土下渗灌"的方式，即先在苗床底部铺好薄膜，然后铺设沙砾或小石子，上面再铺好含有木霉菌剂或木霉-芽孢杆菌混合菌剂的营养土。③调控好苗床土壤湿度、酸碱度，保证充足的光照和温度条件，促进生长。苗床土pH 4～8和土壤温度9～36 ℃的范围内均可保证木霉在植物根部生长。对连作发病严重的地块，每年施用4次以上，每次间隔15 d。

2. 增施有机肥 使用充分发酵腐熟且含有油渣、豆饼、木霉的有机肥处理苗床土。每吨有机肥与3～5 kg 木霉颗粒肥混合。

3. 种子处理与播种 可用木霉可湿性粉剂按1：（100～200）菌剂与种子重量比包衣种子，或用木霉代谢液200～500倍液浸种30～40 min；如果土传病害发生较重，可先用化学消毒剂表面消毒种子或浸种15～30 min，晾干后，在种子表面包衣木霉可湿性粉剂或木霉干粉拌种肥，菌剂与种子重量比为1：（100～200）。常用的表面消毒剂或化学杀菌剂有0.31%硫酸铜、0.5%高锰酸钾、50%甲醛或70%甲基硫菌灵可湿性粉剂。为了防止化学消毒剂或杀菌剂对生防菌的抑制作用，浸种的化学杀菌剂可减量使用，或在药剂处理后用20%淀粉悬浮液包衣隔离层，晾干后再与菌剂混拌种。用木霉菌剂500倍液+2%春雷霉素水剂400～750倍液配制成的复合制剂，浸种10～30 min，可抑制多种土传病菌，预防花卉根腐病、枯萎病、黄萎病、疫病、立枯病等土传真菌病害和青枯病、软腐病等土传细菌病害。

4. 移栽后处理 可在移栽后用木霉可湿性粉剂灌根，配制浓度为0.3～0.45 g/L的菌液灌根，每株100 mL左右。配套的植物源农药可稀释2 500～3 000倍，灌根。

5. 水肥管理 在水肥管理方面，木霉-芽孢杆菌混剂可与水肥混合灌入土壤，实现生物防控与水肥管理一体化。每667 m² 随水肥灌施木霉-芽孢杆菌混剂1～2 kg。

6. 与其他生物防治措施结合 需在土壤中补充各种生防菌及其他各种土壤有益菌，重塑土壤微生物群落。有多种混用组合：①木霉菌剂与淡紫拟青霉、厚垣轮枝镰孢等菌剂混合使用，兼治真菌和线虫病害。②木霉菌剂与枯草芽孢杆菌、坚强芽孢杆菌、解淀粉芽孢杆菌、地衣芽孢杆菌、侧芽孢杆菌、侧孢短芽孢杆菌、胶冻样芽孢杆菌、蜡样芽孢杆菌、球芽孢杆菌、巨大芽孢杆菌、多黏类芽孢杆菌、纳豆芽孢杆菌等菌剂混用兼治真菌和细菌病害。③木霉菌剂与激抗菌968、细黄链霉菌、酵素菌、海洋红酵母菌剂混用。④木霉菌剂与植物源农药混用，如与苦参碱、氨基寡糖素、甲壳素等混用，混剂中苦参碱所占比例应是木霉所占比例的一半。上述混用组合可拓宽防治对象范围，但混用比例应视不同花卉或病虫而异。混合菌剂可以 500～1 000 倍液灌根，每年施用 4 次以上，每次间隔15 d。

7. 与化学杀菌剂结合施用　50％多菌灵可湿性粉剂、25％嘧菌酯悬浮剂、72.2％霜霉威盐酸盐水剂、3％多抗霉素可湿性粉剂等一般不建议与木霉菌剂混合使用，如要混施，一是化学杀菌剂需减量 50％以上，减少化学杀菌剂对木霉的抑制作用；二是灌施杀菌剂后 15 d，再灌入木霉或芽孢杆菌菌剂或与减量的化学杀菌剂混施。相比较而言，木霉对 70％～96％噁霉灵可湿性粉剂 3 000 倍液有一定的耐受性，因此可联合或交替使用。

四、田间配套措施与管理

1. 改良土壤　调控盆栽花卉土壤 pH 是预防和控制盆栽花卉土传病害的有效措施之一。施用土壤调理剂，调酸碱、降盐分，以利于盆栽花卉生长，抑制病原菌繁殖。

2. 建立无病花卉种苗基地　盆栽花卉的种子、苗木和其他繁殖材料能传播多种病害，因此，培育壮苗，建立无病盆栽花卉种苗基地，是防控花卉种苗传播土传病害的有效措施之一。

3. 采用抗性砧木嫁接技术　选择砧木合适与否，是决定嫁接成活率高低与防治效果好坏的基础和前提。良好的砧木应具备 3 个条件：①与接穗有良好的亲和力和共生能力；②具有较强的抗（耐）病性，最好是对花卉枯萎病、黄萎病、根腐病、疫病、青枯病等土传病害达到高抗或免疫程度；③具有较强的抗逆性（耐寒、耐热、耐湿等）。

4. 科学水肥管理　科学施肥能改善土壤理化性状和盆栽花卉的营养条件，提高花卉的抗性和愈伤能力。适当增施磷、钾肥，提高花卉抗病性。增施土杂肥料以及油渣、豆饼等有机肥料时，必须经过高温处理（发酵），充分腐熟，严防肥料将病原菌带入土壤。要根据盆栽花卉的需水特点科学浇水，严防浇水过量造成沤根。土壤湿度大时，有利于病原菌繁殖和侵染。

5. 清除病残体　将感染根腐病的植株连根拔起，及时将烂根的部分剪掉。将之前用过的盆栽土壤清除干净，花盆清洗干净并消毒。将剪下来的健康枝条用新的盆土进行重新插秧。

五、防治、促生效果

木霉菌剂与其他措施相结合，土传病害能得到有效预防，预防效果达 95％～100％，持效期 70～120 d。施用木霉菌剂能使花卉根系更为发达，色泽更为鲜艳。

第二节　叶部病害

花卉叶部病害种类很多，例如白粉病、炭疽病、煤污病、灰霉病、黑斑病、赤斑病、叶斑病、病毒病等。由于人们认为花卉不用于食用，而以观赏为主，因此一些花卉生产基地 1 个生长季喷施化学农药可高达 10 余次，严重影响花卉观赏性和种植地环境安全，过度使用化学农药引起病原抗药性，间接影响周边农作物病虫害防治的有效性。不仅如此，近年来以花为食材的产品日益增多，如大量销售的各类鲜花饼，因此，花卉病害的防治已不仅仅是经济问题，还是食品和环境安全的问题。需要通过选用木霉或木霉-芽孢杆菌的生物农药或生物肥料，减少化学农药的使用次数或使用量，进而提高花卉病害绿色生产水平。

一、目 的

防治炭疽病、锈病、灰霉病、霜霉病、白粉病、煤污病、叶斑病和病毒病等。

二、菌 剂

木霉可湿性粉剂（2×10^8 cfu/g）、木霉颗粒剂（1×10^8 cfu/g）、芽孢杆菌可湿性粉剂（1×10^9 cfu/g）、木霉-芽孢杆菌可湿性粉剂（1×10^8 cfu/g：5×10^8 cfu/g）、木霉代谢物水剂。

三、处理方法

1. 细菌和真菌病害防治技术 田间叶部病害发病初期一般仅是个别植株发病，因此需要经常到田间观察症状，一旦发现个别花卉叶片有病斑出现，立即进行病原菌鉴定，制定防治方案。如果是在发病初期，可直接叶片喷施木霉可湿性粉剂 500 倍液，每隔 7~10 d 喷 1 次，共喷 2~3 次。如果病害扩散较快，可先喷化学杀菌剂，然后再喷 1~2 次木霉可湿性粉剂。如果是细菌性病害，可喷施芽孢杆菌可湿性粉剂 800 倍液，每间隔 7 d 喷 1 次，共喷 2~3 次，如果是细菌性病害和真菌性病害混合发生，可施用木霉-芽孢杆菌混剂，也可将两种菌剂现混现用。针对细菌和真菌叶斑病混发情况，木霉与芽孢杆菌孢子量混合比例可为 1：8 左右。嘧菌酯、啶菌噁唑、咯菌腈及氟啶胺在低浓度下可与木霉菌剂联用，其中啶菌噁唑对木霉活性抑制作用较小。啶酰菌胺杀菌剂（有效成分质量浓度为 5 μg/mL）与 $\geq 1 \times 10^5$ cfu/mL 的木霉孢子悬浮液联用、嘧菌酯杀菌剂（有效质量浓度为 2 μg/mL）与 1×10^8 cfu/mL 木霉可湿性粉剂联用对灰霉病防治有协同增效作用。

2. 病毒病防治技术 对于病毒病，可在木霉可湿性粉剂 500 倍液或木霉代谢物水剂 200 倍液中混入 6% 寡糖·链蛋白或 3% 氨基寡糖素喷施。

3. 病虫兼治技术 木霉可湿性粉剂 2 000 倍液喷雾可防治烟粉虱，用木霉可湿性粉剂拌种 1：100 可防治花卉地上部害虫。必要时，木霉可湿性粉剂或木霉代谢物水剂可与杀虫剂混用。

四、防治、促生效果

如果在叶部病害发生早期及时施用木霉菌剂或与其他防控措施相结合，病害防效可达 60% 以上，并可兼治花卉叶片表面或花器上的小型害虫。

◆ **本章小结** ────────────────────────────

本章介绍应用木霉菌剂防治花卉土传病害和叶部病害的常用技术。主要强调苗圃土壤处理及水肥管理中应用木霉菌剂防治根腐病、枯萎病、黄萎病、疫病、立枯病等真菌病害。对于叶部病害防治，强调木霉菌剂与化学农药协同或交替使用，注重解决花卉化学农药过度使用难题。

◆ **思考题**

1. 与在作物上应用相比，木霉菌剂防治花卉植物病害需要注意哪些技术环节？
2. 防治花卉植物病害中，如何协调化学农药与木霉菌剂应用的关系？
3. 请设计利用木霉菌剂与有机质复配专用育苗基质的方案。
4. 木霉菌剂用于花卉植物病害防治时，对花卉商品性产生不利影响的因素有哪些？

第十三章　木霉菌剂在土壤和水体修复中的应用技术

木霉是多功能性微生物，不仅具有促进作物生长的功能和防治作物病害的功能，同时还具有修复土壤的功能。修复土壤的功能主要表现在几个方面：①木霉具有吸附或固化重金属的亚细胞结构。木霉细胞壁外沉积物具有多孔结构，含有丰富的胞外多糖、蛋白和几丁质，而液泡具有富集和转化离子能力，可螯合或固化土壤中的超标重金属或盐离子。②木霉胞内具有吸附重金属的代谢系统。例如里氏木霉（*T. ressei*）腺嘌呤脱氨酶（*Tad1*基因编码）催化腺嘌呤代谢途径中的次黄嘌呤及黄嘌呤合成，而这两种物质可与胞内铜离子结合。③木霉胞内和胞外产生具有代谢化学农药的酶系。已证明木霉具有降解高效氯氰菊酯、吡虫啉、毒死蜱、敌敌畏、莠去津等农药的酶系（付文祥，2005）。木霉产生的对氧磷酶是降解毒死蜱和敌敌畏等有机磷农药的关键酶。④木霉具有植物残体的水解酶系。一些菌株可产生较高水平的纤维素酶或木质纤维素酶、淀粉酶、脱氢酶等，能够促进田间作物秸秆残体的降解。⑤木霉具有转化土壤营养的酶系和有机酸。木霉产生的植酸酶、磷酸酯酶等促进土壤中难溶的钾和磷元素的转化和利用；木霉产生有机酸可溶解土壤难利用的矿物质，促进释放微量元素；木霉也可产生螯合剂螯合土壤沉积物颗粒上的微量元素，如 Zn、Fe 供植物利用；木霉也可产生还原酶促进植物对氧化型矿物质（如 Fe^{3+}）的吸收。⑥木霉可提高植物耐受土壤和水体中胁迫因子的能力。因此，木霉在农化物质污染土壤、水体和工厂废弃物污染土壤的修复中有很好的应用前景。

第一节　木霉-植物联合对重金属污染的修复

污染土壤的重金属主要包括汞（Hg）、镉（Cd）、铅（Pb）、铬（Cr）和类金属砷（As）等生物毒性显著的元素，以及有一定毒性的锌（Zn）、铜（Cu）、镍（Ni）等元素。与有机污染物不同，重金属在土壤中不能被降解，同时会通过食物链在生物体内累积，甚至转化为更具毒性的化合物。大多数重金属在土壤中相对稳定，不易降解，对土壤理化性质及土壤生态可造成长期影响。长期处于重金属污染的土壤其微生物种群和多样性会明显减少，同时产生耐受性微生物。土壤重金属污染影响了土壤微生物及酶系的活性，从而影响到植物对营养元素的吸收利用。此外，植物摄入过量的重金属后，品质会下降，导致蔬菜易腐烂等。当植物体内重金属浓度超过正常的生理浓度时，会导致叶绿体、线粒体等细胞器受损，并导致植物细胞膜通透性改变，引起细胞内容物外泄，从而导致植物死亡。土壤重金属在植物累积后，通过食物链最终进入人和动物体内从而影响动物及人类健康。过量的砷、汞及铅通过食物链进入人体后，可引起神经系统病变。

目前，土壤重金属污染的治理主要从两方面着手：①活化作用。增加重金属的溶解性和迁移性，去除重金属。②钝化作用。改变重金属在土壤中的存在形式，降低重金属的迁移性及生物有效性。治理方法主要包括工程修复、物理修复、化学修复与生物修复。本节重点介绍利用木霉菌剂对重金属污染的生物修复技术。由于木霉可促进超富集植物吸附重金属，因此木霉与超富集植物联合处理土壤，一般可产生协同增效的修复作用（Fiorentino et al.，2010）。

一、木霉-油菜联合修复土壤重金属污染技术

1. 目的　如果需要去除或减少土壤重金属的积累，则通过木霉菌剂促进超富集植物吸附重金属，然后再移除并清洁化处理富集了重金属的超富集植物，从而实现修复土壤的目的。

2. 菌剂与修复植物　木霉修复功能颗粒剂（2×10^8 cfu/g）、油菜品种（沪油 20 等）。

3. 处理方法

（1）整地。机械开沟，沟深 20～25 cm，按常规施足基肥和有机肥，土壤与有机肥（3：1）充分混匀备用。

（2）播种。播种用量 4.5～5.25 kg/hm²，可根据播种时间早晚，适当增减，早播稀，迟播密。尽量采用油菜精量直播机。一次性完成开畦沟、旋耕、精量播种、施肥、覆盖等多种作业。肥料需要提前与木霉修复功能颗粒剂混合，每 667 m² 施用 10～20 kg，其用量根据重金属污染的程度确定。

（3）施肥。尿素 30～35 kg、磷酸二氢钙 30～40 kg、氯化钾 5～10 kg、硼肥 1 kg，一次性施用。

（4）收获油菜苗与持续修复。油菜出苗后 1 个月可以收获已吸附重金属的油菜苗、在田外集中处理；如果土壤重金属污染严重，可反复种植 1～2 茬。

（5）油菜苗粉碎后清洁化处理。在田旁挖 2 m×2 m 大池，底层铺设塑料薄膜和活性炭袋，将粉碎的油菜苗放入大池子中用 500 kg 具有吸除重金属功能的木霉发酵液（pH3～4，如有必要可用工业柠檬酸调整酸度）浸泡 1～2 d，搅动数次，将浸过木霉液的油菜苗残体转入另一清水池中浸洗 2～3 遍，每次 1～2 h，其间每天搅拌 5～7 次；洁净的油菜苗残体取出、堆制成有机肥，还田。用过的木霉发酵液或清洗液，用活性炭袋过滤后，可用灌溉水稀释到安全水平，灌田。如果洗脱液中重金属不超标可直接用于灌田。吸附重金属的活性炭一并作为工业废弃物处理。

4. 土壤修复效果　在木霉修复剂作用下油菜对重金属镉等的吸收和净化率明显增加，生物量增加与对镉吸收效率或净化率之间存在一定的相关性。例如，当土壤镉含量为 50 mg/kg 时，油菜生物量为 100%，镉的净化率为 45.8%；如果油菜生物量增加至 115.36%，镉的净化率同步增加到 65.6%。木霉除本身吸附重金属之外，通过促生作用提高了油菜对重金属的吸收效率（高永东等，2008）。将木霉与其他超富集修复植物（石

竹、苜蓿、苋菜、紫茉莉等）联合修复可产生类似的结果。例如，木霉-苋菜种植处理土壤，重金属总体下降 37.9%，铅、铬、铜、锌、镍分别下降 41.8%、26.1%、24.2%、50.1%、27.6%。用此方法上海科用有机化工厂土壤中的邻苯二甲酸（2-乙基）己基酯及苯胺大幅下降。木霉-紫茉莉种植处理土壤，重金属总体下降 41.5%，铅、铬、铜、锌、镍分别下降 34.1%、33.0%、77.7%、42.5%、11.5%。

二、木霉-苜蓿联合修复土壤重金属污染技术

1. 目的 通过木霉提高苜蓿吸附土壤重金属作用，同时发挥苜蓿根系固氮作用，实现修复与养地相结合。

2. 菌剂与修复植物 木霉修复功能粉剂（2×10^8 cfu/g）、木霉修复功能颗粒剂（1×10^8 cfu/g）、紫花苜蓿。

3. 处理方法

（1）修复性整地。深翻或播种前浅耕，每 667 m^2 施有机肥 1～2 t，磷酸二氢钙 20～30 kg＋木霉土壤修复剂 10 kg，混合后撒施在土壤表面，旋耕 1 遍。

（2）播种。播种前要晒种 2～3 d，春播为佳。播种方式为撒播或条播。播种量为每 667 m^2 地 1.5 kg。在从未种过苜蓿的土壤上播种时，建议人工接种苜蓿根瘤菌，每千克种子用 5 g 菌剂，制成固氮菌液洒在种子上，充分搅拌，随拌随播。如果无固氮菌剂，则可将栽种过苜蓿的土壤与种子混合，比例最少为 1：1。播种深度视土壤墒情和质地而定，土干宜深，土湿则浅，轻壤土宜深，重黏土则浅，一般 1～2.5 cm。可选择油菜-苜蓿间作模式，在间作模式下苜蓿吸附土壤中重金属效果更理想。

（3）田间管理。出苗前，如遇雨土壤板结，要及时清除板结层，以利于出苗。每次刈割后要进行追肥，每 667 m^2 需磷酸二氢钙 10～20 kg 或磷酸氢二铵 4～6 kg，木霉修复功能粉剂灌施，每 667 m^2 施用 1 kg。

（4）苜蓿秸秆洗脱重金属清洁化。将苜蓿根、茎组织用铡刀切成 3 cm 左右的长度，在田旁挖 2 m×2 m 大池，底层铺设塑料薄膜和活性炭袋，灌入 500 kg 木霉发酵液（pH3～4，如有必要可用工业柠檬酸调整酸度）浸泡苜蓿根、茎组织，搅动数次。浸泡 2～3 d 后取出，将浸过木霉液的苜蓿根、茎组织转入另一清水池中浸洗 2～3 遍，每次 1～2 h，其间搅拌 5～7 次；洁净的苜蓿残体取出，堆制成有机肥（25 ℃下堆制 10 d），还田。为了进一步降解秸秆，清洁后的苜蓿秸秆段与木霉修复功能颗粒剂按 100：1（w/w）混合，在地表堆制 10 cm 秸秆层，覆膜（具通气孔），25～27 ℃下发酵 20～30 d，制备成秸秆菌肥。用过的木霉发酵液或清洗液，用活性炭袋过滤后，可用灌溉水稀释到安全水平，灌田。如果洗脱液中重金属不超标可直接用于灌田。吸附重金属的活性炭一并作为工业废弃物处理。

4. 土壤修复效果 木霉液泡可大量富集和固化重金属，同时刺激苜蓿体内重金属吸附，植株体内吸附效率达 51%～59%，土壤中重金属含量降低 58%～60%。同时实现修复植物材料清洁化与菌肥化再利用。利用该技术可明显提高苜蓿吸附重金属的效率。每 100 m^2 苜蓿根部所能辐射到的土壤体积为 1.04 m^3，每 100 m^2 苜蓿根部所能辐射到的土壤重量为 1.46 t，经测算每 667 m^2 可吸附重金属 1 076.7 g。每 667 m^2 分别减少汞、砷、铅、

铬、锌、镍、铜各 0.402 96 g、7.577 4 g、236.082 g、17.52 g、775.698 g、30.66 g、8.76 g。

第二节　木霉对土壤和水体中化学农药残留的降解

随着现代农业的发展，化学农药大量使用，导致其在环境中的积累加剧，对生态环境和人体健康构成了严重威胁，因此迫切需要找到有效降解环境中化学农药残留的方法。微生物降解农药的途径主要有酶促作用和非酶促作用。非酶促作用主要是微生物的活动改变了化学和物理的环境，如 pH 的改变导致农药的降解，或产生某些化学辅助物质和因子而参与农药的转化。酶促作用是指通过微生物产生的酶来降解农药，如微生物能分泌一种水解磷酸酯键的酶——有机磷降解酶（organophosphorus acid hydrolase）。可降解有机磷农药的酶有多种，包括加氧酶、脱氢酶、偶氮还原酶及过氧化物酶等。

Pelcastre 等（2013）从菜豆根际土壤中分离获得 1 株木霉，能耐受浓度为 10 000 mg/L 的莠去津。试验表明，菌株在莠去津污染土壤中能呈指数增长，在 15 d 内数量达到 $1\times10^5\sim1\times10^6$ cfu/g。在莠去津降解试验中，在莠去津剂量为 500 mg/kg 的灭菌和非灭菌土壤中，施用木霉菌剂（$1\times10^4\sim1\times10^5$ cfu/mL），在第 5 天、第 10 天、第 20 天、第 40 天，检测土壤中莠去津的含量，结果表明在 40 d 内，89％的莠去津被木霉降解。绿色木霉（*T. viride*）可降解草甘膦（Arfarita et al.，2013）和丙氨酸类农药（Kaufman et al.，1970）。刘新等（2002）从连续施用毒死蜱的土壤中分离了两株可降解毒死蜱的木霉菌株，对毒死蜱的降解率分别为 88.53％和 100％。贾丙志（2010）研究了 1 株脐孢木霉（*T. brevicompactum*）对高效氯氰菊酯、毒死蜱和吡虫啉的降解情况。上海交通大学孙佳楠、陈捷（2016）发现深绿木霉（*T. atroviride*）对氧磷酶（paraoxonase）具有降解多种有机磷酸酯类化合物的功能。木霉的细胞色素 P-450s 除了能催化有机磷类杀虫剂的氧化反应外，还可以催化一些此类杀虫剂的还原解毒反应。本节重点介绍木霉制剂在降解有机磷农药中的应用技术。

一、木霉对土壤中化学农药残留的降解作用

1. 目的　化学农药处理土壤经常会残留，因此需要通过木霉修复剂发生各种水解作用或氧化作用降解土壤中的农化物质，尤其是降解敌敌畏、毒死蜱、多菌灵、高效氯氰菊酯和莠去津等农药。

2. 菌剂　木霉降解农药功能菌粉剂（2×10^8 cfu/g）、木霉降解农药功能颗粒剂（2×10^8 cfu/g）、木霉 ATMT-28 降解农药突变株制剂（2×10^8 cfu/g）。

3. 处理方法

（1）修复性整地。土壤基施肥料与一般田块整地相同。整地后，每 667 m² 用木霉降解农药功能粉剂、颗粒剂（2×10^8 cfu/g）2 kg，兑水 100 kg，机械喷施或撒施到耕地表面，旋耕，覆地膜。

（2）种子处理。农药与木霉功能菌粉剂复配包衣农作物种子，菌剂与种子比为1∶100。

（3）移栽后处理。移栽后的田块滴施木霉降解农药功能菌粉剂（每 667 m² 施用

1 kg)，兑水 60～100 kg，或按水肥一体化的方式，与肥水混施。

4. 土壤修复效果　木霉菌剂处理后，对有机磷杀虫剂、高效氯氰菊酯、多菌灵和莠去津等残留可降解 70%～96%，土壤微生态结构得到改善（Sun et al.，2010）。

二、木霉对水体中化学农药残留的降解作用

1. 目的　通过木霉固相化技术，提高木霉在养殖水池和水域中的抗逆性，使木霉可在水体环境下降解农药残留，保护农田水系和水产养殖的安全。

2. 菌剂　海藻酸钙固相化木霉修复功能菌剂（2×10^8 cfu/g），通过曝气推流式固定化装置施用。

3. 处理方法

（1）水体或养鱼池农化物质检测，主要检测莠去津、2,4-二氯酚和毒死蜱及敌敌畏含量。

（2）选择水温在 28～30 ℃的养鱼池内安装曝气推流式固定化微生物农药净化装置。养殖池水 pH 呈中性或弱酸性时适宜处理。

（3）按净化每吨农药污染池水需要 4 kg 固相化木霉菌剂的比例，向净化装置不锈钢柱中加入固相化木霉菌剂，自动搅拌 50～100 r/min。

（4）每隔 7 d 为 1 个修复期，每修复期更换 1 次木霉颗粒剂填料。3～5 个修复期，取样检测水体或养鱼池中农药残留，如果未达到安全标准可继续修复。

（5）增加空压机的功率、输气量和载体木霉颗粒使用量，提高修复效果。

4. 水体修复效果　水体或养殖池中的敌敌畏约 1 周后可基本降解、去除。2,4-二氯酚约 1 周可降解 50%。

水体或养殖池水如要达到地表水的标准，去除超标的化学需氧量（COD）、氨氮（NH_3-N）、总磷（TP）的效率达到 47%～80%，需要 4～5 个月时间。

第三节　木霉及其复合菌剂对土壤连作障碍和盐渍化的修复

由于化肥的普遍应用，土壤次生盐渍化日趋严重，已经成为制约农业可持续发展的主要问题之一。次生盐渍化因子主要包括 4 种金属阳离子（Na^+、K^+、Mg^{2+}、Ca^{2+}）和 4 种阴离子（SO_4^{2-}、Cl^-、NO_3^-、HCO_3^-），其中设施农业土壤中主要的次生盐渍化离子是除碳酸氢根之外的其余 7 种次生盐渍化因子。大棚土壤的次生盐渍化对土壤细菌和真菌的丰度有明显影响，表现出土壤微生物种群，尤其是细菌种群丰度指数明显下降，土壤细菌菌群网络模块中心（module hubs）数量、微生物菌群网络结构的稳定性和网络中心拟杆菌门（Bacteroidetes）菌群均受到明显的抑制，而土传病原菌明显积累、病害加重。木霉是温室和大棚中常用的土壤修复剂，木霉主要通过其细胞壁和液泡吸附盐离子；同时木霉还可与其他微生物（如芽孢杆菌等）和修复性植物协同修复盐渍化土壤（唐家全等，2021）。

一、木霉菌剂对连作障碍和盐渍化土壤的修复

1. 目的　木霉菌剂处理土壤，改善土壤物理结构，增加微生物多样性，从而减少连

作障碍和土壤盐渍化，提高土壤的健康水平。

2. 菌剂 木霉修复功能粉剂（$2×10^8$ cfu/g）、木霉修复功能颗粒剂（$1×10^8$ cfu/g）、5％生物炭＋0.5％木霉菌剂。

3. 处理方法

（1）整地修复。在盐渍化的大棚土壤整地前，按每 667 m^2 施用 5～10 kg 木霉修复功能颗粒剂或粉剂、5％生物炭＋0.5％木霉混剂与有机肥混合均匀后，施入土壤，翻耙均匀，地表洒水。

（2）高温闷棚后修复。连作障碍的大棚土壤积累盐分和病原菌较多，其中病原菌可在 70℃以上的土壤温度中杀死。但盐分可随蒸腾作用上升到土表，因此高温闷棚后，耕层土壤恢复到常温时加入木霉修复功能菌剂，木霉修复功能粉剂与细土 1∶50 混合，撒施到土壤表面，耙均匀。

（3）移栽后滴灌修复。移栽后 1 周将 1 kg 木霉修复功能粉剂溶于 60～100 kg 水中，通过水肥一体化方式滴入土壤。每间隔 10 d 滴灌 1 次，连续 2 次。

4. 土壤修复效果 木霉修复功能粉剂处理的土壤经检测表明，氮、磷、钾和有机质含量明显增加，其中有效磷、总磷分别增加 80.00％和 35.20％，速效氮和总氮分别增加 15.15％和 36.58％，有机质增加 18.50％，速效钾增加 3.70％。土壤水溶性盐分下降 40.24％，电导率下降 34.64％，表明土壤营养状况得到明显改善，盐渍化得到有效控制。木霉修复功能菌剂改良过的土壤蔬菜出苗率高达 90％，而未改良土壤仅为 20％，表明土壤生物修复有利于作物的生长。5％生物炭＋0.5％木霉混剂提高了土壤速效氮、磷、钾和有机质含量、阳离子交换量（CEC）和土壤多酚氧化酶、脲酶、过氧化氢酶、蔗糖酶活性；单施生物炭降低了土壤真菌数量，提高了细菌和放线菌数量。

二、复合菌剂对连作障碍和盐渍化土壤的修复

1. 目的 尽管木霉具有去除土壤盐渍化的作用，但在菌株抗逆性方面，木霉抗逆性较弱，芽孢杆菌抗逆性较强。因此将两类微生物配制复合土壤修复剂可提高其去除盐渍化的效果。此外，微生物在土壤修复中除需要有去盐的作用外，还要有较好的防治土传病害、促进作物生长的功能。防治土传病害和促进作物生长也可间接提高植物耐受盐渍化的能力。因此，将木霉与枯草芽孢杆菌、贝莱斯芽孢杆菌制备成复合制剂一方面可以增强菌剂在土壤中的适应性，另一方面可发挥 3 种菌的不同特点，如枯草芽孢杆菌在防治病害方面作用明显，而贝莱斯芽孢杆菌提高土壤氮素方面作用明显。

2. 菌剂 三元修复菌剂（木霉 $1×10^8$ cfu/g、枯草芽孢杆菌 $5×10^8$ cfu/g、贝莱斯芽孢杆菌 $1×10^9$ cfu/g）。

3. 处理方法

（1）种子和育苗土处理。将蔬菜种子在三元修复菌剂中浸种 24 h，晾干，播种到混合有三元修复菌剂的常规园艺栽培基质穴盘中（每穴 5～10 g）。每穴播种 3 粒种子，4 d 后调查蔬菜作物出芽率、芽长、根长、鲜重等指标。

（2）整地处理。按每 667 m^2 用三元修复菌剂 1 kg，与有机肥混合施入大棚土壤，耙匀或直接撒施到土壤表面，浇水。

（3）移栽后处理。蔬菜苗定植后 2~3 d，按每 667 m² 施 300~450 g 的用量，随水肥滴入根际土壤，每隔 10 d 滴灌 1 次，2~3 次。

4. 土壤修复效果　在上海崇明区、奉贤区、闵行区、金山区、嘉定区、浦东新区、青浦区示范三元修复菌剂（木霉＋枯草芽孢杆菌＋贝莱斯芽孢杆菌）修复盐渍化土壤。结果表明：与单一木霉菌剂相比，三元修复菌剂修复效果最明显，处理 10 d 后比空白对照土壤电导率平均降低 85.4%，处理 20 d 也有类似规律，但效果更加明显。大多数基点修复菌剂处理土壤 10 d 后的 SO_4^{2-}、Cl^-、NH_4^+、NO_3^-、Mg^{2+}、Ca^{2+}、Na^+、K^+ 浓度明显下降。土壤修复 10 d 后，鲜食玉米枯死率下降 10.8%，玉米螟发生率降低 21.1%，茄子虫害发生率降低 37.18%；土壤修复 10 d 后，土壤团粒结构得到明显改善，玉米大棚土壤容重降低 8.1%，茄子大棚土壤容重降低 6.3%，植株根系发达，茎秆粗壮，叶片浓绿，茄子结果率比对照提高 30.8%。

◆ **本章小结** ────────────────────────────────────

　　本章介绍了木霉菌剂修复土壤和水体的基本原理和常用技术。突出介绍了木霉菌剂修复设施大棚连作障碍盐渍化土壤和木霉菌剂-超富集植物联合修复重金属污染土壤技术。木霉菌剂与富集植物联合修复土壤具有明显协同增效的修复效应。木霉菌剂处理土壤可明显降解土壤中有机磷等农药残留。

◆ **思考题** ───────────────────────────────────────

　　1. 简述木霉菌剂修复盐渍化土壤的主要原理。

　　2. 简述木霉-超富集植物协同修复超标重金属污染土壤的作用原理。

　　3. 如何协调木霉菌剂修复土壤与防治植物病害中的关系？

　　4. 设计一个木霉菌剂治理农田河水或养殖水农化物质残留污染的应用技术方案。

　　5. 如果木霉菌剂能增加超富集植物对重金属的吸附，木霉菌剂是否也能促进作物对重金属的吸附，进而增加了作物重金属超标的风险？如何解决这一难题？

　　6. 设计一个在设施大棚利用木霉菌剂修复盐渍化土壤的技术方案。

参考文献

安芹，2020. 大棚番茄高产栽培技术要点 [J]. 南方农业，14 (12)：8-9.

柏自琴，李兴忠，赵晓珍，等，2020. 贵州火龙果溃疡病发生情况及发病因素调查 [J]. 中国南方果树，49 (6)：40-44.

卞康亚，梁文斌，王凤良，等，2020. 江苏沿海地区大蒜锈病的发病原因及绿色防控技术 [J]. 上海蔬菜 (5)：55-57，59.

宾波，李宗兰，2021. 南方露地莴苣高产优化栽培技术 [J]. 农业与技术，41 (7)：92-94.

曹广禄，2021. 大豆胞囊线虫病的发病规律及常见的防治方法 [J]. 新农业 (8)：50-51.

柴虹，吕春花，王智刚，等，2019. 含有 γ-聚谷氨酸的高效微生物肥料的应用研究 [J]. 农业与技术，39 (3)：8-10，59.

陈传荣，2017. 芹菜栽培及主要病害防治技术 [J]. 园艺与种苗 (11)：6-8.

陈大宁，2017. 柚子优质丰产栽培技术 [J]. 农业与技术，37 (13)：70-71.

陈迪，侯巨梅，邢梦玉，等，2020.7 株木霉菌对火龙果 3 种病原菌的拮抗作用 [J]. 热带作物学报，41 (12)：2501-2506.

陈湖，2018. 农药减施前提下的桃病虫害防治方案 [J]. 河北果树 (6)：57.

陈会鲜，曹升，严华兵，等，2019. 增施生物有机肥对食用木薯产量及品质的影响 [J]. 热带作物学报，40 (3)：417-424.

陈建爱，2006. 广谱高效生物农药木霉菌的诱变及其拮抗和生防作用的研究 [D]. 济南：山东大学.

陈建爱，陈为京，刘凤吉，2018. 黄绿木霉 T1010 对花生根腐病生防效果研究 [J]. 生态环境学报，27 (8)：1446-1452.

陈井生，宫远福，李海燕，等，2018. 生防制剂禾力素不同处理方式对大豆胞囊线虫病及根腐病防效的影响 [J]. 大豆科学，37 (4)：643-646.

陈菊，2021. 山药栽培中常见病害及防治技术 [J]. 新农业 (7)：22.

陈凯，李纪顺，李玲，等，2017. 利用原生质体融合技术选育高效拮抗番茄猝倒病的木霉工程菌株 [J]. 中国生物防治学报，33 (1)：9.

陈凯，隋丽娜，赵忠娟，等，2022. 木霉共培养发酵对黄瓜枯萎病的防治效果 [J]. 中国生物防治学报，38 (1)：108-114.

陈磊，杨正军，刘缘圆，等，2020. 橘绿木霉 GF-11 水分散粒剂的研制 [J]. 农药，59 (12)：873-879.

陈立杰，王媛媛，朱晓峰，等，2011. 大豆胞囊线虫病生物防治研究进展 [J]. 沈阳农业大学学报，42 (4)：393-398.

陈玲，2019. 大蒜叶枯病田间药剂防治效果试验 [J]. 农业科技与信息 (13)：31-33.

陈明月，刘娜，2021. 薄皮甜瓜栽培管理技术 [J]. 现代农村科技 (8)：25.

陈晓媛，2018. 里氏木霉发酵制备油茶粕可溶性膳食纤维 [D]. 杭州：浙江工商大学.

陈徐飞，胡海瑶，卯明成，等，2022. 山东省葡萄炭疽病的发生情况与防治方法 [J]. 果树资源学报，3

（1）：21-23.

成兰芬，2021. 优质柑橘栽培管理技术要点［J］. 新农业（15）：30.

程正甫，陈吉中，汪志丹，等，2020. 0.2%苯丙烯菌酮微乳剂防治水稻稻瘟病和纹枯病药效试验［J］. 湖北植保（1）：20-22.

褚福红，于新，2011. 绿色木霉代谢物抑菌活性及其稳定性的研究［J］. 食品工业（5）：1-3.

崔西芩，李世贵，杨佳，等，2014. 耐盐碱抗烟草黑胫病木霉菌株的筛选与鉴定［J］. 中国农业科技导报，16（3）：81-89.

戴蓬博，张荣，孙广宇，2021. 中国苹果病害病原菌物名录［J］. 菌物学报，40（4）：936-964.

刁倩，王斌，曹辉，等，2020. γ-聚谷氨酸对水稻、玉米、大豆生长及产量的影响［J］. 南方农业：遗传育种（28）：48-52.

丁静，马军光，谭璀榕，等，2021. 北方春季大棚马铃薯高产栽培技术［J］. 新农业（13）：40.

董金根，王安，杨金祥，等，2013. 碧生20%噻唑锌悬浮剂防治大蒜细菌性软腐病试验初探［J］. 上海农业科技（3）：123-124.

窦耀华，2021. 马铃薯高产栽培与病虫害防治技术要点［J］. 现代畜牧科技（8）：65-66，68.

杜婵娟，杨迪，潘连富，等，2020. 香蕉枯萎病生防菌肥的优化及其防病促生效果研究［J］. 中国生物防治学报，36（3）：396-404.

段丽峰，刘国辉，魏凌恺，等，2013. 哈茨木霉菌3亿cfu/g可湿性粉剂对番茄立枯病和猝倒病防治效果［J］. 农药科学与管理，34（9）：60-62.

范国成，林雄杰，王贤达，等，2016. 田间自然热罩治疗柑橘黄龙病的效果分析［J］. 果树学报，33（9）：1139-1147.

方明春，2021. 几种药剂防治水稻纹枯病药效对比试验［J］. 农业开发与装备（9）：144-145.

方中达，1998. 植病研究方法［M］. 3版. 北京：中国农业出版社.

冯玉龙，阳丽，王银定，等，1999. 草莓病害生物防治初探［J］. 河北农业大学学报（3）：59-61.

付文祥，2005. 有机磷农药降解菌木霉FM10的生长条件研究［J］. 生物磁学，5（3）：29-31.

付文祥，郭立正，2006. 敌敌畏降解真菌的分离及其特性研究［J］. 环境科学与技术，29（4）：32-40.

高雪冬，顾鑫，杨晓贺，等，2021. 大豆灰斑病的发生及防治［J］. 现代农业科技（10）：102-104.

高扬，2020. 无公害山药栽培技术［J］. 河南农业（19）：56.

高永东，2008. 木霉菌-油菜联合吸附重金属技术构建与作用机理初步研究［D］. 上海：上海交通大学.

高增贵，赵世波，庄敬华，等，2008. 常用土壤杀菌剂和肥料对绿色木霉菌T23的影响［J］. 植物保护学报，35（1）：74-80.

古勤生，2001. 芦科主要作物病毒的鉴定和小西葫芦黄花叶病毒的变异性［D］. 北京：中国农业大学.

顾光伟，2021. 春季大棚韭菜高产栽培技术［J］. 上海蔬菜（2）：36-37.

顾金刚，律雪燕，胡丹丹，等，2008. 长柄木霉ACCC30150与哈茨木霉ACCC30371产厚垣孢子的液体培养条件［J］. 中国生物防治，24（3）：253-256.

归连发，王新其，曹黎明，等，2020. 上海水稻病虫害绿色防控技术研究与应用［J］. 作物研究，34（3）：262-268.

郭旭俊，2021. 柑橘栽培管理技术［J］. 世界热带农业信息（5）：1-2.

韩俊，2021. 宁夏地区枸杞丰产栽培技术［J］. 安徽农学通报，27（12）：21-22.

郝珍珍，2019. 里氏木霉中CRISPR-Cas9基因组编辑及木糖调控基因表达方法的建立［D］. 北京：中国农业科学院.

何英，2020. 木霉菌产孢突变体的筛选及其差异表达基因分析［D］. 长沙：湖南大学.

胡晓林，2021. 茄子高产栽培实用技术［J］. 现代农村科技（6）：36.

胡颖雄，刘玉博，王慧，等，2021. 玉米穗腐病抗性遗传与育种研究进展 [J]. 玉米科学，29（2）：171-178.

扈进冬，杨在东，吴远征，等，2021. 哈茨木霉拌种对冬小麦生长、土传病害及根际真菌群落的影响 [J]. 植物保护，47（5）：35-40.

黄飞，王明，2021. 浅析火龙果主要病虫害及其防治措施 [J]. 中国热带农业（5）：29-35.

黄欢迎，2021. 温室大棚草莓栽培技术 [J]. 现代农业科技（12）：84-85.

黄思源，尤毅，王泽煌，等，2021. 优质新会柑树栽培技术 [J]. 现代农业研究，27（6）：105-106.

季美玉，2021. 温室大棚辣椒栽培管理技术 [J]. 农业开发与装备（7）：193-194.

贾丙志，2010. 多功能木霉对纤维素和农药的降解特性研究 [D]. 济南：山东师范大学.

姜鹤，路雨翔，崇晓月，等，2021. 三唑类杀菌剂对苹果锈病的防效及作物安全性评价 [J]. 北方园艺（5）：21-27.

姜辉，陈景芬，王晓军，2004. 农药田间药效试验准则（三）[M]. 北京：中国标准出版社.

蒋建清，2021. 柑橘栽培管理与病虫害防治技术探讨 [J]. 广东蚕业，55（5）：89-90.

景芳，2016. 生防菌长枝木霉 T6 发酵条件优化、剂型研制及促生防病作用研究 [D]. 兰州：甘肃农业大学.

靖德兵，李培军，郭伟，等，2004. 康氏木霉产酶发酵固体培养基优化研究 [J]. 兰州大学学报（3）：66-71.

康萍芝，田生虎，吴晓燕，等，2020. 棉隆土壤熏蒸对设施黄瓜枯萎病的田间防效评价 [J]. 宁夏农林科技，61（9）：16-19.

匡石滋，李春雨，田世尧，等，2013. 高效纤维素分解菌在香蕉茎秆堆肥中的应用研究 [J]. 中国农学通报，29（25）：194-198.

郎君，陈海栋，2021. 阳光玫瑰葡萄优质栽培管理技术 [J]. 特种经济动植物，24（8）：62-63.

李宝燕，王培松，王英姿，2014. 葡萄霜霉病的生物药剂防治 [J]. 农药，53（11）：853-855，858.

李春平，马梅，陶建伟，2019. 柚子优质高产栽培技术 [J]. 农业与技术，39（18）：80-81.

李华平，李云锋，聂燕芳，2019. 香蕉枯萎病的发生及防控研究现状 [J]. 华南农业大学学报，40（5）：128-136.

李萌，2021. 浅谈梨树高产优质栽培管理 [J]. 特种经济动植物，24（8）：67-68.

李蓬勃，2020. 桃树病害发生规律及防治技术研究 [J]. 农村实用技术（4）：90.

李少旋，王芝云，韩明三，等，2021. 海洋生物功能肥对苹果果实病害的影响 [J]. 落叶果树，53（1）：20-22.

李婷婷，2020. 木霉菌-芽孢杆菌共培养技术及共培养物防治小麦赤霉病效果分析 [D]. 上海：上海交通大学.

李秀明，李卿，韦灵林，等，2013. 哈茨木霉 T4 厚垣孢子水分散粒剂的研制 [J]. 农药，52（1）：24-27.

李燕，周倩，高华，等，2012. 苹果主栽品种的褐斑病和斑点病抗性评价 [J]. 西北林学院学报，27（1）：132-136.

李育军，植石灿，何潮安，等，2021. 广东蚕豆绿色种植技术指南 [J]. 长江蔬菜（4）：40-42.

李月秋，赵学亮，2021. 马铃薯地膜覆盖高效栽培技术 [J]. 农村新技术（7）：12-13.

栗淑芳，申领艳，康少辉，等，2021. 冀北冷凉区大棚菜豆标准化栽培技术 [J]. 中国蔬菜（3）：106-108.

梁志怀，魏林，陈玉荣，等，2009. 哈茨木霉在水稻体内的定殖及其对水稻纹枯病抗性的影响 [J]. 中国生物防治，25（2）：143-147.

林瑞华，2021. 吡噻菌胺防治巨峰葡萄灰霉病的效果试验 [J]. 落叶果树，53 (2)：51-52.

林正发，2021. 浅谈红心火龙果实用栽培及病虫害防治技术 [J]. 种子科技，18：52-53.

刘长兵，李蔚农，袁团团，2021. 新疆甜菜高产高糖栽培关键技术 [J]. 农村科技 (4)：12-15.

刘丹，朱玉春，2021. 棉花简化高产栽培技术 [J]. 现代农村科技 (9)：14.

刘富中，连勇，冯东昕，等，2005. 茄子种质资源抗青枯病的鉴定与评价 [J]. 植物遗传资源学报 (4)：381-385.

刘洪勇，徐庆，王允霞，等，2021. 桃树高产栽培的若干技术措施 [J]. 果农之友 (5)：13-14.

刘化龙，2018. 芹菜主要病害及无公害防治技术 [J]. 青海农技推广 (2)：12-13.

刘路宁，屠艳拉，张敬泽，2010. 绿木霉菌株 TY009 防治纹枯病等水稻主要真菌病害的潜力 [J]. 中国农业科学，43 (10)：2031-2038.

刘新，尤民生，魏英智，等，2002. 木霉 Y 对毒死蜱和甲胺磷的降解作用 [J]. 福建农林大学学报（自然科学版）(4)：455-458.

龙贵兴，梁传静，游雪，2021. 不同药剂对辣椒炭疽病的田间防效研究 [J]. 现代农业科技 (17)：96-98.

芦芳，梅国红，郭玉人，等，2018. 自走式喷杆喷雾机在水稻病虫害防治中的应用效果研究 [J]. 上海农业科技 (3)：118-121.

陆宁海，吴利民，郎剑锋，等，2016. 河南省小麦新品种对茎基腐病的抗性鉴定与评价 [J]. 江苏农业科学，44 (4)：190-192.

路立峰，2021. 温室番茄更新栽培技术要点 [J]. 现代农村科技 (2)：32.

栾炳辉，陈敏，王洪涛，等，2020. 新型杀菌剂 35%氯氟醚菌唑悬浮剂对苹果褐斑病的防效试验 [J]. 中国果树 (6)：74-76.

罗洋，滕应，刘方，等，2014. 里氏木霉 FS10-C 固体发酵基质筛选及发酵条件初探 [J]. 生物技术通报 (3)：111-116.

马佳，范莉莉，傅科鹤，等，2014. 哈茨木霉 SH2303 防治玉米小斑病的初步研究 [J]. 中国生物防治，30 (1)：79-85.

马晓梅，王军，旷文丰，等，2017. 有机消泡剂对棘孢木霉菌株 Tr148c 液体发酵分生孢子产量的影响 [J]. 化学与生物工程，34 (3)：40-44.

毛爱军，胡治，俞世敏，等，1997. 辣（甜）椒疫病菌致病力及接种浓度 [J]. 北京农业科学 (1)：36-38.

毛佳，曹凯歌，吴险平，等，2021. 葡萄主要病害绿色防控技术解析 [J]. 现代园艺，44 (8)：36-37.

孟文诚，2017. 柠檬绿木霉固体发酵工艺及颗粒制剂研究 [D]. 呼和浩特：内蒙古农业大学.

孟秀利，宋薇薇，唐庆华，等，2021. 槟榔主要病虫害研究进展 [J]. 热带作物学报，42 (11)：3055-3065.

孟昭杰，张莹莹，孟昭伟，等，2021. 一种新型微生物有机肥料在水稻种植上的应用研究 [J]. 农业科技通讯 (8)：70-72.

穆忠学，2018.6 种杀菌剂对苹果炭疽病的防治效果 [J]. 绿色科技 (13)：85-86.

倪璇，王猛，关山，等，2017. 芸薹素内酯与苯甲丙环唑协同防控玉米小斑病初步研究 [J]. 上海交通大学学报（农业科学版），35 (3)：31-36，44.

牛芳胜，马志强，毕秋艳，等，2013. 哈茨木霉菌与 5 种杀菌剂对番茄灰霉病菌的协同作用 [J]. 农药学学报 (2)：165-170.

潘顺，刘雷，王为民，2012. 哈茨木霉发酵液中 peptaibols 抗菌肽的鉴定及活性研究 [J]. 中国生物防治学报，28 (4)：528-536.

齐勇，王际辉，叶淑红，等，2012. 响应面法优化芽孢杆菌 LJ-7 发酵产酯酶条件 [J]. 大连工业大学学报（3）：77-180.

瞿云明，郑仕华，马瑞芳，等，2021. 菜豆化肥农药减施栽培技术规程 [J]. 中国瓜菜，34（2）：92-94.

冉飞，龙友华，石金巧，等，2019. 百香果炭疽病病原鉴定及其药剂筛选 [J]. 福建农业学报，34（12）：1-8.

饶建新，余平溪，陈益忠，2013. 紫香 1 号百香果特性及栽培技术 [J]. 农家参谋（5）：8.

施颖红，唐玉英，费燕萍，2021. 50%氟吡菌酰胺・嘧霉胺防治番茄灰霉病田间药效试验 [J]. 上海蔬菜（5）：63-64.

时涛，李超萍，蔡吉苗，等，2019. 中国木薯褐斑病发病规律调查及田间防治药效试验 [J]. 热带作物学报，40（11）：2178-2188.

史广亮，岳德成，柳建伟，等，2021. 几种杀菌剂对苹果黑星病的田间防效评价 [J]. 农药，60（10）：771-774，777.

宋瑞清，周秀华，2004. Sirajul HASAH 木霉（Trichoderma spp.）对三种引起大棚蔬菜病害病原菌的影响 [J]. 菌物研究（4）：6-10.

宋中央，2019. 黄淮海区域小麦种植技术要点分析 [J]. 种子科技，37（14）：38，40.

孙广宇，卫小勇，孙悦，等，2014. 苹果树腐烂病发生与叶片营养成分的关系 [J]. 西北农林科技大学学报（自然科学版），42（7）：107-112，121.

孙佳楠，张泰龙，陈硕闻，等，2016. 深绿木霉（Trichoderma atroviride）T23 降解有机磷农药敌敌畏转运蛋白 TaPdr2 基因的克隆与功能预测分析 [J]. 上海交通大学学报（农业科学版），34（6）：1-8.

孙艳，张学坤，王振辉，等，2018. 滴灌条件下木霉菌厚垣孢子制剂防治棉花黄萎病试验 [J]. 江苏农业科学，46（10）：89-92.

孙杨，王璐，赵璐，等，2022. 复合微生物菌肥对苹果再植病害调控及对根围土壤真菌群落结构的影响 [J]. 植物病理学报，52（2）：256-268.

唐家全，郝大志，李婷婷，等，2021. 棘孢木霉菌对钠胁迫的生理响应机制 [J]. 微生物学通报，48（1）：23-34.

唐勇斌，2021. 豌豆高产栽培技术措施研究 [J]. 南方农机，52（10）：86-87.

陶瑞红，2019. 景天三七栽培技术 [J]. 中国农技推广，35（7）：45-46.

田连生，李贵香，高玉爽，2006. 紫外光诱导木霉产生对速克灵抗药性菌株的研究 [J]. 中国植保导刊（6）：18-20.

汪佳维，王华磊，林洁，等，2021. 盘州地区三七引种栽培技术操作规程 [J]. 特产研究，43（3）：93-95.

王秉丽，2012. 木霉粉剂的创制及在蔬菜病害生物防治中的应用 [D]. 上海：上海交通大学.

王炳太，黄传奉，2017. 盆栽花卉土传病害的防治技术 [J]. 绿色科技（7）：181-184.

王春林，张占军，2021. 不同药剂防治番茄晚疫病效果试验简报 [J]. 西北园艺（综合）（3）：60-61.

王丹琪，叶素丹，陈春，2013. 新型旋风分离器高效分离多株生防真菌分生孢子 [J]. 中国生物防治学报（1）：61-67.

王强强，窦恺，陈捷，等，2019. 拮抗性木霉菌株抗逆性筛选评价标准与方法 [J]. 中国生物防治学报，35（1）：99-111.

王世明，2021. 木霉菌对苹果主要真菌病害有较好的抑制效果 [J]. 中国果业信息，38（4）：58.

王汀忠，杨安富，唐树梅，2007. 海南槟榔平衡施肥的现状与发展前景 [J]. 广西热带农业（4）：30-32.

王小安，2006. 日光温室冬大茬西瓜两次结瓜栽培技术 [J]. 中国农业信息 (1)：34 - 35.

王晓，2021. 花生种植技术及提高种植效益的措施分析 [J]. 农业开发与装备 (7)：203 - 204.

王艳辉，陈小燕，肖艳，2013. 荧光假单胞菌对辣椒青枯病防效田间试验初报 [J]. 西北园艺（蔬菜）
（4）：52 - 53.

王贻莲，李纪顺，王英姿，等，2017. 芽孢杆菌 BCJB01 和 BMJBN02 对葡萄霜霉病的田间防效 [J]. 北
方园艺（17）：67 - 71.

王永黎，2020. 青海枸杞栽培技术要点 [J]. 农业技术与装备 (8)：145 - 146.

王勇，杨秀荣，刘水芳，2002. 拮抗木霉耐药性菌株的筛选及其与速克灵防治灰霉病的协同作用 [J].
天津农学院学报（4）：19 - 22.

魏林，梁志怀，曾粮斌，等，2004. 哈茨木霉 T2 - 16 代谢产物诱导豇豆幼苗抗枯萎病研究 [J]. 湖南农
业大学学报（自然科学版），30 (5)：443 - 445.

文成敬，陈文瑞，1995. 柑橘青绿霉病生物防治研究 [J]. 西南农业学报 (3)：80.

文武，李文智，王从军，等，2021. 鲜食豌豆露地高架栽培丰产技术 [J]. 农业科技通讯 (6)：
306 - 308.

吴崇义，何强强，2019. 结球甘蓝软腐病防治田间药效试验 [J]. 农业科技与信息 (21)：7 - 8, 10.

吴晓儒，陈硕闻，杨玉红，等，2015. 木霉菌颗粒剂对玉米茎腐病防治的应用 [J]. 植物保护学报，42
（6）：1030 - 1035.

吴永宏，2021. 浅谈苦瓜优质高产栽培技术 [J]. 南方园艺，32 (3)：39 - 41.

武为平，陈捷，李雅乾，等，2013. 响应面法优化棘孢木霉产厚垣孢子发酵工艺 [J]. 中国生物工程杂
志，33 (12)：97 - 104.

夏海，吴琼，陆志翔，等，2018. 有效霉素 A 对棘孢木霉的影响及协同防治玉米纹枯病作用 [J]. 微生
物学通报，45 (1)：1 - 10.

向杰，2019. 盐胁迫条件下非洲哈茨木霉胞外聚合物的组成及功能研究 [D]. 北京：中国农业科学院.

向娟，吴传秀，李智荣，等，2020. 生物与化学药剂对设施豇豆根腐病防治效果比较 [J]. 四川农业科
技（11）：66 - 67, 70.

肖作茂，唐丕良，唐明丽，等，2020. 20％烯肟·戊唑醇悬浮剂防治柑橘疮痂病药效试验 [J]. 南方园
艺，31 (4)：19 - 22.

谢俊，金锡萱，张信旺，等，2017. 木霉菌油悬浮剂的研制 [J]. 农药，56 (1)：18 - 22.

谢立，2017. 70％丙森锌可湿性粉剂防治柑橘炭疽病田间药效试验 [J]. 南方园艺，28 (4)：40 - 43.

谢谦，2018. 七种杀菌剂对玉米大、小斑病的防治效果 [J]. 南方农业，12 (2)：13 - 14.

徐斌，2021. 日光温室韭菜优质高产栽培技术 [J]. 现代农村科技 (4)：31.

徐瑶，解溥，宋谨同，等，2021. 100 亿/g 枯草芽孢杆菌 T - 429 干悬浮剂对水稻稻瘟病的田间防治效果
[J]. 现代化农业（11）：4 - 6.

薛应钰，叶巍，张树武，等，2015. 紫外诱变选育木霉高效解磷菌株 [J]. 核农学报 (8)：1509 - 1516.

薛祝广，2019. 几种药剂防治小麦纹枯病的试验研究 [J]. 园艺与种苗 (5)：49 - 50.

杨丹丹，杨传伦，张心青，等，2020. 响应面法优化绿色木霉产孢子固体发酵培养基 [J]. 中国农学通
报，36 (36)：84 - 92.

杨德良，马艳，杨学东，等，2018. 大蒜白腐病病情分级标准浅议 [J]. 中国植保导刊，38 (7)：
46 - 47.

杨合同，2015. 木霉生物学 [M]. 北京：中国大地出版社.

杨娜，张静，等，2021. 棉花内生解淀粉芽孢杆菌 489 - 2 - 2 对棉花黄萎病的防效研究 [J]. 核农学报，
35 (1)：41 - 48.

杨晓芳，谢红站，李伟，2019. 梨树病害的发生规律和防治方法 [J]. 河南农业 (31)：31.

杨永忠，胡泽锭，吴春梅，2021. 温室辣椒高产栽培技术 [J]. 新农业 (15)：39.

杨玉丽，张化平，邓红军，等，2021. 不同药剂防治柑橘溃疡病药效试验研究 [J]. 湖北植保 (6)：23 - 24, 37.

杨玉萍，王国平，薛根祥，等，2021. 江苏沿海地区油菜全程机械化栽培技术 [J]. 农业科技通讯 (5)：294 - 295.

杨振媚，黄雪花，廖筱珍，等，2021. 火龙果栽培技术 [J]. 新农业 (23)：35.

尹丹韩，高观朋，夏飞，等，2012. 生防菌哈茨木霉 T4 对黄瓜根围土壤细菌群落的影响 [J]. 中国农业科学，45 (2)：246 - 254.

于稳欠，王承芳，旷文丰，等，2020. 棘孢木霉菌 Tr266B 微胶囊剂的研制 [J]. 中国生物防治，36 (4)：596 - 603.

俞兴芳，李永鑫，2021. 浅析棉花高产高效栽培技术 [J]. 种子科技 (12)：47 - 48.

虞黎萍，张林，石国忠，2021.6 种杀菌剂对水稻纹枯病防效比较试验 [J]. 上海农业科技 (5)：113 - 114.

元维军，周忠雄，周忠泉，等，2020. 井冈霉素和噻呋酰胺对玉米纹枯病的田间防治效果 [J]. 湖北农业科学，59 (24)：96 - 98.

袁虹霞，邢小萍，李朝海，等，2010. 不同玉米品种对南方锈病的抗性比较 [J]. 玉米科学，18 (2)：107 - 109.

源朝政，郑明燕，高小峰，等，2018. 梨树主要病害种类及防治措施 [J]. 农业科技通讯 (7)：337 - 339.

苑宝洁，李磊，张红杰，等，2022. 黄瓜细菌性角斑病拮抗细菌的筛选及其防治效果 [J]. 中国生物防治学报，38 (2)：421 - 427.

张成，2022. 木薯皮渣发酵木霉孢子粉及其可湿性粉剂研制与应用 [D] 海口：海南大学.

张成，廖文敏，薛鸣，等，2021. 棘孢木霉 DQ - 1 分生孢子固体发酵优化及其对 4 种作物幼苗生长的影响 [J]. 中国生物防治学报，37 (2)：315 - 322.

张春喜，2021. 海南香蕉优质高产栽培管理技术 [J]. 特种经济动植物，24 (8)：60 - 61.

张德义，1979. 苹果根腐病防治试验 [J]. 新农业 (11)：24 - 25.

张宏军，陶岭梅，刘学，等，2022. 我国生物农药登记管理情况分析 [J]. 中国生物防治学报，38 (1)：9 - 17.

张慧，朱薇，韩腾，等，2019. 桃树病害发生特点及防治技术 [J]. 山西果树 (2)：81 - 82.

张晶晶，黄亚丽，马宏，等，2016. 木霉厚垣孢子可湿性粉剂的研制 [J]. 植物保护，42 (5)：103 - 109.

张婧迪，陈捷，刘志诚，等，2017. 深绿木霉菌发酵代谢物与芸薹素内酯复配效果评价 [J]. 上海交通大学学报（农业科学版），35 (5)：1 - 7.

张静雅，李欣雨，张成，等，2022. 木薯炭疽病拮抗木霉菌筛选与室内防效研究 [J]. 中国生物防治学报，38 (1)：115 - 124.

张莉莉，刘美媛，王永章，等，2021. 木霉菌对苹果主要真菌病害的抑制及其在土壤中的定殖作用 [J]. 北方园艺 (6)：15 - 22.

张丽敏，蔡国俊，彭熙，等，2021. 不同施肥对百香果产量和营养成分的影响 [J]. 热带作物学报，42 (11)：3180 - 3187.

张敏，彭化贤，邓新平，等，2008.5 亿活孢子/克木霉菌可湿性粉剂的研制 [J]. 西南农业学报 (3)：675 - 679.

张诗春，叶成瑞，王年安，2022. 不同药剂对小麦赤霉病的防效研究 [J]. 现代农业科技（7）：82-84.

张双玺，张兴，2008. 利用植物农药残渣生产绿色木霉孢子的研究 [J]. 西北农林科技大学学报（自然科学版）（4）：175-180.

张颂函，高宇，韩小双，2014. 霜霉威、百菌清、烯酰吗啉对菠菜霜霉病的应用效果评价 [J]. 农药，53（12）：922-923，931.

张欣玥，徐洪伟，周晓馥，2021. 绿色木霉固态发酵物对黄瓜幼苗促生作用的影响 [J]. 北华大学学报（自然科学版），22（5）：617-621.

张业辉，吴静，邓斌，等，2021. 几种常用杀菌剂对小麦赤霉病的田间防效试验 [J]. 安徽农学通报，27（20）：87-88.

张瑜琨，唐勇，卢亭竹，等，2015. 露地豇豆病害综合防治技术 [J]. 农村科技（6）：39-40.

张媛媛，乔盼，2021. 露地萝卜减肥减药高产栽培技术 [J]. 种子科技，39（9）：62-63.

张岳，杨俊颖，王旭东，等，2017. 2株浅白隐球酵母对葡萄灰霉病和柑橘青霉病采后防治效果的研究 [J]. 江苏农业科学，45（2）：96-100.

张政兵，欧高财，郭海明，2007. 湖南省露地黄瓜霜霉病发生规律及综合防治技术探讨 [J]. 江西农业学报，19（6）：48-50.

章广庆，刘耀，吴翠翠，2021. 不同药剂对水稻纹枯病的防效研究 [J]. 现代农业科技（21）：106-107.

赵永强，徐振，张成玲，等，2017. 稻麦秸秆全量还田对小麦纹枯病发生的影响 [J]. 西南农业学报，30（5）：1063-1067.

赵永田，顾巧英，王伟，2015. 哈茨木霉菌与几丁聚糖混用对不同栽培模式葡萄灰霉病的防效 [J]. 中国植保导刊，35（11）：52-54.

周晓英，2007. 木霉菌生物修复氰化物污染土壤与水质的 REMI 突变株构建与作用机理 [D]. 上海：上海交通大学.

朱丽梅，崔群香，刘卫东，等，2015. 自然病圃法和离体叶片接种法对茄早疫病抗病性鉴定比较 [J]. 江苏农业科学，43（6）：116-118.

朱兆香，庄文颖，2014. 木霉属研究概况 [J]. 菌物学报，33（6）：1136-1153.

朱志炎，梁雪雁，林凤玲，等，2021. 有机肥对香蕉枯萎病及土壤主要理化性质和微生物群落的影响 [J]. 福建农业学报，36（7）：806-816.

宗兆锋，康振生，2002. 植物病理学原理 [M]. 北京：中国农业出版社.

邹燕，程智慧，程晓兰，等，2009. 大蒜紫斑病抗性鉴定方法的研究 [J]. 园艺学报，36（5）：763-770.

Adzmi F，Meon S，Musa M H，et al.，2012. Preparation，characterisation and viability of encapsulated *Trichoderma harzianum* UPM40 in alginate‐montmorillonite clay [J]. Journal of Microencapsulation，29（3）：205-210.

Ahluwalia V，Kumar J，Sisodia R，et al.，2014. Green synthesis of silver nanoparticles by *Trichoderma harzianum* and their bio‐efficacy evaluation against Staphylococcus aureus and Klebsiella pneumonia [J]. Ind Crop Prod，55：202-206.

Arfarita N，Imai T，Kanno A，et al.，2013. The potential use of *Trichoderma viride* strain FRP3 in bio‐degradation of the herbicide glyphosate [J]. Biotechnology & Biotechnological Equipment，27（1）：3518-3521.

Aufman D D，Blake J，1970. Degradation of atrazine by soil fungi [J]. Soil Biology & Biochemistry，2（2）：73-80.

Babu A G，Jaehong S，Bang K S，et al.，2014. *Trichoderma virens* PDR‐28：a heavy metal‐tolerant and plant growth – promoting fungus for remediation and bioenergy crop production on mine tailing soil [J]. Journal of Environmental Management, 132: 129.

Cai F, Druzhinina, Irina S, 2021. In honor of John Bissett: authoritative guidelines on molecular identification of *Trichoderma* [J]. Fungal Diversity, 107: 1 – 69.

Daryaei A, Jones E E, Ghazalibiglar H, 2016. Effects of temperature, light and incubation period on production, germination and bioactivity of *Trichoderma atroviride* [J]. J. App. Microbiol, 120 (4): 999 – 1009.

de Medeiros H A, et al. , 2017. Tomato progeny inherit resistance to the nematode Meloidogyne javanica linked to plant growth induced by the biocontrol fungus *Trichoderma atroviride* [J]. Sci Rep, 7: 40216.

de Rezende L C, de Andrade, Carvalho A L, et al. , 2020. Optimizing mass production of *Trichoderma asperelloides* by submerged liquid fermentation and its antagonism against *Sclerotinia sclerotiorum* [J]. World Journal of Microbiology & Biotechnology, 36 (8): 113.

Fiorentino N, Impagliazzo A, Ventorino V, et al. , 2010. Biomass accumulation and heavy metal uptake of giant reed on a polluted soil in Southern Italy [J]. Journal of Biotechnology, 150 (S1): 261.

Haque M M, Haque M A, Ilias G, et al. , 2011. *Trichoderma* – Enriched Biofertilizer: A Prospective Substitute of Inorganic Fertilizer for Mustard (*Brassica campestris*) Production [J]. Agriculturists, 8 (2): 66 – 73.

Hatvani L, Manczinger L, Kredics L, et al. , 2006. Production of *Trichoderma* strains with pesticide – polyresistance by mutagenesis and protoplast fusion [J]. Antonie van Leeuwenhoek, 89: 387 – 393.

Ilham B, Noureddine C, Philippe G, 2019. Induced Systemic Resistance (ISR) in Arabidopsis thaliana by Bacillusamyloliquefaciens and *Trichoderma harzianum* Used as Seed Treatments [J]. Agriculture – Basel, 9 (8): 1 – 11.

Ishak A A, Zulkepli F R A, Hayin N F M, et al. , 2021. Effect of High Inlet Temperature of Spray Dryer on Viability of Microencapsulated *Trichoderma asperellum* Conidia [J]. IOP Conf. Series: Earth and Environmental Science (757): 1 – 9.

Jin X X, Dan C, 2011. Microencapsulating aerial conidia of *Trichoderma harzianum* through spray drying at elevated temperatures [J]. Biological Control (56): 202 – 208.

Kandasamy S, Ramachandran C, Davoodbasha M, et al. , 2018. Fungal enzyme – mediated synthesis of chitosan nanoparticles and its biocompatibility, antioxidant and bactericidal properties [J]. International Journal of Biological Macromolecules, 118 (8): 1542 – 1549.

Karuppiah V, 2019. Simultaneous and sequential based co – fermentations of *Trichoderma asperellum* GDFS1009 and *Bacillus amyloliquefaciens* 1841 a strategy to enhance the gene expression and metabolites to improve the bio – control and plant growth promotion [J]. Microbial Cell Factories, 18 (1): 185.

Li T, Tang J, Karuppiah V, et al. , 2020. Co – culture of *Trichoderma atroviride* SG3403 and *Bacillus subtilis* 22 improves the production of antifungal secondary metabolites [J]. Biological Control, 12: 140.

Manikandaselvi S, Sathya V, Vadivel V, et al. , 2020. Evaluation of bio control potential of AgNPs synthesized from *Trichoderma* viride [J]. Adv. Nat. Sci. : Nanosci. Nanotechnol. , 11: 8.

Meyer S L F, Roberts D P, 2002. Combinations of biocontrol agents for management of plant – parasitic nematodes and soilborne plant – pathogenic fungi [J]. Journal of Nematology, 34 (1): 1 – 8.

Muñoz – Celaya A L, Ortiz – García M, Vernon – Carter E J, et al. , 2012. Spray – drying microencapsulation of *Trichoderma harzianum* conidias in carbohydrate polymers matrices [J]. Carbohydrate Polymers, 88 (4): 1141 – 1148.

Nie J, He H, Peng J, et al. , 2015. Identification and fine mapping ofpm5. 1: a recessive gene for powdery mildew resistance in cucumber (*Cucumis sativus* L.) [J]. Molecular Breeding, 35 (1): 7.

Ning J Y, Zhu X D, Liu H G, et al. , 2021. Coupling thermophilic composting and vermicomposting processes to remove Cr from biogas residues and produce high value – added biofertilizers [J]. Bioresource Technology, 2: 329.

Pelcastre M I, Ibarra J R V, Navarrete A M, et al. , 2013. Bioremediation perspectives using autochthonous species of *Trichoderma* sp. for degradation of atrazine in agricultural soil from the Tulancingo Valley, Hidalgo, Mexico [J]. Tropical and Subtropical Agroecosystems, 16 (2): 265 – 276.

Prabavathy V R, Mathivanan N, Sagadevan E, et al. , 2006. Self – fusion of protoplasts enhances chitinase production and biocontrol activity in *Trichoderma harzianum* [J]. Bioresource Technology, 97 (18): 2330 – 2334.

Rahman N N N A, Shahadat M, Omar F M, et al. , 2016. Dry *Trichoderma* biomass: biosorption behavior for the treatment of toxic heavy metal ions [J]. Desalination & Water Treatment, 57 (28): 13106 – 13112.

Srinivasan T R, Sagadevan E, Subhankar C, et al. , 2009. Inter – specific protoplast fusion in *Trichoderma* spp. for enhancing enzyme production and biocontrol activity [J]. Journal of Phytology, 1 (5): 285 – 298.

Sun J N, Karuppiah, Chen J, 2020. The mechanism of heavy metal absorption and biodegradation of organophosphorus pesticides by *Trichoderma* [M]// Vijai Gupta. New and Future Developments in Microbial Biotechnology and Bioengineering. Amsterdam: Elsevier.

Sun J N, Yuan X, Li Y Q, et al. , 2019. The pathway of 2, 2 – dichlorovinyl dimethyl phosphate (DDVP) degradation by *Trichoderma atroviride* strain T23 and characterization of a paraoxonase – like enzyme [J]. Applied Microbiology Biotechnology, 103: 8947.

Sun J N, Zhang T L, Li Y Q, et al. , 2019. Functional characterization of the ABC transporter TaPdr2 in the tolerance of biocontrol the fungus *Trichoderma atroviride* T23to dichlorvos stress [J]. Biological Control, 129: 102 – 108.

Sun W, Chen Y, Liu L, et al. , 2010. Conidia immobilization of T – DNA inserted *Trichoderma atroviride* mutant AMT – 28 with dichlorvos degradation ability and exploration of biodegradation mechanism [J]. Bioresource Technology, 101 (23): 197 – 203.

Tang J, Li Y, Fu K, et al. , 2014. Disruption of hex1 in *Trichoderma atroviride* leads to loss of Woronin body and decreased tolerance to dichlorvos [J]. Biotechnology Letters, 36 (4): 751.

Tang J, Liu L, Hu S M, et al. , 2009. Improved degradation of organophosphate dichlorvos by *Trichoderma atroviride* transformants generated by restriction enzyme – mediated integration (REMI) [J]. Bioresource Technology, 100: 480 – 483.

Tronsmo A, Dennis C, 1978. Effect of temperature on antagonistic properties of *Trichoderma* species [J]. Transact. Brit. Mycol. Soc, 71 (3): 469 – 474.

Vieira A A, Vianna G R, Carrijo J, et al. , 2021. Generation of *Trichoderma harzianum* with pyr4 auxotrophic marker by using the CRISPR/Cas9 system [J]. Scientific Reports, 11 (1): 1 – 7.

Weindling R, 1934. Studies on lethal principle effective in the parasitic action of *Trichoderma lignorum* on *Rhizoctonia solani* and other soil fungi [J]. Phytopathology, 24: 1153 – 1179.

Zhang J D, Yang Q, 2015. Optimization of solid – state fermentation conditions for *Trichoderma harzianum* using an orthogonal test [J]. Gen. Mol. Res, 14 (1): 1771 – 1781.

附录一　木霉菌株分子鉴定技术流程

一、木霉分子鉴定系统

基于多序列位点的菌种鉴定系统（multilocus identification system for *Trichoderma*，简称 MIST）主体程序采用 Perl 语言编写，运行在以 Ubuntu Linux 16.04 为操作系统的服务器上，同时需要 Apache2、PHP 5.3.3、BLAST 以及 Bioperl 环境的支持。

MIST 以在线网页的形式提供服务，网址为 http://mmit.china-cctc.org/。页面交互功能通过 PHP 语言程序实现。ITS、*tef1* 和 *rpb2* 序列分别通过 BLAST 程序格式化后形成相互独立的序列数据库。MIST 程序设计如附图 1-1 所示，主要实现以下功能：①检索的初始化程序。②根据用户输入的一致性、覆盖度及 E-value 数值设置检索参数。③根据用户选择的遗传标记序列数据库以及设置的检索参数，采用 BLAST 程序在相应的数据库中检索。④获得初步检索结果，并依据该结果调整 ITS、*tef1* 和 *rpb2* 数据库，将调整后的数据库再用于后续的检索过程，直至重新初始化检索程序。

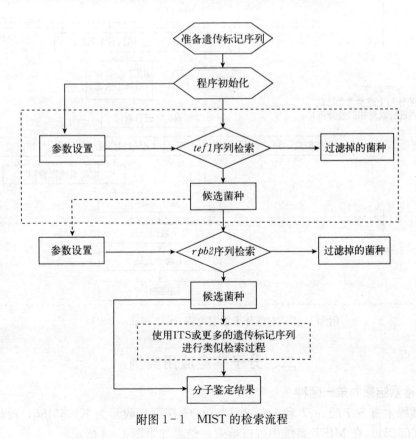

附图 1-1　MIST 的检索流程

国际木霉分类委员会依据菌种序列特征给出了不同遗传标记在木霉区分时的一致性阈值标准：按照要求对遗传标记序列进行剪切后，与任一木霉菌种的 ITS 序列一致性高于76％可以作为木霉属与其他属的区分阈值；在确定木霉属的归属后，在菌种分类层级上，同一个木霉菌种的菌株应满足 *rpb2* 序列一致性高于99％，同时 *tef1* 序列一致性高于97％。这一分子鉴定标准符合多基因谱系一致性系统发育学物种识别法（GCPSR）菌种区分的要求，可以有效区分开现有的木霉种类，同时也能够有效地鉴定出新种。MIST 系统收录了 ITS、*rpb2* 及 *tef1* 三种遗传标记，在检索时也可以按照上述分子鉴定标准自行设定一致性检索参数，表现出了完全的兼容性。随着木霉分类鉴定体系的不断发展，序列检索参数或类别都会发生变化，在使用 MIST 系统时应注意按照最新的鉴定标准进行设置（附图 1-2）。

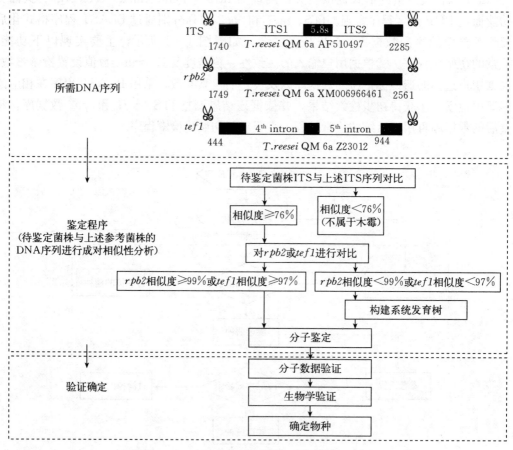

附图 1-2　木霉分子鉴定流程（Cai et al.，2021）

二、分子鉴定应用实例

（一）检索结果为单一菌种

使用橘绿木霉 S27 的 *tef1* 和 *rpb2* 序列（*tef1* 序列接收号为 KJ665450，*rpb2* 序列接收号为 KJ665251）在 MIST 系统中进行检索，结果如附图 1-3 所示。

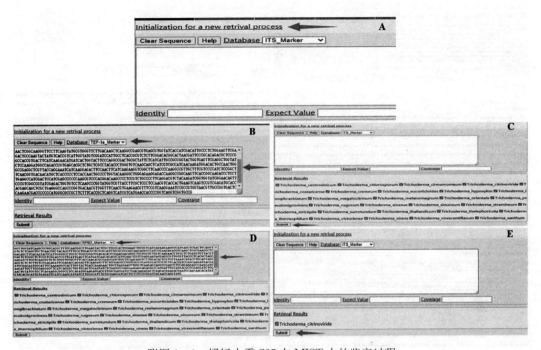

附图 1－3　橘绿木霉 S27 在 MIST 中的鉴定过程
A. 系统初始化　B. *tef1* 序列检索　C. *tef1* 序列检索结果
D. 顺次使用 *tef1* 和 *rpb2* 序列进行检索　E. 基于 *tef1* 和 *rpb2* 序列的检索结果

点击红色箭头处的功能链接后，系统完成初始化过程（附图 1－3A）。将橘绿木霉 S27
的 *tef1* 序列（不含注释字符串）粘贴到序列输入区，同时在数据库选择栏中选择 TEF－1a＿
Marker 选项，检索参数文本框中不输入任何数值（附图 1－3B）。此时 MIST 系统被设定
为一致性值 95％、覆盖度 50％的默认检索参数状态，可在 *tef1* 序列数据库中对输入序列
进行 BLAST 检索。点击提交按键后，MIST 系统按照设定完成检索、清空序列输入区并
显示出包含 26 个菌种名的检索结果（附图 1－3C）。该结果表明，在 366 个菌种中，存在
26 个菌种与橘绿木霉 S27 之间的 *tef1* 序列一致性大于 95％。在此基础上，将橘绿木霉
S27 的 *rpb2* 序列粘贴到序列输入区，同时在数据库选择栏中选择 RPB2＿Marker 选项并
保持默认检索参数（附图 1－3D）。此时 MIST 系统被设定为按照默认检索参数在 *rpb2* 序
列数据库中对输入序列进行 BLAST 检索。点击提交按键，MIST 系统按照设定完成检
索、清空序列输入区并显示出唯一种名 *T. citrinoviride* 的检索结果（附图 1－3E）。该结
果表明，在收录的 366 个菌种中，与橘绿木霉 S27 的 *tef1* 序列一致性和 *rpb2* 序列一致性同
时大于 95％的菌种为橘绿木霉。本次分子鉴定过程在默认参数下得到了准确的鉴定结果。

（二）检索结果为多个近缘菌种

使用 *T. lixii* C. P. K. 1934 的 *tef1* 和 *rpb2* 序列（*tef1* 序列接收号为 FJ179573，*rpb2*
序列接收号为 FJ179608）在 MIST 系统中进行检索，结果如附图 1－4 所示。

系统初始化过程与附图 1－4A 中的操作相同。将 *T. lixii* C. P. K. 1934 的 *rpb2* 序列粘
贴到序列输入区，同时在数据库选择栏中选择 RPB2＿Marker 选项，检索参数保持默认

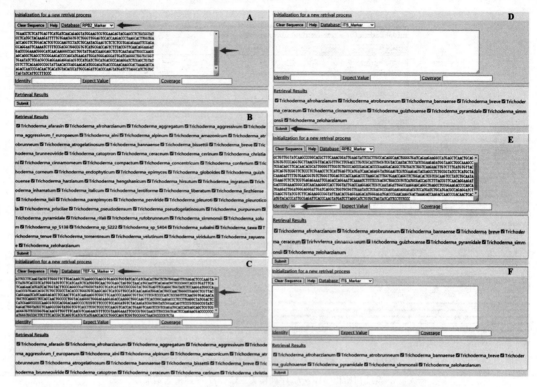

附图 1-4　利用 MIST 系统鉴定 *T. lixii* C. P. K. 1934 的检索过程

A. 使用 *rpb2* 序列检索　B. *rpb2* 序列检索结果　C. 顺次使用 *rpb2* 和 *tef1* 序列进行检索（*rpb2* - *tef1*）　D. 基于 *rpb2* - *tef1* 序列的检索结果　E. 使用 *rpb2* - *tef1* - *rpb2*（I96）进行检索，*rpb2*（I96）代表使用 *rpb2* 进行第 3 次检索时的一致性参数为 96%　F. 基于 *rpb2* - *tef1* - *rpb2*（I96）的检索结果

（附图 1-4A）。点击提交按键后，MIST 系统按照设定完成检索、清空序列输入区并显示出包含数十个菌种名的检索结果（附图 1-4B）。该结果表明，大量菌种与 *T. lixii* C. P. K. 1934 之间的 *rpb2* 序列一致性大于 95%。将 *T. lixii* C. P. K. 1934 的 *tef1* 序列粘贴到序列输入区，同时在数据库选择栏中选择 TEF-1a_Marker 选项并保持默认检索参数进行第二次检索（附图 1-4C）。点击提交按键，此时检索结果中仅包含 10 个菌种名（附图 1-4D）。再次将 *rpb2* 序列粘贴到序列输入区，同时在数据库选择栏中选择 RPB2_Marker 选项，Identity 检索参数中输入数值 96，其余参数不变（附图 1-4E）。点击提交按键，此时检索结果中包含 8 个菌种名，分别为 *T. afroharzianum*、*T. atrobrunneum*、*T. bannaense*、*T. breve*、*T. guizhouense*、*T. pyramidale*、*T. simmonsii* 以及 *T. zeloharzianum*，候选菌种范围进一步缩小（附图 1-4F）。该结果表明，存在 8 个菌种与 *T. lixii* C. P. K. 1934 的 *tef1* 序列一致性大于 95%、*rpb2* 序列一致性大于 96%。

　　在检索过程中，使用不同遗传标记序列的先后顺序不影响检索结果，且在每一次检索时检索参数都可进行调整。本次鉴定结果中不包含与 *T. lixii* C. P. K. 1934 一致的菌种名。通过查阅文献发现，菌株 C. P. K. 1934 在木霉分类体系变动中被更名为 *T. atrobrunneum*，然而对应的序列注释信息没有在 GenBank 数据库中更新，仍被注释为 *T. lixii*。因此，本次鉴定过程成功检索出了菌株 C. P. K. 1934 的种名 *T. atrobrunneum*。

附录二　木霉菌剂与化学农药及其他生物源农药混用参考信息

为了提高木霉菌剂与化学农药或生物源农药协同增效作用，在生产上经常将木霉制剂与其他农化产品混用。

研究表明，木霉菌剂与其他农化物质混用可以产生协同增效作用，即比单一木霉菌剂或化学农药或生物农药使用的防病促生效果更理想。例如，木霉菌剂与腐霉利混配防治草莓灰霉病，其防治效果均优于单一木霉菌剂与化学农药单独使用；哈茨木霉菌剂与多菌灵复剂对水稻苗期立枯病的防效好于单一木霉菌剂和多菌灵；木霉菌剂或代谢液与6%寡糖·链蛋白（蛋白农药）混用可提高对黄瓜和番茄病毒病防治的效果，其协同增效作用明显。

一般而言，木霉菌剂与生物源农药混用比较安全。例如，木霉菌剂与井冈霉素混用不会对木霉生长产生明显的抑制作用，而木霉菌剂与化学杀菌剂混用，则要非常小心。木霉菌剂与各种农药混配是否对作物出苗率和株高产生不利影响，主要取决于混配比例，而不仅仅是混剂中化学组分或其含量。木霉菌剂有时与化学农药成分、作物间存在一定的特异互作，因此相互影响机理是复杂的。值得指出的是：由于不同公司木霉产品的菌株耐受性不同、助剂不同，与化学农药混用比例不能一概而论，一定要在混用前检测木霉产品对拟混用的化学农药的耐受性，确保混配的安全性。

根据国内外相关公司（BioWorks等）网站公开资料和国内外相关研究结果，汇总了木霉产品与化学农药或生物源农药混用的相关信息。由于不同厂家的木霉产品在菌株、营养、助剂、载体和剂型等方面存在差异，附表2-1至附表2-8提供的混用建议仅供用户参考，用户需根据实际情况选择使用或调整后使用。

附表 2-1　木霉菌剂与消毒剂混用

消毒剂	与木霉混配性	使用建议
二氧化氯	不可混配	不建议混合使用，应分开使用，二氧化氯浓度不超过 5 mg/L
双十烷基二甲基氯化铵	不可混配	不建议混合使用，应分开使用，双十烷基二甲基氯化铵不超过 5 mg/L
卤化杂环化合物（5 mg/L 以下）	不可混配	不建议混合使用，可间隔 1 d 使用
过氧化氢	不可混配	不建议混合使用，如果需要在灌溉时混合使用，浓度要低于 1/10 000
过氧乙酸	不可混配	不建议混合使用，如果需要在灌根时混用，过氧乙酸要稀释 200 倍以上，如果在灌溉时混用，需稀释 10 000 倍以上

附表 2-2 木霉菌剂与微生物农药或菌肥混用

活体微生物农药或菌肥	与木霉混配性	使用建议
苏云金杆菌	不可混配	不能与木霉菌剂混用；苏云金杆菌施用 1 d 后再施用木霉菌剂
球孢白僵菌	可混配	按常规用量混用（土壤处理需要增加用量）
解淀粉芽孢杆菌	不可混配/可混配	亲和性因芽孢杆菌株而异；建议间隔 1 d 使用，或适当增加木霉菌剂用量
枯草芽孢杆菌	不可混配/可混配	亲和性因芽孢杆菌株而异；建议间隔 1 d 使用，或适当增加木霉菌剂用量
地衣芽孢杆菌与吲哚丁酸	可混配	按常规剂量混用
活性紫色细菌	可混配	按常规剂量混用
灰绿链霉菌	可混配	按常规用量混用，需在混合后 2 h 内使用
球囊霉	可混配	按常规用量混用

附表 2-3 木霉菌剂和化肥营养元素混用

化肥营养元素	与木霉混配性	使用建议
硫酸钾	可混配	可混合使用，每 667 m² 用 2 kg 木霉颗粒剂与常规用量的硫酸钾混合
尿素或复合肥	不可混配	不建议混合使用，如果混合使用，每 667 m² 用 2 kg 木霉颗粒剂与 45 kg 化肥混合后当天使用或混合后 4 h 内施用
磷酸二氢钙	轻微抑制	可混合使用，每 667 m² 用 2 kg 木霉颗粒剂与 45 kg 化肥混合，混合后当天使用或混合后 4 h 内施用
二钼酸铵	可混配	可混合使用，每 667 m² 用 2 kg 木霉可湿性粉剂与常规用量的二钼酸铵混合
硫酸锰	可混配	可混合使用，每 667 m² 用 2 kg 木霉可湿性粉剂与常规用量的硫酸锰混合
硫酸铜	轻微抑制	可混合使用，每 667 m² 用 2 kg 木霉可湿性粉剂与常规用量的硫酸铜混合后当天施用
硫酸亚铁	可混配	可混合使用，每 667 m² 用 2 kg 木霉可湿性粉剂与常规用量的硫酸亚铁混合
硫酸钙	可混配	可混合使用，每 667 m² 用 2 kg 木霉可湿性粉剂与常规用量的硫酸钙混合
磷酸二氢钾	可混配	可混合使用，每 667 m² 用 2 kg 木霉可湿性粉剂与常规用量的硫酸二氢钾混合
硫酸锌	轻微抑制	可混合使用，每 667 m² 用 2 kg 木霉可湿性粉剂与常规用量硫酸锌混合后当天施用
硫酸镁	轻微抑制	可混合使用，每 667 m² 用 2 kg 木霉可湿性粉剂与常规用量的硫酸镁混合后当天施用

附表 2-4 木霉菌剂与杀菌剂混用

杀菌剂	与木霉混配性	使用建议
氟啶酰菌胺/氟吡菌胺	不可混配	不能与木霉菌剂混用；氟吡菌胺施用 1 d 后再施用木霉菌剂
氟酰胺	不可混配	不能与木霉菌剂混用；氟酰胺施用 1 d 后再施用木霉菌剂
抑霉唑	不可混配	不能与木霉菌剂混用；抑霉唑施用 10~14 d 后再施用木霉菌剂
异菌脲	不可混配	不能与木霉菌剂混用；异菌脲施用 1 d 后再施用木霉菌剂
代森锰锌	不可混配	不能与木霉菌剂混用；代森锰锌施用 1 d 后再施用木霉菌剂
精甲霜灵	可混配	按常规用量混用
精甲霜灵+咯菌腈	可混配	按常规用量混用
甲霜灵	不可混配	不能与木霉菌剂混用；甲霜灵施用 1 d 后再施用木霉菌剂
腈菌唑	不可混配	不能与木霉菌剂混用；腈菌唑施用 1 d 后再施用木霉菌剂
氟噻唑吡乙酮和精甲霜灵	可混配	按常规用量混用
氟噻唑吡乙酮	可混配	按常规用量混用
五氯硝基苯	不可混配	不建议混用，但在指定剂量下可混用
吡噻菌胺	可混配	按常规用量混用
亚磷酸	不可混配	不能与木霉菌剂混用；亚磷酸施用 1 d 后再施用木霉菌剂
亚磷酸钾	可混配	按常规用量混用
丙环唑	不可混配	不能与木霉菌剂混用；丙环唑施用 10~14 d 后再施用木霉菌剂
吡唑醚菌酯	可混配	按常规用量混用
咯菌腈	基本可混配	药剂∶木霉可湿性粉剂=2∶1 000，对玉米苗安全
戊唑醇	不可混配	不能与木霉菌剂混用；戊唑醇施用 10~14 d 后再施用木霉菌剂
苯甲·丙环唑	不可混配	不能与木霉菌剂混用
甲基硫菌灵	可混配	按常规用量混用
福美双	可混配	按常规用量混用
三唑酮	不可混配	不能与木霉菌剂混用；三唑酮施用 1 d 后再施用木霉菌剂
氟菌唑	不可混配	不能与木霉菌剂混用；氟菌唑施用 10~14 d 后再施用木霉菌剂
乙烯菌核利/农利灵	可混配	按常规用量混用
三乙膦酸铝	可混配	按常规剂量混用
嘧菌酯	可混配	按常规剂量混用
苯丙烯氟菌唑	可混配	按常规剂量混用
苯菌灵	不可混配	不能与木霉菌剂混用；苯菌灵施用 10~14 d 后再施用木霉菌剂
啶酰菌胺和吡唑醚菌酯	可混配	按常规剂量混用
克菌丹	可混配	按常规剂量混用
萎锈灵	不可混配	不能与木霉菌剂混用；萎锈灵施用 1 d 后再施用木霉菌剂
百菌清	可混配	按常规剂量混用
硫酸铜	不可混配	不能与木霉菌剂混用；硫酸铜施用 1 d 后再施用木霉菌剂

（续）

杀菌剂	与木霉混配性	使用建议
氰霜唑	可混配	按常规剂量混用
氯硝基苯胺	不可混配	不能与木霉菌剂混用；氯硝基苯胺施用 1 d 后再施用木霉菌剂
双十烷基二甲基氯化铵	不可混配	不能与木霉菌剂混用；双十烷基二甲基氯化铵施用 10～14 d 后再施用木霉菌剂
氯唑灵	不可混配	不能与木霉菌剂混用；氯唑灵施用 1 d 后再施用木霉菌剂
咪唑菌酮	可混配	按常规剂量混用
咯菌腈	不可混配	在高剂量下不亲和

附表 2-5　木霉菌剂与除草剂混用

除草剂	与木霉混配性	使用建议
草甘膦	不可混配	不能与木霉菌剂混用；草甘膦施用 1 d 后再施用木霉菌剂
敌草胺（草萘胺）	可混配	按常规用量混用

附表 2-6　木霉菌剂与杀虫剂混用

杀虫剂	与木霉混配性	使用建议
乙酰甲胺磷（杀虫灵）	不可混配	不能与木霉菌剂混用；乙酰甲胺磷（杀虫灵）施用 1 d 后再施用木霉菌剂
甲萘威	不可混配	不能与木霉菌剂混用；甲萘威施用 1 d 后再施用木霉菌剂
毒死蜱	不可混配	不能与木霉菌剂混用；毒死蜱施用 1 d 后再施用木霉菌剂
氰虫酰胺	可混配	按常规用量混用
灭蝇胺	可混配	按常规用量混用
呋虫胺	可混配	按常规用量混用
吡虫啉	不可混配	不能与木霉菌剂混用；吡虫啉施用 1 d 后再施用木霉菌剂
螺虫乙酯	可混配	按常规用量混用
噻虫嗪	可混配	按常规用量混用

附表 2-7　木霉菌剂与植物生长调节剂混用

植物生长调节剂	与木霉混配性	使用建议
嘧啶醇	不可混配	不能与木霉菌剂混用；施用 1 d 后再施用木霉菌剂
矮壮素	不可混配	不能与木霉菌剂混用；施用 1 d 后再施用木霉菌剂
调嘧醇	不可混配	不能与木霉菌剂混用；施用 1 d 后再施用木霉菌剂
多效唑	不可混配	不能与木霉菌剂混用；施用 1 d 后再施用木霉菌剂
烯效唑	不可混配	不能与木霉菌剂混用；施用 1 d 后再施用木霉菌剂
芸薹素内酯	可混配	按常规用量混用

附表 2-8　木霉菌剂与生物化学农药混用

生物化学农药	与木霉混配性	使用建议
氨基寡糖素	可混配	每 667 m² 每次施用 2×10^8 cfu/g 木霉可湿性粉剂（特立克）＋2% 氨基寡糖素（20 g）
蛋白农药	可混配	按常规用量混用
印楝素	可混配	按常规用量混用
苦参碱	不可混配	抑制玉米出苗
井冈霉素	可混配	按常规用量混用，药剂：木霉＝5：100，促进玉米出苗
阿维菌素	基本可混配	药剂：木霉可湿性粉剂＝1：50 或 1：500，对玉米出苗安全
申嗪霉素	可混配	申嗪霉素稀释 300 倍以上与木霉混用，对玉米出苗安全
除虫菊素	可混配	按常规用量混用
虎杖提取物	可混配	按常规用量混用

附录三 防治植物病害与促进植物生长试验设计与效果调查

一、防植物病害与促进植物生长试验设计

（一）试验准备

1. 试验地选择 试验地应选择具有代表性，地势平坦，土壤肥力均，前茬作物一致，浇排水条件良好。试验应避开道路、堆肥场所、水沟、水塘、溢流、高人建筑物及树木荫蔽等特殊地块。

2. 试验地处理

（1）整地、设置保护行、试验地划小区（重复保持一致）。

（2）小区单灌单排，避免串灌串排，小区间保留隔离带。

（3）测定土壤有机质、全氮、有效磷和速效钾、pH、盐离子、土壤脲酶、磷酸酶活性。

（4）检测土壤木霉和土传病菌种类。

3. 试验材料

（1）木霉菌剂。

（2）病原菌（田间接种）。

（3）选择当地主栽品种或感病品种。

（4）对照化学农药和微生物肥料（当地常规施肥和施药种类）。

（5）不含目的微生物的灭活基质（空白基质）。

（二）试验实施

1. 菌剂处理方法 可采用木霉菌剂拌土、沟施、浸种、灌根，或在苗期或成株期喷雾，根据试验目的从中选择其中任何一种处理方法。

2. 自然发病或人工接种病菌 病原真菌小麦粒培养物处理土壤，病原真菌（$1×10^7$ cfu/g）孢子悬浮液喷雾叶片。如果试验木霉菌剂防治叶斑病，采用：①木霉菌剂先接种，2 d后接病菌（预防作用）。②先接种病菌，2 d后接种木霉菌剂（治疗作用）。

（三）田间管理与记载

1. 记录供试作物名称、供试品种、试验地点、试验时间、小区面积、小区排列、重复次数。

2. 调查时间、发病时间、调查方法、病级分级标准、株高和叶片数、试验统计方法。

二、防治植物病害与促进植物生长试验效果调查

木霉菌剂在田间应用的主要目的是控制病害发生和促进作物生长，因此需要有木霉菌

剂对作物病害防效和对作物的促生作用的科学调查方法（附表 3-1），为木霉菌肥和木霉生物农药推广应用提供依据。田间调查的简易方法如下：

附表 3-1 木霉菌剂施用与科学调查方法

项目	供试菌剂	
	木霉生物农药 （可选择人工接种病菌）	木霉菌肥
处理设计	1. 供试生物农药 2. 基质 3. 常规化学农药 4. 空白对照 5. 仅接种病菌对照	1. 供试菌肥＋减量施肥 2. 基质＋减量施肥 3. 常规施肥 4. 空白对照
试验面积	1. 旱地作物（小麦、谷子等密植作物除外）小区面积 30 m² 2. 水田作物，以及小麦、谷子等密植旱地作物小区面积 20 m² 3. 设施农业种植作物小区面积 15 m²，并在一个大棚内安排整个小区组试验 4. 多年生果树每小区不少于 4 株，土壤地力和树龄相同，株形和产量相近	
重复次数	至少 3 次	
区组配置与小区排列	小区采用长方形，随机排列	
施用次数	按方案执行	
试验点数或试验年限	一般作物试验年限不少于 2 个生长季或不少于 2 个地点，果树类试验年限不少于 2 年	

（一）蔬菜

1. 蔬菜根腐病和枯萎病防效及促进作物生长调查 木霉菌剂处理区与对照区设在同一个棚内，对照区不要设在大棚边行或门口。垄长（至少双行）10 m 为一个处理区，为了减少对照区的产量损失，对照区设 5 m 垄长（双行）。防治效果均采用 5 点取样，每点调查 30 株。首先选取症状明显的若干病株，观察叶色变色、枯萎情况，然后观察根系褐变和腐烂情况，以此病株为对照，调查处理区和对照区的病株数，计算病株率。生长指标和产量测定：施菌剂后分别于生育期内使用卷尺和游标卡尺测定植株高、茎粗、叶片数等生长指标，收获期测定整个试验区的累计产量，并计算其增产效果。

2. 蔬菜叶斑病防效与促生调查 木霉菌剂处理区与对照区设在同一个棚内，对照区不要设在大棚边行或门口。在叶斑病未发生或叶斑病发生初期进行处理。垄长（至少双行）10 m 为一个菌肥或生物农药处理区；为了减少对照区造成的损失，对照药剂区设 5 m 垄长（双行），不喷洒任何药剂空白对照区 3 m（双行）垄长。防治效果均采用 5 点取样，每点调查 20 株，菌肥或生物农药施用后 7 d 或 10 d 后观察防效。以植株为单位调查病情指数，或每株取上、中、下各 10 片叶调查病情级别，计算每株平均病情指数。生长指标和产量测定：施肥后分别于生育期内使用卷尺和游标卡尺测定植株高、茎粗、叶片数等生长指标，收获期测定整个试验区的累计产量，并计算其增产效果。

（二）果树

1. 叶斑病防效与促生调查 木霉菌剂处理区和对照区分别为 4～5 株树，每个处理

2～3 次重复。每小区调查 2 株树，每株树按东、西、南、北、中 5 点取样，每点取当年生枝条的 20 片叶及 20 个果调查，统计病果率和病情指数。统计全部果实产量。对于灰霉病防治，选择树势相对一致的植株区域，处理区和对照区分别处理 15 株，各重复 3 个区。处理前进行叶斑病基数调查，每次施用木霉菌剂前当天和最后一次施用木霉菌剂 10 d 后调查防效。每小区随机调查 10 个新梢，每个新梢自上而下调查 10 张叶片、末次施菌剂后 10 d 调查前先目测施药区各处理对葡萄、苹果、柑橘等果树生长的影响情况。

2. 溃疡病防效与促生调查 木霉菌剂处理区和对照区分别为 3 株树，每个处理 3 次重复。待秋梢抽发 3～5 片新叶时，各菌剂处理的每株树用编织绳在新叶抽发处扎口标记 5 处（东、西、南、北、中），调查和统计全部果实和标记秋梢上柑橘黑点病和柑橘溃疡病的发生情况。统计全部果实产量。

3. 腐烂病防效与促生调查 木霉菌剂处理区和对照区分别为 30 株树。菌剂处理前对各处理区的 30 株苹果树进行编码，记录病斑数量，并用红油漆画出全部病斑轮廓，用病斑面积测量卡量出每个病斑的面积。菌剂施用后防效调查分别于翌年果树发芽前，定株调查病斑的治愈情况，包括主干和大枝病斑数，复发病斑、新生病斑、病斑愈合宽度、减小面积。

（三）粮食作物

1. 水稻病害防效及促生调查 对水稻纹枯病的调查应在水稻成熟期，调查相邻的木霉菌剂处理区和对照区各 667 m²，每个试验区内对角线 5 点取样，每点调查 100 株，共查 500 株，统计水稻纹枯病病级、病株率，计算防效。

对稻瘟病防效调查，在每次施菌剂前以及末次施用菌剂后 14 d 调查病害发生情况。用对角线取样的方法调查，每处理区取 5 点，每点取 20 株，共 100 株，调查总丛数、总株数、感病株数、病穗数、病穗级数，计算病情指数、防治效果。秋后实测各处理区水稻产量。

2. 小麦病害防效及促生调查 对小麦纹枯病的防效调查，调查相邻的木霉菌剂处理区和对照区各 667 m²，每个试验区内对角线 5 点取样，每点调查 100 株，共查 500 株，在拔节期调查叶鞘及茎秆上黄褐色椭圆形或梭形病斑，统计小麦纹枯病病级、病株率，计算防效。

对小麦赤霉病的调查应该在小麦的成熟期开展，每个小区 5 点取样，每点随机调查 200 穗，记录各级赤霉病病穗数和调查总数，计算防效。

在成熟期随机取各处理的 30 株小麦穗将其剪下装袋，测量穗长、穗粒数及成穗率，并烘干后测量百粒重。成穗率由实际成穗数与理论成穗数（基本苗数与平均分蘖数之积）之商算得。

3. 玉米病害与促生调查 玉米 3～5 叶期前，每个木霉菌剂处理区和对照区分别为 20 m²，3 个重复，每个区对角线 5 点调查，每点随机取 4 垄，每垄随机调查 50 株，调查植株根腐病病株率、统计田间防效。进行不同菌剂处理和对照植株拍照。

在灌浆期，木霉菌剂处理区或对照区各取田块中央 4 条垄，每个处理 4 条垄，留出地头 3～5 m 为保护行（不调查）。每垄调查 100 株，调查各处理的大斑病、小斑病、茎腐病和纹枯病的病株率（包括倒伏率）与病级，统计病情指数、计算防效。进行不同菌剂处理和对照植株拍照。

在乳熟期，每个处理随机取 4 垄，每垄随机取 10 穗，剥去苞叶，逐个调查记载果穗发病级别，统计病情指数，计算果穗防效。进行不同菌剂处理和对照植株拍照。

在收获期，每个处理 5 点取样调查 10 m² 的植株，取每点 10～20 株考种，分别测定玉米穗数、千粒重，收获时籽粒的含水量。记录每小区产量，计算每 667 m² 产量，计算和空白对照相比的增产率。

三、病害发生评价

（一）病害评价指标

1. 黄瓜

（1）黄瓜霜霉病（NT/Y 1156.7—2006）。

病情分级	描述标准
0 级	无病斑；
1 级	病斑面积占整个叶面积的 5％以下；
3 级	病斑面积占整个叶面积的 6％～10％；
5 级	病斑面积占整个叶面积的 11％～25％；
7 级	病斑面积占整个叶面积的 26％～50％；
9 级	病斑面积占整个叶面积的 51％以上。

（2）黄瓜白粉病（Nie et al.，2015）。

病情分级	描述标准
0 级	没有可见的白粉病菌感染症状；
1 级	少于 6％的叶面积感染；
2 级	7％～25％的叶面积感染；
3 级	26％～50％的叶面积感染；
4 级	51％以上的叶面积感染。

（3）黄瓜枯萎病（宗兆峰等，2002）。

病情分级	描述标准
0 级	无症状；
1 级	真叶、子叶黄化或萎蔫面积不超过总面积的 50％；
2 级	真叶、子叶黄化或萎蔫面积超过总面积的 50％；
3 级	叶片萎蔫或枯死，仅生长点存活；
4 级	全株严重萎蔫，以致枯死。

（4）黄瓜细菌性角斑病（苑宝洁等，2022）。

病情分级	描述标准
0 级	无病斑；
1 级	角斑病斑所占叶片表面积 0～5％；
3 级	角斑病斑所占叶片表面积 6％～25％；
5 级	角斑病斑所占叶片表面积 26％～50％；
7 级	角斑病斑所占叶片表面积 51％～75％；

9 级　　　　　　　角斑病斑所占叶片表面积 76% 以上。

（5）黄瓜病毒病（古勤生，2001）。

病情分级　　　　　描述标准

0 级　　　　　　　无症状；

1 级　　　　　　　只表现褪绿斑或明脉；

2 级　　　　　　　轻度花叶斑驳；

3 级　　　　　　　严重花叶斑驳；

4 级　　　　　　　严重花叶斑驳，植株矮化 1/3 以下；

5 级　　　　　　　严重花叶斑驳，植株矮化 1/3～2/3。

2. 番茄

（1）番茄晚疫病（王春林等，2021）。

病情分级　　　　　描述标准

0 级　　　　　　　无病斑；

1 级　　　　　　　病斑面积占整个叶片面积 5% 以下；

3 级　　　　　　　病斑面积占整个叶片面积 6%～10%；

5 级　　　　　　　病斑面积占整个叶片面积 11%～20%；

7 级　　　　　　　病斑面积占整个叶片面积 21%～50%；

9 级　　　　　　　病斑面积占整个叶片面积 51% 以上。

（2）番茄灰霉病（施颖红等，2021）。

病情分级　　　　　描述标准

0 级　　　　　　　植株健康无病斑；

1 级　　　　　　　病斑面积占果实面积的 2% 以下或整个叶面积的 5% 以下；

3 级　　　　　　　病斑面积占果实面积的 3%～8% 或整个叶面积的 6%～10%；

5 级　　　　　　　病斑面积占果实面积的 9%～15% 或整个叶面积的 11%～25%；

7 级　　　　　　　病斑面积占果实面积的 16%～25% 或整个叶面积的 26%～50%；

9 级　　　　　　　病斑面积占果实面积的 26% 以上或整个叶面积的 51% 以上。

（3）番茄立枯病（段丽峰等，2013）。

病情分级　　　　　描述标准

0 级　　　　　　　茎基部无病斑；

1 级　　　　　　　茎基部病斑占整个茎围的 1/3 以下；

3 级　　　　　　　茎基部病斑占整个茎围的 1/3～1/2；

5 级　　　　　　　茎基部病斑占整个茎围的 1/2～3/4；

7 级　　　　　　　茎基部病斑占整个茎围的 3/4 以上。

（4）番茄病毒病（NT/Y 1464.8—2007《农药田间药效试验准则　第 8 部分：杀菌剂防治番茄病毒病》）。

病情分级　　　　　描述标准

0 级　　　　　　　无症状；

1 级　　　　　　　轻花叶，明脉；

3级	心叶及中部叶片花叶；
5级	心叶及中部叶片花叶，少数叶片畸形、皱缩或植株轻度矮化；
7级	重花叶，多数叶片畸形、皱缩或植株矮化；
9级	重花叶，叶片明显畸形，线叶，植株严重矮化甚至死亡。

（5）番茄青枯病（方中达，1998）。

病情分级	描述标准
0级	植株正常；
1级	植株叶片萎蔫程度不超过25％；
2级	植株叶片萎蔫程度超过25％且不超过50％；
3级	植株叶片萎蔫程度超过50％且不超过75％；
4级	植株叶片萎蔫程度超过75％。

3. 辣椒

（1）辣椒疫病（毛爱军，1997）。

病情分级	描述标准
0级	无病症；
1级	幼苗根茎部略微变黑，叶片不萎蔫或可恢复性萎蔫，叶片不脱落；
2级	幼苗根茎部1～2 cm长度变黑，叶片萎蔫不可恢复，下部叶片零星脱落；
3级	幼苗根茎部超过2 cm变黑，叶片明显萎蔫或落叶明显；
4级	幼苗根茎部明显变黑并缢缩，除生长点外全部落叶或整株萎蔫；
5级	全株枯死。

（2）辣椒炭疽病（龙贵兴，2021）。

病情分级	描述标准
0级	无病斑；
1级	病斑面积占果实面积的3％以下；
3级	病斑面积占果实面积的4％～8％；
5级	病斑面积占果实面积的9％～15％；
7级	病斑面积占果实面积的16％～25％；
9级	病斑面积占果实面积的26％以上。

（3）辣椒青枯病（王艳辉，2013）。

病情分级	描述标准
0级	无病；
1级	少量小叶萎蔫；
2级	2片叶萎蔫；
3级	一半叶片萎蔫；
4级	除部分叶片外全都萎蔫；
5级	全株萎蔫枯死。

（4）辣椒病毒病（NT/Y 1464.9—2007《农药田间药效试验准则 第9部分：杀菌剂

防治辣椒病毒病》）。

病情分级	描述标准
0 级	无任何症状；
1 级	心叶明脉或轻花叶；
3 级	心叶及中部叶片花叶，有时叶片出现坏死斑；
5 级	多数叶片花叶，少数叶片畸形、皱缩，有时叶片或茎部出现坏死斑，或茎部出现短条斑；
7 级	多数叶片畸形、细长，或茎秆、叶脉产生系统坏死，植株矮化；
9 级	植株严重系统花叶、畸形，或有时严重系统坏死，植株明显矮化甚至死亡。

4. 甘蓝

（1）甘蓝软腐病（吴崇义，2019）。

病情分级	描述标准
0 级	无病斑；
1 级	病斑面积占整个面积的 5％以下；
2 级	病斑面积占整个面积的 6％～10％；
3 级	病斑面积占整个面积的 11％～20％；
4 级	病斑面积占整个面积的 21％～50％；
5 级	病斑面积占整个面积的 51％以上。

（2）甘蓝黑腐病（姜辉等，2004）。

病情分级	描述标准
0 级	无病斑；
1 级	叶片病斑面积占整张叶片面积的 5％以下；
3 级	叶片病斑面积占整张叶片面积的 6％～10％；
5 级	叶片病斑面积占整张叶片面积的 11％～25％；
7 级	叶片病斑面积占整张叶片面积的 26％～50％；
9 级	叶片病斑面积占整张叶片面积的 51％以上。

5. 茄子

（1）茄子青枯病（刘富中，2005）。

病情分级	描述标准
0 级	无明显发病症状；
1 级	1 片叶萎蔫；
2 级	2 片叶萎蔫；
3 级	3 片叶以上萎蔫；
4 级	整株萎蔫或死亡。

（2）茄子黄萎病（NT/Y 1464.34—2010《农药田间药效试验准则　第 34 部分：杀菌剂防治茄子黄萎病》）。

病情分级	描述标准

0级	无症状；
1级	病叶数占总叶数10％以下；
3级	病叶数占总叶数11％～25％；
5级	病叶数占总叶数26％～50％；
7级	病叶数占总叶数51％以上；
9级	病株叶片脱落成光秆至植株死亡，有的出现急性萎蔫死亡症状。

（3）茄子早疫病（朱丽梅等，2015）。

病情分级	描述标准
0级	叶片上无病斑；
1级	叶片上发现零星病斑；
2级	病斑面积为叶面积的1/4；
3级	病斑面积为叶面积的1/4～1/3；
4级	病斑面积为叶面积的1/3～1/2；
5级	病斑很多或融合成大斑，病斑面积占整个叶面积的1/2以上。

6. 菠菜

菠菜霜霉病（张颂函，2014）。

病情分级	描述标准
0级	无病斑；
1级	病斑面积占整个叶面积5％以下；
3级	病斑面积占整个叶面积6％～10％；
5级	病斑面积占整个叶面积11％～25％；
7级	病斑面积占整个叶面积26％～50％；
9级	病斑面积占整个叶面积51％以上。

7. 葡萄

（1）葡萄霜霉病（李宝燕等，2014）。

病情分级	描述标准
0级	全叶无病斑；
1级	病斑面积占整个叶面积的5％以下；
3级	病斑面积占整个叶面积的6％～25％；
5级	病斑面积占整个叶面积的26％～50％；
7级	病斑面积占整个叶面积的51％～75％；
9级	病斑面积占整个叶面积的76％以上。

（2）葡萄白粉病（NT/Y 1464.12—2007）。

病情分级	描述标准
0级	无病叶；
1级	病斑面积小于整片叶面积的5％以下；
3级	病斑面积占整片叶面积的6％～10％；
5级	病斑面积占整片叶面积的11％～20％；

| 7 级 | 病斑面积占整片叶面积的 21％～40％； |
| 9 级 | 病斑面积大于整片叶面积的 41％。 |

（3）葡萄灰霉病（王乐陶，2017）。

病情分级	描述标准
0 级	无病斑；
1 级	病斑面积占整个果穗面积的 5％以下；
3 级	病斑面积占整个果穗面积的 6％～10％；
5 级	病斑面积占整个果穗面积的 11％～20％；
7 级	病斑面积占整个果穗面积的 21％～40％；
9 级	病斑面积占整个果穗面积的 41％以上。

（4）葡萄炭疽病（陈徐飞等，2022）。

病情分级	描述标准
0 级	果实健康无病斑；
1 级	病果面积占整个果穗面积的 5％以下；
3 级	病果面积占整个果穗面积的 6％～15％；
5 级	病果面积占整个果穗面积的 16％～25％；
7 级	病果面积占整个果穗面积的 26％～50％；
9 级	病果面积占整个果穗面积的 51％以上。

8. 苹果

（1）苹果褐斑病（栾炳辉等，2020）。

病情分级	描述标准
0 级	无病斑；
1 级	病斑面积占面积叶片面积的 10％以下；
3 级	病斑面积占面积叶片面积的 11％～25％；
5 级	病斑面积占面积叶片面积的 26％～40％；
7 级	病斑面积占面积叶片面积的 41％～65％；
9 级	病斑面积占面积叶片面积的 66％以上。

（2）苹果斑点病（李燕等，2012）。

病情分级	描述标准
0 级	无病斑；
1 级	叶片病斑面积占叶片面的 0.1％～5％；
2 级	叶片病斑面积占叶片面的 5.1％～15％；
3 级	叶片病斑面积占叶片面的 15.1％～30％；
4 级	叶片病斑面积占叶片面的 30.1％～45％；
5 级	叶片病斑面积占叶片面的 45.1％～65％；
6 级	叶片病斑面积占叶片面的 65.1％～85％；
7 级	叶片病斑面积占叶片面的 85.1％以上。

（3）苹果锈病（姜鹤等，2021）。

病情分级　　　　描述标准

0 级　　　　　　无病斑；

1 级　　　　　　病斑面积占整个叶面积的 10％以下；

3 级　　　　　　病斑面积占整个叶面积的 11％～25％；

5 级　　　　　　病斑面积占整个叶面积的 26％～40％；

7 级　　　　　　病斑面积占整个叶面积的 41％～65％；

9 级　　　　　　病斑面积占整个叶面积的 66％以上。

（4）苹果炭疽病（穆忠学，2018）。

病情分级　　　　描述标准

0 级　　　　　　果面无病斑；

1 级　　　　　　每果 1～2 个病斑；

3 级　　　　　　每果 3～4 个病斑；

5 级　　　　　　每果 5～6 个病斑；

7 级　　　　　　每果 7～10 个病斑；

9 级　　　　　　每果 11 个以上斑痕。

（5）苹果黑星病（史广亮等，2021）。

病情分级　　　　描述标准

0 级　　　　　　叶面无病斑；

1 级　　　　　　病斑面积占整片叶面积的 10％以下；

3 级　　　　　　病斑面积占整片叶面积的 11％～25％；

5 级　　　　　　病斑面积占整片叶面积的 26％～40％；

7 级　　　　　　病斑面积占整片叶面积的 41％～55％；

9 级　　　　　　病斑面积占整片叶面积的 56％以上。

（6）苹果树腐烂病（孙广宇等，2014）。

病情分级　　　　描述标准

0 级　　　　　　没有病斑；

1 级　　　　　　1～2 年生小枝有极少量病斑；

2 级　　　　　　主干、主枝无病斑，侧枝有轻微病斑；

3 级　　　　　　主干或主枝上 1 个病斑，且宽度小于枝干周长的 30％，或有多个病斑，且其累计宽度（不重叠部分）小于枝干周长的 30％；

4 级　　　　　　主干或主枝上 1 个病斑，且宽度占枝干周长的 30％～50％，或有多个病斑，且累计宽度占枝干周长的 30％～50％；

5 级　　　　　　主干或主枝上有 1 个病斑，且宽度占枝干周长的 50％以上，或有多个病斑，且累计宽度占枝干周长的 50％以上；

6 级　　　　　　主干或主枝上有 2 个病斑，宽度均占枝干周长的 50％以上；

7 级　　　　　　主干或主枝上有 3 个病斑，宽度均占枝干周长的 50％以上；

8 级　　　　　　发病严重，树体衰弱，濒临死亡；

9 级　　　　　　因腐烂病危害，导致树体死亡。

9. 柑橘

（1）柑橘溃疡病（杨玉丽等，2021）。

病情分级	描述标准
0 级	叶、果无病斑；
1 级	叶、果有 1～5 个病斑；
3 级	叶、果有 6～10 个病斑；
5 级	叶、果有 11～15 个病斑；
7 级	叶、果有 16～20 个病斑；
9 级	叶、果有病斑 21 个以上。

（2）柑橘炭疽病（谢立，2017）。

① 叶片分级标准：

病情分级	描述标准
0 级	无病斑；
1 级	病斑面积占整个叶面积的 5％以下；
3 级	病斑面积占整个叶面积的 6％～10％；
5 级	病斑面积占整个叶面积的 11％～25％；
7 级	病斑面积占整个叶面积的 26％～50％；
9 级	病斑面积占整个叶面积的 51％以上。

② 果实分级标准：

病情分级	描述标准
0 级	果上无病斑；
1 级	果上有病斑 1～2 个；
3 级	果上有病斑 3～4 个；
5 级	果上有病斑 5～6 个；
7 级	果上有病斑 7～8 个，果柄上有病斑；
9 级	果上有病斑 9 个以上，病斑占果面积 1/4 以上，果柄上有病斑并造成蒂腐。

（3）柑橘疮痂病（肖作茂等，2020）。

① 叶片分级标准：

病情分级	描述标准
0 级	无病斑；
1 级	每叶有病斑 1～5 个；
3 级	每叶有病斑 6～10 个；
5 级	每叶有病斑 11～15 个；
7 级	每叶有病斑 16～20 个；
9 级	每叶有病斑 21 个以上。

② 果实分级标准：

病情分级	描述标准

0 级	无病斑；
1 级	病斑相连面积占整个果面 5％以下；
3 级	病斑相连面积占整个果面 6％～10％；
5 级	病斑相连面积占整个果面 11％～25％；
7 级	病斑相连面积占整个果面 26％～50％；
9 级	病斑相连面积占整个果面 51％以上。

（4）柑橘黄龙病（范国成等，2016）。

病情分级	描述标准
0 级	叶片上无斑驳黄化症状，树势良好；
1 级	叶片斑驳黄化面积少于 1/3，树势一般；
2 级	叶片斑驳黄化面积在 1/3～2/3，树势较差；
3 级	叶片斑驳黄化面积大于 2/3，树势极差。

（5）柑橘青霉病（张岳等，2017）。

病情分级	描述标准
0 级	果实无病态；
1 级	发病面积 10％以下，果皮软化呈水渍状；
3 级	发病面积为 11％～30％，表面长出气生菌丝且部分形成 1 层厚的白色霉斑；
5 级	发病面积为 31％～50％，大部分为浅绿色粉状物；
7 级	发病面积为 51％～70％，大部分为青绿色粉状物；
9 级	发病面积＞71％，出现深绿色粉状物。

10. 大蒜

（1）大蒜白腐病（杨德良等，2018）。

病情分级	描述标准
0 级	植株健壮无病斑；
1 级	发病很轻，基部黄叶数量为 1，表皮有水渍状侵染病斑；
2 级	发病轻，基部黄叶数量为 2，表皮有水渍状侵染的黑色大斑块；
3 级	发病较重，基部黄叶数量为 3，表皮已长满白腐小核菌菌丝，鳞茎开始腐烂；
4 级	发病重，基部黄叶数量为 4，腐烂较重，发病部位长满菌丝，上面有少量黑色球形小菌核；
5 级	发病严重，基部黄叶数量为 5，茎基部和鳞茎上长满浓密的绒毛状白色菌丝，白色菌丝上长大量的黑色球形小菌核，鳞茎及茎秆严重腐烂，整株发病。

（2）大蒜细菌性软腐病（董金根等，2013）。

病情分级	描述标准
0 级	全株无病；
1 级	第 4 叶片及其以下各叶鞘、叶片发病（以顶叶为第 1 片叶）；

3 级	第 3 叶片及其以下各叶鞘、叶片发病；
5 级	第 2 叶片及其以下各叶鞘、叶片发病；
7 级	顶叶叶片及其以下各叶鞘、叶片发病；
9 级	全株发病，腐烂发臭。

（3）大蒜锈病（卞康亚等，2020）。

病情分级	描述标准
0 级	不发病；
1 级	孢子堆面积占整片叶的 5％以下；
3 级	孢子堆面积占整片叶的 6％～10％；
5 级	孢子堆面积占整片叶的 11％～20％；
7 级	孢子堆面积占整片叶的 21％～50％；
9 级	孢子堆面积占整片叶的 51％以上。

（4）大蒜叶枯病（陈玲，2019）。

病情分级	描述标准
0 级	全株无病；
1 级	全株 1/4 以下的叶片有少数病斑；
2 级	全株 1/2 以下的叶片有少量病斑或 1/4 以下的叶片有较多的病斑；
3 级	全株 3/4 以下的叶片发病或全株 1/4 以下的叶片全叶枯黄；
4 级	全株 3/4 以上的叶片发病或全株 1/2 以下的叶片枯黄或整株枯黄。

（5）大蒜紫斑病（邹燕等，2009）。

病情分级	描述标准
0 级	无病；
1 级	叶片上有零星病斑或叶尖干枯面积占整片叶的 5％以下；
3 级	病斑面积占整片叶的 6％～ 25％；
5 级	病斑面积占整片叶的 26％～ 50％；
7 级	病斑面积占整片叶的 51％～ 75％；
9 级	病斑面积占整片叶的 76％以上。

11. 玉米

（1）玉米茎腐病（吴晓儒等，2015）。

病情分级	描述标准
0 级	无症状；
1 级	地上地下部生长正常，根部可见少量病斑，面积占根表总面积 1/4 以下，根群颜色白中带褐；
2 级	地上地下部生长明显受阻，叶色变淡，侧根少而短，无须根，病斑连片，占根表总面积 1/4 ～ 1/2，根群颜色白褐相当；
3 级	地上地下部生长极不正常，地上部可见青枯、黄枯状，侧根极小，病斑占根表总面积 1/2 ～ 3/4，根群颜色褐中带白；

4 级	发芽但不出苗，几乎窒息而死，病斑占根表总面积 3/4 以上，根褐色。

（2）玉米纹枯病（元维军等，2020）。

病情分级	描述标准
0 级	全株无症状；
1 级	最下方的果穗下第 4 叶鞘及以下叶鞘发病；
3 级	最下方的果穗下第 3 叶鞘及以下叶鞘发病；
5 级	最下方的果穗下第 2 叶鞘及以下叶鞘发病；
7 级	最下方的果穗下第 1 叶鞘及以下叶鞘发病；
9 级	最下方的果穗及其以上叶鞘发病。

（3）玉米穗腐病（胡颖雄等，2021）。

病情分级	描述标准
0 级	无症状；
1 级	发病面积占雌穗总面积 0～1%；
3 级	发病面积占雌穗总面积 2%～10%；
5 级	发病面积占雌穗总面积 11%～25%；
7 级	发病面积占雌穗总面积 26%～50%；
9 级	发病面积占雌穗总面积 51%～100%。

（4）玉米大斑病（王双全等，2018）。

病情分级	描述标准
0 级	免疫，不发病；
1 级	叶片上无病斑或仅在穗位下部叶片上有零星的病斑，病斑占叶面积少于或等于 5%；
3 级	穗部以下叶片有少量病斑，穗部以上叶片有零星病斑，病斑面积占 6%～10%；
5 级	穗部以下叶片上病斑较多，穗部以上叶片有少量病斑，病斑面积占 11%～25%；
7 级	整株叶片有较多病斑，病斑面积占 26%～50%；
9 级	整株叶片有大量病斑，病斑面积大于 51%。

（5）玉米南方锈病（袁虹霞等，2010）。

病情分级	描述标准
0 级	叶片上无病斑和孢子；
1 级	叶片上有少量的孢子堆，占叶片面积小于 5%；
3 级	叶片上有少量的孢子堆，占叶片面积的 6%～25%；
5 级	叶片上有中量的孢子堆，占叶片面积的 26%～50%；
7 级	叶片上有大量的孢子堆，占叶片面积的 51%～75%；
9 级	叶片上有大量的孢子堆，占叶片面积的 76%～100%，叶片枯死。

12. 小麦

(1) 小麦茎基腐病（陆宁海等，2016）。

病情分级	描述标准
0 级	无症状；
1 级	第 1 叶鞘褐枯小于叶鞘长度 50%，第 1 枚叶片褪绿黄化不明显；
2 级	第 1 叶鞘褐枯大于叶鞘长度 50%，第 1 枚叶片明显褪绿黄化，但没有完全枯死；
3 级	第 1 枚叶片完全枯死，第 2 叶鞘有明显褐枯，第 2 枚叶片的叶尖开始褪绿黄化枯死；
4 级	第 2 枚叶片有明显褐枯，枯死斑占叶片长度的 50% 以下；
5 级	第 2 枚叶片有明显褐枯，枯死斑占叶片长度的 50% 以上；
6 级	第 2 枚叶片完全枯死，第 3 枚叶片的叶尖开始褪绿黄化枯死；
7 级	第 3 枚叶片有明显褐枯，枯死斑占叶片长度的 50% 以下；
8 级	第 3 枚叶片有明显褐枯，枯死斑占叶片长度的 50% 以上。

(2) 小麦纹枯病（赵永强等，2017）。

病情分级	描述标准
0 级	（无病）健株；
1 级	叶鞘发病；
2 级	茎秆上病斑宽度占茎秆周长的 1/4 以下；
3 级	茎秆上病斑宽度占茎秆周长的 1/4～1/2；
4 级	茎秆上病斑宽度占茎秆周长的 1/2～3/4；
5 级	茎秆上病斑宽度占茎秆周长的 3/4 以上，但植株未枯死；
6 级	病株提早枯死，呈枯孕穗或枯白穗。

(3) 小麦赤霉病（张诗春等，2022）。

病情分级	描述标准
0 级	全穗无病；
1 级	感病穗面积占全穗面积的 1/4 以下；
3 级	感病穗面积占全穗面积的 1/4～1/2；
5 级	感病穗面积占全穗面积的 1/2～3/4；
7 级	感病穗面积占全穗面积的 3/4 以上。

13. 水稻

(1) 水稻纹枯病（金培云等，2021）。

病情分级	描述标准
0 级	无病斑；
1 级	第 4 枚叶片及其以下各叶鞘、叶片发病（以顶叶为第 1 枚叶片）；
3 级	第 3 枚叶片及其以下各叶鞘、叶片发病；
5 级	第 2 枚叶片及其以下各叶鞘、叶片发病；
7 级	剑叶及其以下各叶鞘、叶片发病；

9级　　　　　　　　全株发病，提早枯死。

（2）稻瘟病（陈环球，2020）。

① 叶瘟

病情分级　　　　　　描述标准

0级　　　　　　　　　无病；

1级　　　　　　　　　叶片病斑少于5个，长度小于1 cm；

3级　　　　　　　　　叶片病斑6～10个，部分病斑长度大于1 cm；

5级　　　　　　　　　叶片病斑11～25个，部分病斑连成片，占叶面积10％～25％；

7级　　　　　　　　　叶片病斑26个以上，病斑连成片，占叶面积26％～50％；

9级　　　　　　　　　病斑连成片，占叶面积50％以上或全叶枯死。

② 穗颈瘟

病情分级　　　　　　描述标准

0级　　　　　　　　　无病；

1级　　　　　　　　　个别枝梗发病，每穗损失5％以下；

3级　　　　　　　　　1/3左右枝梗发病，每穗损失6％～20％；

5级　　　　　　　　　穗颈或主轴发病，谷粒半瘪，每穗损失21％～50％；

7级　　　　　　　　　穗颈发病，大部分瘪谷，每穗损失51％～70％；

9级　　　　　　　　　穗颈发病，造成白穗，每穗损失71％～100％。

四、病害防治效果计算

1. 基于病情指数计算防治效果

（1）病情指数＝Σ（病级数×该病级植株数）/（最大病级数×植株总株数）×100。

（2）病情指数增长率＝（处理后的病情指数－处理前病情指数）/处理后的病情指数×100％。

（3）治疗效果＝（对照病情指数增长率－处理病情指数增长率）/对照病情指数增长率×100％。

（4）防治效果＝（对照组病情指数－处理组病情指数）/对照组病情指数×100％。

（5）防治效果＝（1－对照区药前病情指数×施药区药后病情指数/对照区药后病情指数×施药区药前病情指数）×100％。

（注：防治效果适用于在已经发生病害的田块进行防治试验。）

2. 基于病株率计算防治效果

（1）病株率＝病株数/调查总株数×100％。

（2）病害防效＝（对照组病株率－处理组病株率）/对照组病株率×100％。

3. 基于病穗率计算防治效果

（1）病穗率＝病穗数/调查总穗数×100％。

（2）防治效果＝（对照组病穗率－处理组病穗率）/对照组病穗率×100％。

4. 基于病叶（果）率计算防治效果

（1）病叶（果）率＝病叶（果）数/调查总叶（果）数×100％。

（2）防治效果＝（对照组病叶率或病果率－处理组病叶率或病果率）/对照组病叶率或病果率×100％。

5. 基于果树病斑数与面积计算防治效果

（1）病斑复发率＝病斑复发块数/调查总病斑块数×100％。

（2）平均每株病斑块率＝（新发病块数＋复发病块数）/调查总株数×100％。

（3）防效＝（1－菌剂处理区病斑复发率）/空白对照区病斑复发率×100％。

（4）平均每株病斑面积＝（新发病斑面积＋复发病斑面积）/调查总株数。

（5）平均病斑面积减小率＝（施菌剂前平均病斑面积－施菌剂后平均病斑面积）/施菌剂前平均病斑面积×100％。

附录四 我国登记的木霉生物农药名录（截至 2022 年）

登记证号	农药名称	农药类别	剂型	总含量	有效期至	登记证持有人
PD20212932	哈茨木霉 LTR2	杀菌剂	可湿性粉剂	孢子 2 亿个/g	2026-12-29	昆明农药有限公司
PD20161313	木霉菌	杀菌剂	可湿性粉剂	活孢子 2 亿个/g	2026-10-14	青岛中达农业科技有限公司
PD20211132	木霉菌	杀菌剂	颗粒剂	孢子 1 亿个/g	2026-8-5	汝阳自强生物科技有限公司
PD20160752	木霉菌	杀菌剂	可湿性粉剂	孢子 2 亿个/g	2026-6-19	上海万力华生物科技有限公司
PD20210970	哈茨木霉菌	杀菌剂	可湿性粉剂	孢子 3 亿个/g	2026-6-10	山东拜沃生物技术有限公司
PD20152195	木霉菌	杀菌剂	水分散粒剂	2 亿个/g	2025-9-23	云南星耀生物制品有限公司
PD20152046	木霉菌	杀菌剂	可湿性粉剂	孢子 10 亿个/g	2025-9-7	山东惠民中联生物科技有限公司
PD20101573	木霉菌	杀菌剂	水分散粒剂	活孢子 1 亿个/g	2025-6-1	山东泰诺药业有限公司
PD20200374	木霉菌	杀菌剂	水分散粒剂	2 亿个/g	2025-5-21	山西奇星农药有限公司
PD20150694	哈茨木霉菌	杀菌剂	水分散粒剂	1.0 亿 cfu/g	2025-4-20	成都特普生物科技股份有限公司
PD20096833	木霉菌	杀菌剂	可湿性粉剂	活孢子 2 亿个/g	2024-9-21	山东泰诺药业有限公司
PD20096832	木霉菌	杀菌剂	母药	活孢子 25 亿个/g	2024-9-21	山东泰诺药业有限公司
PD20142169	木霉菌	杀菌剂	可湿性粉剂	孢子 2 亿个/g	2024-9-18	山东玥鸣生物科技有限公司
PD20140320	哈茨木霉菌	杀菌剂	母药	300 亿 cfu/g	2024-2-13	美国拜沃股份有限公司
PD20140319	哈茨木霉菌	杀菌剂	可湿性粉剂	3 亿 cfu/g	2024-2-13	美国拜沃股份有限公司
PD20132406	木霉菌	杀菌剂	可湿性粉剂	活孢子 2 亿个/g	2023-11-20	潍坊万胜生物农药有限公司
PD20131786	木霉菌	杀菌剂	水分散粒剂	2 亿个/g	2023-9-9	山东碧奥生物科技有限公司
PD20183394	木霉菌	杀菌剂	可湿性粉剂	孢子 1 亿个/g	2023-8-20	河北绿色农华作物科技有限公司
PD20182786	木霉菌	杀菌剂	可湿性粉剂	孢子 2 亿个/g	2023-7-23	山东淼禾生物科技股份有限公司
PD20182297	木霉菌	杀菌剂	可湿性粉剂	孢子 2 亿个/g	2023-6-27	德强生物股份有限公司
PD20171880	木霉菌	杀菌剂	水分散粒剂	孢子 3 亿个/g	2022-9-18	山西运城绿康实业有限公司
PD20170879	木霉菌	杀菌剂	可湿性粉剂	孢子 2 亿个/g	2022-5-9	山东康惠植物保护有限公司

附录五 我国登记的芽孢杆菌生物农药名录（截至 2022 年）

登记证号	农药名称	农药类别	剂型	总含量	有效期至	登记证持有人
PD20170899	枯草芽孢杆菌	杀菌剂	可湿性粉剂	孢子 200 亿个/g	2027-5-8	四川润尔科技有限公司
PD20170686	枯草芽孢杆菌	杀菌剂	可湿性粉剂	孢子 200 亿个/g	2027-4-9	河北博嘉农业有限公司
PD20170599	枯草芽孢杆菌	杀菌剂	可湿性粉剂	100 亿 cfu/g	2027-4-9	山东海而三利生物化工有限公司
PD20170254	枯草芽孢杆菌	杀菌剂	可湿性粉剂	孢子 1 000 亿个/g	2027-2-13	广西贝嘉尔生物化学制品有限公司
PD20170357	枯草芽孢杆菌	杀菌剂	可湿性粉剂	100 亿 cfu/g	2027-2-12	烟台绿云生物科技有限公司
PD20170279	枯草芽孢杆菌	杀菌剂	可湿性粉剂	孢子 1 000 亿个/g	2027-2-12	广西植物龙生物技术股份有限公司
PD20170046	枯草芽孢杆菌	杀菌剂	可湿性粉剂	1 000 亿 cfu/g	2027-1-6	山东茹亿生物科技有限公司
PD20212723	枯草芽孢杆菌	杀菌剂	悬浮剂	100 亿 cfu/mL	2026-10-19	江苏省扬州绿源生物化工有限公司
PD20212683	蜡质芽孢杆菌	杀菌剂	悬浮剂	10 亿 cfu/mL	2026-10-19	山东惠民中联生物科技有限公司
PD20161450	枯草芽孢杆菌	杀菌剂	可湿性粉剂	孢子 1 000 亿个/g	2026-10-14	山东秀邦生物科技有限公司
PD20161407	枯草芽孢杆菌	杀菌剂	可湿性粉剂	2 000 亿个/g	2026-10-14	浙江省桐庐汇丰生物科技有限公司
PD20211976	多黏类芽孢杆菌	杀菌剂	可湿性粉剂	10 亿 cfu/g	2026-9-28	烟台欧贝斯生物化学有限公司
PD20211957	甲基营养型芽孢杆菌 LW-6	杀菌剂	可湿性粉剂	芽孢 200 亿个/g	2026-9-28	陕西恒田生物农业有限公司
PD20110973	枯草芽孢杆菌	杀菌剂	可湿性粉剂	芽孢 1 000 亿个/g	2026-9-14	德强生物股份有限公司
PD20161234	枯草芽孢杆菌	杀菌剂	可湿性粉剂	孢子 100 亿个/g	2026-9-13	山东潍坊双星农药有限公司
PD20211364	解淀粉芽孢杆菌 QST713	杀菌剂	悬浮剂	10 亿 cfu/g	2026-9-2	拜尔股份公司
PD20211362	杀线虫芽孢杆菌 B16	杀菌剂	粉剂	5 亿 cfu/g	2026-9-2	云南大学
PD20211360	贝莱斯芽孢杆菌 CGMCC No. 14384	杀菌剂	水分散粒剂	200 亿 cfu/g	2026-9-2	四川百事东旺生物科技有限公司

（续）

登记证号	农药名称	农药类别	剂型	总含量	有效期至	登记证持有人
PD20211359	解淀粉芽孢杆菌 ZY-9-13	杀菌剂	可湿性粉剂	10亿 cfu/g	2026-9-2	武汉科诺生物科技股份有限公司
PD20211349	杀线虫芽孢杆菌 B16	杀菌剂	母药	100亿 cfu/g	2026-9-2	云南大学
PD20211348	贝莱斯芽孢杆菌 CGMCC No.14384	杀菌剂	母药	1000亿 cfu/g	2026-9-2	四川百事东旺生物科技有限公司
PD20211346	解淀粉芽孢杆菌 ZY-9-13	杀菌剂	母药	1000亿 cfu/g	2026-9-2	武汉科诺生物科技股份有限公司
PD20211437	枯草芽孢杆菌	杀菌剂	可湿性粉剂	芽孢1000亿个/g	2026-8-24	山东圣鹏科技股份有限公司
PD20211382	枯草芽孢杆菌	杀菌剂	可湿性粉剂	芽孢1000亿个/g	2026-8-24	山东天威农药有限公司
PD20211170	枯草芽孢杆菌	杀菌剂	可湿性粉剂	100亿 cfu/g	2026-8-5	浙江泰达作物科技有限公司
PD20211162	枯草芽孢杆菌	杀菌剂	可湿性粉剂	芽孢100亿个/g	2026-8-5	陕西恒田生物农业有限公司
PD20211146	枯草芽孢杆菌	杀菌剂	悬浮剂	80亿 cfu/mL	2026-8-5	浙江泰达作物科技有限公司
PD20110793	枯草芽孢杆菌	杀菌剂	母药	芽孢1万亿个/g	2026-7-26	德强生物股份有限公司
PD20211022	解淀粉芽孢杆菌 AT-332	杀菌剂	水分散粒剂	50亿 cfu/g	2026-7-1	南京高正农用化工有限公司
PD20211004	枯草芽孢杆菌	杀菌剂	可湿性粉剂	芽孢100亿个/g	2026-7-1	山东拜沃生物技术有限公司
PD20160669	枯草芽孢杆菌	杀菌剂	可湿性粉剂	100亿 cfu/g	2026-5-20	美国拜沃股份有限公司
PD20160642	枯草芽孢杆菌	杀菌剂	可湿性粉剂	孢子1000亿个/g	2026-4-27	山东百信生物科技有限公司
PD20160525	井冈·蜡芽菌	杀菌剂	可湿性粉剂	—	2026-4-26	安徽黑包公有害生物防控有限公司
PD20210294	枯草芽孢杆菌	杀菌剂	水分散粒剂	1000亿 cfu/g	2026-3-10	江苏省溧阳中南化工有限公司
PD20210273	枯草芽孢杆菌	杀菌剂	颗粒剂	芽孢100亿个/g	2026-3-10	湖北天门斯普林植物保护有限公司
PD20160356	解淀粉芽孢杆菌 B7900	杀菌剂	可湿性粉剂	芽孢10亿个/g	2026-2-25	陕西先农生物科技有限公司
PD20160355	解淀粉芽孢杆菌 B7900	杀菌剂	母药	芽孢100亿个/g	2026-2-25	陕西先农生物科技有限公司
PD20160085	井冈·枯芽菌	杀菌剂	可湿性粉剂	20%	2026-1-28	浙江省桐庐汇丰生物科技有限公司

（续）

登记证号	农药名称	农药类别	剂型	总含量	有效期至	登记证持有人
PD20210036	枯草芽孢杆菌	杀菌剂	可湿性粉剂	1 000 亿 cfu/g	2026-1-13	福建凯立生物制品有限公司
WP20100134	球形芽孢杆菌	卫生杀虫剂	悬浮剂	80 IU/mg	2025-11-3	湖北省武汉兴泰生物技术有限公司
PD20200923	枯草芽孢杆菌	杀菌剂	可分散油悬浮剂	芽孢 200 亿个/mL	2025-10-27	江西顺泉生物科技有限公司
PD20200896	枯草芽孢杆菌	杀菌剂	母药	5 000 亿 cfu/g	2025-10-27	福建凯立生物制品有限公司
PD20200657	解淀粉芽孢杆菌 AT-332	杀菌剂	水分散粒剂	50 亿 cfu/g	2025-9-29	日本史迪士生物科学株式会社
PD20152215	枯草芽孢杆菌	杀菌剂	水剂	孢子 1 亿个/mL	2025-9-23	台湾百事生物科技股份有限公司
PD20152197	枯草芽孢杆菌	杀菌剂	可湿性粉剂	芽孢 1000 亿个/g	2025-9-23	安徽丰乐农化有限责任公司
PD20152110	枯草芽孢杆菌	杀菌剂	可湿性粉剂	100 亿个/g	2025-9-22	云南星耀生物制品有限公司
PD20151598	枯草芽孢杆菌	杀菌剂	可湿性粉剂	孢子 1000 亿个/g	2025-8-28	河北冠龙农化有限公司
PD20151587	枯草芽孢杆菌	杀菌剂	可湿性粉剂	1 000 亿个/g	2025-8-28	江西正邦作物保护股份有限公司
PD20101936	蜡质芽孢杆菌	杀菌剂	母药	活芽孢 90 亿个/g	2025-8-27	江西田友生化有限公司
PD20151514	枯草芽孢杆菌	杀菌剂	微囊粒剂	活芽孢 1 亿个/g	2025-7-31	成都特普生物科技股份有限公司
PD20151486	枯草芽孢杆菌	杀菌剂	水乳剂	10 亿个/g	2025-7-31	韩国生物株式会社
PD20151456	枯草芽孢杆菌	杀菌剂	可湿性粉剂	1 000 亿个/g	2025-7-3	山东中诺药业有限公司
PD20151298	多黏类芽孢杆菌	杀菌剂	可湿性粉剂	10 亿 cfu/g	2025-7-30	武汉科诺生物科技股份有限公司
PD20151111	枯草芽孢杆菌	杀菌剂	母药	1 000 亿 cfu/g	2025-6-25	江苏苏滨生物农化有限公司
PD20101654	枯草芽孢杆菌	杀菌剂	可湿性粉剂	芽孢 10 亿个/g	2025-6-3	保定市科绿丰生化科技有限公司
PD20200380	多黏菌·枯草菌	杀菌剂	可湿性粉剂	105 亿 cfu/g	2025-5-21	辽宁省沈阳红旗林药有限公司
PD20200229	枯草芽孢杆菌	杀菌剂	可湿性粉剂	2 000 亿 cfu/g	2025-4-15	山东滨海瀚生物科技有限公司
PD20200222	枯草芽孢杆菌	杀菌剂	可湿性粉剂	孢子 1000 亿个/g	2025-4-15	松辽生物农药制造（黑龙江）有限公司
PD20200148	春雷素·多黏菌	杀菌剂	悬浮剂	3%	2025-3-22	武汉科诺生物科技股份有限公司

（续）

登记证号	农药名称	农药类别	剂型	总含量	有效期至	登记证持有人
PD20150337	枯草芽孢杆菌	杀菌剂	母药	1万亿 cfu/g	2025-3-3	浙江省桐庐汇丰生物科技有限公司
PD20150190	枯草芽孢杆菌	杀菌剂	悬浮剂	80亿 cfu/mL	2025-1-15	江西禾益化工股份有限公司
PD20150180	井冈·枯芽菌	杀菌剂	水剂	5%	2025-1-15	江西众和化工有限公司
PD20150091	枯草芽孢杆菌	杀菌剂	可湿性粉剂	芽孢1000亿个/g	2025-1-5	河北中保绿农作物科技有限公司
PD20142501	枯草芽孢杆菌	杀菌剂	可湿性粉剂	芽孢10亿个/g	2024-11-21	撒尔夫（河南）农化有限公司
PD20142395	蜡质芽孢杆菌	杀菌剂	悬浮剂	10亿个/g	2024-11-6	江西禾益化工股份有限公司
PD20097312	枯草芽孢杆菌	杀菌剂	可湿性粉剂	10亿个/g	2024-10-27	云南星耀生物制品有限公司
PD20142273	海洋芽孢杆菌	杀菌剂	可湿性粉剂	10亿 cfu/g	2024-10-20	浙江省桐庐汇丰生物科技有限公司
PD20142272	海洋芽孢杆菌	杀菌剂	可湿性粉剂	50亿 cfu/g	2024-10-20	浙江省桐庐汇丰生物科技有限公司
PD20097178	井冈·枯芽菌	杀菌剂	水剂	—	2024-10-16	江苏省苏科农化有限责任公司
PD20142245	枯草芽孢杆菌	杀菌剂	可湿性粉剂	芽孢1000亿个/g	2024-9-28	河南福瑞得生物科技有限公司
PD20096844	多粘类芽孢杆菌	杀菌剂	细粒剂	0.1亿 cfu/g	2024-9-21	浙江省桐庐汇丰生物科技有限公司
PD20096824	枯草芽孢杆菌	杀菌剂	可湿性粉剂	孢子1000亿个/g	2024-9-21	湖北天惠生物科技有限公司
PD20096823	枯草芽孢杆菌	杀菌剂	母药	孢子2000亿个/g	2024-9-21	康欣生物科技有限公司
PD20142156	枯草芽孢杆菌	杀菌剂	可湿性粉剂	1000亿个/g	2024-9-18	山东玥鸣生物科技有限公司
PD20142128	枯草芽孢杆菌	杀菌剂	母药	芽孢1万亿个/g	2024-9-3	福建绿安生物农药有限公司
PD20096362	井冈·蜡芽菌	杀菌剂	悬浮剂	4%+16亿个/g	2024-7-28	上海农乐生物制品股份有限公司
PD20141737	枯草芽孢杆菌	杀菌剂	可湿性粉剂	芽孢1000亿个/g	2024-6-30	山东惠民中联生物科技有限公司
PD20141704	蜡质芽孢杆菌	杀菌剂	可湿性粉剂	孢子20亿个/g	2024-6-30	江西辉丰生物农业股份有限公司
PD20141516	枯草芽孢杆菌	杀菌剂	可湿性粉剂	芽孢1000亿个/g	2024-6-16	江西顺泉生物科技有限公司
PD20096038	井冈·枯芽菌	杀菌剂	水剂	—	2024-6-15	江苏苏滨生物农化有限公司

（续）

登记证号	农药名称	农药类别	剂型	总含量	有效期至	登记证持有人
PD20141451	枯草芽孢杆菌	杀菌剂	可湿性粉剂	芽孢 10 亿个/g	2024-6-9	安徽黑包公有害生物防控有限公司
PD20141358	枯草芽孢杆菌	杀菌剂	母药	芽孢 1 万亿个/g	2024-6-4	江西天人生态股份有限公司
PD20095722	井冈·蜡芽菌	杀菌剂	水剂	—	2024-5-18	江西田友生化有限公司
PD20095232	井冈·蜡芽菌	杀菌剂	可湿性粉剂	37%	2024-4-27	浙江省桐庐汇丰生物科技有限公司
PD20141011	枯草芽孢杆菌	杀菌剂	可湿性粉剂	孢子 1 000 亿个/g	2024-4-21	山东省乳山韩威生物科技有限公司
PD20140934	枯草芽孢杆菌	杀菌剂	可湿性粉剂	1 000 亿个/g	2024-4-14	江西天人生态股份有限公司
PD20094850	井冈·蜡芽菌	杀菌剂	可湿性粉剂	40%	2024-4-13	江苏省溧阳中南化工有限公司
PD20094534	蜡质芽孢杆菌	杀菌剂	可湿性粉剂	8 亿个/g	2024-4-9	山东泰诺药业有限公司
PD20094015	井冈·蜡芽菌	杀菌剂	可湿性粉剂	—	2024-3-27	上海农乐生物制品股份有限公司
PD20093382	井冈·蜡芽菌	杀菌剂	水剂	12%	2024-3-19	浙江省桐庐汇丰生物科技有限公司
PD20140633	枯草芽孢杆菌	杀菌剂	母药	活芽孢 3 000 亿个/g	2024-3-7	江西顺泉生物科技股份有限公司
PD20140612	枯草芽孢杆菌	杀菌剂	母药	活芽孢 1 万亿个/g	2024-3-7	武汉科诺生物科技股份有限公司
PD20140609	井冈·蜡芽菌	杀菌剂	可湿性粉剂	20%	2024-3-7	武汉科诺生物科技股份有限公司
PD20140497	枯草芽孢杆菌	杀菌剂	可湿性粉剂	芽孢 10 亿个/g	2024-3-6	江西新龙生物科技股份有限公司
PD20092826	井冈·蜡芽菌	杀菌剂	水剂	—	2024-3-4	上海农乐生物制品股份有限公司
PD20140421	多粘类芽孢杆菌	杀菌剂	原药	50 亿 cfu/g	2024-2-24	浙江省桐庐汇丰生物科技有限公司
PD20140340	枯草芽孢杆菌	杀菌剂	可湿性粉剂	芽孢 100 亿个/g	2024-2-18	德强生物股份有限公司
PD20140273	多粘类芽孢杆菌	杀菌剂	可湿性粉剂	10 亿 cfu/g	2024-2-12	浙江省桐庐汇丰生物科技有限公司
PD20091916	井冈·蜡芽菌	杀菌剂	水剂	12.5%	2024-2-12	山东信邦生物化学有限公司
PD20091694	井冈·蜡芽菌	杀菌剂	水剂	12.5%	2024-2-3	河南省蕴农植保科技有限公司
PD20091631	井冈·蜡芽菌	杀菌剂	可溶粉剂	15%	2024-2-3	江苏省苏滨生物农化有限公司

（续）

登记证号	农药名称	农药类别	剂型	总含量	有效期至	登记证持有人
PD20190035	侧孢短芽孢杆菌 A60	杀菌剂	悬浮剂	5 亿 cfu/mL	2024-1-29	陕西美邦药业集团股份有限公司
PD20190034	侧孢短芽孢杆菌 A60	杀菌剂	母药	50 亿 cfu/mL	2024-1-29	陕西美邦药业集团股份有限公司
PD20090018	解淀粉芽孢杆菌 LX-11	杀菌剂	悬浮剂	芽孢 60 亿个/mL	2024-1-29	江苏省苏科农化有限责任公司
PD20140209	枯草芽孢杆菌	杀菌剂	可湿性粉剂	芽孢 1 000 亿个/g	2024-1-29	武汉科诺生物科技股份有限公司
PD20091055	井冈·蜡芽菌	杀菌剂	水剂	12.5%	2024-1-21	威海韩孚生化药业有限公司
PD20140122	地衣芽孢杆菌	杀菌剂	水剂	活芽孢 80 亿个/mL	2024-1-20	广西金燕子农药有限公司
PD20140066	枯草芽孢杆菌	杀菌剂	可湿性粉剂	芽孢 1000 亿个/g	2024-1-20	江西田友化工有限公司
PD20090874	井冈·蜡芽菌	杀菌剂	可湿性粉剂	—	2024-1-19	上海农乐生物制品股份有限公司
PD20090010	井冈·蜡芽菌	杀菌剂	悬浮剂	—	2024-1-4	上海农乐生物制品股份有限公司
PD20090009	蜡质芽孢杆菌	杀菌剂	母药	90 亿个/g	2024-1-4	上海农乐生物制品股份有限公司
WP20130267	球形芽孢杆菌	卫生杀虫剂	悬浮剂	80 IU/mg	2023-12-25	广东真格生物科技有限公司
PD20132631	井冈·蜡芽菌	杀菌剂	水剂	2.5%	2023-12-20	江苏宝灵农化股份有限公司
PD20132408	枯草芽孢杆菌	杀菌剂	可湿性粉剂	10 亿个/g	2023-11-20	潍坊万胜生物农药有限公司
PD20132228	枯草芽孢杆菌	杀菌剂	可湿性粉剂	1 000 亿个/g	2023-11-5	江苏苏滨生物农化有限公司
PD20132105	枯草芽孢杆菌	杀菌剂	可湿性粉剂	活芽孢 1 000 亿个/g	2023-10-24	山东玉成生化农药有限公司
PD20184041	枯草芽孢杆菌	杀菌剂	可湿性粉剂	芽孢 1 000 亿个/g	2023-9-25	云南绿戎生物产业开发股份有限公司
PD20131859	多黏类芽孢杆菌	杀菌剂	母药	50 亿 cfu/g	2023-9-24	山西临猗中晋化工有限公司
PD20184034	多黏类芽孢杆菌 KN-03	杀菌剂	母药	300 亿 cfu/g	2023-8-29	武汉科诺生物科技股份有限公司
PD20184026	多黏类芽孢杆菌 KN-03	杀菌剂	悬浮剂	5 亿 cfu/g	2023-8-29	武汉科诺生物科技股份有限公司
PD20184023	坚强芽孢杆菌	杀菌剂	可湿性粉剂	芽孢 100 亿个/g	2023-8-29	江西顺泉生物科技有限公司
PD20184022	坚强芽孢杆菌	杀菌剂	母药	芽孢 1 000 亿个/g	2023-8-29	江西顺泉生物科技有限公司

（续）

登记证号	农药名称	农药类别	剂型	总含量	有效期至	登记证持有人
PD20183927	枯草芽孢杆菌	杀菌剂	可湿性粉剂	芽孢100亿个/g	2023-8-20	桂林集琦生化有限公司
PD20183513	井冈·枯芽菌	杀菌剂	可湿性粉剂	—	2023-8-20	河南绿保科技发展有限公司
WP20080092	球形芽孢杆菌	卫生杀虫剂	母药	200 IU/mg	2023-8-19	江苏省扬州绿源生物化工有限公司
WP20080091	球形芽孢杆菌	卫生杀虫剂	悬浮剂	100 IU/mg	2023-8-19	江苏省扬州绿源生物化工有限责任公司
PD20183216	枯草芽孢杆菌	杀菌剂	可湿性粉剂	孢子1 000亿个/g	2023-7-23	山东鲁抗生物农药有限公司
PD20183074	枯草芽孢杆菌	杀菌剂	可湿性粉剂	芽孢100亿个/g	2023-7-23	山东戴盟得生物科技有限公司
PD20182977	枯草芽孢杆菌	杀菌剂	可湿性粉剂	芽孢100亿个/g	2023-7-23	康欣生物科技有限公司
PD20131476	枯草芽孢杆菌	杀菌剂	可湿性粉剂	活芽孢200亿个/g	2023-7-5	海南利蒙特生物科技有限公司
PD20131432	枯草芽孢杆菌	杀菌剂	可湿性粉剂	活芽孢1 000亿个/g	2023-7-3	江西威力特生物科技有限公司
PD20182232	枯草芽孢杆菌	杀菌剂	可湿性粉剂	芽孢1 000亿个/g	2023-6-27	河南华创作物科技有限公司
PD20131357	井冈·蜡芽菌	杀菌剂	水剂	—	2023-6-20	江苏省桐庐汇丰生物科技有限公司
PD20131195	井冈·多粘菌	杀菌剂	可湿性粉剂	—	2023-5-27	浙江省桐庐汇丰生物科技有限公司
PD20181893	枯草芽孢杆菌	杀菌剂	可分散油悬浮剂	芽孢200亿个/mL	2023-5-16	德强生物股份有限公司
PD20130927	井冈·枯芽菌	杀菌剂	可湿性粉剂	—	2023-4-28	江苏省苏科农化有限责任公司
PD20130871	井冈·蜡芽菌	杀菌剂	水剂	—	2023-4-24	浙江省桐庐汇丰生物科技有限公司
PD20181621	甲基营养型芽孢杆菌LW-6	杀菌剂	可湿性粉剂	芽孢80亿个/g	2023-4-22	陕西恒田生物农业有限公司
PD20181620	甲基营养型芽孢杆菌LW-6	杀菌剂	母药	芽孢800亿个/g	2023-4-22	陕西恒田生物农业有限公司
PD20181603	甲基营养型芽孢杆菌9912	杀菌剂	母药	芽孢40亿个/g	2023-4-22	华北制药集团爱诺有限公司
PD20181602	甲基营养型芽孢杆菌9912	杀菌剂	可湿性粉剂	芽孢30亿个/g	2023-4-22	华北制药集团爱诺有限公司
PD20181264	多粘类芽孢杆菌	杀菌剂	可湿性粉剂	10亿cfu/g	2023-4-17	广东顾地丰生物科技有限公司
PD20130761	枯草芽孢杆菌	杀菌剂	可湿性粉剂	活芽孢1 000亿个/g	2023-4-16	济南仕邦农药有限公司
PD20130544	枯草芽孢杆菌	杀菌剂	可湿性粉剂	孢子200亿个/g	2023-4-1	福建绿安生物农药有限公司
PD20130477	枯草芽孢杆菌	杀菌剂	可湿性粉剂	10亿cfu/g	2023-3-20	安徽隆冠生物科技有限公司

（续）

登记证号	农药名称	农药类别	剂型	总含量	有效期至	登记证持有人
PD20130411	地衣芽孢杆菌	杀菌剂	水剂	80 亿个/mL	2023-3-13	河南省安阳国丰农药有限责任公司
PD20180634	枯草芽孢杆菌	杀菌剂	可湿性粉剂	孢子 1 000 亿个/g	2023-2-8	河南田丰上品生物科技有限公司
PD20180378	枯草芽孢杆菌	杀菌剂	悬浮种衣剂	芽孢 300 亿个/mL	2023-1-14	江苏省扬州绿源生物化工有限公司
PD20180359	多黏类芽孢杆菌	杀菌剂	可湿性粉剂	10 亿 cfu/g	2023-1-14	山西运城绿康实业有限公司
PD20180082	解淀粉芽孢杆菌	杀菌剂	可湿性粉剂	10 亿 cfu/g	2023-1-14	江苏苏滨生物农化有限公司
PD20172876	井冈·蜡芽菌	杀菌剂	悬浮剂	2.8%	2022-11-20	江苏辉丰生物农业股份有限公司
PD20121632	枯草芽孢杆菌	杀菌剂	可湿性粉剂	孢子 10 亿/g	2022-10-30	台湾百泰生物科技股份有限责任公司
PD20172331	枯草芽孢杆菌	杀菌剂	可湿性粉剂	孢子 1 000 亿个/g	2022-10-17	成都绿金生物科技有限责任公司
PD20121487	枯草芽孢杆菌	杀菌剂	母药	孢子 100 亿个/g	2022-10-9	台湾百泰生物科技股份有限公司
PD20121433	井冈·蜡芽菌	杀菌剂	水剂	2.5%	2022-10-8	山东茹亿生物科技有限公司
PD20172093	枯草芽孢杆菌	杀菌剂	可湿性粉剂	孢子 1 000 亿个/g	2022-9-18	山东青岛润生农化有限公司
PD20171857	枯草芽孢杆菌	杀菌剂	可湿性粉剂	100 亿个/g	2022-9-18	京博农化科技有限公司
PD20171754	解淀粉芽孢杆菌 PQ21	杀菌剂	母药	孢子 1 000 亿个/g	2022-8-30	江西顺泉生物科技有限公司
PD20171753	解淀粉芽孢杆菌 PQ21	杀菌剂	可湿性粉剂	孢子 200 亿个/g	2022-8-30	江西顺泉生物科技有限公司
PD20171746	解淀粉芽孢杆菌 B1619	杀菌剂	水分散粒剂	芽孢 1.2 亿个/g	2022-8-30	江苏省苏科农化有限责任公司
PD20171668	枯草芽孢杆菌	杀菌剂	可湿性粉剂	芽孢 1 000 亿个/g	2022-8-21	海南博士威农用化学有限公司
PD20171278	枯草芽孢杆菌	杀菌剂	可湿性粉剂	芽孢 100 亿个/g	2022-7-19	黑龙江省佳木斯兴宇生物技术开发有限公司
PD20171137	多黏类芽孢杆菌	杀菌剂	可湿性粉剂	50 亿 cfu/g	2022-7-19	山西省临猗中晋化工有限公司
PD20121084	枯草芽孢杆菌	杀菌剂	可湿性粉剂	孢子 100 亿个/g	2022-7-19	广东省佛山市盈辉作物科学有限公司
PD20120806	井冈·蜡芽菌	杀菌剂	水剂	—	2022-5-17	安徽黑包公有害生物防控有限公司

图书在版编目（CIP）数据

木霉菌剂制备与应用技术 / 陈捷等编著 . —北京：
中国农业出版社，2023.6
ISBN 978 - 7 - 109 - 30583 - 0

Ⅰ.①木…　Ⅱ.①陈…　Ⅲ.①木霉属－生物防治
Ⅳ.①S476

中国国家版本馆 CIP 数据核字（2023）第 060614 号

中国农业出版社出版

地址：北京市朝阳区麦子店街 18 号楼
邮编：100125
责任编辑：李　瑜　　文字编辑：常　静
版式设计：王　晨　　责任校对：周丽芳
印刷：中农印务有限公司
版次：2023 年 6 月第 1 版
印次：2023 年 6 月北京第 1 次印刷
发行：新华书店北京发行所
开本：787mm×1092mm　1/16
印张：19.25　　插页：2
字数：462 千字
定价：148.00 元

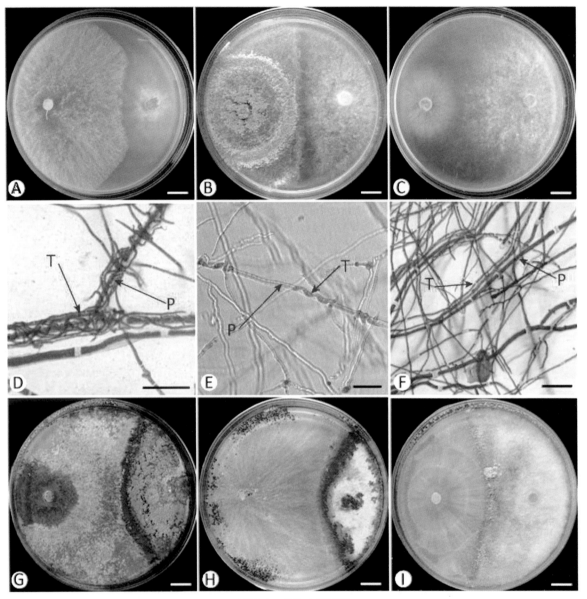

彩图 1　拮抗木霉筛选

A～C　不同种木霉生长速率的差异，菌落左侧为木霉，菌落右侧为病原真菌

（A. 木霉生长比植物病原真菌快　B. 两个菌落生长速率相近　C. 木霉生长速度比植物病原真菌慢）

D～F　木霉菌丝缠绕植物病原真菌菌丝（D. 丰富的菌丝缠绕　E. 菌丝缠绕较少　F. 缺少菌丝缠绕）

G～I　木霉在病原真菌菌落上产孢，左侧为木霉，右侧为病原真菌落（G. 12 d 大量产孢　H. 30 d 产孢不良　I. 30 d 不产孢）

注：比例尺 A～C、G～I 为 10 mm，D～F 为 50 μm；箭头 T 表示木霉，箭头 P 表示植物病原真菌。

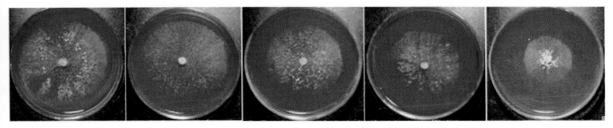

彩图 2　木霉菌株产生纤维素酶活性透明圈检测

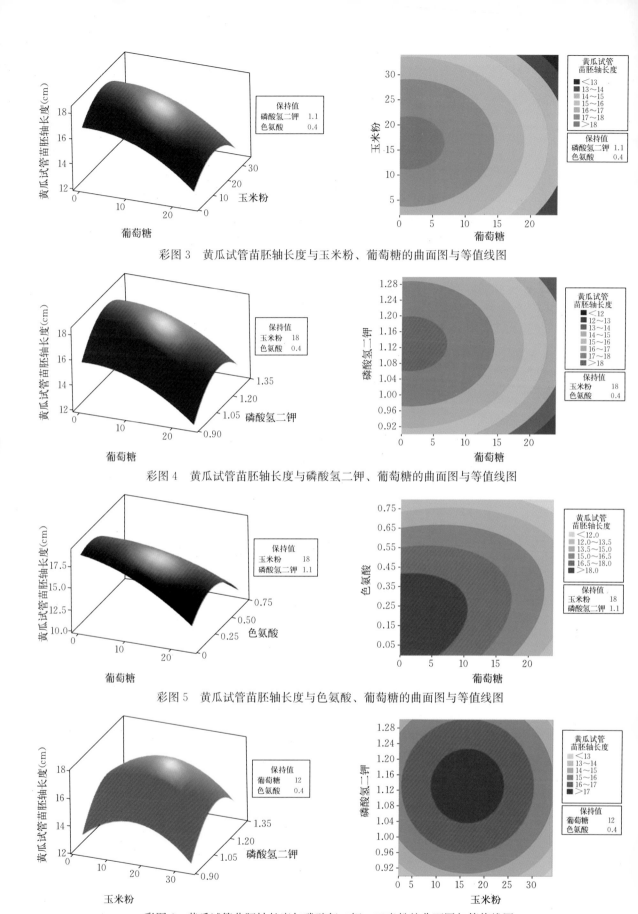

彩图 3　黄瓜试管苗胚轴长度与玉米粉、葡萄糖的曲面图与等值线图

彩图 4　黄瓜试管苗胚轴长度与磷酸氢二钾、葡萄糖的曲面图与等值线图

彩图 5　黄瓜试管苗胚轴长度与色氨酸、葡萄糖的曲面图与等值线图

彩图 6　黄瓜试管苗胚轴长度与磷酸氢二钾、玉米粉的曲面图与等值线图

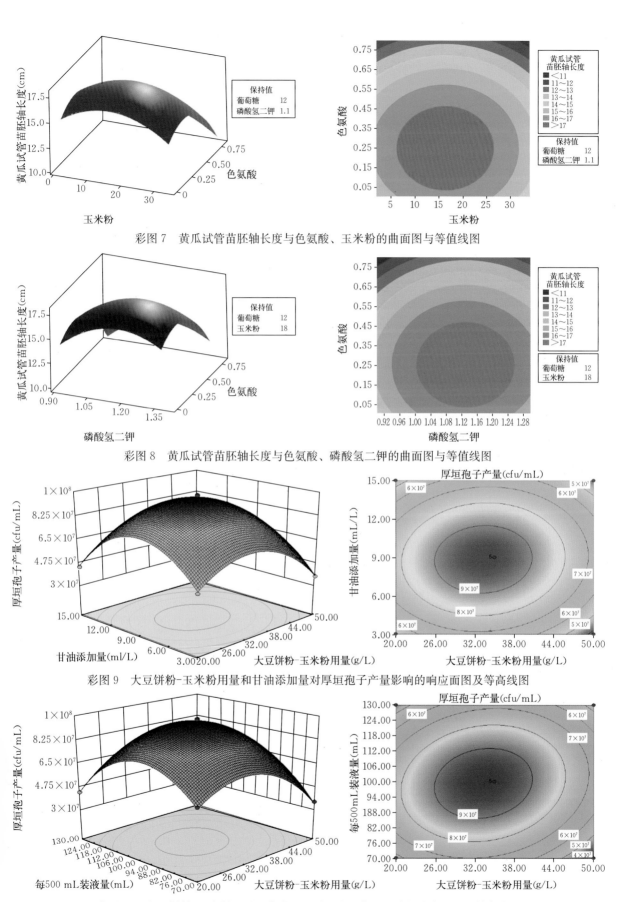

彩图 7　黄瓜试管苗胚轴长度与色氨酸、玉米粉的曲面图与等值线图

彩图 8　黄瓜试管苗胚轴长度与色氨酸、磷酸氢二钾的曲面图与等值线图

彩图 9　大豆饼粉-玉米粉用量和甘油添加量对厚垣孢子产量影响的响应面图及等高线图

彩图 10　大豆饼粉-玉米粉用量和装液量对厚垣孢子产量影响的响应面图及等高线图

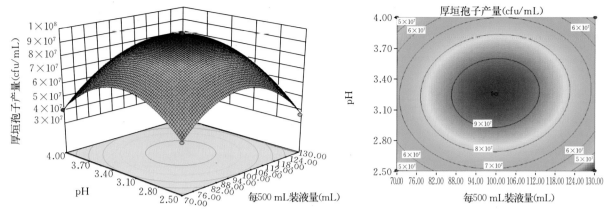

彩图 11　装液量和 pH 对厚垣孢子产量影响的响应面图及等高线图

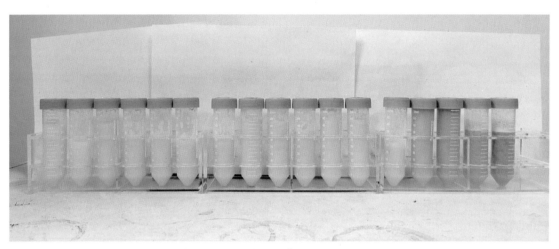

彩图 12　棘孢木霉 GDFS 1009 菌株液体发酵每隔 8 h 取样发酵液颜色变化

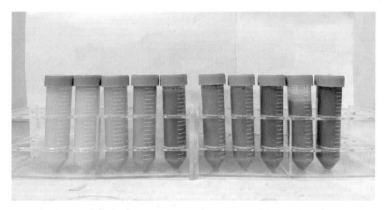

彩图 13　哈茨木霉 GDFS 10569 每隔 24 h 取样发酵液颜色变化